AF345158

LETTRES

SUR LES

RÉVOLUTIONS DU GLOBE

IMPRIMERIE DE H. FOURNIER ET CIE,
RUE DE SEINE, 14.

LETTRES

SUR

LES RÉVOLUTIONS

DU GLOBE

PAR

ALEXANDRE BERTRAND

DOCTEUR EN MÉDECINE DE LA FACULTÉ DE PARIS, ANCIEN ÉLÈVE
DE L'ÉCOLE POLYTECHNIQUE

Cinquième Édition

REVUE, CORRIGÉE ET CONSIDÉRABLEMENT AUGMENTÉE

ENRICHIE DE NOUVELLES NOTES

PAR MM.

ARAGO, ÉLIE DE BEAUMONT, AL. BRONGNIARD, ETC.

*La légère couche de vie qui fleurit à la surface
du globe ne couvre que des ruines.*

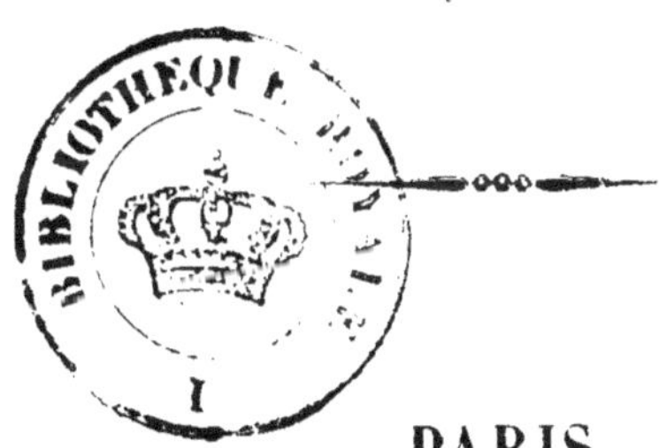

PARIS

JUST. TESSIER, LIBRAIRE-ÉDITEUR

37, QUAI DES AUGUSTINS

—

1839

PRÉFACE.

Mon but, en publiant ces Lettres, est de donner au public une idée des résultats curieux auxquels l'étude du globe terrestre a conduit dans ces derniers temps nos naturalistes les plus distingués.

Si j'en juge par le plaisir que j'ai éprouvé en m'occupant de leurs intéressantes recherches, j'aurai fait une chose agréable pour tous ceux qui aiment à acquérir des connaissances sans pouvoir pourtant consacrer un temps considérable à l'étude.

Je me suis attaché à écrire de manière à être compris des personnes même les moins versées dans l'étude de l'histoire naturelle ; et il suffira pour lire ces Lettres des connaissances élémentaires que donne l'éducation la plus commune.

Cependant, pour éviter de répandre des erreurs, je me suis imposé la loi de n'émettre aucune opinion qui ne fût consacrée par l'autorité d'un nom célèbre.

L'admirable ouvrage de M. Cuvier sur les ossements fossiles m'a fourni tout ce que j'ai écrit sur ce sujet. J'ai puisé dans les leçons de M. Cordier presque tout ce que j'ai dit sur la constitution de l'écorce minérale, les volcans, les tremblements de terre, etc. J'ai enfin emprunté aussi quelque chose aux ouvrages et aux leçons de M. Geoffroy-Saint-Hilaire.

S'il m'est arrivé quelquefois de hasarder une opinion qui me fût personnelle, j'ai toujours eu soin d'en avertir, afin qu'on ne fût pas tenté de lui accorder la confiance que méritent celles qui sont appuyées de l'autorité des hommes célèbres que je viens de nommer.

———

Les changements faits à cette *seconde édition* se réduisent à assez peu de chose. Quelques lettres trop longues ont été coupées, et des inexactitudes corrigées. J'ai cru aussi devoir donner l'explication de plusieurs termes qui ont paru présenter quelque difficulté aux personnes peu familiarisées avec le langage des sciences. Je n'ai pas manqué non plus de rapporter le peu de faits importants qui sont venus confirmer l'hypothèse déjà si vraisemblable de l'incandescence primitive du globe; enfin on trouvera encore quelques autres additions nécessitées par les progrès de la science, et le système récent d'un naturaliste d'Allemagne sur les créations successives des êtres organisés.

———

Le public verra cette *troisième édition* grossie de plusieurs additions que j'ai supposé devoir être de son goût; je me contenterai de noter ici les principales.

La publication de la dernière livraison de l'*Histoire des ossements fossiles* m'a permis d'augmenter ces Lettres de tout ce qu'on y trouvera de nouveau sur les reptiles de l'ancien monde, particulièrement sur ceux qui, à l'origine des choses, présentaient des dimensions colossales ou des formes bizarres. En mettant à contribution l'ouvrage de notre grand naturaliste, j'y ai rencontré des phrases qui résumaient si parfaitement ses idées, que, ne pouvant me résoudre à y changer un seul mot, j'ai pris le parti de les transporter dans mon ouvrage telles que je les trouvais dans le sien. Puisse l'aveu de ce petit larcin (devant lequel j'ai reculé quelque temps comme devant une profanation) me le faire pardonner de mes lecteurs. C'est dans leur intérêt que je me le suis permis.

On trouvera aussi dans cette édition quelques développements nouveaux sur les applications qu'on peut faire aux températures terrestres de la théorie de la chaleur, créée de nos jours par M. Fourier. Ce que j'avais dit sur ce sujet dans mes précédentes éditions était bien imparfait ; je m'estimerais heureux si je pouvais me flatter de contribuer par celle-ci à répandre la connaissance de travaux aussi remarquables par leur profondeur que par l'importance et la grandeur des résultats auxquels ils conduisent.

Une nouvelle Lettre, consacrée aux végétaux fossiles, offrira un résumé de résultats curieux auxquels M. Ad. Brongniart est parvenu sur ce sujet. Ce jeune et savant naturaliste, empressé de favoriser un ouvrage destiné à la propagation des sciences dans lesquelles il s'est déjà distingué d'une manière brillante, a eu l'extrême bonté de me donner une connaissance anticipée du beau travail dont il se propose de faire jouir incessamment le public (1). Je le prie de recevoir ici l'expression de ma reconnaissance.

Je ne parle pas de quelques additions moins importantes que les précédentes. C'est en tenant autant qu'il m'a été possible mon ouvrage au niveau des progrès si rapides de la science , que je me suis efforcé de mériter l'indulgence avec laquelle le public a bien voulu l'accueillir.

L'auteur préparait en 1830 une *quatrième édition* de cet ouvrage , et dans les courts intervalles de repos que lui laissait la douloureuse maladie à laquelle il a succombé , il s'occupait encore de coordonner les matériaux qu'il avait rassemblés dans ce dessein.

Ces additions étaient nombreuses et relatives, pour la plupart, aux faits géologiques que l'on peut rattacher à la dernière des grandes révolutions qui ont bouleversé la surface de notre globe ; elles devaient former la matière d'un deuxième volume qui aurait eu pour titre : *Lettres sur le Déluge.* L'auteur regardait son travail comme presque terminé ; cependant la rédaction ne s'en est pas trouvée assez avancée pour qu'on ait cru pouvoir le faire paraître.

Quant à la première partie du livre , il ne paraît pas que

---

(1) Histoire des végétaux fossiles, ou Recherches botaniques et géologiques sur les végétaux renfermés dans les diverses couches du globe. 2 vol. in-4° de 50 à 60 feuilles d'impression , accompagnés de 150 à 160 planches. A Paris , chez Edmond d'Ocagne.

M. Bertrand eût encore arrêté les modifications qui y devaient être faites ; il s'est trouvé seulement quelques courtes indications dont on a cherché à tirer parti pour cette *cinquième édition.*

La quatrième a été publiée en 1832 et sans la participation de la famille de l'auteur ; c'est une reproduction pure et simple de celle de 1828.

Dans les onze années qui se sont écoulées depuis la publication de la dernière édition revue par l'auteur, les sciences d'observation, dont il s'était proposé de populariser les plus curieux résultats, ont continué à marcher rapidement : de belles lois ont été découvertes ; des théories positives, déductions rigoureuses de faits bien étudiés, ont été substituées à des idées hasardées qui ne reposaient guère que sur des hypothèses plus ou moins ingénieuses ; d'importantes questions ont été éclaircies ; enfin, grâces à l'intérêt qu'a excité l'admirable ouvrage de Cuvier sur les ossements fossiles, grâces aux secours qu'il a fournis à tous ceux qui voulaient s'engager dans cette voie à la suite de l'illustre naturaliste, nos connaissances sur les anciens habitants du globe se sont notablement augmentées.

Tous ces progrès, ce n'est pas dans un modeste petit livre, tel que celui que nous publions aujourd'hui, qu'on peut s'attendre à les trouver enregistrés. Toutefois nous avons dû en profiter pour rendre cet ouvrage aussi digne que possible de la faveur que lui a accordée le public depuis sa première apparition.

Celui qui a pris soin de revoir cette dernière édition ne se dissimule point tout ce qui peut lui manquer pour le faire convenablement ; ce qui le rassure, ce qui l'a déterminé à entreprendre ce travail, c'est l'idée qu'il remplit un pieux office envers un ami qui n'est plus, qu'il n'a fait d'ailleurs que suivre ses intentions non exprimées. Les secours que M. Bertrand avait trouvés dans la bienveillance de plusieurs des hommes qui marchent à la tête de la science, son ami les a eus également ; qu'il lui soit permis de leur en exprimer ici sa reconnaissance et de citer en particulier les noms de MM. Arago, Élie de Beaumont, Ad. Brongniart de Collegno, Agassiz, Deshayes. Il y doit ajouter enfin celui de M. Lyell, à l'excellent ouvrage duquel il a fait divers emprunts pour les notes placées à la fin du volume, emprunts qui auraient été du reste beaucoup plus nombreux si le plan de ce petit livre l'eût permis.

Il serait superflu d'indiquer ici en détail les différents points par lesquels cette édition diffère des précédentes ; les principales additions se trouveront dans les lettres IX, X, XI, XII, XIII, XIV, XV, XVI et XVII, qui ont rapport aux êtres organisés, dont les couches de notre globe renferment les débris. Quant aux notes, les suivantes ont été ajoutées :

Note III, système de cosmogonie de M. *Ampère* ; — IV, sur l'ancienneté relative des chaînes de montagnes en Europe ; exposition du système de M. Élie de Beaumont, par M. *Arago* ; — V, sur l'ordre de superposition des terrains de sédiments et les conséquences qui s'en déduisent, par M. *Élie de Beaumont* ; — XII, sur des secousses ressenties en pleine mer dans le voisinage de l'équateur et sur les conséquences qu'on en déduit relativement à l'existence probable de volcans sous-marins dans ces parages, par M. *Daussy* ; — XVI, sur les cadavres de mammouth, trouvés en Sibérie, extrait du voyage d'Isbrand Ides, de Moscou à la Chine en l'année 1692 ; — XVII, empreintes de pieds d'animaux dans des grès anciens et dans des formations de l'époque actuelle ; — XVIII, comblement des lacs ; soulèvement du sol sur les côtes de la Baltique et dans la baie de Baia, d'après les ouvrages de M. *Lyell;* — XIX, sur l'apparition prochaine d'une nouvelle île dans l'Archipel de la Grèce, d'après une lettre de M. *Virlet;* — XX, dépression de la mer Caspienne et des parties qui l'environnent au-dessous du niveau de l'Océan, d'après diverses communications faites à l'Académie des Sciences par M. *de Humboldt.*

INTRODUCTION.

SYSTÈMES.

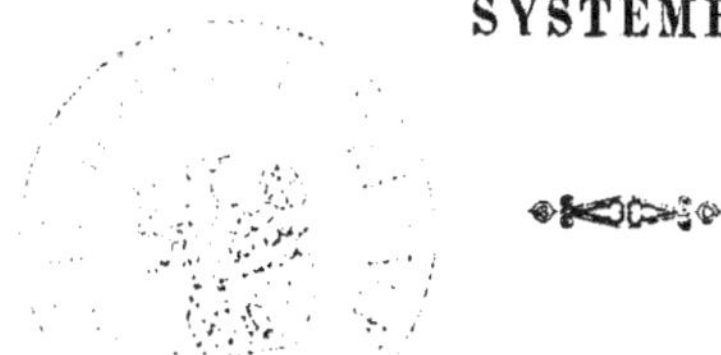

J'ai cherché à réunir dans cet ouvrage une partie des documents qu'une observation éclairée peut nous fournir relativement aux révolutions dont notre globe a dû, à différentes époques, être la victime. Mais, avant d'exposer les opinions auxquelles les naturalistes modernes ont été conduits sur ce sujet, il ne sera peut-être pas inutile de donner ici, en peu de mots, une idée des principaux systèmes qui ont été hasardés depuis environ deux siècles sur l'origine de notre planète, les modifications qu'elle a pu éprouver, et les causes qu'on peut raisonnablement présumer devoir la détruire.

Toutes ces questions, qui ont si fort occupé les auteurs qui ont écrit dans le dix-huitième siècle sur la *théorie de la terre*, trouvent à peine une place dans les ouvrages modernes sur la *géologie*, et nos savants les plus distingués, malgré les nouvelles lumières qu'ils ont acquises, ou plutôt à cause de ces lumières, ont cru devoir s'abstenir de les traiter.

Il peut être curieux cependant de connaître celles qui

"

ont joui de la plus grande vogue, ou qui ont été proposées par les naturalistes les plus célèbres ; elles appartiennent en effet à l'histoire de la marche de l'esprit humain sur le sujet qui doit nous occuper ; et les exposer en abrégé, ce sera, sous un certain rapport, imiter les historiens de tous les temps, qui ont jugé convenable de faire précéder le récit des événements certains, d'un exposé des fables qui ont eu crédit chez les différents peuples, et qu'ils n'ont données que pour ce qu'elles sont.

Burnet est le premier auteur qui, dans les temps modernes, ait cherché à expliquer par un système les changements généraux que la terre a subis, et ceux qu'elle doit subir encore, ou du moins il est le premier dont le système ait excité l'attention publique et donné lieu à une controverse soutenue. Voici quelle est à peu près sa théorie.

La terre d'abord n'était qu'une masse fluide, un chaos composé de matières de toute espèce et de toutes sortes de figures ; elle commença à prendre une forme régulière quand les parties les plus pesantes, descendant vers son centre, y eurent formé un noyau dur et solide autour duquel les eaux, plus légères, se rassemblèrent en l'enveloppant de tous côtés. L'air s'échappa au-dessus de ce lit superficiel et aqueux. Au-dessus de l'eau s'éleva encore, comme plus légère, une couche assez mince de matières grasses et huileuses qui surnagèrent d'abord pures, mais auxquelles bientôt vinrent se réunir des particules terreuses qui d'abord s'étaient élevées dans l'air, mais qui retombèrent peu à peu, à mesure que l'atmosphère se purifia. Ce mélange de la couche huileuse superficielle avec les parties grossières retombées de l'atmosphère forma la première terre que les hommes cultivaient avant le déluge. Cette terre était légère, extrêmement fertile, sans montagnes ni inégalités, enfin unie sur toute sa surface.

Mais les premiers hommes ne jouirent pas long-temps de cet heureux séjour. La chaleur du soleil, desséchant peu à peu le sol qu'ils cultivaient, finit, au bout de quinze ou seize siècles, par le faire fendre entièrement, et la croûte terrestre tout entière tomba dans l'abîme des eaux qui se trouvaient au-dessous d'elle.

Telle fut, suivant Burnet, la cause du déluge. Nos continents actuels sont, dans ses idées, les grandes masses de l'ancienne croûte, qui ont comblé l'abîme des eaux; les îles et les écueils en sont les petits fragments; et la confusion avec laquelle s'est faite la chute de cette croûte est la cause des inégalités, des éminences et des profondeurs qui règnent sur notre sol. Quant à l'océan, c'est une partie de l'ancien abîme; le reste est entré dans les cavités intérieures avec lesquelles communique l'océan.

Ce système, comme on voit, ne repose sur aucune observation, ni sur aucun fait positif. Il n'explique rien, ne conduit à rien, et on ne peut le considérer que comme un simple produit de l'imagination de l'auteur. Cependant, comme Burnet avait de l'esprit, et qu'il écrivait d'une manière agréable, son livre fut beaucoup lu, et fit naître certainement plusieurs des systèmes cosmogoniques qu'on vit apparaître vers cette époque. La première édition, qui est de 1681, a pour titre : *Telluris Theoria sacra;* l'auteur en donna, neuf ans plus tard,

1.

une seconde écrite en anglais. En désignant ses bizarres hypothèses sous le nom de théorie sacrée de la terre, Burnet avait voulu faire entendre qu'on ne trouverait rien dans ses explications qui ne pût s'accorder avec le récit de la création donné dans les livres de Moïse. Il avait pris pour éviter ces contradictions, un parti bien simple, c'était de laisser de côté certains faits qui depuis long-temps avaient piqué la curiosité des savants justement à cause de la difficulté qu'on trouvait à en donner une explication orthodoxe. Un de ces faits, le principal sans contredit, c'était l'existence de débris d'animaux marins dans des couches situées à une distance souvent très grande de la mer et au sein des roches les plus dures.

Les premières recherches sérieuses à ce sujet paraissent avoir été faites en Italie, et elles remontent jusqu'au commencement du seizième siècle.

Des excavations faites en 1517 pour les réparations de la ville de Vérone amenèrent la découverte d'une multitude de curieux fossiles (1), qui devinrent pour les savants du pays l'objet de conjectures plus ou moins ingénieuses, plus ou moins hasardées. Dans le nombre des écrits qui furent publiés à cette occasion, on doit distinguer celui du célèbre Fracastor. Ce philosophe soutint que les coquilles fossiles provenaient toutes d'animaux qui, au temps jadis, avaient vécu et multiplié dans les lieux mêmes où l'on trouvait maintenant leurs dé-

---

(1) On appelle fossiles les débris d'êtres organisés qu'on trouve dans l'intérieur des couches terrestres, et qui font, pour ainsi dire, corps avec elles. On trouvera plus tard, dans les lettres où il est spécialement parlé des animaux fossiles, des idées précises sur la fossilisation.

pouilles. Il fit sentir l'absurdité d'une des explications qu'on avait proposées, et dans laquelle on avait recours à une certaine *force plastique* qui aurait eu le pouvoir d'imprimer à des *sucs pierreux* des formes organiques ; il prouva aussi, par des arguments convaincants, la futilité de l'explication qui prétendait rendre compte de la situation de ces corps au moyen du déluge mosaïque. Cette inondation, disait-il, aurait eu tout au plus pour effet, dans sa courte durée, de disperser les coquilles à la surface de la terre, mais n'aurait pu les enfouir aux grandes profondeurs où nous les trouvons. Nous verrons plus tard comment, dans un système qui parut après celui de Burnet, on prétendit éluder cette objection.

La doctrine de la *force plastique* conserva, malgré les raisons de Fracastor, de nombreux partisans qui d'ailleurs la modifièrent à diverses reprises, mais bien plus dans la forme que dans le fond. On est tout étonné de trouver parmi les écrivains qui la soutinrent des hommes d'un mérite éminent, et que leur genre d'étude aurait dû mettre à l'abri de cette erreur; tels sont le minéralogiste allemand Georges Agricola et l'anatomiste italien Fallope. Ce dernier, malgré tout ce qu'il avait dû apprendre sur l'organisation des animaux en général dans ses belles recherches sur la structure du corps humain, s'obstina à ne voir dans des défenses fossiles d'éléphant qui furent découvertes de son temps dans la Pouille, autre chose que des concrétions terreuses. De même, Mercati, qui, en 1574, publia de bonnes figures des coquilles fossiles conservées au musée du Vatican, exprima l'opinion que ces corps étaient seulement des pierres qui avaient pris, *sous l'influence des corps célestes*, la configuration qu'on leur voyait. D'autres, sans se mettre en peine de déterminer l'influence sous laquelle s'étaient produites ces *pierres figurées*, restaient pleinement satisfaits quand ils avaient déclaré qu'elles étaient de purs *jeux de la nature*.

Cette commode explication suffit long-temps aux savants de notre pays; d'ailleurs ils attachaient assez peu d'importance à cette branche de l'histoire naturelle, et ils pensaient en général que la connaissance des substances dont se compose la croûte de notre globe ne devait intéresser que les artisans qui y trouvent les matériaux pour leur travail, des terres, des pierres ou des métaux. Ce fut en effet un artisan qui leur montra l'intérêt que pouvaient avoir ces recherches qu'ils dédaignaient, et la futilité des théories qu'ils avaient adoptées.

Cet homme se nommait Bernard Palissy. Long-temps simple potier de terre à Saintes, les livres n'avaient pu être pour lui d'aucun secours; il ne fut point guidé par conséquent dans ses recherches par les travaux des savants italiens que nous avons nommés, et cependant il alla plus loin qu'eux tous peut-être dans la connaissance des débris organiques que recèlent les couches terrestres. Aussi grand physicien, dit Fontenelle, que la nature seule puisse en former, il fut le premier en France qui osa dire, à la face de tous les docteurs, que les coquilles fossiles étaient de véritables coquilles déposées autrefois par la mer dans les lieux mêmes où elles se trouvent, et non pas des minéraux, des corps singuliers, de simples jeux de la nature.

Palissy réussit à convaincre presque tous ceux qui voulurent prendre connaissance de ses preuves; mais il ne parvint pas à se faire parmi eux un seul disciple qui poursuivît ses recherches (1). En Italie, au contraire, ce sujet d'étude ne fut point abandonné, et les écrivains qui s'en occupèrent successivement sont trop nombreux pour que nous puissions donner ici même une briève indication des observations qu'ils ont faites ou des opinions qu'ils ont soutenues. Nous ne pouvons cependant oublier les noms de Majoli, de Fabio Colonna, de Scilla, et surtout de Stenon.

Majoli mérite d'être cité parce qu'il est le premier qui ait songé à faire intervenir l'action de causes analogues à celles qui produisent les volcans, pour rendre raison, dans l'histoire des coquilles fossiles, de certaines circonstances qu'on avait voulu expliquer jusque-là, mais avec peu de succès, par l'abaissement des eaux de la mer. Majoli, qui écrivait en 1597, avait été très frappé d'un événement survenu moins de soixante ans auparavant dans le voisinage de Pouzzoles, où l'on avait vu, dans l'espace de quelques heures, surgir une montagne au milieu d'une plaine, le *Monte-Nuovo*.

Fabio Colonna ne s'occupa guère de ce genre de questions; les services qu'il rendit consistèrent à mieux faire connaître les divers signes par lesquels les anciens habitants des mers avaient laissé dans les roches la preuve de leur existence. Il montra que dans les *pierres figurées* on avait tantôt l'empreinte de l'extérieur, tantôt le moule inté-

(1) *Essai sur l'histoire naturelle de la terre*, 1695. Woodward a encore écrit plusieurs autres traités sur le même sujet.

rieur, tantôt enfin la coquille elle-même dans un état plus ou moins parfait de conservation.

Scilla, peintre sicilien, fit paraître en 1670, c'est-à-dire vingt ans environ après l'ouvrage de Colonna, un livre sur les fossiles de Calabre, livre qui se recommande surtout par de bonnes figures. Ce n'est pas au reste que le texte soit sans mérite, et nous aurons plus tard occasion d'en citer quelques passages.

Un ouvrage bien autrement important encore que celui de Scilla avait paru l'année précédente, le traité de Stenon : « *De solido intra solidum contento naturaliter,* » (du solide contenu naturellement dans un solide). L'auteur avait voulu annoncer par ces mots qu'il s'occuperait des différents corps, gemmes, cristaux, débris organiques végétaux ou animaux, que l'on trouve renfermés dans l'intérieur des roches. Il était difficile de le deviner, et le peu d'effet que produisit alors un livre qui aurait dû faire avancer beaucoup la science tient vraisemblablement en grande partie à l'obscurité du titre.

Stenon était, comme on le sait, Danois de naissance; mais il avait été déjà professeur d'anatomie à Padoue, et l'on doit le considérer comme appartenant à l'école italienne.

Bernard Palissy avait rapproché les coquilles fossiles de celles qui vivent dans nos mers. Stenon insista aussi sur cette comparaison entre les parties des animaux des temps anciens et celles des animaux vivants. Ses connaissances en histoire naturelle lui permirent de ne pas se borner aux dépouilles des mollusques testacés. Ainsi, certains corps en forme de fer de flèche étaient considérés par le peuple comme des langues de serpent converties en pierre par je ne sais quel miracle, et les savants les avaient désignées en conséquence sous le nom de *Glossopetre*. Stenon annonça que ce n'était autre chose que des dents d'une espèce de Squale, et il le prouva par la comparaison qu'il en fit avec les dents d'un individu appartenant à ce genre, qui avait été pris sur les côtes d'Italie.

Quant aux coquilles, Stenon montra qu'elles sont à différents états dans les différentes couches, les unes n'ayant d'autre caractère de fossilisation que l'absence de matière animale, et ce sont les moins profondément altérées, tandis qu'à l'autre extrémité de l'échelle on en trouve qui sont pétrifiées dans le sens propre du mot, c'est-à-dire qui, tout en conservant leur forme, ne conservent plus rien de la matière qui les formait primitivement. Il fit pressentir qu'on pourrait, au moyen de ces débris, parvenir à reconnaître si le lieu où on les trouvait avait formé le fonds d'un amas d'eau douce ou d'une portion de mer. Enfin il dit très clairement que les fossiles qu'on trouvait dans des couches très inclinées, situées sur le penchant de certaines montagnes, et ceux que renfermaient des couches presque horizontales situées au pied de ces mêmes montagnes, ne pouvaient être considérés comme provenant d'animaux qui auraient vécu à la même époque.

Fracastor, avons-nous dit, avait soutenu qu'il était impossible d'expliquer par une inondation passagère la présence des coquilles fossiles dans la profondeur des roches; mais cette proposition excita, à ce qu'il paraît, les scrupules des gens religieux qui crurent qu'elle était en opposition avec le texte des livres saints. Aussi, depuis cette époque, nous voyons les géologues italiens ou laisser de côté la question ou la résoudre dans le sens opposé. Ainsi Fabio Colonna et d'autres dirent expressément que les coquilles fossiles avaient été portées dans les lieux où on les trouvait par les eaux du déluge; Stenon, que sa qualité d'étranger obligeait à plus de précautions encore, fit une déclaration toute semblable; exprimait-elle bien son opinion? il est permis d'en douter.

L'objection de Fracastor resta ainsi sans réponse jusqu'au moment où un médecin anglais en proposa une solution qui ne lui aurait pas fait un nom très illustre dans l'histoire de la géologie, s'il n'avait, d'autre part, travaillé utilement pour cette science en lui fournissant des faits nouveaux bien étudiés, ce qui vaut un peu mieux que des hypothèses.

Celle de *Woodward* (c'est le nom de notre géologue) consiste à supposer qu'à l'époque du déluge, Dieu, par un acte de sa volonté, suspendit la force de cohésion qui unit entre elles les molécules de tous les corps solides; que tous ces corps furent ainsi réduits en poussière, et que les eaux du déluge, humectant cette poussière, en formèrent une espèce de pâte molle, dans laquelle pénétrèrent facilement tous les corps marins.

Si Woodward eut recours à cette hypothèse, c'est qu'il sentit bien qu'il serait impossible de supposer que toutes les couches, qui, à diverses profondeurs, renferment des fossiles, se fussent formées par dépôts réguliers dans l'espace d'une année, et que, d'une autre part, il avait assez bien observé ces débris d'animaux pour voir que leur accumulation n'était point le résultat d'un transport tumultueux.

Woodward, en effet, ne s'était pas borné à recueillir à la hâte quelques faits pour servir de base à ses conjectures; il avait beaucoup observé, et son ouvrage renferme une foule de remarques dont le temps n'a fait que confirmer la justesse. Il dit avoir reconnu par ses propres yeux que toutes les matières qui composent le sol en Angleterre, depuis la surface jusqu'aux plus grandes profondeurs où il a pu descendre, sont disposées par couches; que, dans un grand nombre de ces couches, il y a des coquilles et d'autres productions marines. Il ajoute que, par ses correspondants et par ses amis, il s'est assuré que dans les autres pays la terre est composée de même, et qu'on y trouve des coquilles, non pas seulement dans les plaines, mais sur les plus hautes montagnes, dans les carrières les plus profondes, et en une infinité d'endroits. Il remarque que les couches sont le plus souvent horizontales et posées les unes sur les autres, comme le seraient des matières transportées par les eaux et déposées en forme de sédiment.

Whiston, compatriote de Woodward, écrivait vers le même temps un ouvrage (1) moins riche en observations positives, mais remarquable par des idées ingénieuses et quelquefois singulièrement bizarres. Il s'efforce surtout de rester scrupuleusement d'accord avec le texte de la

____

(1) *Nouvelle théorie de la terre, conforme au texte des saintes Écritures sur la création du monde en six jours, le déluge universel, la conflagration générale.* **Londres, 1696.**

Genèse. Suivant lui, la terre était autrefois une comète, où tous les éléments confondus ne formaient qu'un vaste abîme. Les vapeurs grossières qui l'entouraient de toutes part y jetaient une obscurité éternelle : *Et les ténèbres couvraient la face de l'abîme.*

Dès le lendemain de la création, tout fut plus stable sur notre terre, qui devint planète et prit une forme sphérique. L'atmosphère fut débarrassée des parties grossières qui l'obscurcissaient, et qui retombèrent à la surface du globe ; et l'air épuré, laissant un libre passage aux rayons du soleil, lui permit de briller, pour la première fois, à la surface de notre terre. Ainsi fut exécutée la volonté du Très-Haut lorsqu'il dit : *Que la lumière soit* (1).

Whiston, après avoir cherché à expliquer d'une manière analogue tous les détails de la création, arrive au déluge. Suivant lui, ce grand désastre fut le résultat du passage d'une comète dont la queue rencontra notre terre ; notre globe, se trouvant enveloppé pendant quarante jours dans sa vapeur épaisse et aqueuse, fut inondé, durant tout ce temps, d'une pluie si abondante, qu'en deux jours elle aura pu verser autant d'eau qu'il y en a aujourd'hui dans l'Océan tout entier. Les vapeurs de la queue de la comète furent donc les cataractes du ciel que Dieu ouvrit, suivant les paroles de la Genèse : *Et les cataractes du ciel furent ouvertes.*

(1) Une interprétation peu différente de ce texte de l'Ecriture est encore aujourd'hui admise en Angleterre par plusieurs géologues, et l'un d'eux en particulier, s'appuyant sur l'autorité du professeur royal de langue hébraïque à Oxford, le docteur Pusey, fait remarquer que l'hébreu ne dit point (comme on pourrait le supposer d'après la plupart des anciennes traductions) que la lumière fut *créée* à ce moment, mais seulement qu'elle remplaça les ténèbres qui couvraient alors la surface du globe.

L'auteur aurait pu, avec cette pluie seule prolongée pendant quarante jours, rendre raison du déluge, quand même on supposerait que l'eau eût couvert la terre à une hauteur encore plus grande que celle qui est fixée par l'Écriture sainte. Mais, pour ne pas s'écarter du texte sacré, il ne donne pas pour cause unique du déluge cette pluie tirée de si loin; il prend, dit Buffon, de l'eau partout où il y en a, et il suppose que la comète, en approchant de la terre, aura exercé sur toute sa masse une attraction en vertu de laquelle les liquides contenus dans le grand abîme (car lui aussi admet un grand abîme d'eau au-dessous de nos continents) auront été agités par un mouvement de reflux si violent, que la croûte superficielle ne pouvant résister, elle se sera fendue en divers endroits, et les eaux de l'intérieur se seront répandues à sa surface.: *Et les sources de l'abîme furent ouvertes*, dit encore la Genèse.

Ainsi Whiston explique avec la même facilité la création et le déluge, tels qu'ils sont racontés par Moïse. Il n'est pas plus embarrassé pour rendre compte de la figure de la terre, de la longue vie des premiers hommes, même de leurs passions désordonnées. Qui pourra donc l'arrêter? quelle difficulté sera pour lui insurmontable? L'arche de Noé, qui fut le salut du genre humain, est l'écueil contre lequel vient se briser son système. Comment, en effet, expliquer par des causes naturelles sa conservation au milieu du bouleversement de toute la nature, quand les eaux de la queue de la comète d'un côté, et les torrents du grand abîme de l'autre, inondaient, renversaient, détruisaient tout, jusqu'aux plus grandes profondeurs de la terre? « On sent, dit Buffon, combien il est dur pour un homme qui a expliqué de si grandes choses sans avoir recours au miracle ni à une puissance surnaturelle, d'être arrêté par une circonstance particulière. Aussi notre auteur aime mieux courir le risque de se noyer avec l'arche, que d'attribuer, comme il le devait, à la volonté du Tout-Puissant la conservation de ce précieux vaisseau. »

Pour expliquer comment il pouvait se faire que des couches remplies d'animaux marins, et qui, par conséquent, avaient été formées ou au moins remaniées au sein des eaux, se trouvassent maintenant à sec et souvent même à une grande hauteur au-dessus du niveau de la mer, Whiston avait admis avec Burnet un changement dans l'axe de rotation de la terre, changement en vertu duquel les mers auraient en partie abandonné leur ancien lit; mais Newton ayant fait voir toute l'impossibilité de cette supposition, Whiston y renonça, et il eut recours à une diminution progressive des eaux.

Cette évaporation des eaux se produirait, suivant notre auteur, sous la double influence de la chaleur solaire et de la chaleur centrale du globe. Il admettait en effet que la terre, n'étant encore que comète, s'était prodigieusement échauffée en approchant très près du soleil, et qu'elle conservait depuis ce temps une grande partie de la haute température qu'elle avait acquise.

Pour n'être pas trop étonné d'une pareille opinion, il est important de ne pas perdre de vue jusqu'à quel point les comètes s'échauffent quelquefois. En 1680, il en passa une si près du soleil, qu'elle dut, par ce voisinage, suivant les astronomes, acquérir une température deux mille fois plus élevée que celle d'un fer rouge, et qu'il lui faudra cinquante mille ans pour se refroidir. On peut donc bien supposer que le noyau de notre terre soit encore brûlant, surtout si l'on suppose que l'époque de son échauffement ne remonte pas à plus de six mille ans.

Quoi qu'il en soit, une des observations les plus curieuses de ces dernières années est celle qui montre que la température s'élève d'une manière graduelle et constante à mesure qu'on s'enfonce davantage vers le centre de la terre, et qui conduit à la supposition d'une chaleur interne qui ne peut manquer d'être très considérable. Mais je ne veux pas anticiper sur ce que j'aurai à dire à cet égard.

On peut sans inconvénient passer sous silence les autres systèmes qui, avant Buffon, ont été inventés sur la formation des planètes, le déluge, le sort futur de la terre, etc. Cependant *Leibnitz* ayant donné son avis sur ce sujet, je ne peux m'empêcher de dire ce qu'il en a pensé.

Suivant lui, les planètes sont autant de petits soleils qui, après avoir brûlé long-temps, ont fini par s'éteindre, faute de matières combustibles, et sont ainsi devenus des corps opaques. Aussi le feu a-t-il, par la fonte des matières, produit, selon lui, une couche vitrifiée, et tous les corps qui se trouvent à la surface des planètes sont ou du verre réduit en très petites parties comme le sable, ou du verre mêlé aux sels fixes et à l'eau. Dès que la surface de la terre fut refroidie, une très grande quantité de l'eau qui avait été réduite en vapeur retomba, et forma les mers et la totalité de la masse des eaux telle que nous la voyons aujourd'hui.

Vers le milieu du dix-huitième siècle, un écrivain (*Maillet*), qui jugea à propos de se déguiser sous le masque d'un philosophe indien, exposa ses idées sur la formation de notre globe, ce qu'il a été et ce qu'il doit devenir. Son ouvrage obtint un grand succès, et il le méritait à quelques égards. Il est, en effet, écrit avec esprit, et rempli d'observations très justes, particulièrement au sujet des débris marins. Quant aux conséquences qu'il en tire, elles ne sont pas admissibles, il est vrai, dans l'état actuel de la science; mais elles sont en partie ce qu'elles pouvaient être à l'époque où l'auteur écrivait. Voyant des traces du séjour de la mer jusque sur les plus hautes montagnes, et se croyant même autorisé à regarder tous les continents, sans exception, comme formés dans l'intérieur des eaux; s'appuyant d'ailleurs sur des observations qui lui paraissaient prouver, d'une manière irrécusable, que toutes les mers diminuent encore progressivement et abandonnent leurs rivages, il ne pouvait guère supposer autre chose, si ce n'est que notre globe ayant d'abord été entièrement recouvert d'eau, cette mer immense avait peu à peu formé dans son sein les montagnes, dont le sommet conmença à se trouver à découvert par la retraite des eaux; que cette retraite continuant toujours, la surface entière de nos continents s'était enfin trouvée à sec; qu'elle augmente encore tous les jours, et que de nouvelles îles sortiront bientôt du sein des flots, tandis que les anciennes ne tarderont pas à se réunir aux continents par la retraite des portions de mer qui les en séparent. Ces conséquences, auxquelles quelques géologues paraissent vouloir revenir, sont au moins très hasardées, et ne reposent que sur des faits ou mal observés, ou entièrement faux; car l'étude plus éclairée des débris fossiles a prouvé, comme nous le verrons bientôt, que si la mer a réellement recouvert tous les continents, elle n'a très probablement jamais pu les inonder qu'en laissant à sec une partie de son ancien fond; en un mot, qu'elle a souvent, et quelquefois d'une manière subite, changé de lit, mais que, suivant toute apparence, elle n'a jamais couvert à la fois la surface entière de la terre.

Une chose assez curieuse, c'est que ces idées de retraite progressive de la mer, et même de révolutions produites par un changement de lit de l'Océan, se trouvent dans plusieurs auteurs anciens. Hérodote était persuadé « que « la mer avait autrefois couvert toute la basse Égypte « jusqu'à Memphis; il avait la même opinion de plusieurs « autres pays, tels que les campagnes d'Ilion, de Theu-« trane et d'Éphèse, et les plaines qu'arrose le Mé-« nandre (1). »

Sénèque, qui, dans des vers devenus célèbres, paraîtrait au premier aspect avoir prédit la découverte de l'Amérique, n'a probablement voulu dire autre chose si ce n'est que quelque jour la mer, se retirant des lieux qu'elle couvre aujourd'hui, découvrira de nouvelles

---

(1) « Si quidem quod inter prædictos montes supra Memphim urbem positos medium est, videtur mihi sinus maris aliquando fuisse quemadmodum ea quæ sunt circa Ilium, et Theutraniam, et Ephesum, et Meandri planitiem. » (HEROD lib. 2.)

terres, en sorte que Thulé ne sera plus regardée comme l'extrémité du monde (1).

Pline fait une longue et exacte énumération des terres que la mer a abandonnées, de celles qu'elle a couvertes, des îles qui ont paru nouvellement, et de celles qui ont été jointes aux continents (2).

« Nous savons, dit aussi Apulée, que des continents « ont été changés en îles, et que, par la retraite de la mer, « des îles ont été jointes aux continents (3). »

Parmi les auteurs anciens qui ont mentionné des changements de cette nature, les uns n'ont rattaché les faits à aucune idée systématique, les autres ont cru comme de Maillet à une diminution progressive de la masse des eaux. Mais il en est aussi quelques-uns qui ont aperçu la véritable cause et reconnu que la plupart des faits observés s'expliquaient naturellement par l'exhaussement ou la dépression du sol survenant, tantôt d'une manière brusque et tantôt par un mouvement lent et gradué; c'est ce qu'à mis en évidence un célèbre géologue anglais, M. Lyell, et je crois ne pouvoir mieux faire

(1)   Venient annis sœcula seris
        Quibus oceanus, vincula rerum
        Laxet, et ingens pateat tellus,
        Thetysque novos detegat orbes,
        Nec sit terris ultima Thule.
                SENEC. *Med*. act. II.

[Cette interprétation du passage de Sénèque ne peut se soutenir quand on a lu le morceau entier, qui se compose de quatre-vingts vers et qui a tout entier rapport aux progrès de la navigation, art au moyen duquel l'homme réunit des mondes que la nature avait séparés. Il s'agit ici réellement de pays que l'on *découvrirait* un jour en franchissant les mers, et non point de nouvelles terres qui sortiraient du sein des eaux.]

(2) PLIN. *Hist*. lib. 2, cap 27 et seq.

(3) « Illas etiam (scimus) quæ prius fuerunt continentes, hospitibus atque

que de vous traduire le passage où il traite de cette
question (1).

Quant à ce que dit le prétendu Telliamed sur la destinée future de notre terre, qui doit être de changer de
soleil quand le nôtre sera éteint, après avoir erré dans
l'espace de l'empyrée, comme il prétend que cela nous
est déjà arrivé à l'époque du déluge, expliquant par là
cette grande catastrophe et la longueur différente de
l'année avant l'époque où elle eut lieu, ce ne sont que des
rêves auxquels la connaissance du véritable système des
cieux ne permet pas de s'arrêter, et qui, sous ce rapport,
diffèrent beaucoup des imaginations de Whiston, d'une
partie desquelles on peut dire au moins que si elles sont
bizarres, elles ne sont cependant pas absolument contraires aux lois de la nature.

Quoique l'opinion de Maillet sur l'origine de la race
humaine ressemble à celle d'un célèbre naturaliste de nos
jours (2), je n'ose presque la faire connaître, tant je sens
qu'elle paraîtra ridicule et choquante. Suivant lui, nos
premiers ancêtres ont été des poissons, qui, devenus
d'abord animaux amphibies quand les premières terres
furent mises à sec, se sont transformés enfin en animaux
tout à fait terrestres. Il ne craint pas d'appuyer son opinion sur les contes les plus ridicules de sirènes, de tritons, ou hommes marins, d'hommes à queue, d'hommes
à une seule jambe et à une seule main. Quelquefois il

advenis fluctibus insulatas, alias desidia maris pedestri accessu pervias factas. »
(APUL. *de Mundo.*)
(1) Ce passage se trouvera parmi les notes placées à la fin du volume.
(2) M. de Lamarck.

défigure de la manière la plus singulière des histoires véritables : c'est ainsi qu'il croit pouvoir tirer un grand parti de la découverte que fit un vaisseau anglais, dans les parages du Groënland, d'un grand nombre d'Esquimaux qui y naviguaient avec leurs chaloupes. Les Anglais parvinrent à prendre un de ces malheureux, qu'ils eurent la barbarie de laisser mourir de chagrin, et peut-être de faim, à leur bord; car, comme on ne lui présentait que des aliments tout à fait différents de ceux auxquels il était accoutumé, il les refusa presque constamment, et mourut au bout de vingt jours, sans prononcer une parole. On conservait la barque et l'homme desséché, à Hall en Angleterre, dans la salle de l'amirauté; et Maillet pousse l'ignorance jusqu'à croire que le corps de ce malheureux était tout couvert d'écailles de la ceinture jusqu'au bas, et qu'il ne possédait pas encore la voix (1).

Si un homme, dans le dernier siècle, avait pu sans témérité se flatter de faire adopter une *théorie de la terre*, c'eût été à coup sûr notre illustre Buffon : sa situation dans le monde savant, son nom, son beau génie, tout se réunissait pour donner du poids à ses opinions. Son système cependant n'a pu être soutenu par tout l'éclat de sa gloire; et je crains même, en cherchant ici à en donner une idée, qu'il ne paraisse trop au-dessous de son auteur.

Buffon, considérant que les six planètes connues de son temps avaient toutes une direction commune d'occident en orient, et que l'inclinaison de leurs orbites n'excédait pas 7 degrés $\frac{1}{2}$, en conclut qu'une seule et

____

(1) Il y a quelque temps, un écrivain n'a pas eu honte de reproduire toutes ces inepties dans un ouvrage destiné à l'instruction des gens du monde.

même cause doit les avoir primitivement mises en mou
vement; et, suivant lui, cette cause ne peut être autre
qu'une comète, qui, tombant dans le soleil et le heurtant
obliquement, en aura séparé une portion assez considérable pour former toutes les planètes connues alors, et
qui, avec leurs satellites, formaient une masse (1) égale à
la 650ᵉ partie de celle du soleil.

Dans l'état actuel de la science, il serait bien difficile
de supposer que le choc d'une comète pût produire un
pareil résultat; et, d'après des observations récentes, ces
astres paraissent formés d'une substance beaucoup trop
légère pour qu'on ait rien à en redouter de semblable.
La ténuité de quelques-uns d'entre eux est même telle,
que les étoiles de moyenne grandeur peuvent être aper-
çues au travers de leur noyau. Mais à l'époque où Buffon
écrivait, on se faisait une tout autre idée de la dureté du
corps des comètes. Partant d'une loi de Newton sur la
densité des planètes, qui doit être proportionnelle à leur
distance du soleil, et l'appliquant mal à propos aux comètes, on trouvait pour certaines d'entre elles une den-

---

(1) Il est important de ne pas confondre la *masse* d'un corps avec son *volume*. Quand on parle de volume, on n'a jamais égard qu'aux dimensions du
corps; le volume exprime toujours la place que le corps occupe dans l'espace.
La *densité* est plus ou moins grande, selon que la matière du corps est plus ou
moins serrée; c'est elle qui détermine sa pesanteur. La *masse* dépend à la fois
et du volume et de la densité; elle est représentée par le *poids*. Deux corps de
même poids ont nécessairement même masse. Une livre de bois offre autant de
masse qu'une livre de duvet ou une livre d'or; mais comme le bois est beaucoup plus *dense* que le duvet, et beaucoup moins que l'or, la livre de bois a
un *volume* beaucoup moins grand que la première, et beaucoup plus considérable que la seconde.

Le soleil est un million de fois aussi *volumineux* que la terre; mais comme
sa *densité* n'est que le tiers de celle de notre planète, sa *masse* n'est que de
trois cent trente mille fois plus grande.

sité énorme. Celle de 1680, par exemple, qui passa si près
du soleil qu'elle n'en fut quelque temps éloignée que de
la 6ᵉ partie du diamètre de cet astre, aurait dû être, d'a-
près cette loi, volume pour volume, 28 mille fois plus
pesante que la terre, et 112 mille fois plus pesante que
le soleil ; de sorte que cette comète, en ne lui supposant
que la 100ᵉ partie du volume de la terre (ce qui en fait
une excessivement petite comète), aurait encore eu une
masse égale à la 900ᵉ partie de celle du soleil. Il est donc
évident que cette comète, toute petite qu'on eût pu la
supposer, aurait été capable, vu l'extrème vitesse avec
laquelle les corps célestes se meuvent dans le voisinage
du soleil, d'en détacher une masse égale à la 650ᵉ ou au
moins à la 900ᵉ partie de cet astre.

D'après les notions nouvellement acquises sur la ténuité du corps des comètes, leur chute dans le soleil,
quand même elle aurait lieu, ne serait donc pas suivie
des accidents qu'un grand nombre d'astronomes avaient
supposé jadis devoir l'accompagner. Mais une comète
peut-elle tomber dans le soleil? Pour peu qu'on examine
leur cours, on se persuadera qu'il est presque nécessaire
qu'il y en tombe quelquefois. Celle de 1680 en approcha
si près, qu'à son périhélie elle n'en était pas, comme
nous venons de le dire, éloignée de la 6ᵉ partie du diamètre solaire ; et si elle revient, comme il y a apparence,
en 2255, elle pourrait bien tomber cette fois dans le
soleil : cela dépend des rencontres qu'elle aura faites sur
sa route, et du retardement qu'elle a souffert en passant
dans l'atmosphère du soleil (1).

(1) « Lorsqu'un corps céleste se ralentit dans sa marche . quelle qu'en soit

En suivant les idées de Buffon, supposons donc avec lui qu'une comète en heurtant le soleil a pu en détacher la 650ᵉ partie de sa masse : cette partie ne sera pas, comme on pense, à l'état solide; mais, liquéfiée par la chaleur, elle s'échappera sous la forme d'un torrent, dont les parties les plus denses se sépareront des moins denses, et formeront, par leur attraction mutuelle, des globes de différentes matières. Saturne, composé des parties les plus grosses et les plus légères, se sera le plus éloigné du soleil; ensuite Jupiter, qui est plus dense que Saturne, se sera moins éloigné; et ainsi de suite pour Mars, la Terre, Vénus et Mercure.

Mais ce n'est pas tout : l'expérience nous montre journellement que si le coup qui sépare d'un corps une partie de sa masse le frappe dans une direction oblique, la partie séparée s'échappe en tournant sur elle-même jusqu'à ce que l'attraction l'ait ramenée à la surface du sol. C'est ce qui est arrivé aux planètes; mais comme la force centrifuge les retient à distance du soleil, elles conservent, tout en faisant leur révolution autour de cet astre, le mouvement de rotation sur elles-mêmes, qui nous donne les alternatives du jour et de la nuit.

Poursuivons, et passons à la formation des satellites : « L'obliquité du coup a pu être telle, qu'il se sera séparé

d'ailleurs la cause, la force centrifuge diminue, la force centripète qu'elle contrebalançait, devient à l'instant préponderante et ce corps quitte la courbe qu'il parcourait pour se rapprocher du centre d'attraction. Ainsi, la comète dont il est question, dut passer plus près de la surface solaire en 1680 que dans son apparition antérieure. Cette diminution dans les dimensions de l'orbite se continuera à chaque nouveau retour au périhélie : *La comète de 1680 finira donc par tomber sur le soleil.*» (Notice sur les comètes, par **M. ARAGO**, p. 96.)

du corps de la planète principale de petites parties de matière qui auront conservé la même direction que la planète même : ces parties se seront unies, suivant leurs densités, à différentes distances de la planète, par la force de leur attraction mutuelle; et en même temps elles auront suivi nécessairement la planète dans son cours autour du soleil, en tournant elles-mêmes autour de la planète, à peu près dans le plan de son orbite. On voit bien que ces petites parties que l'obliquité du coup aura séparées sont les satellites. Ainsi, la formation, la position et la direction des mouvements des satellites s'accordent parfaitement avec la théorie. »

Buffon, ayant expliqué ainsi la formation des planètes et de leurs satellites, entre dans des détails assez étendus sur le temps qui a dû être nécessaire à chacun des corps de notre système solaire pour passer de l'état d'incandescence (1) où ils se trouvaient au moment de leur formation, à une température qui les rende habitables.

Nous ne suivrons pas notre grand naturaliste dans ses conjectures sur ce sujet; on trouvera dans les notes à la fin de l'ouvrage (2) un énoncé des résultats auxquels il fut conduit pour chacune des planètes et de leurs satellites; tous sont défectueux, et quelques-uns totalement opposés à ce que la théorie de la chaleur, créée de nos jours par M. Fourier, nous a appris de positif sur le même objet.

Je termine en exposant les opinions de Buffon sur la formation successive des mers et des terres.

(1) L'incandescence est l'état d'un corps chauffé jusqu'au blanc.
(2) Voyez note première.

La température élevée du globe terrestre pendant son
état de fluidité, et même long-temps après sa solidification, ne permit pas à l'eau contenue dans l'atmosphère
de tomber à sa surface; mais quand, par la suite des
siècles, les pôles commencèrent à se refroidir, l'eau y
tomba, et il se forma, aux environs de chaque pôle, de
vastes mers qui furent le résultat des pluies continuelles
que l'attiédissement de ces régions y provoquait.

Il se forma, par la même raison, sur le sommet de
toutes les montagnes un peu élevées, des lacs ou grandes
mares qui se sont depuis écoulées sur les terres basses.
Quant aux mers polaires, elles s'étendirent sur la surface
du globe à mesure que son refroidissement graduel le
permit, tandis que les lacs des montagnes formaient des
bassins et de petites mers intérieures dans les parties du
globe auxquelles les grandes mers des deux pôles n'a-
vaient pas encore atteint. Ensuite les eaux continuèrent
à tomber, toujours avec plus d'abondance, jusqu'à l'entière dépuration de l'atmosphère. Elles ont gagné successivement du terrain, et sont arrivées aux contrées de
l'équateur, et enfin elles ont couvert toute la surface du
globe, à 2,000 toises de hauteur au-dessus du niveau de
nos mers actuelles.

La terre entière était alors sous l'empire de la mer, à
l'exception peut-être du sommet des montagnes primitives, qui n'ont été, pour ainsi dire, que lavées et bai-
gnées pendant le premier temps de la chute des eaux,
lesquelles se sont écoulées de ces lieux élevés pour occuper les terrains inférieurs dès qu'ils se sont trouvés assez
refroidis pour les admettre sans les rejeter en vapeur.

Les sommets de ces montagnes furent les premiers lieux où se manifesta la nature organisée, et elle s'y développa d'abord avec la plus grande énergie. Ils se couvrirent donc de grands arbres et de végétaux de toute espèce, qui furent bientôt après précipités dans les flots et transportés au loin par eux.

A la même époque, toutes les mers se peuplèrent aussi d'habitants, dont les débris, ensevelis avec ceux des végétaux des montagnes, se précipitèrent au fond des eaux qui ont fait place à nos continents.

On demandera peut-être comment ces continents ont pu être mis à découvert. Rien de plus facile à expliquer dans les idées de Buffon; car il était arrivé à la terre, en se refroidissant, ce qu'on remarque sur tous les corps qui passent d'une très haute température à une autre moins considérable : il existait à sa surface, non-seulement des bosses et des cavités, mais encore des boursouflures qui formaient d'immenses cavernes, au-dessus desquelles la mer reposait d'abord, mais dans lesquelles elle se précipita dans la suite, lorsque la masse des eaux eut miné et brisé, par son poids, la couche de terre assez mince qui les recouvrait. L'abaissement produit dans le niveau des mers par l'écoulement des eaux qui remplirent ces cavernes, qu'on peut supposer aussi grandes et aussi immenses qu'on le voudra, mit donc à sec les terrains que nous habitons aujourd'hui, et qui, comme on voit, ont tous été des fonds de mer, dans l'opinion de Buffon, comme dans celle de la plupart des auteurs qui avaient fait avant lui des systèmes sur le même sujet. Mais son système n'emporte pas, comme celui de Maillet par

exemple, que la mer continue encore à baisser progressivement, de manière à laisser un jour notre planète tout
à fait à sec.

Les idées systématiques de Buffon sont les dernières
qui aient joui en France d'une certaine faveur. Quant à
celles qui ont pu être émises par des auteurs encore vivants, je n'oserais entreprendre d'en parler moi-même, et
je suis trop heureux de pouvoir me mettre à couvert en
me bornant à transcrire le petit exposé qu'en fait un
naturaliste à qui la gloire de ses travaux semble avoir
donné le droit d'une juridiction absolue sur toutes les
parties de la science.

« De nos jours, dit M. Cuvier, les esprits, plus libres
que jamais, ont aussi voulu s'exercer sur ce grand sujet.
Quelques écrivains ont reproduit et prodigieusement
étendu les idées de Maillet : ils disent que tout fut fluide
dans l'origine; que le fluide engendra d'abord des animaux très simples, tels que les monades ou autres espèces
infusoires et microscopiques; que, par la suite des temps,
et en prenant des habitudes diverses, les races de ces
animaux se compliquèrent et se diversifièrent au point
où nous les voyons aujourd'hui. Ce sont toutes ces races
d'animaux qui ont converti par degrés l'eau de la mer en
terre calcaire. Les végétaux, sur l'origine et les métamorphoses desquels on ne nous dit rien, ont converti, de
leur côté, l'eau en argile; mais ces deux terres, à force
d'être dépouillées des caractères que la vie leur avait
imprimés, se résolvent, en dernière analyse, en silice; et
voilà pourquoi les anciennes montagnes sont plus siliceuses que les autres. Toutes les parties solides de la terre

doivent donc leur naissance à la vie; et, sans la vie, le globe serait encore entièrement liquide (1).

« D'autres écrivains ont donné la préférence aux idées de Kepler. Comme ce grand astronome, ils accordent au globe lui-même les facultés vitales : un fluide, selon eux, y circule; une assimilation s'y fait aussi bien que dans les corps animés; chacune de ses parties est vivante; il n'est pas jusqu'aux molécules les plus élémentaires qui n'aient un instinct, une volonté, qui ne s'attirent et se repoussent d'après les antipathies et les sympathies. Chaque sorte de minéral peut convertir des masses immenses en sa propre nature, comme nous convertissons nos aliments en chair et en sang. Les montagnes sont les organes de la respiration du globe, et les schistes ses organes sécrétoires; c'est par ceux-ci qu'il décompose l'eau de la mer pour engendrer les déjections volcaniques. Les filons enfin sont des caries, des abcès du règne minéral, et les métaux un produit de pourriture et de maladie : voilà pourquoi ils sentent presque tous si mauvais (2).

« Il faut convenir pourtant que nous avons choisi là des exemples extrêmes, et que tous les géologistes n'ont pas porté la hardiesse des conceptions aussi loin que ceux que nous venons de citer; mais, parmi ceux qui ont procédé avec le plus de réserve, et qui n'ont point cherché leurs moyens hors de la physique ou de la chimie ordi-

(1) Voyez la *Physique* de Rodig , pag. 106, Leipsig, 1801 ; et la pag. 169 du 2e tome de Telliamed. M. de Lamarck est celui qui a développé, dans ces derniers temps, ce système avec le plus de suite et de sagacité dans son *Hydrogéologie* et dans sa *Philosophie géologique.*

(2) M. Patrin a mis beaucoup d'esprit à soutenir cette manière de voir, dans plusieurs articles du *Nouveau Dictionnaire d'histoire naturelle.*

naire, combien ne règne-t-il pas encore de diversité et de
contradiction !

« Chez l'un, tout est précipité successivement par cristallisation, s'est déposé à peu près comme il est encore ;
mais la mer, qui couvrait tout, s'est retirée par degrés (1).

« Chez l'autre, les matériaux des montagnes sont sans
cesse dégradés et entraînés par les rivières, pour aller au
fond des mers se faire échauffer sous une énorme pression, et former des couches que la chaleur qui les durcit
relèvera un jour avec violence (2).

« Un troisième suppose le liquide divisé en une multitude de lacs placés en amphithéàtre les uns au-dessus
des autres, qui, après avoir déposé nos couches coquil-
lières, ont rompu successivement leurs digues pour aller
remplir le bassin de l'Océan (3).

« Chez un quatrième, des marées de 7 à 800 toises ont,
au contraire, emporté, par la suite des temps, le fond des
mers, et l'ont jeté en montagnes et en collines dans les
vallées ou sur les plaines primitives du continent (4).

« Un cinquième fait tomber successivement du ciel
comme les pierres météoriques, les divers fragments dont
la terre se compose, et qui portent dans les êtres inconnus dont ils recèlent les dépouilles l'empreinte de leur
origine (5).

(1) **M. Delamétherie** admet la cristallisation comme cause principale, dans sa
Géologie.

(2) **Hutton et Playfair,** *Illustrations of the Huttonian theory of the earth,* etc.
Edimbourg, 1802.

(3) **Lamanon,** en divers endroits du *Journal de physique.*

(4) **Dolomieu,** en divers endroits du *Journal de physique.*

(5) **MM. de Marschall** , *Recherches sur l'origine et le développement de
l'ordre actuel du monde,* Giessen, 1802.

« Un sixième fait le globe creux, et y place un noyau d'aimant qui se transporte, au gré des comètes, d'un pôle à l'autre, entraînant avec lui le centre de gravité et la masse des mers, et noyant ainsi alternativement les deux hémisphères (1). »

Après avoir exposé ainsi les principales hypothèses auxquelles on a bien voulu jadis donner le nom de *théories de la terre*, nous ajouterons avec M. Ampère « qu'aujourd'hui, grâce aux travaux des géologues mo- « dernes, et surtout à ceux de M. Élie de Beaumont, la « théorie de la terre s'est élevée au rang d'une véritable « science (2). «

(1) M. Bertrand, *Renouvellement périodique des continents terrestres*, Hambourg, 1779.

(2) Ampère, *Essai sur la philosophie des sciences*, page 90.—Dans cet essai l'illustre auteur propose lui-même un système de géogonie ; on en trouvera une exposition parmi les pièces placées à la fin de ce volume.

LETTRES

SUR

LES RÉVOLUTIONS

DU GLOBE.

⟶⊙⟵

LETTRE I.

DE LA MASSE INTERNE DU GLOBE.

C'EST donc sérieusement, Madame, que vous exigez de moi que je continue de vous entretenir par écrit de la science qui fit le sujet de nos derniers entretiens?

J'aurais certainement plus d'une raison à vous présenter pour me dispenser d'obéir à un ordre semblable : car, en laissant de côté ce qui me regarde, et pour ne parler que de vous, comment n'avez-vous pas songé que si j'ai pu vous intéresser un instant en offrant à votre esprit des considérations nouvelles, il n'en sera plus de même quand une lettre viendra vous apporter périodiquement des idées avec lesquelles vos propres réflexions vous auront déjà familiarisée? Une lettre vous dira souvent ce que vous savez déjà, et ne vous dira peut-être pas toujours ce que vous désirez apprendre.

J'aurais encore bien d'autres motifs à vous opposer; mais vous avez prévu toutes les objections en annonçant formellement l'intention de n'en écouter aucune. Je vais donc entrer en matière, mais si je deviens obscur ou ennuyeux, ne manquez pas de m'en avertir.

Notre terre a, comme tout le monde sait, la forme d'un sphéroïde (1) un peu aplati vers les pôles. Son rayon est de 1500 lieues. Les plus hautes montagnes ne s'élèvent pas à plus de deux lieues au-dessus du niveau de l'Océan; très peu de pays se trouvent situés naturellement au-dessous de ce niveau (2); et les plus grandes profondeurs auxquelles nous soyons parvenus en creusant dans les carrières, et surtout dans les mines, n'excèdent pas 1800 pieds. Les inégalités du sol sont donc bien peu de chose quand on les compare à la masse totale du sphéroïde terrestre; et si la profondeur des abîmes creusés à sa surface nous effraie, si l'élévation des montagnes dont nous voyons les sommets se perdre dans les nues nous confond d'étonnement, c'est que nous les jugeons en les comparant à l'extrême petitesse des objets qui nous entourent.

(1) On appelle *sphéroïdes* les corps dont la forme se rapproche de celle de la sphère; toutes les planètes sont des sphéroïdes plus ou moins réguliers.

(2) Les plaines qui environnent la mer Caspienne nous offrent l'exemple, unique, il est vrai, d'une grande étendue de pays située à une centaine de pieds au-dessous du niveau de l'Océan. On trouvera dans une des notes placées à la fin du volume quelques détails sur ce fait singulier qui n'a pas été admis sans contestation, mais qui est aujourd'hui hors de doutes.

La terre, dont la superficie nous semble si inégale et si hérissée d'aspérités, offrirait à un être capable d'en embrasser le contour d'un seul coup d'œil l'aspect d'un globe aussi uni que ceux qui sortent des mains d'un ouvrier qui vient de les polir.

Supposons le sphéroïde terrestre représenté par une boule de trois pouces de diamètre : si on voulait sur cette boule figurer en relief les inégalités qui se trouvent à la surface de la terre, des protubérances légères, et presque insensibles même à l'œil armé d'un microscope, y tiendraient lieu des plus hautes montagnes ; la plus légère égratignure dont sa surface pourrait être effleurée serait plus profonde, relativement à son diamètre, que ne le sont pour celui de la terre nos plus grandes cavités artificielles ; et la vapeur qu'un souffle y ferait condenser serait peut-être trop épaisse pour représenter l'atmosphère jusqu'à la hauteur où se forment les nuages.

Pour nous, atomes imperceptibles, qui végétons dans cette légère couche d'air humide, il n'y a point d'expression pour peindre notre petitesse et la faiblesse de nos moyens quand nous les employons à agir sur notre globe.

Et pourtant cet atome si faible a mesuré la terre, dont les dimensions l'écrasent ; il a mesuré le soleil, un million de fois plus gros qu'elle ; il a calculé la distance qui le sépare de cet astre, dont ses faibles regards ne peuvent soutenir l'éclat ; il a reconnu dans les milliers d'étoiles qui brillent au firmament autant de soleils répandus dans l'immensité de l'univers et emportant avec eux les globes sans lumière dont ils règlent tous les mouvements. Capable dans sa petitesse de s'élever à l'idée d'un espace sans bornes, la terre n'est plus aux yeux de sa pensée agrandie qu'un grain de sable perdu dans les espaces infinis.

N'y a-t-il pas là, Madame, de quoi faire bien des réflexions sur la supériorité de l'esprit humain, qui lui fait concevoir de si grandes choses, quand la nature semble l'avoir condamné à végéter dans un cercle si étroit? Pourtant je n'ajouterai pas un seul mot : souvenons-nous seulement, dans tout ce que nous aurons à dire sur les révolutions du globe, que nos moyens pour le modifier sont si faibles, qu'on peut à peine compter pour quelque chose l'influence qu'il nous a été donné de pouvoir exercer sur lui.

On distingue ordinairement dans le sphéroïde terrestre deux parties dont les limites ne sont fixées que d'une manière arbitraire : 1° la masse interne, c'est-à-dire la partie centrale, à laquelle nous ne pourrons sans doute jamais parvenir; 2° l'écorce minérale, qui sert d'enveloppe à la masse interne, et dont l'observation ne peut nous faire connaître que la partie la plus superficielle : on peut imaginer que cette enveloppe est épaisse de 10 ou 12 lieues.

A ces deux parties principales nous joindrons, pour les étudier à part, 1° la masse des eaux, qui couvre plus des trois quarts de la superficie du globe; 2° la masse atmosphérique, partie gazeuse qui l'entoure et l'embrasse dans toute son étendue, en s'élevant à une hauteur indéterminée.

Nous parlerons d'abord de la masse interne.

Il n'est probablement personne qui ne se soit demandé

plus d'une fois si la terre reste constamment à peu près la même dans toute son épaisseur, présentant vers son centre une suite de couches analogues à celles qu'on rencontre près de sa superficie, ou si, à une certaine profondeur, on trouve constamment sur tous les points du globe une seule et même substance qui en remplisse tout l'intérieur. Ces questions, que tout le monde se fait, les géologues n'ont pas manqué de se les faire; et pour y répondre ils ont imaginé les hypothèses les plus diverses. Ils ont supposé l'intérieur de la terre rempli d'eau, ou de gaz, ou d'une énorme masse de pierre aimantée, ou de métaux, soit solides, soit à l'état liquide. Diderot, cherchant surtout à s'expliquer l'action magnétique de la terre, regardait la partie interne du globe comme formée d'un noyau vitrifié, sur lequel la coque extérieure mobile produisait, par son frottement, le même effet que les coussins d'une machine électrique sur son plateau.

Toutes ces hypothèses ne peuvent plus être soutenues aujourd'hui qu'on sait qu'elles sont incompatibles avec ce que des calculs incontestables peuvent nous apprendre sur la constitution de notre planète.

Nous connaissons en effet exactement le volume de la terre, et il nous est également possible de calculer sa pesanteur : la physique nous fournit, pour arriver à cette connaissance, deux moyens différents et dont les résultats, qui s'accordent assez bien entre eux, donnent tous les deux un poids si considérable, qu'il devient nécessaire que l'intérieur du globe soit notablement plus dense que la croûte minérale, telle que l'observation nous la montre dans les couches supérieures. Ce n'est donc ni de gaz ni d'eau que la masse interne est formée, et ce n'est pas même des pierres les plus pesantes que nous connaissions, car, dans cette dernière supposition, le sphéroïde entier devrait avoir un poids deux fois moindre environ que celui que donnent les calculs dont nous avons parlé. Ces calculs, en effet, lui assignent un poids égal à cinq fois et demi environ celui d'un volume égal d'eau distillée, en d'autres termes une densité qui serait représentée par 5,5, ou plus exactement par 5,44, celle de l'eau étant prise pour unité (1), tandis que la densité des pierres que nous employons dans nos constructions est toujours au-dessous de 3. La densité du granite d'Égypte et du porphyre, par exemple, est représentée par 2,76, celle du marbre de Carrare est 2,72, du quartz et du grès le plus lourd, 2,56, de la pierre de Saint-Cloud, 2,21, de la pierre d'Arcueil, 2,06, celle de la pierre de Saint-Leu enfin, 1,58 seulement. Toutes les roches en un mot qui dominent dans la composition des couches terrestres que nous avons pu explorer, ont une densité fort au-dessous de la densité moyenne du globe, d'où résulte la nécessité que les substances auxquelles on arriverait en pénétrant plus profondément, aient une densité supérieure à cette moyenne. L'augmentation ne se fait pas sans doute brusquement, car si, comme tout le démontre, la terre était à l'état

---

(1) Playfair estimait cette densité égale seulement à 4,7; Cavendish, par un moyen tout différent et susceptible d'une plus grande précision, l'avait trouvée de 5,5. Tout récemment M. Reich, en opérant par la méthode de Cavendish, mais avec des instruments beaucoup plus parfaits, a trouvé 5,44. Tout porte à croire que les nombres auxquels on arrivera désormais ne différeront que très-peu de celui-ci.

fluide lorsqu'elle a pris sa forme, les matières dont sa masse se compose ont dû s'y arranger en raison de leur pesanteur spécifique; de sorte que la densité des couches situées au-dessous de la mince croûte qui nous est connue irait en augmentant progressivement, de la surface vers le centre.

Les substances pesantes dont se compose la masse interne n'y existent probablement pas à l'état de solidité que leur donne la température qui règne à la surface du sol. Tout tend à prouver qu'elles y sont soumises à l'action d'une chaleur capable de les tenir dans un état de fusion constante : c'est ce que pouvaient de tout temps faire supposer ces masses énormes de matières liquides que vomit le sein de la terre par le cratère des volcans.

Les sources minérales, les eaux thermales de toute espèce, dont quelques-unes conservent presque la chaleur de l'eau bouillante en arrivant à la surface du sol, nous offrent de nouvelles preuves de la température qui règne à une certaine profondeur.

Non contents de ces considérations générales, qui pourraient ne présenter qu'une apparence trompeuse, plusieurs de nos physiciens et de nos géologues se sont occupés de déterminer par des mesures rigoureuses si réellement la chaleur des couches augmente à mesure qu'elles sont situées plus profondément, et ils ont reconnu qu'il en était ainsi, au moins pour les profondeurs auxquelles il nous est possible de parvenir.

Au nombre des observations les plus curieuses sur ce sujet, on doit d'abord citer celles de M. Trebra, inspecteur des mines en Saxe, qui, ayant occasion de visiter les cavités artificielles les plus profondes, a reconnu, après des expériences réitérées et faites avec le plus grand soin, que la température des roches s'élève constamment en proportion de la profondeur à laquelle on l'observe, et qui même a cru pouvoir établir que cette augmentation a lieu d'une manière régulière, et qu'elle est d'un degré par 100 pieds.

Un grand nombre d'autres observations, faites par différents géologues en plusieurs pays, ont toutes conduit à la même conclusion sur l'élévation de température des couches profondes; et les résultats auxquels elles ont conduit diffèrent de celui de M. Trebra en cela seulement que les observateurs n'ont pas cru pouvoir décider que l'augmentation de température eût lieu partout de la même manière, et qu'ils ont de plus remarqué que celle qui correspond à une profondeur donnée varie très sensiblement suivant les localités.

Parmi nous, M. Cordier, qui s'est particulièrement livré aux recherches qui nous occupent, a cherché à établir la réalité de cette augmentation irrégulière de la chaleur des couches situées à une certaine profondeur. Il a cru apercevoir que la différence d'accroissement se trouve, dans certaines localités, surpasser du double ce qu'elle est dans d'autres.

En général pourtant, l'augmentation de chaleur lui a paru plus rapide que ne l'avait trouvée M. Trebra, et la moyenne des observations qui lui sont propres lui ferait penser qu'elle peut aller à un degré par 22 mètres, ou 70 pieds environ. Ce dernier résultat pourtant n'est donné par notre académicien que comme approximatif,

les observations étant bien éloignées d'être assez nombreuses pour permettre de fixer aucune mesure définitive.

Les observations faites dans les mines ne sont pas les
seules qui puissent être invoquées en faveur de l'augmentation de chaleur des couches profondes, et un de
nos plus célèbres académiciens (M. Arago) a trouvé le
moyen de constater cette augmentation par des expériences qui ne laissent rien à désirer pour les profondeurs auxquelles elle s'appliquent; son procédé consiste
à prendre la température de l'eau des sources dites *arté-
siennes*, de celles qui viennent de profondeurs considérables, et qui, d'après la loi connue de l'équilibre de la
chaleur, ne peuvent manquer de donner très exactement
la température des couches dans lesquelles elles ont séjourné. Le résultat des expériences assez nombreuses
faites, tant par M. Arago que par les physiciens qui se
sont empressés de concourir à ses recherches, a été de
nature à mettre hors de doute l'élévation de la chaleur
dans les couches situées à une certaine profondeur au-
dessous du sol.

Il semblera peut-être qu'employer tant de moyens
divers pour s'assurer du degré de chaleur des couches
terrestres situées au-dessous du sol, c'est prendre des
moyens bien détournés pour arriver à une connaissance
qu'on pourrait acquérir d'une manière directe. Pourquoi
ne pas creuser tout simplement jusqu'à ce qu'une cause
quelconque forçât de s'arrêter, et ne pas suivre le conseil
de Maupertuis, auquel Voltaire a tant reproché d'avoir
demandé qu'on fit un trou jusqu'au centre de la terre?

Ce serait assurément le moyen le plus sûr de savoir ce qui s'y trouve, et c'est dommage que l'entreprise soit impraticable.

Pour arriver seulement à 10 ou 12 lieues il faudrait un travail et des dépenses immenses. Cependant il serait bien curieux de tenter quelque chose dans ce genre, quand on devrait se borner à profiter des travaux exécutés dans les mines les plus profondes pour y enfoncer une sonde ; on pourrait ainsi avec une dépense qui n'excéderait pas celle que pourrait y consacrer un simple particulier, porter un thermomètre à 1500 pieds au moins au-dessous de ces cavités : ce qui devrait donner, même dans l'hypothèse de Trebra, une élévation de 15 degrés au-dessus de la chaleur des mines profondes, or, on sait que, dans quelques-unes de leurs excavations, la chaleur est déjà si forte, que les ouvriers sont obligés d'y travailler nus.

Au surplus, si quelque gouvernement voulait entreprendre de se livrer à des recherches qui seraient d'un si haut intérêt pour la science, il pourrait arriver à des résultats beaucoup plus concluants, et constater au moins si, à une distance très voisine de la surface du sol, à quelques milliers de toises, par exemple, au-dessous des mines les plus profondes, la chaleur ne deviendrait pas telle, qu'elle s'opposerait à tout travail ultérieur.

Quoi qu'il en soit, ce que je viens d'exposer suffit pour établir un fait important ; c'est qu'il est impossible de supposer que la terre n'ait pas d'autre chaleur que celle qui lui est communiquée par les rayons du soleil.

Dans cette supposition, en effet, on trouverait sous

chaque latitude, à une certaine profondeur, une température qui serait la moyenne entre toutes celles qui se succèdent à la surface, et qui se prolongerait toujours la même, jusqu'aux plus grandes profondeurs. Mais les choses se passent autrement.

Il suffit bien, à la vérité, de s'enfoncer quelques pieds au-dessous du sol pour rendre peu sensibles les variations de température, comme tout le monde peut l'observer dans les caves un peu profondes (1), et pour rendre ces variations rigoureusement nulles, il ne faut que descendre un peu plus bas (2), comme cela se voit dans les

(1) **M.** Quetelet, directeur de l'Observatoire de Bruxelles, a établi récemment dans cette ville un système d'observations analogues à celles qui se font depuis un grand nombre d'années à Paris, et il s'est attaché en particulier à déterminer les variations annuelles dans la température du sol à différentes profondeurs. Voici les résultats qu'il a obtenus pour 1834 et 1835 :

EXCÈS DU MAXIMUM SUR LE MINIMUM DE
TEMPÉRATURE ANNUELLE.

Thermomètres.	1834	1835
A 0,58 pieds de profond.	13°,44 centigr.	12°,10 centigr.
1,38	12, 56	11, 54
2,51	11, 50	10, 38
3,08	10, 78	9, 64
6,00	7, 53	7, 00
12,00	4, 66	4, 53
24,00	1, 30	1, 51

On ne peut s'empêcher, en jetant les yeux sur ce tableau, d'être frappé de la rapidité avec laquelle diminuent les variations quand la profondeur augmente.

(2) Dans nos climats, la couche terrestre, qui n'est sujette ni aux variations de température qui ont lieu dans le cours d'une journée, ni à celles qui ont lieu dans le cours d'une année, se trouve située à une fort grande distance de la surface du sol. Il n'en est pas de même sous les tropiques; et, d'après les observations de **M.** Boussingault, il suffit de descendre un thermomètre à la simple profondeur d'un tiers de mètre pour qu'il marque constamment le même degré, à un ou deux dixièmes près. Il faut remarquer cependant que ce résultat a été obtenu en faisant l'expérience dans un lieu abrité, (comme sous un hangard), où le sol était à l'abri de l'échauffement direct produit par l'absorption des rayons solaires, à l'abri du rayonnement nocturne et de l'infiltration des pluies. En plein air, dans des lieux non abrités, il faudrait s'enfoncer

caves de l'Observatoire, qui sont à 87 pieds sous terre, et où les observations thermométriques faites depuis un demi-siècle montrent que la température est restée constante. Mais, si on s'enfonçait plus bas, on trouverait une température de plus en plus élevée, ce qui suffit pour prouver l'existence d'une source de chaleur interne.

A la surface du sol, la chaleur solaire a besoin, pour agir d'une manière énergique, d'être concentrée par la réflexions des corps sur lesquels elle tombe; aussi son effet est-il presque nul sur une surface située à une certaine hauteur au milieu d'un air pur. C'est pour cette raison que le sommet de toutes les hautes montagnes est couvert de neiges perpétuelles.

Si, au lieu de gravir une montagne, on s'élève à l'aide d'un ballon, on trouve encore le refroidissement de l'atmo-

plus profondément pour atteindre la couche douée d'une température constante.

Dans les climats où la température moyenne des jours, au lieu de rester sensiblement la même pendant tout le cours de l'année, comme c'est le cas près de l'équateur, est au contraire extrêmement différente suivant les saisons, il faut descendre très profondément pour arriver à la couche de température constante. Ainsi, à Yakoutsk, ville de Sibérie, où pendant le mois de juin le thermomètre monte dans la journée à 26° et plus, tandis que dans le mois de décembre il s'abaisse ordinairement jusqu'à 41° cent. au-dessous de zéro, et dans quelques années jusqu'à 48°, c'est à une profondeur de 50 pieds anglais (15 mètres 24 décimètres) que l'on voit le mercure se soutenir constamment à 7°,5 cent., qui est la température moyenne du lieu déduite des observations thermométriques faites à l'air libre pendant plusieurs années consécutives. C'est ce qu'a reconnu M. Erman en descendant ses instruments au fond d'un puits que faisait creuser un négociant nommé M. Schergin, et qui était arrivé seulement alors à la profondeur que nous avons indiquée. Les travaux avaient été entrepris d'abord pour avoir de l'eau ; mais comme la température trouvée à 15 mètres montrait qu'il faudrait aller au-delà de 100 pour arriver aux couches dégelées, c'est dans un but purement scientifique que M. Schergin a fait continuer l'opération. On s'est arrêté à une profondeur de 116 mètres, et à ce point le thermomètre était encore à plus d'un demi-degré au-dessous de zéro.

sphère beaucoup plus rapide; ce qui tient au plus grand isolement de l'observateur et à l'absence de tout corps propre à réfléchir les rayons solaires. Un célèbre physicien (M. Gay-Lussac), dans une expérience où il s'éleva à une lieue et demie environ au-dessus de Paris, fut soumis à un froid de 12 degrés au-dessous de la glace : ce jour-là il régnait, à la surface de la terre, une chaleur de 25 degrés; plus haut encore, l'influence des rayons solaires diminuerait, et on trouverait un froid que nul homme ne pourrait supporter au-delà de quelques instants.

Il y a pourtant une limite au-delà de laquelle le froid cesserait de devenir plus intense; c'est ce que tout le monde comprendra facilement; mais ce qu'on n'imaginera pas d'abord, et ce qui pourtant est constant, c'est qu'on est parvenu à fixer quelle doit être cette limite. On sait que le froid irait en augmentant rapidement jusqu'à 40 degrés au-dessous de la glace (ce qui donne un peu plus que le degré de froid suffisant pour la congélation du mercure), mais qu'alors le thermomètre resterait stationnaire, quelle que fût la distance à laquelle on s'éloignât de la terre; enfin, que cette température est celle des espaces planétaires de notre système solaire. C'est à M. Fourier qu'est dû ce curieux résultat. Ne me demandez pas comment ce grand géomètre a pu y arriver; c'est son secret et celui du petit nombre d'hommes qui peuvent être initiés à ses profondes recherches. Qu'il nous suffise de savoir que plusieurs considérations, outre la manière dont la température baisse à mesure qu'on s'élève dans l'atmosphère, ont pu l'y conduire. N'est-il pas évident, par exemple, que la différence qu'on observe entre la température qui règne pendant les heures où le soleil brille sur l'horizon et celles de la nuit, dépend nécessairement de cette température des espaces planétaires ; que la différence des saisons est aussi nécessairement modifiée par elle. Il n'en faut pas davantage à un géomètre profond pour qu'il puisse, à l'aide de ses calculs, remonter, d'une manière certaine, des effets connus à la cause qui les produit.

Au surplus, ce qui assure la certitude du résultat annoncé par M. Fourier, c'est que, quel que soit le phénomène connu, et influencé par la température planétaire, d'où l'on veuille partir pour arriver à la connaissance de cette température, le calcul donne toujours le même résultat.

Les mêmes recherches ont appris d'une manière certaine à M. Fourier que la température des pôles, sur la surface desquels la chaleur propre du globe doit être très peu sensible, et qui ne sont d'ailleurs qu'effleurés par les rayons solaires, doit être de très peu supérieure à celle des espaces planétaires, résultat qui fait évanouir bien des suppositions sur l'existence d'une mer libre au-delà des glaces éternelles, et environnant immédiatement les pôles (1).

Il y a soixante ans, un astronome de Gœttingue (Mayer) supposait que la température moyenne du pôle nord n'était pas inférieure à zéro, c'est-à-dire à celle de la glace fondante. Le célèbre navigateur Scoresby a détruit,

____

(1) Voyez à la fin du volume la note sur les recherches de **M. Fourier.**

il y a quelques années, cette erreur. Un peu plus tard, le capitaine Parry, si connu par ses courageuses entreprises, nous a appris que, dans l'île Melville, sous le 75e degré de latitude, la température moyenne de l'année était de — 18 degrés; on a calculé qu'en admettant un refroidissement progressif jusqu'au 90°, sa température moyenne devait être de 32 degrés au-dessous de la glace, en supposant toutefois qu'au de là du continent d'Amérique il se trouvât encore de vastes terres; car, dans le cas où l'Océan se prolongerait jusqu'au pôle, la température devrait être supérieure, et pourrait ne pas être au-dessous de celle de l'île Melville, — 18° (18 degrés au-dessous de la glace).

Mais revenons à ce qui regarde l'intérieur du globe.

Si la croûte minérale était moins épaisse, la chaleur interne, devenant plus sensible à la surface du sol, lui ferait éprouver une température plus élevée que celle que nous ressentons dans l'état actuel des choses; aussi tout porte à croire que la surface de la terre a été jadis douée d'une température bien plus élevée que celle que nous lui voyons aujourd'hui.

Un grand nombre de naturalistes ont même été conduits à regarder notre globe comme un petit soleil encroûté. Suivant eux, sa masse entière aurait été primitivement incandescente comme celle du soleil. Par suite de son mouvement dans l'espace, il se serait assez refroidi pour permettre la solidification de l'enveloppe la plus extérieure. Cette enveloppe solide a dû, dans cette hypothèse, devenir de siècle en siècle plus épaisse; et la terre, qui se refroidit ainsi peu à peu, est irrévocablement condamnée à finir par n'être plus qu'une masse glacée, roulant sans vie autour d'un soleil dont la chaleur, diminuant aussi peu à peu, finira également par se dissiper entièrement.

Personne n'a le droit de mépriser une pareille opinion, car elle a été admise par Buffon ; mais ne nous en effrayons pas trop non plus, car d'autres savants ont prétendu avoir de fort bonnes raisons pour nous rassurer. L'un des plus célèbres d'entre eux (1) a même prouvé mathématiquement que, dans l'état actuel des choses, la chaleur interne du globe, si tant est qu'elle ait encore quelque influence sur la température de sa surface, ne peut l'élever de plus d'un dixième de degré, terme moyen ; d'où il suit que le refroidissement total du globe n'entraînerait aucun changement appréciable dans les saisons de chaque climat, tant que l'intensité de la chaleur fournie par le soleil restera la même : or, rien ne prouve que cette chaleur ait diminué depuis les temps les plus reculés.

Plusieurs géologues, dont les opinions, il est vrai, ne sont pas plus fondées que celle de Buffon, ne nous offrent pas une perspective plus agréable : ils nous condamnent, nous, ou plutôt nos descendants, à voir les fleuves, les lacs, les rivières, toutes les mers, et l'Océan lui-même, s'évaporer peu à peu, jusqu'à ce que la terre desséchée prenne feu au soleil (2). Mal pour mal, je pré-

---

(1) **M. Fourier.**

(2) On a vu que telle était à la fin du dix-septième siècle l'opinion soutenue par Whiston. Elle a été reproduite à diverses reprises dans le dix-huitième siècle par des hommes qui ne connaissaient point l'ouvrage du géologue

férerais cette fin à l'autre : elle est plus prompte, et le
grand feu d'artifice qu'elle offre en perspective effraie
moins l'imagination que l'éternelle mort glacée dont nous
menaçait Buffon.

Ajoutons que quelques chimistes nous assurent que la
terre doit renaître de ses cendres, et que cette grande
combustion donnera lieu à une quantité d'eau si considérable, qu'il faudra qu'il s'en évapore pendant bien des
siècles avant que quelques continents soient mis de nouveau à découvert.

Je terminerai cette lettre par une remarque qui vous
frappera sans doute; c'est que, quelque considérable
que soit de nos jours le nombre des volcans, il a dû
l'être beaucoup plus encore autrefois. Il n'y a pas,
en effet, de pays où l'on ne trouve, pour ainsi dire à
chaque pas, des traces de volcans éteints reconnaissables par les laves dont ils ont couvert le sol des environs, et qui s'étendent souvent à de très grandes
distances.

Quelques géologues ont même été jusqu'à prétendre
que toutes les montagnes avaient une origine volcanique. Cette opinion, à l'époque où elle a été émise pour
la première fois, n'a pu manquer d'être considérée
comme très hasardée, pour ne rien dire de plus; et ceux
qui la mettaient en avant n'auraient pu produire les faits
nécessaires pour la bien appuyer. L'expression, d'ailleurs, était inexacte; elle aurait été plus juste si l'on
eût dit que le relief des montagnes est en grande partie

anglais, lequel lui-même ignorait sans doute qu'elle avait déjà été soutenue
nombre de fois.

dû à des phénomènes volcaniques, en prenant le mot volcanique dans le sens large que lui donne M. de Humboldt. Ce savant, en effet, définit la volcanicité, *« l'influence qu'exerce l'intérieur d'une planète sur son enveloppe extérieure dans les différents stades de son refroidissement, »* et la plupart des géologues aujourd'hui adoptent cette définition, qui permet de ne point séparer les uns des autres des résultats dus à une cause identique, mais agissant avec des degrés différents d'intensité.

Les premiers volcans de la terre se sont presque tous ouverts dans le terrain primitif, avant que les terrains secondaires fussent formés ; ils ont depuis été recouverts par ces terrains, dont la formation successive est si évidemment due à la mer ou à d'immenses lacs d'eau douce. Mais n'anticipons pas sur ce que je pourrai avoir à vous dire plus tard, et contentons-nous de remarquer combien cette immense quantité de volcans ouverts dans le sol primitif quand l'écorce solide de la terre était moins épaisse, est favorable aux opinions dont je vous ai parlé. Plus tard, par la double raison de la diminution d'activité du foyer intérieur, et de l'augmentation d'épaisseur de la couche qui le recouvre, l'éruption des volcans a dû être beaucoup moins fréquente, et c'est ce qui est arrivé en effet.

Vous voyez que tous les phénomènes s'accordent assez bien avec la supposition que la masse entière du globe terrestre a été primitivement dans un état d'incandescence, et même de volatilisation. Ce qui confirme encore cette hypothèse, c'est la forme même de la terre, renflée à l'équateur, aplatie au pôle; cette forme étant précisément celle que l'action de la pesanteur a dû imprimer à une masse liquide. Une seule chose embarrassait les géologues partisans de l'incandescence primitive : c'était la difficulté de concevoir comment certaines roches, dont jusqu'ici on n'avait pu obtenir la fusion et la recomposition par aucun procédé artificiel, avaient pu être le résultat d'une cristallisation (1) au commencement des choses. Mais cette difficulté n'existe plus : un chimiste allemand, M. Mitscherlich, est parvenu il y a peu d'années à former ainsi les substances pierreuses. En exposant à la chaleur des hauts fourneaux les matières trouvées par l'analyse dans plusieurs espèces de cristaux qui entrent dans la composition des roches, il a vu se reproduire ces cristaux avec leur forme et leur caractère. Il a refait ainsi de l'amphibole, du mica, de l'hyacinthe. « Cette précieuse découverte, dit M. Cuvier (2), paraît porter enfin presque au degré d'une démonstration rigoureuse une hypothèse célèbre, avancée sans preuve par Descartes, Leibnitz et Buffon, et à laquelle les travaux récents de M. de Laplace avaient déjà donné un haut degré de vraisemblance. On peut donc regarder aujourd'hui comme une chose à peu près prouvée, que la terre a une chaleur propre, indépendante de celle qu'elle reçoit du soleil, et qui est un reste de sa chaleur originaire. Ce retour aux idées énoncées jadis par nos plus grands

____

(1) **On appelle** *cristallisation* **la forme régulière que prennent constamment certains corps en passant de l'état liquide à l'état solide.**

(2) **Discours sur les progrès récents de la chimie, prononcé en mai 1826, dans une séance des quatre académies.**

hommes prouve qu'il ne faut jamais mépriser les conjectures même les plus hasardées des hommes de génie :
c'est un de leurs priviléges que la vérité leur apparait
souvent jusque dans leurs rêves. »

LETTRE II.

DES TREMBLEMENTS DE TERRE.

Comme les volcans paraissent tous avoir leurs foyers situés dans les plus grandes profondeurs, et au-dessous même des terrains primitifs, on doit présumer que leurs éruptions s'engendrent dans des points très voisins de la masse interne, si elles ne sont pas produites par la masse interne elle-même, comme il y a quelque raison de le croire.

C'est donc des volcans que je dois maintenant vous parler, pour suivre l'ordre que je me suis prescrit; mais les tremblements de terre sont des phénomènes qui accompagnent si fréquemment leurs éruptions, que je commencerai par vous en dire quelques mots, quoique peut-être je n'aie rien de nouveau à vous en apprendre.

Les tremblements de terre n'ont pas lieu uniquement sur les continents; ils agitent souvent le fond de la mer, la masse entière de ses eaux, et la secousse se communique parfois d'une manière très sensible aux vaisseaux qui voguent à sa surface. Le capitaine Oxman voyageant en 1660 dans les mers du Sud, le vaisseau éprouva des secousses qui occasionnèrent une grande frayeur à l'équipage. On jeta l'ancre, et on vit qu'on était bien loin de toucher la terre. La même chose arriva à Lemaire dans

le détroit qui porte son nom. Le fameux tremblement de
terre qui détruisit Lisbonne, le 1er novembre 1755, se
prolongea, à ce qu'il paraît, à des distances immenses;
et, le même jour, une agitation extraordinaire des eaux,
sans aucun mouvement sensible sur la terre, fut observée
en divers endroits de l'Angleterre (1).

Les tremblements de terre se font ressentir, tantôt
dans un espace très limité, tantôt dans une étendue de
pays très considérable; on en a vu agiter le sol à plusieurs centaines de lieues, et, dans ce cas, ils n'ont peut-
être jamais lieu sans être suivis d'éruptions volcaniques.

Les pays qui avoisinent les volcans brûlants sont incontestablement les plus exposés aux tremblements de
terre; mais il existe quelques régions, comme la côte de
Barbarie et le pays de Maroc, qui font exception à cet
égard : ils sont agités de secousses fréquentes, sans avoir
à souffrir des ravages des volcans. Une chose remarquable pourtant, c'est que, dans les pays où ce phénomène se remarque, on retrouve des traces incontestables
de volcans éteints. Il me semble, Madame, que ceci
prouve d'une manière assez évidente que la cause des
tremblements de terre est toujours analogue à celle qui
produit les éruptions; et que, si quelquefois ils se font
ressentir sans en être accompagnés ni suivis, cela tient à
ce que l'effort des matières enflammées n'est pas assez
considérable pour triompher de la résistance que lui
oppose la croûte minérale.

Le revers méridional des Pyrénées est exposé à des

____

(1). *Transactions philosophiques.*

secousses si fréquentes, que M. Ramond a compté à
Bagnère-de-Bigorre jusqu'à soixante tremblements de
terre : aussi remarque-t-on de toutes parts, dans ces
montagnes, des traces très évidentes d'éruptions volcaniques. Au reste, il ne faut pas perdre de vue que, quand
il n'y a pas de volcans dans les pays à tremblements de
terre, on y remarque constamment des sources thermales.

Les secousses des tremblements de terre diffèrent,
quant à la durée, depuis quelques secondes jusqu'à deux
minutes et plus; elles ne diffèrent pas moins quant à leur
nature : tantôt, en effet, elles se font ressentir comme de
simples balancements, comparables à ceux qu'on éprouve
sur les ondes; tantôt on serait tenté de croire qu'elles
sont le résultat d'une percussion violente, qui aurait lieu
de l'intérieur à l'extérieur; quelquefois, enfin, le sol a
l'air de se mouvoir en tournoyant sur lui-même, et l'effet
est assez sensible pour indisposer les personnes susceptibles d'être incommodées par la mer ou étourdies sur les
hauteurs : cet effet a été remarqué très souvent.

Quant à l'intensité des secousses, elle n'est pas moins
variable que leur durée et leur nature; elles sont si
faibles quelquefois, que lors même qu'elles surviennent
au milieu de la nuit, on ne s'en aperçoit guère qu'aux
légers mouvements qu'elles impriment aux corps légers
suspendus dans l'intérieur des maisons; je dis aux corps
légers, car, pour que les cloches des églises, par exemple,
se mettent à sonner, il faut que les murailles qui les soutiennent soient violemment agitées.

Dans les cas où les secousses ont un tel degré de force,

les tremblements de terre sont des phénomènes terribles qui causent des désastres incalculables et ruinent entièrement le pays où ils se font ressentir : tel fut, en 1755, celui qui fit périr plus de quarante mille personnes à Lisbonne et dans les environs; tel fut encore celui qui ravagea la Sicile en 1693, et qui se fit sentir d'une manière si épouvantable à la Jamaïque. Vous avez pu vous-même, il y a peu d'années, lire dans les journaux quelques détails sur les tremblements qui ont détruit Alep, et forcé ceux de ses malheureux habitants qui purent échapper, à abandonner la ville pour chercher leur salut sous des tentes, au milieu des déserts.

Non-seulement ces terribles tremblements de terre détruisent les hommes et leurs habitations, mais ils ont encore assez de puissance pour changer, au point de le rendre méconnaissable, l'aspect du sol qu'ils ont ébranlé; ils précipitent du sommet des plus hautes montagnes d'énormes rochers; quand les couches supérieures se trouvent placées sur un terrain meuble, des montagnes entières peuvent même être renversées, et vont couvrir de leurs débris les plaines sur lesquelles elles dominent. Souvent le cours des fleuves et des rivières est suspendu, les lacs sont subitement desséchés, tandis que des sources d'eau considérables jaillissent dans des lieux inaccoutumés. Sur les côtes, on voit la mer s'éloigner rapidement, et laisser ses rivages à sec, ou bien, au contraire, soulever ses flots d'une manière effrayante, beaucoup au-dessus de leur niveau ordinaire, et inonder de malheureux pays contre lesquels toute la nature paraît conjurée. En 1586, un tremblement de terre, qui eut lieu près de Lima dans une étendue de cent soixante-deux lieues, fit monter la mer de quatorze brasses; à la suite d'un autre, l'île de Formose se trouva, pendant douze heures, presque entièrement couverte par la mer; à Lisbonne, la première secousse fit remonter les eaux du Tage, qui inondèrent la ville.

On a dit souvent que des gaz enflammés s'étaient dégagés des fissures produites par les secousses; mais on ne trouve aucune observation bien constatée de ce fait; et si des incendies violents se sont manifestés quelquefois, comme cela eut lieu à Lisbonne, ce n'a jamais été que dans des lieux habités, où ils ont été produits par des foyers domestiques (1).

Vous comprendrez facilement, sans doute, comment ces déplacements des eaux doivent être le résultat naturel des inégalités, souvent très considérables, qui surviennent subitement dans le sol, agité par les secousses.

Si, en effet, une partie du lit d'une rivière s'élève, cette partie restera nécessairement à sec; et si elle est assez étendue, il en résultera une nouvelle pente en sens contraire de celle qui favorisait le cours du fleuve, qui dès lors remontera réellement vers sa source, dans un espace plus ou moins grand. Il résulte ordinairement de ce mouvement rétrograde une accumulation d'eau et des inondations au point de jonction de la nouvelle pente et de l'ancienne. Le plus souvent ces inondations sont pourtant produites d'une manière différente : elles résultent d'une digue instantanément formée par l'éboule-

(1) Cette remarque ne s'applique pas aux tremblements de terre ressentis sur l'emplacement même où va s'opérer une éruption volcanique.

ment de quelque montagne, dont les débris, tombant dans le lit du fleuve, arrêtent subitement son cours. Lors du terrible tremblement de terre qui eut lieu à la Jamaïque en 1792, deux montagnes, par leur chute dans le Sixteen-mile-walk, détournèrent si complètement son cours, que, pendant plusieurs jours, les habitants croyaient la masse entière de ces eaux abîmée dans les entrailles de la terre. Les poissons qui restèrent à sec dans le lit du fleuve furent, dit-on, d'une grande ressource pour les malheureux menacés de la disette.

L'élévation des eaux de la mer, et les inondations qui en résultent sur les lieux qu'elle avoisine, sont naturellement le résultat de l'exhaussement de quelque partie de son fond, par suite duquel les eaux sont versées en abondance vers les côtes; tandis qu'au contraire, dans les cas où la mer laisse momentanément ses rivages à sec, on peut être sûr qu'à une distance plus ou moins étendue le sol qu'elle recouvre a subi quelques enfoncements considérables dans lesquels ses eaux se sont écoulées.

La formation des fissures est si facile à concevoir, qu'on voit tout de suite qu'elles sont un résultat nécessaire de l'agitation extrême du sol, des inégalités de niveau qu'il éprouve, et surtout du tassement plus considérable de certaines parties.

Quand on parle des tremblements de terre, il est important, pour s'en faire une idée juste, de se souvenir qu'ils ne consistent presque jamais dans une seule secousse, plus ou moins prolongée, mais qu'on rattache, avec raison, à un même phénomène les secousses qui surviennent en quelques jours, même quand leur nombre monte à plusieurs centaines. Il est des tremblements de terre qui ont duré plusieurs mois, mêmes des années entières, ce qu'on a eu occasion de remarquer particulièrement dans l'Amérique méridionale. Quant à ceux qui ne se composent que d'une seule secousse, ce sont des phénomènes locaux et peu importants. Au contraire, les tremblements de terre qui se font sentir dans une grande étendue de pays produisent dans la composition de la croûte minérale du globe des modifications assez sensibles. Les secousses se communiquent, dans ce cas, très rapidement d'un lieu à l'autre, et elles parcourent quelquefois jusqu'à cent lieues dans moins d'une demi-heure; mais le plus souvent la vitesse est beaucoup moins grande.

Les directions dans lesquelles les secousses se prolongent sont ordinairement liées avec la figure du sol : le plus souvent ces directions ne sont pas douteuses; mais, si les témoignages n'étaient pas d'accord, on saurait toujours à quoi s'en tenir, par la connaissance de l'instant où la secousse a eu lieu dans tel endroit déterminé. Le bruit qui se produit dans ces occasions a toujours été comparé à celui que feraient un grand nombre de chariots chargés, entraînés rapidement sur le pavé.

Vous vous figurez peut-être, Madame, que le bruit du tonnerre et la lumière des éclairs sont des accompagnements naturels de phénomènes aussi terribles que les tremblements de terre : il n'en est rien pourtant; les plus violentes secousses arrivent ordinairement au milieu du calme de l'atmosphère, sur l'état de laquelle ils ne paraissent avoir aucune influence; et si l'aiguille aimantée offre à l'observateur, pendant leur durée, les variations rapides et désordonnées qu'on désigne sous le nom d'affolements, ces variations sont un résultat purement mécanique de la secousse.

Le retour des grands tremblements de terre n'est soumis à aucune périodicité, dans quelque pays que ce soit.

Quant à la fréquence des tremblements de terre, elle est très considérable; et si on réfléchit au nombre prodigieux de relations de ces phénomènes que nous avons depuis quinze ou vingt siècles, au nombre infiniment plus grand qui a eu lieu à des époques plus reculées, et sur lesquels, faute d'historiens, nous n'avons point de renseignements; si, de plus, on considère que plusieurs de ces tremblements de terre ont parcouru une grande partie des continents, on restera convaincu qu'il n'est aucune partie de la terre où l'écorce minérale n'ait été à plusieurs reprises secouée, bouleversée, disloquée par ces terribles phénomènes. Cette considération pourra nous servir pour expliquer l'état fracturé dans lequel se trouve la partie la plus superficielle du sphéroïde terrestre.

C'est avec regret, Madame, que je m'aperçois que la longueur de cette lettre ne me permet pas de vous parler des volcans, dont je vous avais d'abord annoncé que je voulais vous entretenir : ce sera pour la prochaine lettre. Je vous envoie aujourd'hui les relations de deux célèbres tremblements de terre, faites sur les lieux par des hommes qui avaient eu le bonheur d'échapper à ces désastres. De semblables détails, que nous devons à des témoins éclairés, seront sans doute plus propres à vous donner une idée exacte de ces grandes calamités que tout ce que j'ai pu vous dire (1).

(1) Ces relations ont été placées à la fin du volume.

LETTRE III.

DES VOLCANS.

D'après le peu que je vous ai déjà dit sur les volcans, vous devez être assez disposée à les considérer comme de vastes soupiraux, par le moyen desquels quelques parties des matières en fusion qui forment la masse interne s'échappent avec violence pour venir se répandre sur la surface du sol. Cette manière d'envisager les éruptions volcaniques est, je crois, plus satisfaisante qu'aucune de celles qui ont été proposées jusqu'ici pour les expliquer. Toutes les autres hypothèses, en effet, rapportant les éruptions à des causes purement locales, ne peuvent rendre raison de la singulière ressemblance qui existe entre les produits volcaniques rejetés aux extrémités les plus éloignées du globe.

On a cru expliquer suffisamment la formation des volcans en supposant que les matières inflammables renfermées dans le sein de la terre prenaient feu spontanément; mais on n'a pas réfléchi que, pour que la combustion eût lieu, il faudrait nécessairement le contact de l'air, et que le foyer des volcans est situé à des profondeurs trop considérables pour qu'on puisse supposer que l'air y pénètre. Ce qui prouve surtout combien cette supposition est peu fondée, c'est que quand, par accident, le feu prend dans les mines, l'incendie ne s'étend jamais au-delà de la limite des travaux, c'est-à-dire au-delà des lieux dans lesquels l'air peut pénétrer dans les ouvertures qui se rendent à la surface du sol.

On a supposé aussi que c'étaient les bases salifiables des terres et des alcalis qui s'enflammaient pour produire les volcans : je ne développerai ni ne réfuterai cette supposition ; car il me faudrait pour cela entrer dans des détails qui demanderaient pour être compris quelques connaissances des premiers principes de la chimie (1).

Il faut cependant que je vous dise un mot d'une hypothèse qui a fait grand bruit d'abord, et qui pendant assez long-temps a été adoptée sans contradiction : on la doit à Lémery, célèbre chimiste, qui crut avoir trouvé le moyen de faire des volcans artificiels. Voici comment il s'y prenait.

Il faisait faire un trou dans la terre, mettait du fer avec du soufre au fond de ce trou, puis humectait le mélange : il résultait de ce procédé 1° un dégagement considérable de ce gaz ; 2° la production d'une chaleur très intense ; 3° une explosion proportionnée à la quantité des matières employées. Cette expérience différait pourtant, quant à sa nature, des phénomènes qui ont lieu dans les montagnes volcaniques. D'abord Lémery mettait du fer à l'état métallique dans son trou, et on n'a jamais trouvé dans l'intérieur de la terre un seul

---

(1) Cette hypothèse a pourtant beaucoup de rapport avec la théorie de sir Humphry Davy sur la cause de la chaleur interne du globe. Voyez à la fin du volume la note à ce sujet.

atome de fer natif : ce métal y est toujours dans un état de combinaison qui fait qu'on ne peut se le procurer que par suite d'opérations artificielles. Ensuite, quand on admettrait, contre tout ce que l'observation nous apprend, l'existence d'une assez grande quantité de fer natif pour produire les volcans, on serait bien loin de pouvoir expliquer par l'hypothèse de Lémery les phénomènes les plus saillants des éruptions volcaniques. Cette hypothèse n'explique en effet que la première explosion accompagnée des matières soulevées par elle; car aussitôt que le gaz enflammé sera parvenu à se faire jour à la surface du sol, l'éruption ne doit plus consister que dans la continuation du dégagement de ce gaz, et les volcans ne devraient être, après la première explosion, que des lampes immenses, très commodes pour éclairer les contrées voisines tant qu'elles resteraient allumées.

La production des laves est surtout inexplicable dans les idées de Lémery, qui ne rend même pas raison de l'existence de ceux des tremblements de terre qui se font sentir à des distances immenses. En général, toute hypothèse dans laquelle on considère les laves comme le résultat de la combustion des parties métalliques qui se trouvent accidentellement dans l'intérieur de la croûte minérale est par cela même inadmissible; car le feu ne se communique point dans les matières minérales avec autant de facilité que cette explication le suppose. On peut entretenir, pendant plusieurs années, dans un même lieu, une chaleur de 143° du pyromètre (c'est-à-dire une chaleur capable de fondre le fer), sans que les corps environnants en soient altérés; une distance de quelques

pieds suffit pour les mettre à l'abri : comment donc
pourrait-on concevoir que l'embrasement des volcans se
communiquât à d'assez grandes distances pour fondre
les masses énormes de laves qu'ils rejettent. D'ailleurs,
je le répète, si les laves ne sont que le résultat de la
fusion des matières minérales qui se trouvent près du
foyer allumé, pourquoi ne diffèrent-elles pas comme la
nature des terrains où s'allume ce foyer? pourquoi ont-
elles tant d'analogie les unes avec les autres, que celles
qui sortent des volcans situés aux extrémités les plus
éloignées de la terre, ou qui appartiennent à ceux qui
remontent aux époques les plus reculées, ne diffèrent
guère plus entre elles que si elles sortaient du même foyer
dans deux éruptions consécutives?

La quantité des matières rejetées présente encore une
difficulté non moins insurmontable; car l'Etna, le Vésuve
et beaucoup d'autres volcans, ont vomi, à différentes
reprises, plus de matières brûlantes de toute espèce, en
laves, en cendres, en gaz, qu'il n'en faudrait pour former
la totalité de la montagne d'où elles sont sorties. Ces
matières n'ont donc pas été détachées des flancs de la
montagne, et, à plus forte raison, d'un lieu voisin de son
sommet, comme le supposait Buffon. Tout le terrain qui
environne Naples, à plusieurs lieues à la ronde, est évidemment produit par différentes éruptions volcaniques,
et la matière des laves se trouve jusque bien au-dessous
du niveau de la mer. Le pavé des rues de Pompéia était
formé de cette matière, dont on trouve de plus une
couche très épaisse sous les fondements de la ville; ce
qui prouve, de la manière la plus évidente, qu'il y a eu

des éruptions du Vésuve antérieures à celle de 79. Depuis cette époque, les matières volcaniques entassées sur la ville par les éruptions l'ont couverte d'une couche de 10 à 12 pieds d'épaisseur. Quant à Herculanum, la matière des laves s'est accumulée sur elle en bien plus grande quantité; elle est maintenant couverte d'une couche de produits volcaniques de 70 à 100 et jusqu'à 112 pieds d'épaisseur.

Tous ces faits prouvent clairement combien il serait absurde de regarder comme de simples débris du Vésuve et de l'Etna une étendue de terrain dont le volume total est si disproportionné avec celui de ces montagnes; mais, loin qu'on puisse s'arrêter à une pareille idée, il est prouvé que ce sont les éruptions elles-mêmes qui forment en partie les montagnes volcaniques. Le Vésuve était, du temps des Romains, beaucoup moins volumineux qu'il ne l'est aujourd'hui; d'après les descriptions qu'en ont laissées Strabon, Dion et Vitruve, il parait que, de leur temps, la montagne appelée maintenant *Somma* formait la totalité du Vésuve; que l'éruption qui eut lieu du temps de Pline renversa la portion du cône qui était vers la mer, et donna à cette partie de la montagne les dimensions et l'aspect qu'on lui voit maintenant. Quant au Vésuve, tel qu'il existe aujourd'hui, il a été élevé par les éruptions subséquentes.

Une description du cratère du Vésuve, donnée par Bracini, qui y était descendu peu de temps avant l'éruption de 1631, prouve que depuis ce temps la montagne s'est prodigieusement compliquée (1).

1) Pour cette description voyez la note à la fin du volume.

Si l'origine de beaucoup de montagnes volcaniques ne peut, faute de relations suffisamment exactes, et à cause de la grande antiquité à laquelle elle remonte, être prouvée d'une manière satisfaisante, il en est quelques-unes dont la formation, plus récente, nous est connue de la manière la plus authentique. Ainsi plusieurs relations de témoins occulaires montrent comment le *Monte-Nuovo* se forma, pendant une explosion violente, le 29 septembre 1538, dans un lieu où se trouvaient des eaux thermales. Pendant la journée qui précéda l'éruption, la partie du sol comprise entre le *Monte-Barbaro* et la mer parut se soulever en manière d'une montagne naissante (1); le sommet de cette montagne s'ouvrit ensuite, et l'éruption commença; elle continua sans interruption pendant deux jours et deux nuits, après quoi, les phénomènes effrayants ayant cessé, on aperçut distinctement, dans la vallée où se trouvaient les bains d'eaux minérales, une montagne de trois milles de circonférence, et dont la base couvrait une partie de ces bains et un château dont nos descendants seront peut-être un jour bien surpris de trouver les débris. Cette nouvelle montagne, dont la position est parfaitement décrite, a conservé jusqu'à ce jour le nom de *Monte-Nuovo;* elle est très voisine du *Monte-Barbaro,* qui ne peut avoir eu une origine différente, mais dont la formation est antérieure. Tout porte à croire que l'île d'Ischia doit s'être élevée du fond de la mer par suite d'une éruption sous-marine. L'histoire nous apprend que les îles de Lipari ont été formées de la même manière. En 1707, une nouvelle île parut dans l'Archipel.

(1) « Montis subito nascentis figuram imitari videbatur. »

En 1836, le même phénomène s'est renouvelé près de la côte de Sicile, entre le point où sont situées les sources minérales de Sciacca et l'île volcanique de Pantellaria, et par une profondeur de cent brasses d'eau. Dès le 28 juin, un vaisseau avait éprouvé dans ces mers un choc analogue à celui d'un tremblement de terre sous-marin; mais ce ne fut que le 11 juillet qu'on aperçut à la côte des fumées et des vapeurs; en même temps les sources de Sciacca se trouvèrent à une température plus élevée que l'ordinaire. Le 19, la nouvelle île s'élevait de quelques pieds au-dessus de l'eau; la plus grande activité de ce volcan paraît avoir été le 7 août; le 11, il ne s'en dégageait plus que des vapeurs. M. Constant Prevost, qui visita l'île Julia le 29 septembre, lui trouva 700 mètres de circonférence, et de 30 à 70 mètres de hauteur; le centre en était occupé par un cratère rempli d'eau bouillante. Un mois après, il ne restait plus de la nouvelle île qu'une plage unie et un petit monticule de sable (1); enfin l'île Julia avait complètement disparu avant la fin de l'année. Ces faits confirment merveilleusement les

(1) Walter Scott, dans sa traversée de Londres à Naples, toucha à l'île Julia, et, malgré l'état de faiblesse où il se trouvait, voulut descendre sur cette terre nouvellement sortie du sein des eaux. « Comme ce volcan, dit-il dans une lettre à M. Skene, a été pour beaucoup de nos confrères de la Société royale d'Edimbourg un objet de curiosité, je vous en envoie une esquisse faite pendant notre relâche par le secrétaire du capitaine, et quelques notes prises à la volée. Le dessin vous représente l'île telle qu'elle était le 20 novembre; mais il est évident qu'elle est sur le point de subir de grands changements. Je vis du côté du sud et tout près du bord de l'eau une portion du sol élevée de 5 ou 6 pieds s'enfoncer tout à coup sous les pieds d'un de nos compagnons, ce qui ne laissa pas que de nous donner quelque inquiétude jusqu'au moment où la poussière qui s'était élevée venant à se dissiper, nous revîmes notre homme sain et sauf. Voyant la terre, ou ce qui en tenait lieu, céder ainsi sous les pieds, je jugeai qu'il aurait été imprudent à un invalide tel que moi d'essayer de marcher; mais, grâce à mon habileté dans l'équitation et à la bonne volonté d'un brave

détails qu'ont donnés Strabon, Pline, Justin, et d'autres auteurs, sur la formation de plusieurs îles de l'Archipel, anciennement nommées les Cyclades, qui s'étaient élevées de même du fond de la mer. Suivant Pline, la 4ᵉ année de la 135ᵉ olympiade, 237 ans avant Jésus-Christ, les îles de Tera (aujourd'hui Santorini) et de Therasia furent formées par explosion; et, 1300 ans plus tard, on vit s'élever Hiera (aujourd'hui le Grand-Kammeni) (1).

Les volcans éteints, dont on trouve, comme je l'ai déjà dit, des traces nombreuses dans tous les pays, loin d'avoir été moins formidables que ceux qui sont encore en activité de nos jours, paraissent avoir en général donné des produits plus considérables encore. En France, c'est dans le Vivarais et le Velay qu'on trouve les traces les plus étendues de ces éruptions.

Faujas de Saint-Fond a reconnu une bande de terrain volcanique de près de 30 lieues de longueur sur 4 de

matelot qui s'offrit à me servir de monture, j'arrivai presque jusqu'au sommet du mont... Nous trouvâmes sur le rivage de l'île deux dorades qui avaient péri, vraisemblablement par suite de la haute température des eaux, et, tout près de là, un petit rouge-gorge qui était venu de la côte voisine pour mourir de faim et de soif sur cet écueil... Du côté du sud, le principe volcanique paraissait conserver encore de l'activité... Une personne qui a visité l'île à diverses reprises pense qu'elle continue à augmenter; il se pourrait qu'il y eût un accroissement en superficie coïncidant avec une diminution en hauteur, et même dépendant de l'éboulement des parties hautes dont les débris rouleraient jusqu'au rivage.

« Les brises de cette terre nouvelle ne sont rien moins qu'embaumées, et elles ont une odeur de soufre qui suffoque les gens. Il suffit de creuser un trou dans le sable pour le voir se remplir d'eau, et cette eau est bouillante ou peu s'en faut. »

(1) Il y a quelques motifs pour croire que, dans les mêmes parages, de nouvelles terres surgiront prochainement du sein des eaux, non pas d'une manière soudaine, comme cela a eu lieu pour l'île Julia, mais par suite d'un soulèvement lent du terrain qui forme le fond de la mer. Voyez sur cette question et sur celle de l'exhaussement graduel des côtes scandinaves, qui dépend d'une cause semblable, les notes placées à la fin du volume.

largeur (terme moyen), ce qui donne une surface de 104 lieues carrées ; de sorte que, quand on ne supposerait pas à ce terrain une profondeur de plus de 60 pieds, on aurait encore une masse assez considérable pour être bien sûr qu'elle n'a pu être produite par la fusion de l'intérieur d'aucune des montagnes des environs.

On a craint un instant que les petites cavités qui sont résultées sous Paris des pierres extraites pour les constructions ne menaçassent la sûreté d'une partie de la ville ; que serait-ce donc pour les pays comme l'Italie et les parties de la France où des masses aussi énormes auraient été enlevées à la croûte minérale ! comment concevoir que les cavités immenses qui devraient nécessairement exister sous le sol, dans cette supposition, n'eussent jamais produit aucun accident ?

Cette considération, jointe à toutes celles que j'ai présentées, ne vous paraît-elle pas propre à confirmer l'opinion qui donne pour origine aux matières volcaniques la masse brûlante qui compose la masse interne elle-même ? alors cette masse tout entière fournissant la matière des éruptions, leur quantité n'a plus rien qui doive étonner, et elle devient même presque insensible en comparaison de la masse immense dans laquelle on suppose qu'elles prennent leur source.

Si l'hypothèse que nous admettons sauve cette difficulté, si elle explique si bien l'existence des tremblements de terre qui se font sentir aux plus grandes distances, l'analogie de la composition des laves de tous les volcans de la terre, la ressemblance qu'elles présentent avec les plus anciens minéraux du sol primordial, ainsi que leur état d'incandescence ; si elle rend raison avec la même facilité de la chaleur des sources d'eau minérale, si elle est confirmée enfin par toutes les raisons que nous avons de croire à l'ancien état de fluidité du globe, j'avouerai, car il faut tout dire, qu'elle n'explique pas aussi facilement le développement considérable des matières gazeuses qui accompagnent et suivent toutes les éruptions. Mais ce n'est pas une raison pour rejeter une hypothèse que tout concourt si merveilleusement à établir : elle seule, par exemple, peut satisfaire l'esprit effrayé de la force prodigieuse qu'il faut admettre dans le foyer des volcans pour élever les laves jusqu'au sommet de la montagne.

Il paraît que le sommet de l'Etna est la plus grande hauteur qu'aient jamais atteint les laves. A cette hauteur (10,202 pieds d'après Smith), une colonne d'eau équivaudrait à 318 atmosphères, et la densité de la lave étant à peu près deux fois et demie celle de l'eau, la pression de la colonne de lave qui atteindrait au sommet de l'Etna serait de 795 atmosphères, quand même on ne supposerait pas le foyer plus bas que le niveau de la mer ; mais comme les foyers volcaniques sont certainement situés beaucoup au-dessous de ce niveau, on arrive à trouver que la pression qui peut porter des laves à 10,202 pieds de hauteur doit être énorme, et on ne peut supposer dans la croûte minérale aucune force qui approche, même de bien loin, de celle-ci.

On connaît actuellement avec exactitude 163 volcans brûlants ; on peut raisonnablement supposer que le nombre de ceux dont la position n'est pas encore déterminée n'est guère moins considérable. La moitié au moins des volcans dont la situation nous est connue se trouvent sur les îles de l'Océan, et la plupart de ceux qui composent l'autre sont situés au bord de la mer, ou à peu de distance des côtes. Cette circonstance a toujours été remarquée des naturalistes, et on y a de tout temps attaché une grande importance. On ne peut pourtant donner aucune raison bien satisfaisante de cette situation; il est vrai qu'on fait jouer un grand rôle, dans plusieurs hypothèses, aux communications qu'on suppose exister entre la mer et les foyers volcaniques, mais il n'est pas facile de se rendre compte de la manière dont cette communication peut avoir lieu. Les volcans de l'Asie centrale sont situés à près de 300 lieues de la mer; quels moyens de communications peut-on supposer à une pareille distance? Tout prouve, comme j'aurai occasion de le montrer plus tard, que les filtrations de la mer avancent fort peu dans les terres, et que tout ce qu'on a dit à cet égard est très exagéré.

Après m'être si long-temps étendu sur les causes générales de la production des volcans, je me vois forcé de renvoyer à une prochaine lettre le peu de détails qui me restent à ajouter sur quelques-uns des phénomènes particuliers qu'ils présentent.

LETTRE IV.

CONTINUATION DES VOLCANS.

Puisque vous m'accusez, Madame, il faut bien que je sois coupable; et je vais réparer ma faute, en définissant aussi exactement que je pourrai les mots dont j'aurai à me servir dans ce qui me reste à vous écrire sur les volcans.

On appelle volcan, tantôt le réceptacle où se préparent les éruptions, tantôt la montagne produite par elles : souvent enfin on désigne par ce nom la montagne et le réceptacle ensemble.

Le mot de foyer désigne toujours le réceptacle qui contient les matières en incandescence et les causes incandescentes.

La cheminée est le conduit qui amène au jour les divers produits volcaniques pendant ou après les éruptions.

Le cratère est le cône renversé qui termine la cheminée; sa structure est ordinairement très compliquée, parce que chaque éruption la modifie en y ajoutant quelque chose : elle est simple dans le cas où il n'y a qu'une seule éruption. Aucun des volcans actuellement brûlants n'est dans ce cas; et on n'en trouve de semblables que parmi les volcans éteints : en Auvergne, par exemple, sur les bords du Rhin, etc.

Il arrive souvent que chaque nouvelle éruption donne lieu à un nouveau cratère, et il en résulte une nouvelle petite montagne, formée par la lave et les autres produits des déjections incohérentes qui surviennent avant l'éruption, pendant et après elle. Le Vésuve présente cette complication d'une manière très marquée, et il en est de même pour l'Etna; dans ce dernier, on voit ordinairement la cheminée principale rester tranquille, tandis que vers le bas il se forme une éruption. Le même phénomène a été observé à Ténériffe et dans beaucoup d'autres lieux.

Les éruptions volcaniques sont précédées de symptômes précurseurs qu'on a observés particulièrement dans celles du Vésuve; car comme cette montagne est située dans un pays où se sont toujours trouvés, depuis quelques siècles, un grand nombre de bons observateurs, ils ont eu soin de donner une description exacte de tout ce qu'ils avaient sous les yeux.

Lorsqu'une nouvelle éruption doit avoir lieu, l'émission des vapeurs augmente pour l'ordinaire à la cheminée centrale, de légers tremblements de terre se font sentir, et on entend des bruits souterrains; les eaux minérales s'altèrent, les eaux douces se troublent, l'eau des puits change de niveau, quelquefois les puits eux-mêmes se sèchent entièrement; enfin, on remarque souvent un dégagement d'acide carbonique dans les caves et autres lieux enfoncés sous le sol.

Souvent les tremblements de terre se font sentir pendant la durée même de l'éruption; quelquefois la terre n'éprouve aucune secousse, et l'éruption est dite tranquille.

De même qu'on apprécie assez bien l'éloignement du tonnerre par l'intervalle qui sépare le moment où l'éclair brille de celui où l'on entend la détonation, on a cherché à calculer la profondeur des foyers volcaniques par le temps qui sépare l'éruption du bruit qui la précède. Il ne paraît pas qu'on soit parvenu, par ce moyen, à des résultats bien positifs; mais ceux qu'on a obtenus tendent à faire regarder cette profondeur comme immense.

Les laves sont les principaux produits rejetés dans les éruptions volcaniques; ce sont des matières en fusion, visqueuses, incandescentes, qui sortent du cratère comme une vaste nappe de liquide enflammé, coulent sur le terrain en renversant ou brûlant tout ce qui s'oppose à leur passage, et s'avancent avec une vitesse qui dépend de la force d'impulsion primitive, de la pente du terrain, et des obstacles qui peuvent s'opposer à son cours. Suivant les modifications qu'apportent ces différentes circonstances, les laves mettent des années pour s'avancer de deux lieues, ou bien parcourent jusqu'à huit lieues en vingt-quatre heures. Le temps que les laves mettent à se refroidir varie suivant le volume des coulées; on a cité pour l'Etna des laves ayant encore un mouvement sensible dix ans après leur éruption.

La superficie des laves se refroidit et se durcit beaucoup plus vite que l'intérieur, et il arrive souvent qu'on voit sortir d'une masse de lave un courant de matières incandescentes; quelquefois aussi on voit, à travers des fentes qui se forment à la surface, déjà refroidie, la matière encore brûlante à l'intérieur.

Il est très important de noter qu'on ne doit pas plus juger d'un courant de laves par les surfaces qu'il présente à l'air, que d'un métal en fusion par les scories qui le recouvrent.

Un dégagement très lent et paisible de vapeurs peu abondantes, mais corrosives et qui dégagent beaucoup de soufre, succède ordinairement aux éruptions de laves.

La force d'expansion des fluides élastiques qui accompagnent les éruptions volcaniques donne lieu à des atténuations des laves, qui sont réduites en poussière très fine, et forment ce qu'on appelle les cendres volcaniques. Ces cendres couvrent l'horizon d'un voile si épais, que, dans tout l'espace au-dessus duquel elles se trouvent, on ne peut marcher qu'à l'aide d'une lumière. Les vents transportent les cendres volcaniques aux distances les plus éloignées, et souvent avec la plus grande rapidité. On ne s'en étonnera pas, si on fait attention que la vitesse du vent peut aller jusqu'à 132 pieds par seconde, ce qui ferait 29 lieues par heure, et 700 lieues par 24 heures, s'il soufflait pendant tout ce temps dans une même direction et avec la même violence.

On voit quelquefois sortir de la montagne, pendant l'éruption, une grande quantité d'eau boueuse; mais, comme on l'imagine facilement, ce n'est pas une raison pour croire, comme plusieurs naturalistes, à de véritables éruptions boueuses. Cette circonstance s'explique aisément, quand on sait que les cavités des montagnes volcaniques renferment souvent de vastes amas d'eau :

si donc ces cavités viennent à être trouées, les eaux s'échapperont, entraînant avec elles les terres dont elles sont chargées, et quelquefois les poissons qui s'y nourrissaient. M. de Humboldt a observé ce phénomène, et il a décrit les poissons rejetés des flancs de la montagne.

Un autre phénomène pourrait plus facilement induire en erreur, en simulant des éruptions aqueuses. Il arrive quelquefois, quand les éruptions ont lieu dans un instant où l'atmosphère est très chargée d'humidité, que l'air brûlant qui sort du cratère dissout cette humidité et la refoule dans les régions supérieures ; alors l'eau se condense, pour retomber en torrents qui entraînent à de grandes distances la terre de la montagne, les pierres, etc.; et comme le cratère est enveloppé dans l'obscurité, on se persuade facilement que ces torrents sont rejetés par son ouverture.

Il n'est pas rare de voir des éruptions sans laves ; lorsque cela arrive, la montagne volcanique éprouve presque toujours un bouleversement complet et un abaissement sensible de son sommet. Dans les Andes, des montagnes ont perdu, dit-on, jusqu'à la cinquième ou sixième partie de leur hauteur ; mais, dans ce cas, la base gagnait vraisemblablement ce que le sommet perdait.

De même qu'il y a des tremblements de terre sous-marins, il y a aussi des volcans sous-marins. On en connaît dans l'Archipel grec, près de l'Islande, etc.; leur existence est incontestable, et leurs éruptions sont accompagnées des mêmes tremblements de terre, des mêmes dégagements de vapeurs que celles qui ont lieu sur le continent; ils sont du reste assez peu connus, à cause de la difficulté de les observer.

Je terminerai ici, Madame, ce que j'avais à vous dire sur les volcans; mais, pour vous donner une idée plus exacte du tableau que peut présenter une éruption, je vais faire transcrire, pour vous l'envoyer, la relation d'une éruption volcanique de l'Etna en 1669, et d'une éruption du Vésuve en 1737; j'y joindrai la relation fort courte de l'observation d'une île nouvelle, sortie de la mer près de Tercère, en 1720, à la suite d'une éruption sous-marine (1).

(1) Voyez les notes à la fin du volume.

LETTRE V.

DE L'ÉCORCE MINÉRALE DU GLOBE.

Tout concourt, comme vous avez pu le voir, Madame, à nous faire considérer la masse interne comme un énorme amas de matières métalliques fondues par la chaleur; cependant, quelque concluantes que me paraissent les considérations que j'ai eu l'honneur de vous présenter, nous serons toujours forcés de reconnaître que nous n'avons sur ce sujet que des conjectures, et jamais sans doute nous ne connaîtrons par l'observation directe ce que le raisonnement nous porte à admettre sur ce point. Il n'en est pas ainsi relativement à la croûte minérale, cette partie qu'on doit considérer comme la coque qui enveloppe la terre. De celle-ci nous connaissons au moins, par une observation directe et assez facile, sa partie la plus superficielle, jusqu'à 15 ou 1800 toises. Si on ne pouvait aller au-delà, ce serait bien peu de chose sans doute en comparaison de l'épaisseur totale du sphéroïde, ou même seulement de l'écorce minérale, qui s'étend incomparablement plus loin; mais les révolutions éprouvées sur le globe fournissent aux géologues des moyens beaucoup plus étendus d'exploration.

Il est bien facile en effet de se convaincre que les montagnes les plus élevées ne sont point formées par une accumulation plus considérable des dernières couches, mais par un redressement de toutes les couches que leur élévation comporte, de sorte que la connaissance de la composition d'une montagne, élevée de 4,000 toises, je suppose, au-dessus du niveau de la mer, est équivalente à celle qu'on acquerrait en examinant, au moyen de fouilles artificielles, les différentes couches dont le terrain est formé jusqu'à la profondeur de 4,000 toises.

Un autre moyen d'exploration commode est fourni aux géologues par les escarpements que présentent les falaises des bords de la mer dans les pays à couches inclinées; car les masses que leur profondeur naturelle aurait long-temps dérobées à nos recherches y viennent nécessairement au jour, et elles ne sont cachées ni par la végétation ni par la désagrégation de leurs parties qui en empêcheraient ailleurs l'observation. C'est par ces moyens que les géologues peuvent se flatter d'avoir acquis une connaissance assez satisfaisante du sol, jusqu'à plusieurs milliers de mètres de profondeur. Les volcans, enfin, fournissent encore un dernier moyen, bien accessoire à la vérité, en ramenant de l'intérieur du sol quelques matières qui n'ont éprouvé aucune espèce d'altération.

On distingue dans l'écorce minérale deux parties : 1° le sol primordial, qu'on suppose avoir recouvert de toute ancienneté le sphéroïde; 2° le sol de transport et de sédiment, qui, plus superficiel que le premier, l'enveloppe sur une grande partie de son étendue. On l'a nommé ainsi parce qu'il est principalement formé des matières transportées par les eaux ou déposées par elles. Nous voyons encore les parties les plus récentes de ce sol se former sous nos yeux au-dessus des plus anciennes, par la décomposition ou l'éboulement des montagnes ; par l'action des fleuves, qui déposent les matières terreuses qu'ils tiennent en suspension ; par les éruptions volcaniques, etc.

La partie sédimentaire de l'écorce minérale ne porte point les caractères d'une masse formée d'un seul jet ; elle est, au contraire, composée d'un nombre très considérable de couches, qui sont évidemment le résultat d'opérations successives. Ces couches diffèrent entre elles sous le rapport de leur épaisseur, de leur composition, et des produits qu'elles renferment. Il me sufira, pour donner une idée de leur nombre, de dire que celles dont l'épaisseur passe dix mètres sont dites très puissantes, et que leur ensemble compose pourtant toute la profondeur de l'écorce minérale, qui s'étend jusqu'à plusieurs lieues.

Le sol primordial se distingue du sol de transport ou de sédiment par sa situation toujours inférieure à celui-ci, et par sa texture cristalline. Il est, en général, composé de matières plus dures que celles du terrain de transport et de sédiment, et c'est à lui que conviendrait particulièrement le nom de *roche*, pris dans l'acception qu'on lui donne vulgairement ; car, en général, on ne désigne par ce nom que les substances minérales d'une contexture dure et pesante. Il n'en est pas ainsi dans les ouvrages de géologie : on y distingue par le nom générique de *roche* la matière d'une couche, quelle que soit sa nature, fût-elle d'argile ou de sable.

Le mode de formation du sol primitif a été long-temps l'objet de vives discussions parmi les géologues. Les uns le regardaient comme le résultat de la cristallisation des parties les plus superficielles du sphéroïde lorsqu'il commença à se refroidir ; et on désignait ceux qui avaient cette opinion sous le nom de vulcanistes ou plutonistes. Les autres, au contraire, le regardaient comme un précipité formé dans des mers qui en tenaient en dissolution les principes constituants.

Relativement aux couches du sol de transport, il n'y a qu'une opinion, et tout le monde s'accorde à les regarder comme formées par les eaux.

On se tromperait beaucoup si on considérait les différentes parties qui composent le globe comme dans un état permanent de repos et de tranquillité. Si les couches dont se compose la croûte minérale ne sont pas incessamment agitées comme les parties liquides et gazeuses qui sont à sa surface (la mer et l'air), elles sont pourtant presque continuellement modifiées, déplacées, usées, par les compositions et décompositions, par l'agitation qu'y causent les sources situées à des profondeurs très grandes, et surtout par les tremblements de terre. Il n'y a aucune partie de l'écorce minérale qui n'ait été ainsi plus ou moins fortement agitée à plusieurs reprises : ce sont tous ces mouvements qui ont causé les modifications dont nous avons parlé. Si on pénétrait plus avant dans l'intérieur du globe, et qu'on arrivât dans la masse interne, tout porte à croire qu'on la verrait agitée de mouvements plus fréquents et plus violents encore (1).

---

(1) On a trouvé même dans la considération de ces mouvements la matière d'une forte objection contre l'hypothèse de la liquéfaction totale de la masse interne. (Voyez une des notes placées à la fin du volume.)

Ces mouvements doivent être favorisés par l'état de liquidité brûlante dans lequel elle se trouve, et par les éruptions qui ne peuvent manquer de déterminer à la longue, dans son intérieur, des vides assez sensibles. Je ne parle pas de l'action du magnétisme, qui, dans les idées les plus probables, doit l'agiter incessamment. Ainsi tout est réellement en mouvement, tout change sur ce globe, qui nous paraîtrait au premier coup d'œil dans un état de fixité si parfaite.

Je ne donnerai point ici les noms des roches dont se composent les couches du sol primordial, jusqu'aux profondeurs auxquelles il nous est possible de pénétrer : ils ne vous présenteraient que des sons plus ou moins barbares, sans laisser aucune idée dans votre esprit. Je dois pourtant faire exception en faveur de la roche la plus importante de ce sol, du *granite*, que vous connaissez certainement, puisqu'on en fait un usage si fréquent dans notre pays, où on le désigne vulgairement sous le nom de pierre de grain. Ici, à cause de sa grande dureté et de son inaltérabilité, on l'emploie pour les bornes placées devant les murs ; mais on en fait peu d'usage dans les autres constructions, à cause du prix élevé auquel il revient, et de la difficulté qu'on éprouve à le tailler. Si, en Bretagne, nous voyons presque tous les monuments publics et particuliers construits avec cette pierre, c'est à cause du prix modéré auquel on peut se la procurer, et aussi parce que l'absence de pierre plus molle ne laisse pas la liberté du choix. Dans une grande partie de notre province, le terrain primordial se trouve presque à nu, ce qui doit naturellement nous porter à conclure que ces parties ont été moins que beaucoup d'autres soumises aux différentes irruptions de la mer, qui, comme nous le verrons bientôt, ont formé ailleurs la plus grande partie du sol de transport et de sédiment.

Le *granite* est la plus ancienne des pierres qu'il nous soit donné de voir dans la place que lui assigna la nature; il s'enfonce sous toutes les autres couches, et se retrouve encore dans les lieux les plus élevés, où il forme les crêtes centrales de la plupart des grandes chaînes de montagnes. Là il existe pour l'ordinaire à nu, et ce n'est que plus bas qu'on voit des couches de formation postérieure, placées successivement au-dessus de lui, dans l'ordre où la mer les a déposées plus tard. On serait tenté de regarder le granite comme formant le noyau ou la charpente de l'écorce minérale tout entière.

Cependant il est reconnu aujourd'hui qu'il y a des granites qui se sont épanchés de l'intérieur du globe depuis que la surface en était habitée par des êtres organisés. C'est là le phénomène qui lie ce qui tient au refroidissement primitif de l'écorce du globe avec les effets actuels de la volcanicité.

Voilà déjà plusieurs fois qu'il m'arrive d'attribuer au séjour de la mer sur les lieux qui maintenant forment la surface des continents les différentes couches du sol de transport et de sédiment; vous êtes peut-être curieuse de connaître les raisons qui ont conduit à adopter cette opinion, reçue aujourd'hui sans contestation par tous les hommes dont le sentiment peut compter pour quelque chose en pareille matière : je vais faire mon possible pour satisfaire votre curiosité.

Lorsqu'on perce un pays de plaine pour en étudier la composition, on rencontre, comme je vous l'ai dit, une suite de couches placées les unes au-dessus des autres, dans une situation à peu près parallèle. Ces couches, dé matières variées, renferment, pour la plupart, des débris de corps marins, des arêtes de poissons, et surtout une innombrable quantité de coquilles qui quelquefois composent à elles seules presque toute la masse du sol à une très grande profondeur. Ces débris de corps marins sont presque toujours si parfaitement conservés, qu'il est impossible d'élever le moindre doute sur leur nature. On les retrouve dans les pierres les plus dures, comme dans le sable, ou dans les terres molles; et elles sont situées à des profondeurs où certainement les hommes n'ont jamais pu aller les deposer. Voltaire, entraîné par son système suivi d'attaques contre les traditions religieuses, craignant sans doute qu'on ne voulût chercher dans l'existence de ces débris une confirmation du déluge universel, fit tout son possible pour persuader que les coquilles, dont on parlait déjà beaucoup de son temps, avaient été perdues autrefois, à l'époque où les pèlerinages étaient en vogue, par ces hommes qui en rapportaient de leurs voyages à la Terre-Sainte. Il serait ridicule aujourd'hui, comme vous allez le voir, de s'arrêter à réfuter une pareille opinion. Voltaire montre également son ignorance sur ces matières, quand il parle de ces amas comme s'il avait été question de petits tas semblables à ceux des écailles d'huitres qu'on jette devant les portes; car c'est par bancs de 100 à 200 lieues qu'on les trouve. En Touraine, il existe une masse de 130 millions de toises cubiques d'un terrain presque uniquement composée de coquilles entières ou brisées, sans mélange de matières étrangères. Les paysans des cantons voisins les extraient de la terre, et s'en servent pour fertiliser leurs champs. Ces coquilles sont toutes placées horizontalement, comme celles qui se trouvent maintenant dans la mer : aussi, pour tous ceux qui ont observé ce phénomène sur les lieux, il est resté évident qu'il prouve l'existence des eaux de la mer dans la Touraine, où elle a dû former un golfe à une époque de beaucoup antérieure aux temps historiques les plus reculés.

Cette opinion est si évidente d'elle-même, et si unanimement adoptée aujourd'hui, que si je ne prenais à tâche de vous faire mention de tout ce qu'on a pu imaginer de différent, je ne vous parlerais pas des efforts tentés dans le milieu du xviiie siècle pour faire revivre l'hypothèse déjà réfutée au commencement du xvie par Fracastor, hypothèse bizarre qui attribue à une action désordonnée des forces créatrices de la nature la formation de ces productions marines dans le sein de la terre. La futile raison que l'on ajoutait à celles qui avaient été précédemment données, c'est que la plupart des coquilles trouvées ainsi à l'état fossile ont à l'extérieur une couleur semblable à celle des pierres où elles sont renfermées. Cette opinion se trouve mentionnée dans un ouvrage imprimé en 1749. L'auteur du livre ne laisse, d'ailleurs, rien à désirer sur la manière dont il la réfute, d'après un écrivain antérieur à lui, et que nous avons déjà eu occasion de nommer, le Sicilien Scilla. Comme je ne serais pas sûr de m'expliquer aussi bien qu'il le fait lui-

même, je prends le parti commode de vous transcrire
quelques pages de son livre.

« Comme ces coquilles sont composées de pellicules
appliquées les unes sur les autres, il est naturel qu'après
la mort du poisson surtout elles s'imbibent de la vase, du
limon, ou du sable, où elles sont ensevelies, et qu'elles
en prennent la couleur. Mais elles sont d'ailleurs distinguées à leur extérieur de la substance des pierres où elles
se trouvent, par une matière vitriolique, et par un poli-
ment qui les en sépare aisément. Si vous les laissez même
tremper long-temps dans l'eau, elles se dépouilleront de
leur pétrification, et en partie de la couleur qu'elles
avaient contractée; ce qui justifie parfaitement que ces
coquillages, ces arêtes, ces dents de poissons, sont de véritables corps marins.

« Scilla rapporte divers groupes de pétrifications très
remarquables. On voit dans les uns plusieurs de ces coquillages mêlés les uns avec les autres, et des dents de
poissons entrelacées. Celles de la mâchoire supérieure
sont distinguées de celles de l'inférieure, et celles de la
mâchoire droite ont une forme différente de celles de la
gauche.

« Woodward, auteur anglais, a composé depuis un
traité pour prouver que la plupart de celles qu'on trouve
dans la petite île de Malte sont des dents d'un poisson
appelé chien marin. Un groupe singulier, gravé dans la
dissertation de Scilla, est celui où l'on voit une mâchoire
pétrifiée à laquelle trois de ces dents tiennent encore. De
là l'auteur conclut que celles qu'on voit détachées de leur
mâchoire, et insérées dans ces pierres, n'ont point une

origine différente de celles-là : aussi y en a-t-il encore, dans ces groupes, avec leurs racines comme sans racines. On y voit aussi de ces dents avec leur émail, d'autres auxquelles il n'en manque qu'une partie.

« Si ces productions venaient de la pierre même, dit Scilla, la substance et la couleur de ces dents seraient égales ; mais l'émail en est plus dur que l'intérieur, et la couleur en est diverse. Si elles se formaient dans la pierre, ce serait ou par accroissement ou tout à la fois ; mais, en commençant du petit pour aller au grand, la dent rencontrerait dans la dureté de la pierre un obstacle à son accroissement. Au contraire, en admettant qu'elle s'y produit dès le commencement dans toute sa grandeur, on va contre les règles de la nature, qui ne fait ses ouvrages que successivement.

« On voit aussi dans ces groupes plusieurs de ces dents usées : or, pourquoi le seraient-elles si elles n'avaient point servi ? Ces groupes contiennent encore divers coquillages écrasés ; ce qui ne serait pas s'ils s'étaient formés dans la pierre. D'autres sont brisés en plusieurs pièces, qui se distinguent par le rapport d'une pierre à l'autre. On y voit des hérissons de mer, à côté desquels sont leurs défenses pétrifiées comme eux ; et ces pierres réunies formeraient le hérisson parfait, comme les morceaux d'une porcelaine cassée, réunis ensemble, feraient la tasse ou l'assiette brisée.

« Les pièces de ces coquilles portent d'ailleurs les marques sensibles de leur rupture ; on voit qu'elles ont été brisées : au contraire, si ces débris étaient l'ouvrage de la nature, les bords en seraient unis comme le reste du coquillage; ils seraient arrondis comme le sont ceux d'un vase que la main de l'ouvrier a dressé. Telles sont les extrémités d'un corps tronqué formé dans la matière naturelle. Que la nature produise un animal sans bras ou sans pied, l'extrémité à laquelle manque ce pied ou ce bras ne sera certainement point dans le même état que si le fer en eût tranché ces parties, ou si elles en avaient été séparées par quelque accident; elle sera revêtue de peau, et unie comme le reste du corps.

« On trouve encore dans ces groupes des représentations de matrices de coquillages, les uns naissants, d'autres plus avancés. On y voit des coraux et des peaux de serpents en grand nombre. Un des plus singuliers est celui qui représente une écrevisse de mer tenant entre ses serres un coquillage déjà à moitié écrasé. Serait-ce, dit l'auteur, l'effet du pur hasard qui aurait imité si parfaitement ce qui se passe chaque jour dans la mer entre l'espèce des écrevisses et celle des coquillages qui sont la proie de celle-là? Enfin, il y a dans ces groupes une coquille où se trouve l'animal même pétrifié : preuve sans réplique qu'il y a vécu. »

Ce même Scilla, qui prouvait d'une manière si concluante l'origine marine des coquilles qu'on trouve dans l'intérieur de la terre et jusqu'au sommet des plus hautes montagnes, cherche à expliquer leur production, au moyen d'une hypothèse qu'il suffit d'énoncer pour en faire sentir le ridicule.

Il suppose qu'il existe des conduits au moyen desquels la mer communique avec tous les points de la terre; que les germes des poissons et autres animaux marins s'égarant le long de ces conduits, viennent se placer dans l'intérieur des terres, où ils se développent. Il serait, je le répète, aujourd'hui ridicule de chercher sérieusement à prouver, d'abord, que ces canaux prétendus n'existent pas; ensuite, que, quand ils existeraient, il serait impossible que les germes des poissons, après avoir voyagé jusqu'à leur extrémité, pussent filtrer à travers les montagnes, s'élever à leur sommet, et y devenir féconds.

LETTRE VI.

SOL DE TRANSPORT ET DE SÉDIMENT.

J'ESPÈRE, Madame, que vous resterez suffisamment convaincue, par ma dernière lettre, de l'existence des corps marins dans l'intérieur des continents, aussi bien vers le sommet des plus hautes montagnes, que dans les vallées les plus profondes; et que vous aurez de plus reconnu que ces débris ont appartenu à des animaux vivant dans la mer, et qui n'ont pu être déposés où ils sont que par elle. Par conséquent, la présence de l'Océan à une époque quelconque, et pendant un temps plus ou moins long, sur la partie de la terre que nous habitons doit être pour vous une chose prouvée.

Mais ce séjour a-t-il été l'effet d'une crue subite des eaux, par suite de laquelle la mer, entraînant avec violence tous les produits qu'elle renfermait dans son sein, les aurait transportés pêle-mêle dans les lieux envahis par elle? Pour peu qu'on y réfléchisse, on verra bientôt qu'il n'en a pas été ainsi.

Il serait en effet impossible de concevoir, 1° comment la mer eût pu entraîner ces énormes amas de coquilles, capables, comme je l'ai déjà dit, de couvrir quelquefois plusieurs centaines de lieues; 2° en admettant qu'elle les eût transportés, comment elle aurait pu les faire pénétrer à l'intérieur du sol, dans tous les lieux où nous les trouvons aujourd'hui : car il faudrait supposer qu'elle eût délayé la surface de nos continents à des profondeurs immenses; et de plus, comme on trouve fréquemment des débris de corps marins dans l'intérieur des pierres les plus dures, on se trouverait forcé d'admettre, contre toute vraisemblance et toute possibilité, qu'elle les eût aussi liquéfiées pour déposer ces débris dans leur pâte ramollie.

Quand on passerait sur ces difficultés insurmontables, on en rencontrerait d'autres non moins grandes. Si les coquilles avaient été tumultueusement emportées par les eaux, elles devraient avoir été toutes brisées par le frottement qu'elles auraient éprouvé, soit entre elles, soit contre les rochers et la surface des continents; on devrait donc les rencontrer toutes par morceaux et entassées pêle-mêle dans le plus grand désordre. Mais, au contraire, la plupart se sont conservées dans un état d'intégrité si parfaite, qu'on les retrouve encore avec leurs angles les plus aigus, leurs arêtes les plus saillantes; et que sur plusieurs on distingue même fort bien la substance nacrée qui brille à l'intérieur.

Ajoutons qu'on trouve aussi des débris de plantes à l'état fossile, et qu'elles donnent lieu à faire une remarque semblable. En effet, le célèbre Jussieu, dans une dissertation sur ce sujet, imprimée au commencement du XVIIIe siècle (1), fait observer que, parmi ces

(1) Sur les herbes, coquilles de mer et autres corps qui se trouvent dans certaines pierres de Saint-Chaumont en Lyonnais.

plantes (toutes d'ailleurs ou inconnues aujourd'hui, ou au moins étrangères au pays dans lequel on les rencontre), il y en a bien plusieurs brisées, mais qu'on n'en trouve aucune repliée sur elle-même; on les rencontre toutes couchées à plat dans toute leur étendue, comme si on les avait collées avec la main, ce qui suppose qu'elles ont été déposées tranquillement dans une substance molle, qui depuis s'est durcie en les conservant dans son intérieur,

Une preuve non moins forte de la formation de nos terrains par un séjour tranquille de la mer, se tire de l'uniformité de composition des couches horizontales dans une grande étendue de terrain, et même dans des montagnes séparées actuellement par des vallées ou des bras de mer; car, dans ces montagnes, on ne manque pas de trouver aux mêmes hauteurs des couches qui se succèdent d'une manière si semblable, qu'il est impossible de ne pas reconnaître qu'elles ont été formées en même temps dans les mêmes eaux, avant les grandes révolutions qui les ont séparées.

Concluons de tout ceci que les débris de corps marins que la mer a laissés dans nos continents sont le résultat d'un séjour tranquille qu'elle y a fait, et qu'on doit chercher ailleurs les preuves du déluge qu'attestent les traditions religieuses de presque tous les pays.

Le séjour de la mer a été très long, puisqu'il a permis à des dépôts si considérables de se former; bien plus, il a été assez prolongé pour que les produits organiques qu'ils renferment se soient modifiés de la manière la plus sensible, par suite du changement de température ou de composition des eaux. Les coquilles fossiles les plus anciennes ne ressemblent point à celles que la mer renferme aujourd'hui dans son sein; mais peu à peu on les voit changer de nature, et les dernières, si elles n'appartiennent pas aux espèces qui vivent encore de nos jours, peuvent, au moins, être rapportées aux mêmes genres. Cette différence paraît, je le répète, exiger qu'on accorde à ces premiers débris une antiquité qui les place bien loin au-delà de la première époque de l'existence de la race humaine.

Au commencement du siècle dernier on n'avait encore pour expliquer la composition intérieure du globe et la formation des couches qui composent son enveloppe la plus superficielle, que les données que je viens de vous présenter; aussi ceux des auteurs dont l'imagination avait essayé de faire des théories sur ce sujet n'avaient donné que des aperçus assez vagues. Les meilleurs esprits voyaient bien que la mer avait séjourné jadis sur nos terres; mais, faute de documents suffisants, on n'avait pas été au-delà de la supposition d'une diminution graduelle des eaux de la mer, qu'on supposait avoir autrefois couvert toute la surface du globe jusqu'au sommet des plus hautes montagnes, et s'être peu à peu retirée, laissant à découvert des terrains qui servaient bientôt à la propagation des animaux et des végétaux. Des recherches qui ne datent guère que du commencement de ce siècle ont donné des idées beaucoup plus précises sur ce sujet.

C'est à une étude plus approfondie des corps fossiles que nous devons les lumières récentes acquises sur la théorie de la terre. Eux seuls, comme nous l'avons dit, nous donnent la certitude que le globe n'a pas toujours eu la même enveloppe; eux seuls nous apprennent que les couches se sont déposées lentement dans un liquide, et que ce liquide a changé de conditions. C'est par eux aussi, comme nous allons le voir tout à l'heure, qu'on a pu reconnaître d'une manière incontestable la nature des diverses couches, et constater que si la plupart sont de formation marine, il y en a aussi de formation d'eau douce; par eux seuls, enfin, nous allons être en état de prouver que leur mise à nu a eu lieu plus d'une fois, qu'elle a été occasionnée par le transport liquide des masses, et que les révolutions ont été subites (1).

Un illustre naturaliste qui a été trop tôt enlevé à la France, mais dont la vie fera néanmoins une des plus brillantes époques dans l'histoire de la science, M. Cuvier, homme doué du plus grand génie d'observation, et de la connaissance la plus approfondie des lois de la nature, est parvenu à recomposer, au moyen des débris, presque toujours très imparfaits, qu'on trouve en fouillant la terre, le squelette de la plupart des animaux auxquels ils ont appartenu; par ce moyen, il a enrichi la science de la connaissance d'un grand nombre de quadrupèdes terrestres entièrement inconnus avant lui.

L'étude de ces derniers animaux est encore plus importante que celle des animaux marins; car, la classe à laquelle ils appartiennent étant plus complètement con-

____

(1) Un naturaliste habile (M. Constant Prévost) a, cependant, dans un travail récent, énoncé une opinion différente. On peut voir dans une des notes placées à la fin du volume, une idée très succincte de son système.

nue (1), on peut être plus sûr qu'ils appartenaient à des espèces ou à des genres inconnus aujourd'hui. Ils indiquent de plus que les couches dans lesquelles ils se trouvent ont été desséchées, puis inondées de nouveau, quelquefois même subitement, comme nous le verrons bientôt; et d'ailleurs il est évident qu'une irruption marine a dû faire périr tous les quadrupèdes qui vivaient à la surface du sol, tandis qu'on conçoit que les animaux marins pourraient y résister, du moins en grande partie (2), de sorte qu'on peut espérer d'avoir dans une séric de couches successives la totalité des animaux quadrupèdes qui ont subi chacune des irruptions de la mer.

On comprend facilement combien il devait être difficile de déterminer les genres et les espèces d'animaux qui ne ressemblent parfaitement à aucun de ceux qui vivent maintenant sur la terre, et dont on ne possède que des débris imparfaits. C'est pourtant ce qu'a fait M. Cuvier, à l'aide d'une observation profonde, et d'inductions si ingénieuses, que, si vous ne m'aviez pas interdit les renvois, je vous renverrais au grand ouvrage qu'il a publié sur les animaux fossiles, pour que vous fussiez à même de les apprécier. Vous y verriez qu'il est parvenu à déterminer et à classer les restes d'un grand nombre d'animaux quadrupèdes, tant vivipares qu'ovi-

---

(1) Des travaux d'une date postérieure à celle à laquelle ce livre a été écrit ont conduit, relativement à la classe des poissons, à des conclusions analogues. On trouvera dans une des notes placées à la fin du volume l'indication des principaux résultats déduits des importantes recherches de M. Agassiz.

(2) M. Cuvier avait été conduit par des recherches ultérieures à penser que les animaux marins n'ont pas plus survécu aux cataclysmes de la nature que les autres, et qu'après chaque catastrophe la race entière des animaux a été renouvelée dans les pays qui en ont été la victime.

pares, dont plus de la moitié appartiennent à des espèces tout à fait inconnues jusqu'à lui. De ces espèces, les unes se rapportent à des genres ou sous-genres connus, les autres nécessitent l'établissement de genres nouveaux et même de familles nouvelles.

Et qu'on ne croie pas que l'imagination de l'observateur ait pu l'égarer dans ses recherches ; l'assiduité avec laquelle elles ont été faites, aidée sans doute par d'heureux hasards (car le hasard joue aussi bien souvent un grand rôle dans l'histoire de nos découvertes), nous a procuré les squelettes presque entiers de plusieurs de ces animaux, et tous ont jusqu'ici complètement confirmé les conjectures avancées par M. Cuvier sur des os ou même des portions d'os séparés.

Le résultat des recherches les plus positives faites sur les animaux fossiles a été de montrer, d'une manière incontestable, des couches d'eau douce avec les débris des animaux qui vivaient sans doute sur les bords des lacs qui les ont formées, entourées en dessous et en dessus de couches marines dont le dépôt avait précédé et suivi la vie et la destruction de leurs espèces. Chacune de ces couches prouve donc que la mer avait laissé son ancien lit assez long-temps à sec pour permettre le développement de différentes races d'animaux qu'une nouvelle révolution venait subitement détruire après un laps de temps plus ou moins considérable. Je dis que la mer venait détruire *subitement* ces animaux qui vivaient en paix sur un sol desséché peut-être depuis des milliers de siècles : des découvertes merveilleuses ont prouvé ce résultat de la manière la plus positive. Il n'y a rien de plus admirable dans ce genre que l'histoire de l'éléphant trouvé dans le nord de la Laponie, vers l'embouchure de la Lena, au milieu d'une montagne de glace, et observé par Adams.

Voici l'histoire telle que M. Cuvier l'a extraite des *Mémoires de l'Académie de Pétersbourg* (tome VIII, an 1815):

« En 1799, un pêcheur tongouse remarqua, sur les bords de la mer Glaciale, près de l'embouchure de la Lena, au milieu des glaçons, un bloc informe qu'il ne put reconnaître. L'année d'après il s'aperçut que cette masse était un peu plus dégagée; mais il ne devinait pas encore ce que cela pouvait être. Vers la fin de l'été suivant, le flanc tout entier de l'animal et une des défenses étaient distinctement sortis des glaçons. Ce ne fut que la cinquième année que, les glaces ayant fondu plus vite que de coutume, cette masse énorme vint échouer à la côte sur un banc de sable. Au mois de mars 1804, le pêcheur enleva les défenses, dont il se défit pour une valeur de cinquante roubles. On exécuta à cette occasion un dessin grossier de l'animal, dont j'ai fait une copie que je dois à l'amitié de M. Blumenbach. Ce ne fut que deux ans après, et la septième année de la découverte, que M. Adams, adjoint de l'académie de Pétersbourg, et aujourd'hui professeur à Moscou, qui voyageait avec le comte Golowskin, envoyé par la Russie en ambassade à la Chine, ayant été informé à Jakutsk de cette découverte, se rendit sur les lieux. Il y trouva l'animal déjà fort mutilé. Les Jakoutes du voisinage en avaient dépecé les chairs pour nourrir leurs chiens, des bêtes féroces en avaient aussi mangé (1) ; cependant le squelette se trouvait encore entier, à l'exception d'un pied de devant. L'épine du dos, une omoplate, le bassin et les restes des trois extrémités étaient encore réunis par les ligaments et par une portion de la peau. L'omoplate manquante se retrouva à quelque distance. La tête était couverte d'une peau sèche, une des oreilles, bien conservée, était garnie d'une touffe de crin. On distinguait encore la prunelle de l'œil ; le cerveau se trouvait dans le crâne, mais desséché ; la lèvre inférieure avait été rongée, et la lèvre supérieure détruite laissait voir les mâchelières. Le cou était garni d'une longue crinière ; la peau était couverte de crins noirs et d'un poil ou laine rougeâtre (2). Ce qui en restait était si lourd, que dix personnes eurent beaucoup de peine à le transporter. On retira, selon M. Adams, plus de trente livres pesant de poils et de crins que les ours blancs avaient enfoncé dans le sol humide en dévorant les chairs. L'animal était mâle ; ses défenses étaient longues de plus de neuf pieds en suivant les courbures, et sa tête, sans les défenses, pesait plus de quatre cents livres. M. Adams mit le plus grand soin à recueillir ce qui restait de cet échantillon unique d'une ancienne création. Il racheta ensuite les défenses à Jakutsk. L'empereur de Russie, qui a acquis de lui ce précieux monument moyennant la somme de 8,000 roubles, l'a fait déposer à l'académie de Pétersbourg. »

(1) Il y a très long-temps qu'en Russie on connait des faits du même genre et que l'on a remarqué quelques-unes des différences qui existent entre l'espèce fossile et les espèces vivantes. Voyez, à ce sujet, à la fin du volume, un passage curieux d'un voyage fait en Sibérie vers la fin du xviie siècle.

(2) On peut voir au Muséum d'histoire naturelle un bocal contenant du poil et de la peau de cet éléphant.

Ce qui semble surtout digne de remarque dans cette merveilleuse histoire, c'est la double fourrure dont la peau de cet animal antédiluvien était couverte, et qui paraît si heureusement adaptée au climat du pays dans lequel on l'a retrouvé. Si on fait attention à la différence qui existe, sous ce rapport, entre les éléphants qui ont vécu jadis dans les régions polaires et ceux d'aujourd'hui, qui leur ressemblent d'ailleurs si fort, et auxquels la nature s'est pourtant bien gardée de donner des poils qui n'auraient pu que les incommoder dans les régions brûlantes qu'ils habitent, on aura une nouvelle preuve de l'attention vigilante avec laquelle elle sait mettre l'organisation des êtres vivants en rapport avec les circonstances locales dont elle les entoure.

Il faut pourtant remarquer que nous ne pouvons savoir d'une manière positive quelle était la température du nord de la Laponie à l'époque où ces éléphants y auraient vécu. En tout cas, ce qu'on sait, c'est que ces animaux n'ont pu vivre que dans un pays dont la température permît l'existence d'une végétation capable de fournir à leur subsistance.

Je reviendrai sur ce sujet, et pour le moment je me contenterai de vous faire observer que la conservation de l'éléphant de M. Adams prouve que l'animal a été saisi par les glaces en moins de temps qu'il n'en aurait fallu pour faire tomber ses chairs en putréfaction.

Cet exemple si frappant des révolutions subites du globe n'est pas le seul qu'on puisse apporter en preuve de leur existence : et le cabinet de Saint-Pétersbourg, outre l'éléphant dont nous venons de parler, renferme le squelette d'un rhinocéros fossile trouvé en 1771 sur les bords du Vilhoui, à quelques pieds de profondeur, et si parfaitement conservé, qu'il était également recouvert de ses chairs et de sa peau.

Peut-être, en lisant le récit de ces merveilleuses découvertes, pourrait-on être tenté de croire que les observateurs ont été induits en erreur, et qu'ils ont pu prendre pour antédiluviens des restes d'animaux dont la mort ne remontait qu'à quelques siècles. On a pu commettre et on a commis en effet autrefois de pareilles erreurs; mais la chose n'est plus possible aujourd'hui, car les espèces trouvées à l'état fossile diffèrent presque toutes de celles qui existent maintenant par des caractères particuliers; et l'étude de ces caractères, grâces aux travaux des naturalistes de nos jours, est si avancée, qu'il n'est personne, pour peu qu'il ne soit pas trop étranger à l'histoire naturelle, qui ne puisse les reconnaître facilement.

Si vous m'en témoignez le désir, dans une de mes prochaines lettres je vous parlerai des animaux fossiles les plus remarquables, et des caractères qui les distinguent de ceux des mêmes espèces qui sont encore vivants parmi nous.

7.

LETTRE VII.

CONTINUATION DE L'ÉCORCE MINÉRALE.

Dans mes précédentes lettres je me suis attaché, en vous parlant de l'écorce minérale du globe, à vous faire distinguer les deux parties dont elle se compose, dont l'une, le *sol primordial*, a recouvert la masse interne depuis les temps les plus reculés, et l'autre, le *sol de transport et de sédiment*, est évidemment beaucoup plus récente, et forme l'écorce la plus superficielle.

Les roches qui composent le *sol primordial* sont d'une toute autre nature que celles du sol de sédiment; elles s'en distinguent surtout par l'absence totale de restes organiques. Cette dernière circonstance est extrèmement curieuse par les résultats auxquels elle conduit: elle nous apprend que la vie n'a pas toujours existé sur le globe.

Ce n'est que dans les premières couches du sol de transport et de sédiment qu'on commence à trouver des traces d'êtres organisés. Les couches sédimentaires les plus anciennes que l'on connaisse aujourd'hui contiennent des nombres infinis de crustacés (trilobites) et de mollusques céphalopodes (nautiles); ces animaux occupent une place tellement élevée dans la série des êtres organisés, que si nous voulons supposer que les premiers êtres vivants aient été doués d'une organisation extrèmement simple, il nous faut admettre, entre le sol primordial et les plus anciens des sédiments que nous connaissons, une lacune que nous ne parviendrons probablement jamais à combler.

L'étude des couches successives, et surtout celle des animaux et des végétaux qu'elles renferment à l'état fossile, a prouvé que les débris de ces êtres suivent dans leur distribution certaines lois générales qui peuvent être exprimées de la manière suivante :

1° L'ensemble des êtres organisés, pris en masse, paraît se compliquer dans son organisation à mesure qu'on vient des couches anciennes aux plus récentes ; les couches anciennes ne contiennent en général que les types les plus simples des formes actuelles. Ce fait, constaté par les géologues, devient du ressort de la physiologie, qui peut seule se charger d'en expliquer la loi.

2° A mesure qu'on vient des couches anciennes aux modernes, les formes générales changent à peu près comme elles changent aujourd'hui en allant de l'équateur vers les pôles. Le refroidissement de la planète terrestre, qui aurait été jadis à l'état de fusion ignée, peut le mieux rendre compte de cette observation-là.

3° Lorsque les corps organisés changent d'une couche à une autre, le changement peut être total ou partiel : dans le premier cas, les fossiles qui ont disparu ne se retrouvent plus dans les couches supérieures ; dans les changements partiels, les fossiles qui ont disparu peuvent se retrouver dans une couche plus élevée, et former ainsi des alternances de couches à fossiles semblables.

Tous les géologues admettent aujourd'hui que la pré-

sence des restes organiques marins sur les montagnes les
plus élevées résulte du soulèvement de ces montagnes;
mais ils ne s'accordent pas tous sur la manière dont se
sont opérés ces soulèvements, et voici à peu près en
quoi consiste, à cet égard, la différence entre les deux
écoles géologiques. Une de ces écoles croit que le relief
actuel des montagnes résulte de l'action de causes *actuelles* s'exerçant *avec leur intensité actuelle* pendant une
période illimitée; l'autre école croit que ces agents ont
dû déployer parfois une plus grande énergie pour qu'il
en pût résulter les aspérités que l'on observe aujour-
d'hui à la surface du globe.

Sans vouloir entrer dans toutes les raisons qu'on a
données pour ou contre ces deux théories, je vous ferai
observer, Madame, que la distribution des fossiles ne
paraît guère pouvoir s'expliquer sans admettre que la
nature a procédé par grands coups, qu'il y a eu dans
l'histoire du globe une série de périodes de repos séparées l'une de l'autre par des révolutions qui détruisaient
plus ou moins complètement les êtres organiques de la période précédente; car, s'il en était autrement, on devrait
trouver une gradation progressive depuis les fossiles les
plus anciens jusqu'aux animaux et aux végétaux de l'é-
poque actuelle, et il ne devrait jamais y avoir eu de
renouvellement complet des êtres organiques d'une formation à l'autre.

Depuis l'époque du dernier de ces grands cataclysmes
complètement destructeurs, la terre n'a pas été dans un
état ininterrompu de repos, et il est évident au contraire
qu'à diverses reprises de vastes régions ont été subite-

ment envahies par la mer; mais les traces qui nous restent de ces inondations les montrent comme des mouvements tumultueux et peu durables, de sorte que les retraites fréquentes des eaux permettaient aux animaux échappés aux dernières inondations de se reproduire et de se multiplier. La dernière, un peu considérable, et probablement la seule qui a eu lieu depuis que l'homme existe sur la terre, est sans doute ce déluge dont le souvenir est conservé dans les traditions de presque tous les anciens peuples; car l'homme, comme le couronnement de la création, a dû paraître le dernier sur le globe. On n'a trouvé nulle part ses ossements à l'état fossile, parce que la mer n'ayant pas changé de lit depuis la dernière catastrophe qui a détruit presque toute son espèce, ses débris sont sans doute restés ensevelis dans les profondeurs de l'Océan.

Je sens fort bien qu'après avoir si souvent parlé de ces révolutions fréquentes qui ont fait passer alternativement sous l'Océan toutes les parties de nos continents, et déterminé ainsi les différentes *formations* marines qui composent la plus grande partie de l'écorce minérale, je dois, sans plus de délais, entrer dans quelques détails à ce sujet. Et d'abord, puisque je me suis servi du mot *formation*, qui reviendra souvent par la suite, il est bon que je vous dise ce qu'il doit exprimer. En géologie, on entend par là un ensemble de couches plus ou moins nombreuses, quelquefois très différentes entre elles, mais qui ont dû être *formées* sans interruption totale de la cause qui les produisait.

Vous comprenez tout de suite sans doute que, bien

que les grandes divisions de l'écorce minérale soient applicables à toute l'étendue de la terre, et que partout on observe un rapport assez constant entre les formations successives, on doit cependant, quand on examine les choses en détail, trouver des différences partielles assez marquées pour que des recherches particulières soient indispensables dans chaque localité.

Nous avons dit que les grandes chaînes de montagnes ont été formées par le redressement d'une partie des couches de l'écorce terrestre. Les sommets ont donc pu jadis être des îles, dont les crêtes prolongées déterminant des bassins séparés, les mers contenues dans chacun de ces bassins ont pu éprouver à part des variations, par suite desquelles la nature des dépôts précipités changea nécessairement. Il en put être de même pour les êtres vivants qu'ils renfermaient dans leur sein ; et de là viennent, au milieu de l'uniformité de composition du sol de transport, considéré d'une manière générale, les différences partielles relatives aux localités.

Le sol où se trouve situé Paris ne pouvait guères manquer de devenir l'objet de l'étude spéciale des hommes célèbres qui l'habitent, et ces savants, tout en satisfaisant une curiosité bien naturelle, devaient donner l'exemple de la manière dont on doit procéder à ce genre de recherches. C'est ce qui a été fait par M. Cuvier, qui, conjointement avec un célèbre minéralogiste (M. Brongniart père), a exécuté le plus beau travail sur ce sujet (1). Je veux,

(1) *Essai sur la géographie minéralogique des environs de Paris,* par MM. Cuvier et Brongniart. La première édition a paru en 1810 : l'ouvrage a été reimprimé depuis, et il a été fondu dans le grand ouvrage de M. Cuvier sur les ossements fossiles.

autant qu'il me sera possible, vous donner une idée des résultats auxquels ils sont parvenus, et je commence par emprunter à l'ouvrage lui-même la circonscription des limites du golfe que formait autrefois le bassin dans lequel Paris a été construit.

« Le bassin de la Seine est séparé, pendant un assez grand espace, de celui de la Loire, par une vaste plaine élevée, dont la plus grande partie porte vulgairement le nom de Beauce, et dont la portion moyenne et la plus sèche s'étend du nord-ouest au sud-est, sur un espace de plus de quarante lieues, depuis Courville jusqu'à Montargis.

« Cette plaine s'appuie vers le nord-ouest à un pays plus élevé qu'elle, et surtout beaucoup plus coupé, dont les rivières d'Eure, d'Aure, d'Ilon, de Rille, d'Orne, de Mayenne, de Sarthe, d'Huine et de Loir, tirent leurs sources. Ce pays, dont la partie la plus élevée, qui est entre Seez et Mortagne, formait autrefois la province du Perche et une partie de la Basse-Normandie, appartient aujourd'hui au département de l'Orne.

« La ligne de séparation physique de la Beauce et du Perche passe à peu près par les villes de Bonnevalle, Alluye, Iliers, Courville, Pontgouin et Verneuil.

« De tous les autres côtés, la plaine domine ce qui l'entoure.

« Sa chute, du côté de la Loire, ne nous intéresse pas pour notre objet.

« Celle qui est du côté de la Seine se fait par deux lignes, dont l'une, à l'occident, regarde l'Eure, et l'autre, à l'orient, regarde immédiatement la Seine.

« La première va de Dreux vers Mantes.

« L'autre part d'auprès de Mantes, passe par Marly, Meudon, Palaiseau, Marcoussy, la Ferté-Alais, Fontainebleau, Nemours, etc.

« Mais il ne faut pas se représenter ces deux lignes comme droites ou uniformes : elles sont au contraire sans cesse inégales, déchirées, de manière que si cette vaste plaine était entourée d'eau, ses bords offriraient des golfes, des caps, des détroits, et seraient partout environnés d'îles et d'îlots.

« Ainsi, dans nos environs, la longue montagne où sont les bois de Saint-Cloud, de Ville-d'Avray, de Marly et des Aluets, et qui s'étend depuis Saint-Cloud jusqu'au confluent de la rivière de Mauldre dans la Seine, ferait une île séparée par le détroit où est aujourd'hui Versailles, par la petite vallée de Sèvres, et par la grande vallée du parc de Versailles.

« L'autre montagne, en forme de feuille de figuier, qui porte Bellevue, Meudon, les bois de Verrière, ceux de Chàville, formerait une seconde île séparée du continent par la vallée de Bièvre et par celle des coteaux de Jouy.

« Mais ensuite, depuis Saint-Cyr jusqu'à Orléans, il n'y a plus d'interruption complète, quoique les vallées où coulent les rivières de Bièvre, d'Ivette, d'Orges, d'Étampes, d'Essonne et de Loing, entament profondément le continent du côté de l'est; celles de Vesgre, de Voise et d'Eure, du côté de l'ouest.

« La partie de la côte la plus déchirée, celle qui présenterait le plus d'écueils et d'îlots, est celle qui porte vulgairement le nom de Gâtinais français, et surtout sa portion qui comprend la forêt de Fontainebleau.

« Les pentes de cet immense plateau sont en général assez rapides, et tous les escarpements qu'on y voit, ainsi que ceux des vallées, et les puits que l'on creuse dans le haut pays, montrent que sa nature physique est la même partout, et qu'elle est formée d'une masse prodigieuse de sable fin qui recouvre toute cette surface, passant sur tous les autres terrains ou plateaux inférieurs sur lesquels cette grande plaine domine.

« Sa côte, qui regarde la Seine depuis la Mauldre jusqu'à Nemours, formera donc la limite naturelle du bassin que nous avons à examiner.

« De dessous ses deux extrémités, c'est-à-dire vers la Mauldre, et un peu au-delà de Nemours, sortent immédiatement deux portions d'un plateau de craie qui s'étend en tous sens, et à une grande distance, pour former toute la Haute-Normandie, la Picardie et la Champagne.

« Les bords intérieurs de cette grande ceinture, lesquels passent, du côté de l'est, par Montereau, Sezanne, Épernay ; de celui de l'ouest, par Montfort, Mantes, Gisors, Chaumont, pour se rapprocher de Compiègne, et qui font au nord-est un angle considérable qui embrasse tout le Laonnais, complètent, avec la côte sableuse que nous venons de décrire, la limite naturelle de notre bassin.

« Mais il y a cette grande différence, que le plateau sableux qui vient de la Beauce est supérieur à tous les autres, et par conséquent le plus moderne, et qu'il finit entièrement le long de la côte que nous avons marquée, tandis qu'au contraire le plateau de craie est naturellement plus ancien et inférieur à tous les autres; qu'il ne fait que cesser de paraître au dehors, le long de la ligne de circuit que nous venons d'indiquer; mais que, loin d'y finir, il s'enfonce visiblement sous les supérieurs; qu'on le retrouve partout où l'on creuse ces derniers assez profondément, et que même il s'y relève dans quelques endroits, et s'y reproduit, pour ainsi dire, en les perçant.

« On peut donc se représenter que les matériaux qui composent le bassin de Paris, dans le sens où nous le limitons, ont été déposés dans un vaste espace creux, dans une espèce de golfe dont les côtes étaient de craie.

« Ce golfe faisait peut-être un cercle entier, une espèce de grand lac; mais nous ne pouvons pas le savoir, attendu que ses bords, du côté sud-ouest, ont été recouverts, ainsi que les matériaux qu'il contenait, par le grand plateau sableux dont nous avons parlé d'abord. »

A toutes les preuves qui se trouvent dans cette description, permettez-moi, Madame, d'en ajouter une qui augmentera peut-être la conviction où vous êtes sans doute déjà que le lieu qu'occupe Paris a fait autrefois partie du fond d'un vaste golfe.

Si on examine les terrains situés sur toutes les parties qui ont dû former ses bords, on y trouve une très grande quantité de cailloux roulés, semblables à ceux qu'on trouve sur les grèves des golfes encore occupés par la mer. Ces cailloux souvent réunis en poudingues très durs peuvent nous servir à reconnaitre aujourd'hui les limites de l'ancien golfe dont nous parlons, comme les corps légers laissés par la Seine sur ses rivages, après une crue de ses eaux, nous indiquent, lorsqu'elles sont retirées, jusqu'où elles se sont étendues. MM. Cuvier et Brongniart entrent plus loin dans quelques détails sur les lieux où l'on trouve ces cailloux.

« On les voit très bien, et en bancs immenses, près de Nemours, et précisément entre la craie et le terrain qui la suit.

« On les revoit à Moret, près de la pyramide; ils y forment encore de très beaux poudingues.

« Le terrain que l'on parcourt en allant de Beaumont-sur-Oise à Ivry-le-Temple est entièrement composé de cailloux roulés, répandus plus ou moins abondamment dans une terre argilo-sablonneuse, rouge, qui recouvre la craie. C'est encore ici un des bords du bassin de craie.

« On les retrouve du côté de Mantes, entre Triel et cette ville, dans un vallon qui est nommé sur les cartes la Vallée des Cailloux.

« Du côté d'Houdan, ils sont amoncelés sur les bords des champs, en tas immenses. Enfin, la partie des plaines de la Sologne que nous avons visitée, depuis Orléans jusqu'à Salbris, est composée d'un sable siliceux brunâtre, mêlé d'une grande quantité de cailloux roulés, de plusieurs espèces. Ici, ce ne sont plus seulement des silex, il y a aussi des jaspes et des quartz de diverses couleurs. On remarquera que ce sol de rivage couvre la craie presque immédiatement, comme on peut l'observer avant d'arriver à Salbris, etc., et qu'il est bien différent des sables du pays chartrain, de la Beauce, etc., qui ne contiennent aucuns cailloux roulés. »

La craie qui forme le fond du golfe ou bassin dans lequel sont déposés les terrains de nos environs est une formation qui ne se retrouve avec les mêmes caractères qu'à Meudon et à Bougival. Dans une grande partie du nord de l'Europe, elle est recouverte en général par deux ou trois formations bien distinctes, qui lui sont certainement postérieures, ce qui prouve qu'elle remonte à une très haute antiquité. On ne doit pourtant pas la placer au rang des couches les plus anciennes du sol de sédiment; car on peut compter au-dessous de la craie sept à huit formations bien distinctes, caractérisées par des fossiles particuliers à chaque formation, et séparées entre elles par des traces d'anciennes révolutions du globe.

Les fossiles caractéristiques de la craie sont tous marins, de sorte qu'on ne peut conserver le moindre doute sur l'origine marine de la formation crayeuse.

LETTRE VIII.

CONTINUATION DE L'ÉCORCE MINÉRALE.

Quand la mer, qui avait déposé la craie, se fut retirée, le pays que nous occupons avait un aspect, sous tous les rapports, bien différent de celui qu'il présente aujourd'hui. Figurez-vous une vaste campagne de craie blanche, formant, non pas une surface unie, mais un bassin à fond inégal et bosselé, présentant çà et là des buttes considérables à faces nettement coupées. Ces buttes différaient de celles qui les ont remplacées en ce qu'au lieu de s'élever toutes, comme ces dernières, à une hauteur à peu près égale, elles présentaient de très grandes différences sous ce rapport. La plupart, en effet, étaient fort basses, tandis que d'autres, comme celles de Meudon et du Calvaire, avaient une élévation qui les a presque constamment tenues au-dessus du niveau des mers qui ont depuis envahi notre pays. Aussi, tandis que les premières sont recouvertes de tous les terrains formés par ces mers, les protubérances des autres montrent encore la craie presque à nu, telle qu'elle existait primitivement, formant de véritables îles de craie au milieu du terrain qui les environne.

Au reste, ces lieux, qui étaient les plus élevés de nos

environs dans le temps où la formation crayeuse était à la surface du sol, ne le sont plus aujourd'hui, et les inégalités de cet ancien terrain n'ont presque aucune correspondance avec les inégalités actuelles.

La craie est restée à nu pendant un assez long espace de temps, car plusieurs observations incontestables prouvent qu'elle avait eu le temps de se solidifier quand la mer est revenue la couvrir et y déposer des produits entièrement différents.

Pendant que le sol crayeux était à découvert, il s'y forma des amas d'eau douce qui y laissèrent des dépôts. La matière de ces dépôts est connue sous le nom d'argile plastique; on lui a donné ce nom, à cause de la propriété qu'elle a de prendre et de conserver aisément la forme qu'on lui imprime; elle est onctueuse et tenace; on s'en sert, suivant les différentes qualités, pour faire de la fayence fine ou des grès; on en fait aussi des creusets, de la poterie rouge, etc.

Cette couche varie beaucoup d'épaisseur; très puissante dans quelques lieux, elle s'amincit dans d'autres jusqu'à n'avoir plus que quelques pouces, ce qui s'explique facilement par l'inégalité des masses aqueuses qui l'ont déposée.

Jusqu'ici on n'a rencontré aucun corps fossile dans les couches inférieures de cette argile; mais dans les couches supérieures, on trouve un grand nombre de bois provenant des végétaux qui, vers la fin de l'époque qui nous occupe, croissaient sans doute sur notre sol.

On trouve aussi dans les mêmes couches supérieures quelques corps marins, qui, lorsque la mer est revenue, ont dù dans le fond de ses eaux se mêler aux produits d'eau douce enfouis dans l'argile encore molle.

Ce premier terrain d'eau douce déposé sur le sol de craie n'en changea pas bien sensiblement la surface ; mais la mer, qui vint ensuite y séjourner pendant un temps qui ne put qu'être très long, laissa de nouveaux dépôts d'une importance bien plus grande sous tous les rapports : ces dépôts forment le terrain connu sous le nom de *calcaire grossier marin*, et il fournit les pierres employées pour la construction de nos édifices; c'est lui qu'on désigne dans les ouvrages de géologie sous le nom de *calcaire grossier des environs de Paris*.

Il présente une suite de couches considérables, renfermant des coquilles nombreuses, et remarquables sous plus d'un rapport : elles sont toutes en effet, comme celles qu'on trouve dans la Touraine, si bien conservées, que leurs arêtes les plus délicates, leurs épines les plus saillantes, ne sont souvent pas même endommagées. On les rencontre dans une situation horizontale, comme si on les y avait placées exprès, et plusieurs conservent leur éclat nacré. Une autre circonstance non moins importante à noter, c'est la variation qu'on observe d'une couche à l'autre relativement aux espèces : ce n'est pas que chaque couche soit sous ce rapport entièrement différente de celles qui l'avoisinent; mais une espèce très commune, je suppose, dans une couche inférieure, le devient un peu moins dans celle qui la recouvre immédiatement, et dans celle-ci on verra paraître quelques individus d'une espèce nouvelle; la couche supérieure renfermera au contraire une grande quantité de cette

8

nouvelle espèce ; et, ainsi de suite, on voit les premières espèces disparaître et être peu à peu remplacées par les nouvelles, de manière qu'on peut suivre assez facilement les variations que le changement de conditions du fluide a fait éprouver avec le temps aux animaux qu'il nourrissait. Sans doute il a fallu un long espace pour produire de pareilles différences ! Mais qu'est-ce que le temps pour la nature ? Quelques milliers d'années sont beaucoup quand nous les comparons à la durée ordinaire de notre existence, mais c'est bien peu de chose pour celle du globe entier.

Pour moi, quand je pense que l'ordre actuel des choses remonte à cinquante ou soixante siècles tout au plus, je suis tenté de le croire d'hier. Douze ou quinze fois le nombre d'années que peut vivre un chêne ; cinquante ou soixante fois celui qu'atteignent souvent les hommes mêmes, nous conduiraient au-delà du temps où la race humaine a paru pour la première fois sur le globe. Nous sommes si jeunes sur la terre, que nous n'avons pas encore eu le temps de reconnaître la petite portion de sa surface qui nous a été cédée par l'Océan. Si cette conviction de la nouveauté de notre espèce a quelque chose de mortifiant pour notre vanité, j'y vois des motifs pour se livrer à des espérances de perfectionnements futurs. Nous sommes bien jeunes encore pour être sages ; et peut-être nos neveux rejetteront, avec raison, sur la première enfance du monde nos sots préjugés, nos ridicules institutions, notre fureur de nous détruire, et ce penchant aux mesures de violence que la raison désavoue comme l'humanité. Mais je reviens à mes coquilles.

Dans les dernières couches, leur nombre diminue peu à peu, et elles finissent par disparaître entièrement. Quant aux premières couches, elles ne reposent pas immédiatement sur l'argile plastique, elles en sont séparées par une couche de sable d'une épaisseur variable; et c'est une chose qu'on remarque fréquemment, que l'interposition d'une plus ou moins grande quantité de sable entre deux formations différentes.

Le *calcaire coquillier grossier* étendu sur l'*argile plastique* suit, comme celui-ci, les inégalités du sol de la craie; mais il les adoucit, en se déposant plus abondamment dans les vallées que sur l'extrémité des buttes c'est ce que nous apprennent les cavités creusées dans nos environs, soit pour la construction des puits, soit pour l'exploitation des carrières.

La mer, après avoir fait sur nos parages le long séjour pendant lequel elle déposa la formation importante dont je viens de parler, se retira, et y laissa de vastes bassins d'eau douce, qui déposèrent de nouveaux produits très remarquables parce qu'ils sont les premiers dans lesquels on trouve des ossements provenant *incontestablement* (1) de mammifères terrestres. On rencontre bien en effet

(1) On sait qu'on a découvert il y a quelques années dans les couches jurassiques des environs d'Oxford, à Stonefield, des débris osseux que les naturalistes se sont généralement accordés à considérer comme provenant de mammifères. Ces débris consistaient dans plusieurs mâchoires inférieures presque complète et garnies de leurs dents dont la forme rappelait celle des dents de certains sarigues, mais dont la disposition, surtout dans une des pièces, était assez différente de ce qu'elle est dans les espèces vivantes de Didelphe. M. Cuvier fut des premiers à faire remarquer cette ressemblance, quoique l'existence de mammifères terrestres, à une époque aussi ancienne, fût en désaccord avec tout ce qu'il avait précédemment observé sur l'apparition successive d'animaux de plus en plus parfaits à la surface du globe. Cependant depuis quelque temps la question a été de nouveau représentée comme douteuse; et ainsi M. de Blainville, dans un

dans de plus anciens terrains de sédiment, dans la craie, et même avant la craie, des tortues, des crocodiles et différents autres animaux de la classe des reptiles; le calcaire coquillier renferme, dans certains lieux, des os de lamentins et de phoques, qui sont des mammifères marins : mais les mammifères terrestres ne se rencontrent que dans les terrains d'eau douce, dont nous allons nous occuper.

Ces terrains ne forment point de couches absolument continues sur toute la surface du bassin de Paris; mais ils y sont déposés comme par taches, présentant des interruptions, ainsi qu'on devait s'y attendre d'après leur mode de formation. On en distingue plusieurs :

1° Celui qu'on désigne sous le nom de *calcaire siliceux :* c'est celui qui fournit les pierres dont on se sert pour la fabrication des meules. Le caractère de cette *formation* est de ne renfermer aucun fossile; ce qui, pendant long-temps, a tenu en suspens sur sa nature.

2° Le *gypse*, placé comme le précédent au-dessus du *calcaire grossier.* Le terrain où on le trouve doit être regardé comme un composé de trois masses, dont la plus superficielle, et par conséquent la dernière formée, que les ouvriers appellent partout la *première*, parce que

mémoire lu le 20 août 1858, a exposé les raisons qui lui paraissent prouver que les mâchoires en question n'ont point appartenu à un mammifère terrestre, pas même à un mammifère marin, quoique le système dentaire qu'elles présentent se rapproche davantage de ce qu'on observe chez certains phoques. Suivant lui, c'est avec un saurien gigantesque dont les débris ont été découverts en Amérique, avec le *basilo-saurus* de Harlan, que les animaux de Stonefield offrent les analogies les plus marquées. Ces animaux, d'ailleurs, devaient être d'une taille fort différente de celle du *basilo-saurus*, et les mâchoires que nous en avons sont à peu près de même grandeur que celle de la taupe commune.

c'est elle qu'ils rencontrent d'abord dans leurs travaux, est la plus importante. C'est spécialement dans son épaisseur qu'on trouve les ossements et quelquefois les squelettes entiers de ces quadrupèdes terrestres, les *Palœothériums* et les *Anoplothériums*, etc., les plus anciens du globe, et inconnus aujourd'hui dans la nature vivante. Ils ont vécu sur le bord des eaux qui ont déposé ces terrains, et ne parurent sans doute qu'à la fin de cette époque, puisqu'on ne les trouve jamais dans les deux masses inférieures. Pourtant leur race a dû se soutenir long-temps dans notre pays ; car la masse qui les renferme a, dans quelques endroits, jusqu'à vingt mètres d'épaisseur.

3° Au-dessus du gypse sont placés des bancs de marne de deux espèces, et dans les lits inférieurs de cette marne se trouvent, avec d'autres fossiles du règne animal, des troncs de palmiers pétrifiés en silex, ce qui tend à prouver qu'à l'époque où les palæothériums vivaient sur notre sol, la température y était plus élevée qu'elle ne l'est maintenant.

L'effet qu'ont dû produire les différents dépôts d'eau douce sur le *calcaire coquillier* est facile à comprendre, et l'observation des coupes faites dans nos environs nous le montre tel que nous devons l'imaginer : on les trouve plus abondants dans les lieux où le *calcaire grossier* avait laissé des vallées, moins épais au contraire sur les élévations ; il dut donc naturellement en résulter une plus grande tendance de nos terrains à présenter une surface horizontale. Cependant les anciennes vallées du sol de craie ne furent pas entièrement comblées, surtout quand elles étaient un peu profondes, et le bassin de Paris devait présenter encore des inégalités, peu considérables à la vérité, mais qui avaient quelque rapport avec celles de la craie.

Il y avait pourtant déjà des ébauches de différences qui sont devenues très sensibles depuis; par exemple, quand notre sol n'était encore recouvert que par la craie, les buttes, les collines, les plateaux de Montmartre, de Sanois, de Montmorency, n'existaient pas, et le terrain qu'elles recouvrent faisait partie d'une immense vallée qui régnait alors entre le coteau de craie qui se remarque au midi, à Montrouge, Meudon, etc., et celui qui reparaît au nord, à Beaumont-sur-Oise.

Le calcaire d'abord, et ensuite les diverses parties de la formation d'eau douce dont il est ici question, ont élevé peu à peu le terrain à Montmartre, à Montmorency et à Bagneux, laissant dans l'intervalle une ébauche des vallées de la Seine et de Montmorency, vallées pourtant peu sensibles alors, autant qu'on peut en juger par les témoins qui en restent, et qui montrent quel était l'état des lieux dans cet ancien ordre de choses.

De même que le *calcaire grossier* est la dernière formation qui indique un long séjour de l'Océan sur notre pays, la formation d'eau douce dont je viens de parler est celle qui donne les preuves de l'absence la plus prolongée de la mer. Il paraît que depuis cette époque les envahissements de notre pays par les eaux ont été bien plus fréquents, mais aussi en même temps bien moins durables.

La présence de la mer sur notre continent, après sa

longue absence, commence à se manifester par un lit très mince, mais en même temps très constant, de petites coquilles bivalves. Ces premiers produits marins y sont bientôt remplacés par deux bancs d'huîtres assez distincts. Le premier déposé (l'inférieur) est composé de grandes huîtres très épaisses, dont quelques-unes ont plus d'un décimètre (au moins 4 pouces) de longueur; le banc supérieur, séparé de l'inférieur par une couche de marne blanchâtre, est composé d'huîtres brunes, beaucoup plus petites et plus minces que celles qui forment le premier banc.

Ces deux bancs se rencontrent constamment à la même place dans les collines des environs de Paris les plus distantes entre elles, et MM. Cuvier et Brongniart assurent ne les avoir pas vus manquer deux fois.

Tout prouve d'ailleurs qu'elles ont vécu dans les lieux où on les trouve, car on en retrouve de collées les unes aux autres comme dans la mer; plusieurs sont entières, et ont leurs deux valves. Une chose remarquable, parce qu'elle est en harmonie avec un grand nombre d'autres observations qui conduisent à la même conséquence, c'est que ces huîtres sont beaucoup plus semblables à celles qui vivent maintenant dans nos mers que celles de la mer précédente (celle qui avait déposé le *calcaire grossier*).

Après la formation des bancs d'huîtres, il paraît qu'il s'est passé un certain espace de temps pendant lequel la mer, dans ces parages, ne nourrissait plus d'habitants, ou du moins avait perdu la faculté de les conserver; car on trouve ces bancs recouverts d'une masse très considérable de sable et de grès, qui ne renferment ni coquilles, ni corps fossiles d'aucune espèce. On ne peut pourtant s'empêcher de la regarder comme une formation marine.

Plus tard on commence à retrouver des coquilles plus ou moins semblables à celles du calcaire grossier.

Ces différents dépôts, et surtout la puissante masse de sable s'étendant sur un terrain déjà presque nivelé par les grandes formations d'eau douce, achevèrent d'en combler les inégalités et de le mettre entièrement de niveau. Ce qui le prouve, c'est qu'aujourd'hui, dans tous les lieux où des causes qui ont agi plus récemment n'ont pas enlevé cette masse de sable avec une partie des couches inférieures, on la retrouve à la même hauteur.

La formation marine à laquelle appartient la masse de sable dont nous venons de parler n'est pas le dernier des produits qui recouvrent notre sol; on trouve encore presque partout au-dessus d'elle un lit de terrain *lacustre* (1), qui prouve d'une manière incontestable l'existence d'un immense lac d'eau douce, qui a formé le dépôt quelquefois très mince, souvent assez épais, qu'on remarque plus particulièrement sur les grandes hauteurs. Il existe souvent aussi dans les vallées, mais il y est recouvert par le terrain d'atterrissement. On ne le trouve point sur le sommet de Montmartre, ni sur celui de la butte d'Orgemont, soit que ces sommets n'aient pas présenté une assez large surface pour qu'il ait pu s'y former des dépôts d'eau douce après la retraite de la mer, soit qu'ils aient été enlevés postérieurement, comme pourrait

____

(1) Formé au fond des lacs d'eau douce.

le faire supposer leur moindre élévation, car ils sont plus bas que ceux des autres collines voisines.

Si vous éprouviez quelque difficulté à supposer l'existence d'amas d'eau douce d'une étendue aussi considérable que celle que supposeraient les dépôts dont nous nous occupons, je vous rappellerai que l'état actuel du globe nous en présente de plus immenses encore; et que, dans l'Amérique septentrionale, les lacs *Supérieur*, *Michigan*, *Huron*, etc., présentent dans certains sens une étendue qui égale presque en longueur celle de la France, du nord au sud, de sorte que si les eaux de ces lacs venaient à s'écouler, ils laisseraient à sec des lits de formation d'eau douce beaucoup plus étendus que celui qui nous occupe. Nous avons, d'autre part, dans de petits lacs que l'on a mis à sec en Écosse, la preuve que les dépôts d'eau douce ont la plus grande analogie avec ceux des époques plus anciennes; tout comme les sources calcarifères des environs de Rome laissent déposer des calcaires très analogues au travertin, lequel a dû se former de la même manière et peut-être à l'époque où se formaient les dépôts des environs de Paris.

Le creusement des vallées se rattache à un autre phénomène qui paraît tout aussi difficile à expliquer, au transport des gros blocs qui forment en partie le sol sur lequel est bâti Paris; on trouve, en effet, dans le terrain meuble qui remplit le fond de notre vallée des blocs ayant jusqu'à douze mètres cubes de volume et pesant par conséquent plus de trente mille kilogrammes! Il est évident que ce terrain meuble n'a pu être produit par l'ordre actuel des choses. On range dans la même classe, à laquelle on donne souvent le nom assez impropre d'*alluvions anciennes*, le sol de la plaine de Nanterre à Chatou, et en général tous les dépôts de cailloux roulés du fond des vallées dont l'origine ne peut être expliquée par les causes actuelles.

C'est dans ce terrain qu'on trouve les ossements d'éléphants, de bœufs, d'élans, etc., dont je vous ai déjà dit un mot, et dont je vous parlerai bientôt avec plus de détails. Ces débris montrent que la population de notre pays, dans ce temps-là, offrait autant de différence avec la population de nos jours, que ce sol ancien lui-même en présente avec le sol actuel.

On trouve souvent cet ancien terrain d'alluvion dans des lieux qui ont dû être autrefois des vallées, et qui aujourd'hui appartiennent à des plateaux assez élevés. Tel est le dépôt remarquable qu'on a trouvé dans la forêt de Bondy, lorsqu'on y a fait une coupe pour le passage du canal de l'Ourcq ; il renfermait des os d'éléphants et de gros troncs d'arbres.

La présence de restes d'éléphants dans le terrain d'alluvion ancienne nous amène naturellement à conclure que le transport de ce terrain a dû avoir lieu pendant que les éléphants vivaient dans nos contrées ; peut-être la cause extraordinaire qui a pu transporter les blocs des environs de Paris a-t-elle détruit en même temps les animaux habitant alors dans nos contrées. Quoi qu'il en soit, l'existence de ces blocs prouve que de grands courants ont sillonné nos contrées à une époque assez récente, et que ces courants devaient être doués d'une telle puissance, qu'il n'y a rien de trop hasardé à leur attribuer le creusement de nos vallées actuelles.

Quant aux terrains récents d'alluvion, formés par des cours d'eau moins puissants, ils sont en général composés de matières plus ténues. On les observe dans des lieux où on conçoit fort bien qu'ils ont pu être déposés depuis l'établissement de l'ordre actuel, et les débris fossiles qu'on y trouve appartiennent à des animaux ou des végétaux qui vivent encore dans nos cantons, ou qu'on sait y avoir vécu. Ils renferment également des ouvrages façonnés par la main des hommes, comme le bateau en forme de pirogue qu'on a déterré dans l'île des Cygnes, en creusant les fondations du pont des Invalides.

C'est à l'existence des débris de corps organisés qui ne sont pas encore entièrement décomposés qu'on doit attribuer les émanations dangereuses qui se dégagent des derniers terrains d'alluvion quand on les remue pour la première fois.

Je ne sais, Madame, si vous me pardonnerez la longueur de cette lettre, dans laquelle je n'ai eu à vous donner que les descriptions, nécessairement arides, d'une suite de terrains ; j'espère cependant que vous m'excuserez un peu en faveur des considérations importantes qui s'y rattachent immédiatement. Qui pourrait voir avec indifférence les traces si sensibles des révolutions dont notre pays a été le théâtre, et les nombreuses générations qui s'y sont succédé ? La légère couche de vie qui fleurit à la surface du sol ne couvre que des ruines. Des êtres qui ont vécu dans le lieu même que nous habitons y foulaient tranquillement d'anciens débris laissés par la mer, lorsque cette mer, revenant subitement, les a engloutis sous ses eaux. Placés dans les mêmes circonstances, n'avons-nous pas à redouter le même sort? Pauvres petits hommes, nés d'hier, qui osons nous dire les maîtres de la terre, nous ne devrions marcher qu'en tremblant sur ce globe toujours prêt à nous engloutir. D'où peut venir notre sécurité? Est-ce de l'histoire de quelques générations d'êtres de notre espèce qui s'y sont maintenues, au milieu de mille désastres, pendant cinquante ou soixante siècles, ou bien nous fions-nous aux faibles digues dans lesquelles nous renfermons avec tant de peine les petits courants d'eau que nous appelons de grands fleuves, à ces petits amas de terre au moyen desquels nous retenons un instant quelques pieds de la mer au-dessus d'un point de notre sol? Comment ne craignons-nous pas qu'au milieu de notre orgueil une légère secousse ne rende à l'Océan cette portion de la terre qu'il nous a naguère abandonnée, et qu'une partie de ses eaux n'engloutisse demain pour jamais nos grandes cités, nos puissants monarques, leurs vastes états, et jusqu'au souvenir des monuments dont notre petitesse ose se montrer si fière?

LETTRE IX.

DES ANIMAUX FOSSILES.

Dans la lettre précédente, en vous exposant le résultat des recherches faites par les observateurs les plus distingués sur les terrains de nos environs, j'ai eu pour but de vous donner une idée de la manière dont on doit concevoir que les différentes formations se succèdent dans toutes les parties du sol de transport et de sédiment; car il existe entre la superposition des roches sur toute la surface du globe des rapports qu'il est impossible de méconnaître.

Le sujet dont je me propose de vous entretenir dans cette lettre et les suivantes sera, j'espère, de nature à vous dédommager un peu de ce que la précédente pouvait avoir d'aride. Je veux vous parler des précieux débris d'animaux qu'on dirait que la nature aurait pris soin de conserver à dessein dans les entrailles de la terre, comme pour nous avertir des désastres dont nous pouvons nous-mêmes devenir d'un moment à l'autre les victimes.

Les recherches nouvelles dont je vais vous rendre compte ne seront plus bornées à un lieu particulier ; mais elles seront le résultat des observations faites dans tous les pays. Il est d'autant plus nécessaire, dans ce cas, d'embrasser la généralité des faits, que la ressemblance ou la différence que peuvent présenter les espèces trouvées dans les divers climats conduisent aux résultats les plus curieux.

Je suivrai, en vous parlant des animaux fossiles, un ordre directement contraire à celui que j'ai adopté relativement aux couches, c'est-à-dire que, commençant par les animaux qui se trouvent dans les plus superficielles, je passerai ensuite aux plus anciennes; et vous ne manquerez pas sans doute de remarquer que, si les restes fossiles qu'on rencontre dans les couches les plus superficielles appartiennent tous, ou à des espèces actuellement vivantes, comme l'*éléphant*, le *rhinocéros*, l'*hippopotame*, ou à des animaux tout à fait voisins de ces espèces, comme les différents *mastodontes*, ceux qui gisent dans des couches plus profondes, et dont l'existence a dû être séparée de la nôtre par plus d'un cataclysme (1), ne forment guère, en général, que des genres entièrement différents des genres vivants.

Les animaux fossiles sont des êtres d'une création ancienne dont il ne nous reste de souvenir que par des dépouilles osseuses épargnées par le temps. Leurs parties molles ont été, à cela près de quelques exceptions très rares, remplacées par les molécules des roches dans lesquelles on les rencontre.

On a substitué l'expression d'animaux fossiles à celle d'animaux pétrifiés, qui donnait une fausse idée, puisque

____

(1) Grande inondation.

le plus souvent les débris de ces habitants de l'ancien monde ne sont point changés en pierre. Le mot *fossile* serait lui-même fort vague, si on ne lui attachait d'autre signification que celle indiquée par l'étymologie; mais, dans le langage des géologues, il a pris un sens bien précis, et, suivant la définition de M. Deshayes, il s'applique à tout corps qui, ayant été enfoui dans la terre à une époque indéterminée, s'y est conservé plus ou moins complètement ou y a laissé des traces non équivoques de son existence. On pourrait même jusqu'à un certain point considérer comme fossiles les marques laissées sur un sol ancien par des animaux qui n'ont fait qu'y passer, telles sont les traces des pattes de certains reptiles laissées sur des grèves sablonneuses qui se sont endurcies postérieurement et ont été plus tard recouvertes par d'autres couches de même nature (1). L'expression de pétrification, quand on l'emploie aujourd'hui, s'applique à des corps dans lesquels la matière organique a été remplacée en totalité par une substance inorganique telle que la silice ou le calcaire. On ne connaît guère de réellement pétrifié que certains végétaux.

De tout temps on a trouvé des ossements d'éléphants fossiles; mais ces ossements jusqu'ici avaient presque toujours été méconnus, et c'est à leur découverte qu'on doit les histoires fabuleuses de la mise à nu des cadavres d'anciens géants : car, dans un temps où l'anatomie avait fait si peu de progrès, l'amour du merveilleux pouvait d'autant mieux s'emparer de pareils évènements pour

---

(1) On trouvera dans une des notes placées à la fin du volume des détails sur ces empreintes laissées par les pieds de différentes espèces de reptiles.

accréditer des idées qui frappent l'imagination, que l'éléphant est un animal dont le squelette présente (aux dimensions près) assez de ressemblance avec celui de l'homme. On ferait un volume entier des histoires d'ossements fossiles de grands quadrupèdes que l'ignorance ou la fraude ont fait passer pour des débris de géants humains. La plus célèbre de toutes est celle du squelette que, sous Louis XIII, on a voulu faire passer pour celui de Teutobochus, ce roi des Cimbres, qui combattit contre Marius. Voici ce qui donna lieu à ce conte :

Le 11 janvier 1613, on trouva dans une sablonnière près du château de Chaumont, entre les villes de Montricoux, Serres et Saint-Antoine, des ossements dont plusieurs furent brisés par les ouvriers : un chirurgien de Beaurepaire, nommé Mazurier, averti de cette découverte, s'empara des os, et songea à en faire son profit; il publia les avoir trouvés dans un sépulcre long de trente pieds, sur lequel était écrit *Teutobochus rex* : il ajoutait avoir trouvé en même temps une cinquantaine de médailles à l'effigie de Marius. Il inséra tous ces contes dans une brochure au moyen de laquelle la curiosité du public étant excitée, il parvint à montrer pour de l'argent, tant à Paris que dans d'autres villes, les os du prétendu géant. Gassendi cite un jésuite de Tournon comme l'auteur de la brochure, et montre que les prétendues médailles antiques étaient controuvées; quant aux os dont le musée d'histoire naturelle est devenu depuis quelques temps possesseur ce sont des os de mastodonte, (comme on le voit au premier coup-d'œil à la forme des dents), et non pas des os d'éléphants ainsi qu'on l'avait supposé quand on n'avait pour guide dans cette détermination des débris, qu'une espèce d'inventaire des différentes pièces qui furent montrées en public, et quelques vagues indications des formes, éparses dans les écrits des médecins et chirurgiens qui prirent part à la discussion pour combattre ou soutenir les assertions mensongères de Mazurier (1).

Des faits semblables, mais mieux observés, et décrits avec plus de précision à mesure que leur date est plus récente, nous conduisent jusqu'au dix-huitième siècle. A cette époque, le progrès des sciences naturelles ne permettant plus des méprises aussi grossières que celle dont il vient d'être question, lorsqu'on trouva des ossements d'éléphants, on les prit bien pour ce qu'ils étaient, mais on se persuada qu'ils avaient été ensevelis sous le sol dans le temps des Romains.

Ce qui pouvait confirmer jusqu'à un certain point dans cette opinion, c'est que les endroits où on en a trouvé le plus anciennement dans notre pays sont situés aux environs du Rhône, et par conséquent dans les lieux où Annibal, qu'on sait en avoir amené dans son expédition contre les Romains, ainsi que Domitius Ænobarbus qui en conduisit plus tard dans les Gaules, auraient pu y laisser leurs cadavres.

Nulle part, en Europe, on n'a trouvé autant d'os fos-

(1) Ces ossements qui se trouvaient à Bordeaux, relégués depuis fort longtemps dans un grenier, furent indiqués à M. Audouin lorsqu'il se trouvait dans cette ville en 1832, par M. Jouannet, membre de la société linnéenne. Après leur arrivée au Muséum ils ont fourni à M. de Blainville le sujet d'une note lue à l'Académie des sciences en mars 1835. C'est dans cette note que l'animal est pour la première fois signalé comme un mastodonte.

siles d'éléphants que dans le val d'Arno supérieur; ils y sont si communs, que les paysans les employaient autrefois, pêle-mêle avec les pierres, pour la construction de leurs maisons. Depuis qu'ils en connaissent le prix, ils les mettent en réserve pour les vendre aux voyageurs; c'est ainsi que M. Cuvier acheta à *Incisa* un atlas de grande dimension qu'on vint lui offrir pendant qu'il relayait à la poste. Ce célèbre naturaliste raconte avoir vu dans le pays une si grande quantité d'os fossiles d'éléphants, tous rassemblés dans les environs de *Figline*, qu'on en avait rempli deux chambres. Ce nombre prodigieux réfute parfaitement l'opinion de ceux qui voudraient prétendre qu'ils ne sont que des traces du passage de l'armée d'Annibal dans ce pays. L'histoire, il est vrai, nous apprend que ce grand général, après avoir gagné la bataille de Trébie, franchit les Apennins, pour aller gagner sur Flaminius celle de Trasymène; mais Tite-Live et Polybe s'accordent à dire qu'étant entré en Italie avec trente-deux éléphants, il n'en avait plus que huit après la bataille de Trébie; qu'il perdit sept de ces animaux dans la tentative inutile qu'il fit pour passer les Apennins pendant l'hiver, et qu'au printemps, lorsqu'il réussit enfin dans sa pénible entreprise, et qu'il arriva dans le val de l'Arno supérieur, il n'en avait plus qu'un seul.

Toutes les conjectures semblables qu'on pourrait être tenté de faire pour donner à ces os une origine qui ne remonterait pas au-delà des temps historiques sont aussi peu fondées que celle-ci. Vous allez voir, d'ailleurs, combien il serait ridicule de vouloir expliquer par une cause unique, quelle qu'elle soit, un phénomène aussi général que l'existence de ces ossements. On en trouve, en effet, dans toute l'Europe, en Angleterre, en Allemagne, où ils ont été plus fréquemment et mieux observés que partout ailleurs, quoique les Romains n'aient jamais pu en conduire dans le nord de cette contrée. On en a découvert beaucoup dans les parties les plus septentrionales de l'Irlande, dans la Scandinavie, et jusque dans l'Islande. On en rencontre aussi dans la Pologne, dans la Russie; et c'est dans ce vaste pays, si peu propre maintenant à favoriser la propagation des éléphants, qu'on trouve leurs débris en plus grand nombre. Et quelles sont, Madame, les provinces de la Russie où vous pensez qu'on les trouve en plus grande quantité? Les parties les plus glacées de la Sibérie. Mais, quelque communs qu'ils soient dans ces rudes climats, ils le sont peut-être encore davantage dans certaines îles de la mer Glaciale, au nord de la Sibérie, qui, à l'exception de quelques montagnes de rochers, ne sont guère qu'un mélange de sable et de glace rempli d'ossements fossiles.

Le capitaine russe Kotzebue en a trouvé sur la côte d'Amérique, au-delà du cercle polaire; ils y sont si communs, que les matelots de son expédition en brûlèrent plusieurs morceaux à leurs feux. M. Adalbert de Chamisso, naturaliste, qui accompagnait M. Kotzebue, a apporté en Europe une défense longue de 4 pieds, sur 5 pouces de large, dans son plus grand diamètre, et que M. Cuvier a trouvée ressembler beaucoup à celles qu'on a déterrées près de Paris, en creusant le canal de l'Ourcq.

9.

Les habitants de la Sibérie sont si habitués à rencontrer sous terre de ces monstrueux débris, qu'ils ont imaginé, pour expliquer comment ils ont pu y être déposés, une fable qui ne vous étonnera pas de leur part. Ils croient qu'il existe dans leur pays un animal de la grosseur de l'éléphant, et portant comme lui des défenses, mais vivant à la manière des taupes, sans pouvoir jamais supporter impunément la lumière du jour. Ils le désignent sous le nom de *Mammouth*, et appellent les défenses fossiles *cornes de mammouth*.

La température glacée de ces climats les a si bien conservées, qu'on les emploie pour la même usage que l'ivoire frais, et qu'elles sont un article de commerce très important pour le pays. Avouez, Madame, que c'est là un singulier dédommagement accordé par la nature aux habitants de cette triste contrée.

Une chose remarquable, c'est qu'on trouve la même fable chez les Chinois, qui appellent *tien-schu-ia* le prétendu animal souterrain. Il en est question dans plusieurs traités d'histoire naturelle du pays ; et même dans l'un d'eux, où on fait remarquer qu'on ne les rencontre que dans les régions les plus glacées, on prétend que sa chair est d'une nature fort saine, ce qui tendrait à faire croire que le phénomène si curieux de la conservation des chairs serait assez commun dans les pays froids (1).

On découvre ordinairement les os fossiles réunis, un même gisement, offrant les restes de plusieurs animaux divers, grands et petits ; rarement pourtant on

____

(1) Voyez à la fin du volume la note empruntée au voyage d'Isbrands-Ides.

trouve dans un même lieu un squelette entier. Les os sont quelquefois placés sous des couches déposées par les eaux douces; d'autres fois aussi, ce sont des débris de corps marins qui les recouvrent, et qui restent là comme pour attester le genre de catastrophe qui a changé la face du pays dans lequel vivaient ces animaux.

Je n'ai pas besoin de vous faire remarquer combien cette dernière circonstance, le nombre prodigieux de ces dépouilles, et la dispersion des os appartenant au même individu, éloignent toute idée de dépôts faits par la main des hommes, et nous conduisent invinciblement à l'admission des révolutions dont nous voyons partout des preuves si évidentes.

C'est ici le lieu de vous rappeler l'éléphant de M. Adams, pour lequel je vous renvoie à l'histoire que je vous en ai donnée dans une de mes lettres précédentes.

On trouve aussi des os d'éléphants en Amérique, continent où il n'y en a jamais eu de vivants depuis que les Européens le connaissent, et où les traditions des indigènes concernant les époques antérieures n'en font non plus aucune mention : nouvelles preuves sans réplique de l'antiquité antédiluvienne de ces débris.

Une circonstance qui semble très digne de remarque, c'est que, tandis que les os fossiles d'éléphants sont si communs sous des latitudes que ces animaux ne pourraient supporter, on n'en a point encore trouvé dans les pays où ils vivent maintenant.

« N'y en a-t-il pas eu d'enfouis dans ces régions, dit M. Cuvier, ou la chaleur les a-t-elle décomposés? ou lorsqu'on en a découvert, a-t-on négligé de les remarquer, parce qu'on les attribuait à des animaux du pays, et qu'on n'y voyait rien d'extraordinaire? Ne serait-ce pas aussi que les mammouth, étant des animaux destinés à vivre dans le nord, à cause de la laine épaisse et des longs crins qui les recouvrent, il n'y en avait point à une certaine proximité des tropiques? Les géologistes qui visiteront la zone torride ont là un sujet bien important de recherches. »

On a prétendu en avoir vu en Barbarie, pays où il n'existe aujourd'hui d'éléphants d'aucune espèce, bien qu'il soit assez chaud pour leur tempérament, et qu'il y en ait eu autrefois au moins dans la *Mauritanie*, au rapport de tous les anciens; mais le fait est loin d'être suffisamment établi. Dans l'Inde les débris d'éléphants manquent également, quoique ceux du mastodonte y aient été depuis peu reconnus. Des os d'une espèce nouvelle de mastodonte, le mastodonte à larges dents, ont été trouvés près des bords de l'Irrawadi, par la dernière expédition anglaise envoyée dans l'empire Birman; et l'an passé, on a découvert dans un grès du versant méridional de l'Hymalaia, une dent qui paraît provenir du mastodonte à dents étroites. Cette dernière espèce se trouverait ainsi à la fois à l'état fossile en Asie, en Europe et en Amérique.

LETTRE X.

CONTINUATION DES ANIMAUX FOSSILES.

ÉLÉPHANTS.

PERMETTEZ-MOI de revenir sur chaque circonstance de l'histoire des os fossiles d'éléphants, pour y chercher des inductions sur tout ce qui peut se rattacher à leur existence passée.

La position superficielle de ces ossements, leur gisement dans des terrains meubles et d'alluvion, qui paraissent avoir formé le fond d'anciennes vallées, tout annonce que les animaux auxquels ils ont appartenu ont été, dans tous les pays qu'ils ont habités, victimes de l'une des dernières révolutions qui ont contribué à changer la surface de leur sol.

Mais ces éléphants, dont on rencontre les débris dans l'Europe, dans tout le nord de l'Asie, et jusque dans les régions les plus glacées, ont-ils vécu jadis dans ces pays? ou bien leurs ossements y ont-ils été transportés par les eaux qui les auraient détruits dans d'autres? Tout prouve qu'ils ont vécu dans les lieux mêmes où on les trouve; car, outre que la diversité de nature des couches qui recouvrent leurs ossements atteste celle des révolutions dont ils ont été victimes (et exclut par conséquent l'idée d'une seule grande irruption qui eût pu les disperser), s'ils avaient été transportés par les eaux, ils seraient, comme tous les corps qui ont subi ce transport, usés par le frottement, au moins autant que les cailloux roulés, qu'on reconnaît si facilement pour avoir été arrondis par l'action des vagues; mais ils sont, au contraire, si bien conservés, qu'on trouve des ossements de jeunes animaux qui présentent encore les éminences cartilagineuses les plus déliées et les plus fragiles. Et si on voulait supposer que, les squelettes ayant été transportés entiers, chaque os en particulier a pu rester intact, on tomberait dans une difficulté insoluble; car on ne pourrait expliquer pourquoi on ne trouve pas les os de chaque squelette enfouis dans un même lieu, et comment il se fait que les tas qu'on rencontre offrent rassemblés des débris d'animaux appartenant à des espèces et même à des races très différentes, sans que jamais aucun d'eux ait fourni de quoi recomposer le squelette complet d'aucune espèce particulière.

Les éléphants dont nous parlons ont donc vécu dans les pays aujourd'hui les plus glacés du globe, et jusque dans les régions inhabitables du cercle polaire. Mais ces régions étaient-elles alors ce qu'elles sont maintenant? on ne peut pas le supposer, puisque les contrées dont il s'agit ne fournissant aucun végétal propre à leur nourriture; ils n'auraient pu s'y maintenir. Les voyageurs nous apprennent en effet que, dès le 68ᵉ degré de latitude septentrionale, le bouleau et le frêne disparaissent; le grand sapin lui-même et le mélèze, arbre dont le nord est la patrie, rampent sous forme d'arbrisseaux sur un sol qui dégèle à peine en été. Cranz assure que, dans tout le Groënland, on ne trouve pas un seul arbre qui ait plus de six pieds de haut, et quant aux animaux qui vivent sous cette latitude, tous périssent ou dégénèrent au point que leurs espèces deviennent méconnaissables. L'ours blanc, le renne, et le renard blanc, destinés par la nature à vivre dans ces climats, et pourvus par elle des plus épaisses fourrures, les supportent avec beaucoup de peine. Au-delà, on ne trouve plus guère que de la glace; mais jusque sous le cercle polaire et au-delà (1) on trouve des ossements d'éléphants, qui certainement n'auraient pas pu y vivre si la température y avait été alors ce qu'elle y est aujourd'hui. D'ailleurs les animaux de même espèce se trouvent en Allemagne, en France, et jusqu'en Italie; de sorte qu'il faudrait supposer aux éléphants de ce temps une singulière faculté de s'accommoder à toute sorte de climats. Il n'y a guère maintenant sur le globe que l'homme, et quelques-unes des espèces qui lui sont les plus utiles (le chien par exemple), qui aient été doués par la nature de cette heureuse flexibilité de tempérament; aussi son espèce est-elle la seule qu'on trouve répandue depuis les régions les plus brûlantes de la zone torride jusque sous le cercle polaire (2).

Mais quant aux animaux qui présentent le plus de

(1) Le capitaine Parry a constaté que le terrain de l'île Melville (75o de lat. nord), où la température descend quelquefois jusqu'à 50o au-dessous de la glace, contient une énorme quantité d'ossements d'éléphants.

(2) Néogsack, établissement danois, est situé sous le 72e degré de latitude septentrionale, et les Groënlandais remontent encore plus haut.

ressemblance avec ceux qu'on trouve à l'état fossile, les éléphants, les rhinocéros, et les hippopotames d'aujour-d'hui, la nature leur a assigné une étendue de pays assez limitée au-delà de laquelle ils ne peuvent plus se propager.

Les pays où règne une glace éternelle n'ont donc pas été autrefois soumis à une température aussi rigoureuse, et les révolutions qui l'ont changée ont sans doute causé dans beaucoup de lieux la destruction subite des races qui y vivaient.

Il est encore une opinion contre laquelle je crois devoir vous prémunir. On pourrait être tenté de supposer qu'un abaissement lent et graduel de température aurait forcé les éléphants à se réfugier peu à peu vers des régions plus chaudes; et qu'abandonnant ainsi les climats qui se refroidissaient, ils se seraient à la fin tous accumulés dans les lieux où en les rencontre maintenant.

Dans cette hypothèse, adoptée par Buffon, les animaux dont on retrouve les débris auraient été les derniers restés dans leur demeure primitive, et le changement progressif de température aurait à la longue déterminé le changement dans leur fourrure, comme nous voyons la peau du chien, peu garnie de poils et parfois même entièrement nue dans les pays chauds, se couvrir d'une fourrure épaisse et abondante dans le nord.

Une première raison qui s'oppose à ce qu'on puisse admettre que les choses se soient passées ainsi, consiste dans les différences très sensibles qui existent entre le squelette de l'espèce d'éléphants fossiles et celui des deux espèces actuellement vivantes; différences beaucoup plus

caractérisées qu'aucune de celles que peut produire la
variété du climat, et qui, ainsi que le prouve un passage
du livre déjà cité d'Isbrands, n'avaient pas échappé à d'anciens voyageurs. Une seconde se trouve dans la destruction de plusieurs genres d'animaux évidemment contemporains des éléphants, dont on trouve les débris ensevelis
avec les leurs, et qui ont certainement été détruits par les
révolutions dont il reste des traces incontestables. Pourquoi les éléphants auraient-ils seuls échappé aux désastres
capables de détruire entièrement les espèces du même
genre qu'eux? Voilà encore une difficulté insoluble dans
ce système, et qu'on doit ajouter à celle qui naît de la
différence sensible qui existe entre les espèces éteintes et
les espèces vivantes.

D'ailleurs, les révolutions dont les animaux de cette
époque ont été victimes sont arrivées subitement. Je n'ai
pas besoin de répéter ici que si le cadavre de l'éléphant
de M. Adams, et ceux qu'on a trouvés, comme lui, recouverts de leur peau, n'avaient pas été subitement saisis
par la température glacée qui règne dans les lieux où on
les a découverts, les chairs n'auraient pas pu être conservées comme elles l'ont été.

Au surplus, il a existé aussi des éléphants en Amérique, où on trouve leurs débris en grand nombre. Pourquoi, si le changement de température avait été assez
lent pour leur permettre de se retirer dans des pays plus
chauds, ceux de ce grand continent n'y auraient-ils pas
échappé comme les nôtres? Pourquoi ne se seraient-ils
pas réfugiés dans le Mexique et les pays voisins qui leur
offraient une température certainement aussi chaude

qu'ils pouvaient la supporter, et des lieux assez élevés pour se soustraire aux inondations marines dont plusieurs ont dû être les victimes?

Ajoutons enfin, pour dernière raison, qu'on ne pourrait, dans cette supposition, expliquer comment les éléphants auraient pu être détruits dans les pays tempérés de l'Europe, et particulièrement dans l'Italie, quand tout prouve qu'ils étaient conformés pour vivre dans des régions beaucoup plus froides.

Concluons de tout ce que nous venons de dire, 1º que les éléphants auxquels appartenaient les ossements qu'on retrouve de nos jours à l'état fossile ont vécu jadis dans les lieux où gisent maintenant leurs débris; 2º que les éléphants actuels ne sont pas leurs descendants; 3º enfin, que tout ce qu'on pourrait dire pour expliquer leur destruction par un refroidissement lent et graduel de la température, ou par un empiètement progressif de l'Océan sur les continents, est entièrement inadmissible.

Une circonstance assez remarquable consiste dans l'existence des coquilles marines qui sont collées ou plutôt incrustées dans quelques os d'éléphants fossiles; ce qui tend à faire croire que ces os étaient déjà dénudés quand la mer est venue recouvrir le pays qu'ils habitaient. On ne doit pas s'en étonner, car les ossements d'éléphants morts naturellement depuis plusieurs années devaient, après que leurs cadavres avaient été dévorés par les animaux carnassiers d'alors, rester épars sur le sol, comme peuvent l'être dans notre pays ceux des chevaux et des autres quadrupèdes qu'on néglige d'enfouir dans la terre.

Comme il existe encore maintenant deux espèces d'éléphants connues depuis les temps historiques, l'éléphant des Indes et l'éléphant d'Afrique, peut-être seriez-vous curieuse de savoir avec laquelle de ces deux espèces l'éléphant fossile présente le plus de ressemblance. Il paraît qu'il se rapprochait beaucoup plus de l'espèce d'Asie que de celle d'Afrique; il avait, en effet, comme la première, le crâne plus allongé, le front plus concave : ces deux caractères étaient même bien plus prononcés chez lui que chez l'éléphant d'Asie. Sa tête différait encore de celle des deux espèces vivantes, par la forme de sa mâchoire inférieure, plus obtuse; par la grandeur des mâchelières, sur lesquelles on distingue des rubans plus longs et plus étroits, mais surtout par l'énorme développement des alvéoles dans lesquelles les défenses prenaient naissance. Quant au reste du corps, il paraît que cet éléphant était un peu plus volumineux que celui des Indes; mais il devait avoir des formes en général plus trapues (1).

Figurez-vous donc cet animal, non point avec la peau presque nue de nos éléphants d'aujourd'hui, mais abrité contre le froid des pays dans lesquels il vivait par une double fourrure de laine et de crins (2). Ses crins s'al-

(1) Parmi les débris d'éléphants fossiles que le Musée possède il en est qui prouvent que quelques-uns de ces animaux avaient acquis des dimensions très considérables : telle est en particulier la portion de défense trouvée près de Rome par MM. le duc de La Rochefoucault et Desmarets, fragment qu'on serait tenté, au premier aspect, de prendre pour un tronc d'arbre. On peut aussi remarquer un fémur d'une telle grandeur, que l'animal auquel il a appartenu n'a pu avoir moins de 14 pieds de hauteur.

(2) On peut voir au Musée, dans un bocal, un échantillon de ces deux sortes de poils provenant de l'éléphant d'Adams, ainsi qu'un morceau de la peau de l'animal.

longeaient sur le cou et sur l'épine du dos de manière à former une espèce de crinière ; ses défenses, d'un très bel ivoire, un peu plus longues que celles des éléphants actuels, se courbaient en spirale, et se dirigeaient légèrement en dehors ; enfin, les grandes dimensions des alvéoles de ses défenses donnaient à sa physionomie un aspect qui la faisait notablement différer de celle des éléphants de nos jours, et devaient avoir une influence sensible sur l'organisation de sa trompe.

Comme vous le voyez, cet antique éléphant différait plus de l'espèce même des Indes, que le cheval ne diffère de l'âne ou du zèbre, ou le chien du renard. Par conséquent, on ne peut pas plus admettre que l'une vienne de l'autre, qu'on ne pourrait supposer que des chevaux finiraient à la longue par produire des ânes, ou des chiens des renards.

M. Deluc, dans un mémoire fort intéressant, a donné des raisons très plausibles pour faire admettre que les éléphants n'ont pas habité simultanément toute l'Europe et le nord de l'Asie. Il pense que ces contrées étaient partagées en îles sujettes à des révolutions qui les faisaient passer sous les eaux de la mer pendant un temps plus ou moins long. Il fait remarquer que les os qu'on trouve épars doivent être ceux des animaux morts naturellement dans ces îles, et que ceux qu'on trouve rassemblés en grande quantité ont appartenu aux animaux que l'inondation subite a refoulés dans les lieux où ils cherchaient en commun un refuge ; quelquefois aussi la mer, en faisant rouler les os qu'elle a trouvés épars, les a enfouis ensemble dans les lieux les plus bas.

Si je me suis beaucoup étendu sur tout ce qui a rapport aux éléphants fossiles, ne craignez pas, Madame, que j'entre dans des détails aussi minutieux sur chacune des espèces contemporaines dont il nous reste des débris. Les considérations générales dans lesquelles je suis entré sur leur gisement, sur le temps où ils ont pu vivre, sur le climat auquel ils ont dû être exposés, et enfin sur le genre de révolution qui a pu les détruire, sont applicables à presque toutes les autres espèces contemporaines, sur lesquelles, par conséquent, je serai beaucoup plus court.

LETTRE XI.

DES MASTODONTES.

———

Un animal, aujourd'hui perdu, contemporain de l'éléphant fossile, et qui a dû avoir avec lui la plus grande ressemblance, est celui qu'on a connu long-temps en France sous le nom d'animal de l'Ohio, et auquel M. Cuvier a donné celui de *grand mastodonte*. Ses ossements se trouvent, comme ceux de l'éléphant, dans les deux continents, mais beaucoup plus fréquemment dans l'Amérique septentrionale que partout ailleurs. Ils sont même si rares dans notre ancien monde, que M. Cuvier a longtemps douté qu'on les y rencontrât réellement.

Le grand mastodonte vivait avec l'éléphant, puisqu'on trouve fréquemment ses ossements mêlés avec ceux de ce dernier animal. Il avait sa taille et sa forme générale, à quelques légères différences près : son corps, par exemple, devait être plus allongé que celui de l'éléphant, et ses membres, au contraire, un peu plus épais; du reste, il avait des défenses comme lui, et très probablement une trompe semblable à la sienne.

Le mastodonte était cependant très sensiblement distinct de l'éléphant par la forme de ses mâchelières, qui forment le caractère le plus distinctif de son organisation. Elles sont, en effet, plus ou moins approchantes de la forme rectangulaire, et présentent, sur la surface de leur couronne, de grosses tubérosités à pointes arrondies, disposées par paire au nombre de huit ou dix, suivant les espèces. Cette forme est si distincte et si reconnaissable, qu'il n'est personne qui puisse s'y tromper quand il en a vu une seule fois, soit quand les tubérosités sont encore intactes, soit lorsque leur pointe arrondie a été usée par suite de la mastication. Ces dents ne ressemblent en aucune manière à celles des carnassiers; et, parmi les herbivores, l'hippopotame serait celui de tous les animaux connus dont les dents présenteraient avec elles le plus de ressemblance.

Buffon, qui avança le premier, dans ses *Époques de la nature*, que les dents du mastodonte se trouvaient dans l'ancien continent (on n'en avait jusqu'à lui rencontré que dans l'Amérique septentrionale), fut induit en erreur sur le volume que devait avoir l'animal auquel elles avaient appartenu. Voyant que ces dents avaient une forme carrée et point du tout allongée suivant la largeur de la mâchoire, il se persuada qu'elles devaient être nombreuses. « Quand on n'y en supposerait que six, ou même quatre, de chaque côté (dit-il), on peut juger de l'immensité d'une tête qui aurait au moins seize dents mâchelières, pesant chacune dix ou douze livres. » Car la dent qu'il possédait, et que l'on conserve au Muséum, pesait en effet onze livres quatre onces : c'est une des plus grosses qu'on ait vues.

Mais ce n'est pas le poids peu ordinaire de cette dent qui l'a induit en erreur, c'est le nombre considérable qu'il en supposait. Il estimait que la mâchoire de l'animal adulte pouvait en contenir jusqu'à seize, tandis qu'il ne paraît pas qu'il puisse y en avoir jamais plus de deux à la fois de chaque côté en exercice. On trouve bien dans les mâchoires des jeunes animaux le germe de seize dents que leur supposait Buffon ; mais il arrive à ces dents ce qui a lieu pour celles de l'éléphant : elles ne poussent que successivement ; quand celle de derrière est près de percer la gencive, celle de devant est usée et prête à tomber. Elles se remplacent ainsi l'une l'autre, et, à la fin même, il arrive, comme dans l'éléphant, qu'il n'y en a plus qu'une ; de sorte que le nombre effectif des mâchelières est de huit dans la jeunesse, et de quatre seulement à la fin de la vie : aussi la taille de l'animal, qui, suivant les idées de Buffon, aurait dû être égale à six ou huit fois celle de l'éléphant, ne surpasse-t-elle pas celle que pouvait atteindre l'éléphant fossile.

Ceci n'est pas fondé sur de simples conjectures : il existe deux squelettes entiers de mastodontes, dus au zèle d'un naturaliste américain (M. Peale), qui, à force de soins et de persévérance, est parvenu à les compléter, après trois mois de recherches faites sur des lieux où il avait appris qu'on venait de découvrir quelques-uns de leurs os.

Ce fut vers le milieu du siècle dernier qu'on eut en France les premières notions sur l'existence des os fossiles de mastodontes. Un officier français, M. de Longueil, naviguant dans l'Ohio pour se rendre dans le Mississipi trouva sur les bords d'un marais un tas d'ossements qui lui parurent curieux ; il en prit une partie pour les présenter à l'examen des naturalistes, et il apporta à Paris un fémur, une extrémité de défense et trois mâchelières qu'il regardait comme ayant appartenu à un animal inconnu.

Daubenton, qui les examina, déclara que le fémur et la défense appartenaient à un éléphant, mais que les mâchelières étaient celles d'un hippopotame : « car on ne peut guère soupçonner (ajoute-t-il) que ces dents aient été tirées de la même tête avec la défense, ou qu'elles aient fait partie d'un même squelette avec le fémur dont il s'agit ici; en le supposant, il faudrait aussi supposer un animal inconnu qui aurait des défenses semblables à celles de l'éléphant, et les dents molaires semblables à celles de l'hippopotame. »

L'existence de cet animal, que Daubenton ne voulait pas d'abord reconnaître, fut bientôt après admise par Buffon, puis par Daubenton lui-même, qui ne tarda pas à changer d'avis, et par tous les naturalistes du temps. Le mastodonte est même le premier animal qui ait convaincu les naturalistes qu'il pouvait y avoir eu autrefois des espèces détruites aujourd'hui.

A cause du lieu dans lequel avaient été trouvés les débris qui fixèrent pour la première fois sur lui l'attention des naturalistes, il lui fut donné le nom d'*animal de l'Ohio*, d'*éléphant* et de *mammouth de l'Ohio*.

Tous ces noms, sous lesquels on avait désigné jusqu'ici le mastodonte, sont impropres, comme on peut le voir.

Celui d'éléphant de l'Ohio ne convient pas, puisque ce n'est pas un éléphant.

Celui de mammouth ne convient pas davantage, puisque mammouth est le nom sous lequel les Russes ont désigné l'éléphant fossile de leur pays.

Celui d'*éléphant carnivore*, qu'on lui donne quelquefois, est le plus mauvais de tous, puisqu'il consacre deux erreurs, l'animal n'étant ni éléphant ni carnivore.

Enfin, celui d'*animal de l'Ohio*, qu'on aurait pu lui laisser, n'était pourtant pas très convenable, puisqu'on ne le trouve pas seulement sur les bords de ce fleuve et dans toute l'Amérique septentrionale, mais encore dans plusieurs parties de l'ancien continent.

Le nom de mastodonte, que M. Cuvier a substitué à tous ceux-là, dérive de deux mots grecs qui expriment le caractère principal auquel on peut reconnaître l'animal, la forme mamelonnée de ses dents.

Les indigènes de l'Amérique septentrionale n'ont pas plus manqué de rattacher aux mastodontes fossiles qu'ils trouvent dans leur pays des idées superstitieuses, que les habitants de la Sibérie aux éléphants fossiles du leur. Aussi quelques sauvages disent-ils que ces grands animaux ont existé autrefois avec des hommes d'une taille proportionnée, et que le grand Être foudroya les uns et les autres.

Ceux de Virginie croient qu'une troupe de ces terribles quadrupèdes détruisant les autres animaux créés pour l'usage des Indiens, Dieu les avait foudroyés tous, « excepté le plus gros mâle, qui, présentant sa tête aux foudres, les secouait à mesure qu'ils tombaient, mais qui, ayant à la fin été blessé par le côté, se mit à fuir vers les grands lacs, où il se tient caché jusqu'à ce jour. »

Ainsi, les sauvages de l'Amérique paraissent être tombés, relativement au volume des mastodontes, dans la même erreur que notre Buffon; mais ils n'auront pas sans doute fait autant de raisonnements pour y arriver. Un avantage des ignorants sur les savants est peut-être de se tromper à moins de frais.

La forme des dents du mastodonte, qui se rapprochent plus de celles de l'hippopotame que d'aucun autre animal, doit nous porter à croire que, comme ce dernier, le mastodonte choisissait de préférence les racines et les autres parties charnues des végétaux; et cette sorte de nourriture devait sans doute l'attirer sur les terrains mous et marécageux, sur le bord des fleuves. Mais, néanmoins, il ne devait pas plus que l'hippopotame vivre réellement dans les eaux, car il n'était pas fait pour nager, et c'était un véritable animal terrestre.

L'espèce de mastodonte dont je viens de vous parler, et qu'on désigne sous le nom de grand mastodonte, n'est pas la seule connue jusqu'ici : il en a existé une autre bien caractérisée, celle des *mastodontes à dents étroites*, dont on trouve des débris, surtout dans l'Amérique méridionale, et notamment près de Santa-Fé de Bogota. Le lieu, que dans le pays on appelle le *Camp des géants*, est un endroit où on en trouve beaucoup, et où ils ont sans doute donné lieu à des traditions populaires d'où il a pris son nom. Cette espèce se trouve, plus souvent encore que celle du grand mastodonte, ensevelie sous des débris marins.

Les ossements du mastodonte à dents étroites sont bien plus rares que ceux du grand mastodonte; il n'existe à Paris aucun des grands os de son squelette, excepté un tibia rapporté du Camp des géants par M. de Humboldt, et fort mutilé à tous ses angles (1) : d'après ce seul os, il paraîtrait que les mastodontes à dents étroites étaient plus bas sur jambes que les grands mastodontes.

Plusieurs dents, plus petites que toutes les autres, et dont deux, qui ont été trouvées en Europe, doivent cependant avoir appartenu à des individus du genre des mastodontes, avaient déjà fait présumer à M. Cuvier qu'on pourrait aux deux espèces précédentes en ajouter quatre autres, qu'il proposait d'appeler *mastodonte des Cordillères*, *mastodonte humboldtien*, *petit mastodonte*, *mastodonte tapiroïde*; mais des recherches postérieures à la mort de notre grand naturaliste ont fait encore admettre plusieurs espèces nouvelles, dont quelques-unes, au reste, pourraient bien être reconnues plus tard pour de simples variétés.

On a déterré depuis peu, en Toscane, le squelette presque entier d'un mastodonte à dents étroites.

(1) Depuis que ceci est écrit, notre Muséum a reçu plusieurs débris de cet animal rare. Quelques-uns sont venus d'Amérique, d'autres ont été trouvés dans l'ancien continent.

LETTRE XII.

DE L'HIPPOPOTAME, DU RHINOCÉROS, DU DINOTHERIUM, DU MEGATHERIUM, DU CHEVAL, ETC.

LA difficulté de se procurer un squelette complet de l'espèce vivante de l'hippopotame a longtemps retardé l'étude de l'espèce fossile. Ce n'est qu'après plusieurs années de recherches que M. Cuvier, étant parvenu à s'en procurer un pour notre Muséum d'histoire naturelle, a pu compléter, d'une manière satisfaisante, l'étude de cet animal.

L'hippopotame fossile se trouve en grande quantité dans le val d'Arno supérieur, où ses ossements sont plus nombreux que ceux du rhinocéros et presque autant que ceux d'éléphants; ils sont d'ailleurs rassemblés dans les mêmes lieux avec ceux de ces deux espèces, situés, par conséquent, dans les collines sableuses qui ceignent la vallée.

L'une des espèces d'hippopotame fossile paraît avoir été à peu près de la grosseur de l'espèce qui vit actuellement en Égypte, cependant un peu plus volumineuse; elle devait avoir le cou plus court, mais présenter, d'ailleurs, quant à la forme, peu de différence avec cette dernière.

En exécutant les travaux nécessaires à la construction du pont d'Iéna, on a trouvé, dans la plaine de Grenelle, une portion de défense d'hippopotame très reconnaissable.

Outre cette espèce, il en a existé une autre qui n'était pas plus grande que notre cochon, et dont on possède assez d'os au Muséum pour être assuré de sa forme, de sa taille et de son âge.

Une portion de mâchoire, conservée aussi dans notre Muséum avec plusieurs dents, fait présumer qu'il doit y avoir eu une espèce intermédiaire, cependant plus rapprochée, par la taille, de la petite que de la grande.

Enfin, quelques dents fossiles, trouvées avec des dents de crocodiles, à vingt pieds, dans un banc calcaire près de Blaye, département de la Charente, indiquent une autre espèce voisine d'hippopotame, et plus petite que le cochon.

Voilà donc déjà quatre espèces distinctes; et peut-être serait-on dès à présent fondé à en reconnaître une ou deux de plus.

Les *rhinocéros* ont dû être beaucoup plus nombreux dans l'ancien monde qu'ils ne le sont de nos jours, et il y avait alors, entre les diverses espèces, des différences bien plus marquées que celles qui s'observent aujourd'hui; pour ne parler que de la taille, par exemple, le rhinocéros du continent asiatique, le plus grand de tous, n'est pas deux fois aussi haut que le rhinocéros de Java, qui est le plus petit; tandis que parmi ceux de l'ancien monde, nous trouvons chez le rhinocéros nain à peine le quart de la taille du rhinocéros de Pallas.

Cette dernière espèce, qui est celle dont les débris se

trouvent en plus grand nombre dans l'Europe moyenne et septentrionale, ainsi que dans l'Asie, se distingue des espèces vivantes par une circonstance très remarquable.

Ce qui frappe le plus dans le rhinocéros, c'est la corne volumineuse qu'il porte sur sa tête ; et quand on examine son squelette, et qu'on cherche quelle base a été donnée par la nature à un organe d'un si grand poids, on s'aperçoit avec étonnement qu'il est implanté sur l'extrémité des os du nez, lesquels forment une voûte assez épaisse, il est vrai, mais sans aucun appui sur le reste du crâne.

L'espèce que l'on a connue la première (le rhinocéros de Pallas), paraît avoir été, sous ce rapport, beaucoup plus avantageusement organisée que les espèces actuelles. Elle était, en effet, pourvue dans les narines d'une cloison osseuse, qui, servant d'appui à la voûte qui supporte la corne, lui donnait plus de solidité. Joignez à cette circonstance favorable que la voûte formée par les os du nez est, dans l'espèce fossile, moins élevée, et plus abaissée vers la mâchoire inférieure.

L'immense majorité des os fossiles appartenait à cette espèce, qui était encore la seule connue il y a quelques années.

Pallas, célèbre naturaliste, dont je crois vous avoir déjà parlé, et qui voyagea en Sibérie, donna la relation de la découverte d'un rhinocéros entier de cette espèce, trouvé, avec sa peau, en décembre 1771, sur les bords du Vilhoui, rivière qui se jette dans la Lena. Depuis l'observation de Pallas, un grand nombre de faits semblables ont été consignés par les voyageurs et les naturalistes. Les rhinocéros conservés ainsi dans les glaces du Nord ont tous présenté la même particularité que l'éléphant de M. Adams : on a trouvé leur peau couverte d'un poil qui semble annoncer qu'ils étaient destinés à vivre sous un climat rigoureux.

L'explication la plus vraisemblable qu'on puisse présenter de la présence de ces rhinocéros dans des pays froids, et de leur étonnante conservation, est celle que nous avons indiquée pour l'éléphant dont nous venons de rapporter la découverte; tout porte à croire que les rhinocéros ont vécu jadis, comme les éléphants, dans le nord de l'Europe, de l'Asie et de l'Amérique, et jusque vers les régions polaires; qu'ils y ont été soumis, au moins dans les derniers temps, à un climat beaucoup moins chaud que celui que supportent leurs analogues dans les régions équatoriales, et qu'enfin ils ont été victimes d'une révolution jusqu'ici incompréhensible, mais violente, et assez subite pour que leurs cadavres aient été saisis par le froid en moins de temps qu'il n'en aurait fallu pour les décomposer (1).

---

(1) On a proposé, il y a quelques années, une explication de la présence de cadavres de rhinocéros en Sibérie, explication que nous reproduisons ici sans la regarder d'ailleurs comme propre à faire abandonner celle qu'a donnée M. Cuvier; l'auteur M. Huot, l'a présentée pour la première fois dans les *Annales des Sciences naturelles*, tome X, page 274, cahier de mars 1827. Elle est fondée sur la supposition de l'antique existence d'un continent boréal, dont le Spitzberg et les îles connues sous le nom de nouvelle Sibérie indiqueraient la trace. Ce continent aurait été habité par de grands animaux tels que l'éléphant et le rhinocéros, mais modifiés dans leur organisation de manière à pouvoir vivre sous un climat froid. Une irruption marine, venue du nord, aurait couvert ce continent boréal, et transporté dans la Sibérie septentrionale quelques-uns de ces animaux ; puis, par un mouvement d'oscillation qui n'a rien d'impossible, cette mer, se retirant peu de temps après, eût laissé dans un terrain de sable quelques cadavres de ces animaux que les glaces auraient ensuite conservés presque intacts jusqu'à nos jours. Cette catastrophe, qui appartiendrait à la plus récente des révolutions de notre planète, expliquerait facilement la

L'Europe fournit aussi des rhinocéros fossiles ; on les trouve particulièrement dans le val d'Arno, si célèbre par les débris d'éléphants et d'hippopotames qu'il renferme en si grande abondance : mais dans cette contrée, et dans toute l'Italie, outre l'espèce la plus commune dont je viens de parler, on en rencontre une autre de dimensions un peu plus grêles, et qui a de commun avec nos espèces vivantes l'absence de cette cloison si remarquable.

On a recueilli en Allemagne des incisives fossiles de rhinocéros qui doivent avoir appartenu à des individus de la taille ordinaire de ces animaux. Or, ni l'espèce fossile connue, ni celle d'Italie à narines non cloisonnées, ne peuvent présenter d'incisives ; ils n'ont pas même à

présence de ces animaux sur le sol de la Sibérie ; elle indiquerait la possibilité de trouver encore vers l'embouchure de quelques-unes des rivières qui se jettent dans l'océan Glacial d'autres individus conservés de même sous les glaces ; enfin elle s'accorderait avec la configuration des contours septentrionaux des deux continents de l'Asie et de l'Amérique.

« Au reste, poursuit M. Huot, sans attacher une grande importance à cette « hypothèse, nous ferons remarquer que les habitants du Groënland prétendent « qu'il existe dans l'intérieur de leur pays un animal noir et velu qui a la forme « d'un ours, et six brasses de hauteur. Veulent-ils désigner par là le rhino- « céros velu ou le mammouth ? Quoi qu'il en soit, la tradition de l'existence « d'un grand animal existant dans ces contrées avant que l'homme s'y établît, « n'en est pas moins un fait curieux. »

Quant aux mammouth des Sibériens, l'antique éléphant dont l'animal de M. Adams nous offre un si précieux échantillon, M. Huot, considérant que ses débris ne se trouvent pas seulement dans la Sibérie et les régions les plus septentrionales de l'Europe, mais encore dans les environs de la mer Noire et dans la Tartarie chinoise, ne pense plus qu'on puisse adopter pour lui l'explication qu'il a proposée relativement aux rhinocéros. Il suppose donc que l'antique race des éléphants a vécu à la fois sur le continent boréal dont nous avons déjà parlé et sur le plateau très froid de la Grande Tartarie, d'où leurs débris ont pu être entraînés vers les bords de la mer Noire et vers la Tartarie chinoise. « Ce qu'il y a de certain, dit M. Huot, c'est que le « rhinocéros poilu n'a été trouvé que dans la Sibérie, tandis que le mam- « mouth l'a été dans les différentes contrées que nous venons de nommer. »

leurs mâchoires de place pour les contenir. Ces dents ont dû appartenir à une espèce différente, et dont, avec le temps, on découvrira sans doute de nouveaux débris.

La France était également destinée à nous révéler une ancienne espèce de ces animaux, plus curieuse peut-être que toutes les précédentes. On a trouvé, dans le village de Saint-Laurent, près Moissac (Lot-et-Garonne), des dents incisives, mais bien plus petites que celles d'Allemagne, et qui ne peuvent avoir appartenu qu'à une espèce de beaucoup inférieure pour la taille à celle qui a fourni ces dernières (1).

Plusieurs os de squelette de rhinocéros, qui n'ont pu appartenir qu'à des individus de très petite taille, paraissent nécessiter l'admission de plusieurs petites espèces à dents incisives.

Afin qu'il ne vous vienne aucun scrupule sur l'existence de ces petites espèces, et que vous ne soyez pas tentée de vous imaginer que la découverte de quelques ossements de jeunes animaux ont pu y donner lieu, je dois vous prévenir que le squelette des jeunes animaux porte des caractères qui ne permettent pas de se tromper sur leur âge, et que chacun de leurs os, comparé à ce qu'il doit devenir quand l'animal sera adulte, présente des différences qu'il n'est pas difficile de reconnaître, même à l'état fossile. Au reste, relativement aux mâchoires (et ce sont les os qu'on retrouve en plus grand

(1) La collection de fossiles du Muséum contient divers échantillons d'ossements de rhinocéros trouvés en France. On y distinguera aussi avec intérêt une tête entière d'un brun noirâtre, venant de Sibérie, ainsi qu'une portion de crin trouvée dans les environs de Figeac.

nombre et les mieux conservés), l'état des alvéoles ne peut laisser aucun doute sur l'âge plus ou moins avancé des animaux auxquels elles ont appartenu.

M. Home annonça, il y a déjà quelque temps (*Transactions philosophiques*, 1822), l'existence d'un rhinocéros venu de la Cafrerie, et qui, prétendait-il, ressemblait parfaitement à ceux des espèces fossiles; M. Cuvier a trouvé que la tête dont il parle diffère essentiellement de celle des rhinocéros avec lesquels il lui trouve tant de ressemblance, en ce que la cloison des narines n'est pas ossifiée, comme cela a lieu chez les espèces fossiles semblables (1).

Le *cheval* de l'ancien monde est celui de tous les animaux de cette époque qui a dû présenter le plus de ressemblance avec les individus de même espèce qui vivent encore aujourd'hui : toute la différence que pourraient indiquer les os fossiles de cet animal consiste dans les dimensions. Ils ont dû appartenir à des individus dont la taille ne devait pas surpasser celle de nos grands ânes. Ces petits chevaux vivaient avec les éléphants et les rhinocéros de la même époque; car on trouve leurs ossements dans les mêmes terrains et dans les mêmes dépôts :

(1) Si les espèces de rhinocéros dont l'existence s'est prolongée jusqu'au moment de la dernière grande révolution, (ainsi que c'est évidemment le cas pour celle à laquelle appartient l'individu décrit par Pallas), diffèrent déjà notablement des espèces vivantes, il n'y aura pas lieu d'être surpris en trouvant, dans les espèces qui appartiennent à des époques plus reculées, des différences encore plus grandes. Ainsi, dans le gisement si riche en ossements fossiles qui a été découvert à Sansan, département du Gers, M. Lartet a reconnu trois espèces de rhinocéros qui paraissent avoir été dépourvues de cornes, mais dont le principal caractère distinctif (car l'absence de cornes a été indiquée depuis peu comme caractère d'une espèce vivante) consiste dans la présence d'un doigt de plus aux pieds de devant.

ils ne sont pas moins nombreux ; et si on n'en a pas autant recueilli, c'est qu'ils étonnaient moins ceux qui en faisaient la découverte. Ils ont donc vraisemblablement péri avec eux, et nous n'avons aucun motif pour supposer que les chevaux dont nous nous servons tirent leur origine de cette ancienne race.

Pour compléter ce que j'ai à vous dire des découvertes d'animaux faites dans les terrains les plus superficiels, dans ceux qui n'ont été recouverts que par une révolution qui paraît avoir été peu durable, je parlerai d'abord de certains débris qui, pendant qu'on n'en avait que quelques échantillons assez incomplets, avaient été considérés comme établissant l'existence d'une espèce de Tapirs dont la taille eût égalé ou surpassé même celle de l'éléphant. Des découvertes récentes faites en diverses parties de l'Europe, mais surtout, dans le duché de Hesse-Darmstadt, ont prouvé que ces ossements ne proviennent point d'un animal du genre Tapir, mais d'une espèce, ou plutôt de deux, appartenant à un genre complètement détruit, le genre *Dinothérium* (1).

Ce qui avait d'abord causé la confusion, c'est la grande analogie de formes qu'il y a entre les molaires des tapirs et celle du dinothérium ; or, pendant longtemps on n'eut de ce gigantesque animal de débris bien caractérisés que des molaires, avec quelques portions assez insignifiantes des os dans lesquels ces dents étaient enchâssées. Enfin, il y a quelques années, on découvrit une mâchoire infé-

____

(1) On croit cependant pouvoir rapporter encore à un tapir, dont les dimensions auraient été à peu près celles de l'espèce asiatique, des os trouvés en Auvergne dans les environs d'Issoire.

rieure presque complète, quoique brisée à sa partie moyenne, et dès lors il fut manifeste que l'espèce fossile ne pouvait plus être placée dans un des genres déjà connus, mais devenait le type d'un genre nouveau et des plus singuliers. En effet, cette mâchoire qui se prolongeait, toute proportion gardée, beaucoup plus que celle des tapirs, se montrait armée d'une puissante canine ou plutôt d'une défense comparable à celle que présente de chaque côté la mâchoire supérieure des éléphants. Bientôt il fut prouvé que cette défense, au lieu d'être dirigée en haut comme l'avaient d'abord supposé tous les naturalistes, l'était précisément en sens contraire, et que la branche de la mâchoire se coudait en avant des molaires de telle sorte que sa partie antérieure était à peu près perpendiculaire à la postérieure.

Comme parmi les animaux de l'ancien monde dont les mâchoires étaient garnies de défenses, certaines espèces en présentaient en haut et en bas (1), quelques personnes pensèrent qu'il en pourrait être de même pour le dinothérium, et c'est sans doute parce qu'on le supposait, ainsi, plus complètement armé que le commun des pachydermes qu'on lui donna un nom qui signifie animal terrible. Au reste, l'opinion dont nous venons de parler, déjà devenue très peu probable du moment où la vraie configuration de la mâchoire inférieure avait été connue, ne tarda pas à être complètement renversée par la découverte qu'on fit vers

(1) Tels sont certains mastodontes qui, pour cette raison, ont été désignés sous le nom de *Tetracaulodon*; il est probable, au reste, que les défenses de la mâchoire inférieure tombaient promptement, et que chez l'adulte la mâchoire supérieure était seule armée.

le milieu de l'année 1836, d'une tête à peu près complète de dinothérium. Cette tête trouvée dans un gîte déjà fameux comme l'un des plus riches en fossiles, à Eppelsheim, (grand-duché de Hesse-Darmstadt), fut apportée l'année suivante à Paris et exposée à la curiosité du public qui ne put guère y voir autre chose de remarquable que l'énormité des dimensions (plus d'un mètre de longueur et à peu près autant de largeur). Quant aux naturalistes, ils y trouvèrent un objet d'études des plus attachants. En observant, en effet, les empreintes des muscles qui devaient mouvoir cette tête colossale, la position et la forme des surfaces articulaires par lesquelles elle se joignait au reste du corps, et celles de la charnière qui unissait la mâchoire au crâne ; en jugeant du volume des parties molles par la grandeur des trous qui donnaient passage aux vaisseaux sanguins destinés à nourrir ces parties ; en se laissant guider enfin par une foule de considérations délicates sur lesquelles je ne puis m'appesantir ici, ils parvinrent à se faire une idée de la structure générale de l'animal, de la place qu'il devait occuper parmi les vertébrés, de son genre de nourriture, des lieux qu'il devait habiter, etc. Ce n'est pas qu'il ne reste encore un certain nombre de points sur lesquels on n'est pas d'accord ; mais il suffira de la découverte de quelques nouveaux débris osseux pour faire cesser les incertitudes ; deux ou trois os de l'avant-bras ou du poignet, une ou deux vertèbres de la queue trancheront toutes ces questions.

Dès à présent on peut dire que les dinothérium étaient des mammifères alliés à la fois aux pachydermes à peau nue, au morses qui sont des amphibies, et aux cétacés herbivores. Ils devaient, comme ces derniers, faire usage d'une nourriture végétale, et pour cela ils devaient habiter de préférence les eaux douces, les embouchures de grandes rivières, et les lagunes voisines. Leur lèvre supérieure, très développée et peut-être prolongée en trompe, leur servait à saisir les herbes qui pendaient au-dessus des eaux ou flottaient à la surface. Avec la puissante houe formée par leurs deux défenses ils arrachaient, du fond, tantôt des racines féculentes comme celles des Nymphea, et tantôt des racines beaucoup plus dures; car à la disposition de leurs molaires, au mode d'articulation de leurs mâchoires et à la puissance des muscles destinés à mouvoir ces os, il est aisé de juger qu'ils avaient un appareil propre à broyer les substances végétales les plus résistantes. On sait que, pour les éléphants, les racines des arbres qui croissent dans les lieux inondés, sont un mets très-friand; les dinotherium pouvaient bien avoir le même goût, et certes ils avaient tous les moyens de le satisfaire aisément.

Les hippopotames, les plus aquatiques de tous les pachidermes, cherchent, en partie, leur nourriture à terre où ils passent d'ordinaire, une partie de la nuit; il est fort douteux que les dinotherium aient eu, même à un moindre degré, de semblables habitudes. Qu'auraient-ils été faire à terre? ils ne pouvaient y paître, et les longues défenses qui descendaient de l'extrémité de la mâchoire inférieure leur tenaient toujours le menton à une assez grande distance du sol. Ces pesantes masses d'ivoire placées tout au bout d'un levier de près de quatre pieds de longueur, allourdissaient singulièrement la tête et en eussent fait un fardeau fort incommode à porter en promenade, dans l'eau, au contraire, cette tête, surtout quand elle était complètement submergée, ne pesait presque rien.

L'animal avait certainement sous la peau une épaisse couche de graisse qui l'aidait à flotter, de sorte qu'il pouvait se maintenir entre deux eaux sans faire le moindre mouvement, si ce n'est pour respirer ; alors même il lui suffisait d'amener les narines à la surface comme le font les crocodiles, et il avait justement, comme ces reptiles, une extrême facilité à élever la tête, le corps restant horizontal ; la position tout à fait postérieure de la double charnière au moyen de laquelle le crâne s'unit au cou permettait cette sorte de renversement de la tête.

Quelques savants ont supposé qu'il pouvait, en outre, au moyen de ses longues dents, s'ancrer près du rivage de manière à n'avoir que les narines dehors, et dormir ainsi tranquille sans risquer d'être emporté par le courant.

Le morse vient parfois sur le rivage, où il se traîne sur le ventre en s'aidant de ses pattes qui sont faites à peu près comme celles du veau marin. Les jambes du dinotherium avaient-elles une pareille configuration ? étaient-elles disposées comme celles du lamantin, c'est-à-dire confondues en arrière avec la queue en une masse épaisse formant nageoire, et réduites en avant à de simples ailerons ? ou bien, tout au contraire, étaient-elles plus semblables à celles de l'hippopotame, c'est-à-dire propres à une véritable marche ? c'est un point, jusqu'à ce jour, indécis, mais sur lequel, comme nous l'avons déjà dit, la découverte de quelques os donnera peut-être, avant peu, une solution positive.

Tant qu'on faisait du dinotherium un tapir et qu'on le supposait par conséquent semblable par la forme à ces animaux, on pouvait, en comparant, sous le rapport de la grandeur, une partie quelconque de son squelette avec la même partie dans une des espèces vivantes, en déduire la grandeur de toutes les autres. En procédant ainsi, on avait trouvé que les dimensions du *dinotherium giganteum* devaient être plus que triples de celles du tapir commun d'Amérique, et qu'ainsi il ne pouvait pas avoir moins de dix-huit pieds de longueur, de la tête à la queue. Aujourd'hui qu'il est bien prouvé que le genre perdu n'a laissé parmi les animaux de l'époque actuelle aucun représentant, le procédé dont nous venons de parler n'est évidemment plus applicable, et il faudra attendre qu'on ait retrouvé une plus grande partie du squelette avant de pouvoir déterminer, avec quelque précision, les formes et les dimensions. Tout ce qu'il est permis d'affirmer dès à présent, c'est qu'un crâne long de trois pieds, et large d'autant, devait appartenir à un mammifère plus volumineux qu'aucun de ceux qui vivent aujourd'hui, les baleines seules exceptées.

Les animaux de l'ancien monde, au reste, paraissent avoir été plus grands que ceux des espèces actuelles qui s'en rapprochent ; c'est ce qu'on a eu occasion de voir, d'une manière bien frappante, sur des ossements fossiles trouvés en Amérique, dans des couches très-superficielles, ossements qui, tout en indiquant dans les animaux auxquels ils ont appartenu des relations avec différentes tribus d'édentés, les rapprochent surtout de celles des *paresseux* et des *tatous*.

11.

La famille des Paresseux est si remarquable parmi celles des autres mammifères, que je ne peux m'empêcher de rappeler quelques-unes des singularités qu'elle présente.

Les dimensions disproportionnées des membres antérieurs, qui, chez ces animaux, ont au moins deux fois la longueur des membres postérieurs ; la conformation de leur bassin, qui ne leur permet pas de rapprocher les genoux ; le mode désavantageux de l'articulation de leur pied avec la jambe, sur laquelle ce pied tourne comme une girouette sur son pivot ; tout se réunit pour entraver leur marche. Aussi, lorsqu'ils sont à terre, ne peuvent-ils que se traîner péniblement sur les coudes, et si lentement, que des voyageurs assurent qu'ils ne pourraient faire cinquante pas en un jour (1) ; de là le nom de *paresseux* qu'on leur a donné. Ils n'ont ni dents incisives ni canines, nul moyen d'attaquer, ni de se défendre. « Tout, dit Buffon, nous rappelle ces monstres par défaut, ces ébauches imparfaites, mille fois projetées, exécutées par la nature, qui, ayant à peine la faculté d'exister, n'ont dû subsister qu'un temps, et ont été depuis effacées de la liste des êtres. »

(1) Leur démarche est en effet très pénible et tres lente sur le sol ; aussi n'est-ce pas là qu'ils sont destinés à vivre, mais sur les arbres, comme les singes ; d'ailleurs, ils ne marchent pas à la façon des quadrumanes, sur les branches, mais en dessous, c'est-à-dire le corps en bas et les quatre jambes en haut. Ce singulier mode de progression, pour lequel tout est calculé dans leur structure, est bien plus rapide qu'on ne le supposerait avant d'en avoir été témoin, et certainement le matelot le plus agile qui passe d'un mât à un autre au moyen d'un des cordages placés dans la direction de l'axe du navire, et qui dans ce cas marche tout à fait comme les paresseux, ne va pas plus vite qu'eux.

M. Cuvier ne parait pas moins frappé que Buffon de l'extrême différence qui existe entre cette famille et toutes celles qu'on pourrait vouloir lui comparer. « On trouve, dit-il, aux paresseux, si peu de rapports avec les animaux ordinaires ; les lois générales des organisations aujourd'hui existantes s'appliquent si peu à la leur, les différentes parties de leurs corps semblent tellement en contradiction avec les règles de coexistence que nous trouvons établies dans tout le règne animal, que l'on pourrait réellement croire qu'ils sont les restes d'un autre ordre de choses, les débris vivants de cette nature précédente dont nous sommes obligés de chercher les autres ruines dans les entrailles de la terre, et qu'ils ont échappé par quelque miracle aux catastrophes qui détruisirent les espèces leurs contemporaines. »

L'éléphant peut bien aussi être cité pour la manière sensible dont il diffère de tous les mammifères ; mais, dans l'état de captivité, il peut encore faire usage de la plupart des ressources qui résultent pour lui des particularités de son organisation ; aussi ne s'est-on jamais apitoyé sur son sort comme sur celui des paresseux. Quant à cette famille des paresseux, si elle avait été du nombre de celles qui n'ont laissé aucun représentant dans le monde actuel, on aurait eu peine à concevoir la possibilité de son existence.

Parmi les animaux antédiluviens qui offrent quelques rapports avec les paresseux, on n'a compté long-temps que deux espèces.

L'un de ces animaux, auquel on a donné le nom de *megalonyx*, a été déterré dans une caverne de l'Amérique du Nord, à quelques pouces seulement de la surface du sol ; il devait avoir un volume égal, au moins à celui des plus forts bœufs de la Suisse ou de la Hongrie. On l'avait pris d'abord pour un carnassier, supérieur de beaucoup pour la taille au lion : mais M. Cuvier a désabusé les naturalistes sur ce point. L'histoire de cet antique animal offre cette particularité curieuse, qu'il a été décrit par *Jefferson*, l'ancien président des Éats-Unis, qui fut averti de son existence par *Washington*. On aime à retrouver dans les sciences le nom de ces hommes chers à l'humanité, et qui ont joué un si beau rôle dans l'histoire moderne.

Un animal fossile de la même famille que le précédent, et plus remarquable encore à cause de ses plus grandes dimensions, est le *megatherium* dont on a eu le bonheur de trouver presque tous les os réunis dans un même lieu, de sorte qu'on a sans peine rétabli le squelette, et qu'on a pu, dès les premiers temps, sans grands efforts d'imagination, se représenter la bête, comme l'on dit, en chair et en os. Si on eût voulu se la figurer avec sa peau, comme on l'a fait pour d'autres espèces perdues, il est probable, ainsi que je le ferai voir bientôt, qu'on aurait été dans cette conjecture bien éloigné la vérité.

Le megatherium avait des dimensions presque égales à celles de l'éléphant. Sa tête, qui se rapprochait à plusieurs égards de celle des paresseux, en différait en ce qu'elle devait être munie d'une sorte de trompe, ou au moins d'un museau extrêmement prolongé et propre à saisir les objets. Cet appendice devait être plus développé que chez le tapir, mais moins que chez l'éléphant. Chez ce dernier, la longueur de la trompe est nécessitée par l'extrème brièveté du cou ; chez l'animal fossile dont la tête beaucoup plus petite était bien plus détachée des épaules, un pareil développement eût été non seulement superflu, mais incommode. La mâchoire inférieure était très-grande, parce qu'elle avait à loger d'épaisses dents merveilleusement disposées pour broyer les racines que l'animal arrachait au moyen des grands ongles dont étaient armés trois des cinq doigts de son énorme main.

Les os du bras et de l'avant-bras disposés de manière à permettre à ces mains des mouvements très variés, étaient proportionnellement assez légers, mais ils étaient évidemment mus par des muscles très volumineux. Les membres postérieurs, au contraire, étaient lourdement charpentés ; tout dans leur disposition et dans leur mode d'union avec le bassin, était calculé pour soutenir avec avantage la lourde masse du corps. Il est probable d'ailleurs que, lorsque le megatherium était en repos, il prenait aussi un point d'appui sur sa queue , qui était très longue et très grosse, ainsi qu'on s'en est assuré depuis l'époque de la première découverte.

Ce qui nécessitait sans doute ce redoublement de solidité dans les supports, c'est qu'il y avait à soutenir, outre le poids des parties charnues, celui d'une cuirasse écailleuse dont le megatherium était tout entier revêtu, ainsi que le sont d'autres édentés, les *tatous* et les *pangolins*. Ce fait, quoique n'ayant rien que de conforme aux analogies qu'on a souvent occasion de remarquer entre des genres appartenant à une même famille, était complètement inattendu : la découverte en est due à Don *Da-*

masio Laranhaia qui a aussi le premier fait connaître les vraies dimensions de la queue.

Nous n'avons pas assez de débris du megalonix pour pouvoir dire jusqu'à quel point il ressemblait au megatherium. On sait déjà que son régime alimentaire ne devait pas être tout à fait le même, car une de ses dents, que l'on a trouvée, ressemble au moins autant aux dents du grand tatou qu'à celles des paresseux; or, comme plusieurs espèces de tatous s'accommodent très bien, par occasion, d'une nourriture animale, on peut supposer qu'il en était de même pour le megalonix , et que, lorsqu'en fouissant pour chercher des racines charnues (car il n'en pouvait pas broyer d'aussi dures que le megatherium), il venait à déterrer quelques reptiles, il en faisait fort bien sa proie.

En supposant au reste qu'il y eut, malgré cette différence, de grands rapports dans la conformation générale du megalonyx et celle des paresseux, sommes-nous forcés de conclure que la conformité s'étendait jusqu'aux habitudes? Cela n'est nullement nécessaire, car, comme le remarque M. Cuvier, « un animal dont la taille égalait au moins celle de nos bœufs de la plus forte race, aura grimpé rarement sur les arbres, parce qu'il en aura rarement trouvé d'assez forts pour le porter. » Quant au megatherium, nous sommes bien certains qu'il ne quittait jamais la terre.

Si le megatherium ne montait pas sur les arbres, comme le font les paresseux qui trouvent ainsi le moyen de se soustraire aux poursuites de certains carnassiers, il n'avait pas non plus probablement une habitude com-

mune aux édentés à cuirasse de notre époque, et qui les
met également en sûreté contre leurs ennemis, l'habitude
de se creuser une demeure souterraine. Au reste, il avait
peu de motifs de crainte. « Sa grandeur et ses griffes,
dit M. Cuvier, devaient lui fournir assez de moyens de
défense. Il n'était pas prompt à la course ; mais cela ne
lui était pas nécessaire, n'ayant besoin ni de poursuivre,
ni de fuir. »

Ses débris, jusqu'ici, ont tous été trouvés dans les couches les plus superficielles, et certains naturalistes ont
paru disposés à croire qu'il pouvait encore exister
quelques individus de cette espèce, que les voyageurs
n'auraient pas eu occasion d'observer jusqu'ici. Cette
opinion n'est nullement vraisemblable ; car où pourrait
se cacher un animal si volumineux pour échapper à
toutes les recherches des chasseurs et des naturalistes ?

J'ai déjà eu occasion de parler de deux genres d'édentés à cuirasse, les tatous, qui sont propres au nouveau
continent, et les pangolins qui appartiennent à l'ancien.
Ces derniers sont, avec les fourmilliers d'Amérique, les
animaux qui méritent le mieux le nom d'*édentés*, car ils
ont les mâchoires dégarnies complètement, tandis que
les autres ont au moins des dents molaires.

Les pangolins ont, comme je l'ai dit, l'habitude de
fouiller la terre, tant pour s'y creuser des tannières où ils
demeurent cachés presque tout le jour, que pour chercher les fourmis qui font leur principale nourriture.
Les ongles puissants qui leur servent à cet usage sont
portés chacun par un os de forme très singulière, et dont
la partie antérieure présente une entaille profonde, une

sorte de fente ; cette phalange onguéale est par conséquent très-reconnaissable et très-caractéristique du pangolin, car on ne la trouve, parmi les animaux de notre époque, que chez ceux qui appartiennent à ce genre dont on
connaît seulement trois espèces.

Existait-il déjà des pangolins dans le monde antédiluvien ? C'est ce que M. Cuvier ne craignit pas d'affirmer
à la vue d'un os unique découvert dans le grand-duché
de Hesse ; il est vrai que cet os était une phalange onguéale.

Depuis la mort de notre grand naturaliste, on a découvert plusieurs autres parties du squelette de cette espèce
de pangolin qui devait avoir une taille gigantesque, au
moins vingt-quatre pieds de longueur. Nous l'appelons un pangolin, parce qu'il avait certainement plus de
ressemblance avec ces mammifères qu'avec aucun de ceux
que nous connaissons aujourd'hui, soit dans la famille
des édentés, soit dans toute autre ; d'ailleurs, nous
ignorons s'il était comme eux revêtu d'écailles tranchantes, s'il avait la faculté de se mettre en boule, etc.
Il paraît qu'il différait des espèces vivantes en un point
essentiel, en ce qu'il avait des dents molaires ; du moins
on a trouvé en France, parmi des débris qui appartenaient
bien évidemment à cet animal, des dents qu'on a pu supposer, avec grande vraisemblance, provenir du même
squelette. Ces restes précieux ont été recueillis par
M. Lartet, naturaliste dont le zèle a été récompensé par
des découvertes plus importantes encore et sur lesquelles
nous aurons bientôt occasion de revenir.

Les mêmes pays qui nous ont conservé le squelette du

gigantesque megatherium, recèlent aussi les restes d'un autre animal non moins remarquable par sa taille. Cet animal, qui semble devoir être rapporté à l'ordre des rongeurs, offre en même temps des affinités avec les pachydermes, avec les édentés et même avec les cétacés herbivores. C'est donc un nouveau cas à ajouter à celui que nous a déjà présenté le dinotherium, d'un genre antédiluvien qui se rattache à la fois à plusieurs ordres de mammifères.

Le nouvel animal a reçu le nom de *Toxodon* à cause de la courbure en arc de ses dents. La seule espèce jusqu'à présent connue a été désignée sous le nom de *toxodon de la Plata*, parce que c'est dans la vallée que parcourt cette rivière, qu'ont été trouvés jusqu'à présent tous les débris qu'on en possède; ils ont été rapportés en Europe par le vaisseau anglais le *Beagle*, à la suite d'un voyage de circumnavigation très productif pour la science. Le morceau le plus complet qu'on possède du toxodon est une tête trouvée sur les rives du Sarandis, l'un des affluents du Rio-Negro, à 40 lieues environ au nord-ouest de Montevideo; elle était contenue dans un terrain comme argileux, de formation très récente; sa longueur est de deux pieds quatre pouces, sa plus grande largeur d'un pied quatre pouces.

Une des choses qui frappent à l'aspect de cette tête, c'est la position du trou occipital, ouverture à travers laquelle s'établit la communication entre le cerveau et la moelle épinière, et dont le pourtour donne attache à l'extrémité supérieure de la colonne vertébrale.

La position du trou occipital chez les différents animaux, a été pour les anatomistes l'objet de remarques curieuses. Chez l'homme, destiné à marcher debout, la tête est posée sur la colonne vertébrale de manière à y être presque en équilibre ; le trou occipital se trouve ainsi placé horizontalement et vers le milieu de la base du crâne. Chez les animaux destinés à marcher à quatre pieds, la disposition de cette ouverture devait être et est en effet différente, c'est ce qu'on sait depuis longtemps ; mais ce que Daubenton a été le premier à voir, c'est qu'à mesure que les animaux sont placés plus bas dans l'échelle et deviennent de moins en moins intelligents, le trou occipital s'éloigne plus de la partie moyenne du crâne et de la direction horizontale. En descendant ainsi on arrive à des mammifères chez lesquels ce trou est tout à fait en arrière et dirigé de haut en bas ; chez les cétacés enfin, il anticipe vers la face supérieure du crâne et est dirigé obliquement en haut. C'est ainsi qu'il se trouve placé chez le toxodon et, pour le dire en passant, il l'est de même chez le dinotherium. D'après la remarque de Daubenton, cette particularité indiquerait un être d'une intelligence très bornée, et c'est d'ailleurs ce qu'indique plus sûrement encore l'extrême petitesse de la boîte osseuse où était logé le cerveau.

Ce crâne, par sa forme générale, a beaucoup de rapports avec celui des pachydermes aquatiques ; quant à la portion faciale, elle nous rappelle tout à fait la tête des rongeurs, et le système de dentition qui caractérise les animaux de cet ordre est essentiellement celui du toxodon ; les particularités qu'il présente ne sont pas plus importantes que celles qui existent entre les différents genres de l'ordre.

Une de ces différences consiste dans la direction des molaires. Ces dents sont, comme je crois l'avoir déjà dit, fortement arquées ; elles le sont plus ou moins chez presque tous les rongeurs herbivores ; mais, au lieu d'avoir leur concavité tournée en dehors, ainsi que c'est le cas pour les cochons d'Inde, par exemple, elles l'ont précisément en sens contraire. Il en résulte que les dents des deux côtés qui, chez l'animal que nous venons de nommer, vont en s'écartant à mesure qu'elles pénètrent plus avant dans l'alvéole, convergent, au contraire, chez le toxodon, de manière à venir presque se joindre supérieurement, formant ainsi une série d'arcades capables de résister à une énorme pression.

Une autre particularité que présentent les molaires du toxodon, c'est leur nombre qui est de sept de chaque côté, tandis que chez les rongeurs il est ordinairement de quatre ; d'ailleurs ce nombre est loin d'être fixe, puisqu'il y a des genres où il n'y a que trois dents (le genre Rat) et même deux (le genre Hydromys), tandis que dans d'autres il y en a six (le genre Lièvre).

En général le volume des molaires d'un même côté, ou est uniforme dans toute la longueur, ou s'il varie c'est en augmentant d'arrière en avant. Le toxodon présente le changement de grosseur en sens inverse ; c'est un trait de ressemblance qu'il a avec le plus grand des rongeurs vivants, le cabiai, animal aquatique qui habite les parties de l'Amérique où ont été trouvés les ossements de l'espèce antédiluvienne. Une expansion de l'os du palais, dans l'intervalle qui sépare ces molaires, est aussi une particularité commune au toxodon et au cabiai, à l'exclusion de tous les autres rongeurs.

J'ai dit que le cabiai est le plus grand des rongeurs vivants, et sa grosseur en effet est à peu près celle du cochon; de ces dimensions à celles du toxodon qui devait égaler en corpulence le rhinocéros, il y a encore bien loin; mais il n'y a rien d'invraisemblable à supposer qu'il a existé des espèces intermédiaires pour la grandeur, espèces dont peut-être avant peu l'existence nous sera prouvée par de nouvelles découvertes d'ossements fossiles. Cela est déjà arrivé, pour une des espèces détruites dont il a déjà été question dans cette lettre, pour le megatherium.

D'après ce que nous avons dit de cet animal, vous avez pu voir qu'il tient à la fois à deux tribus voisines d'édentés, celle des Paresseux et celle des tatous, entre lesquels il établit en quelque sorte la liaison. Cependant, s'il fallait le comprendre dans l'une ou l'autre de ces deux tribus, c'est peut-être, toute réflexion faite, dans la dernière qu'on devrait le faire entrer, à raison de la nature particulière de ses téguments, de la cuirasse écailleuse dont tout son corps était revêtu. En effet, à la taille près, il n'y a guère plus de distance du genre megatherium au genre des tatous proprement dits, que de celui-ci à l'autre genre que l'on comprend dans la même tribu, au genre *Clamyphore*. La seule espèce connue jusqu'à présent dans ce dernier genre est tout au plus de la taille de la taupe; dans l'autre genre, il y a des espèces plus grandes et l'une d'elles, qui à la vérité surpasse de beaucoup toutes les autres, le tatou géant égale au moins en grosseur le cochon de Siam. Mais dans ces mêmes parages où les naturalistes du *Beagle* ont rencontré les débris fossiles du toxodon, ils ont trouvé, avec divers ossements du megatherium, des portions de squelette qui proviennent aussi d'édentés à cuirasse d'espèces non encore décrites, espèces dont l'une devait avoir la taille du tapir américain, une autre celle du bœuf, etc. Ainsi, dans cette tribu des édentés à plastron, on passe maintenant, par une série graduée de grandeurs, des dimensions du rat à celles de l'éléphant.

J'en ai fini pourtant, je l'espère, avec les édentés, je reviens à notre rongeur fossile et au système de dentition qu'il présente. Nous avons vu qu'il avait la mâchoire supérieure garnie de quatorze molaires, c'est-à-dire deux de plus que les espèces vivantes de rongeurs où ces dents sont le plus nombreuses (les espèces du genre lièvre); quant aux dents incisives qui forment, comme on le sait, un des caractères principaux de cet ordre de mammifères, elles offrent chez l'animal antédiluvien des particularités encore plus prononcées. Chez les rongeurs en général, ces dents sont au nombre de deux à chaque mâchoire; les lièvres seuls en ont quatre à la mâchoire supérieure, deux grandes bien apparentes, et deux plus petites cachées derrière celles-ci; les toxodons en ont également quatre, mais rangées sur une seule ligne où les deux plus petites occupent la partie moyenne. Ces incisives sont d'ailleurs séparées des molaires par un grand espace vide, ainsi que cela a lieu chez toutes les espèces vivantes ou perdues de l'ordre.

A la mâchoire inférieure les rongeurs, même les lièvres, n'offrent que deux incisives; il y en a six chez le toxodon.

Une pareille disposition des incisives semblerait établir un rapport entre notre animal et certains pachydermes, mais les dents ont bien le caractère essentiel de celles des rongeurs, c'est-à-dire d'être dégarnies d'émail dans une portion de leur contour, ce qui fait qu'elles s'usent inégalement et présentent toujours ainsi un biseau qui les rend singulièrement propres à entamer des substances ligneuses.

Chez la plupart des rongeurs, l'articulation des mâchoires est disposée de telle sorte que l'inférieure a par rapport à la supérieure, non seulement un mouvement de haut en bas, mais encore un d'avant en arrière; or comme les rubans d'émail qui forment la partie tranchante des dents chez tous les animaux destinés à se nourrir de substances végétales sont, chez ceux dont nous parlons, dirigés transversalement, il en résulte que dans le mouvement de glissement des deux mâchoires, les dents d'en haut se rencontrent avec celles d'en bas comme les lames d'une paire de ciseaux, c'est-à-dire d'une manière très-avantageuse pour diviser les matières soumises à la mastication. Cela n'est pas ainsi dans d'autres animaux : dans les ruminants, par exemple, les mâchoires, rapprochées l'une de l'autre, jouissent bien encore d'un mouvement horizontal, mais ce mouvement a lieu de droite à gauche, aussi les lames d'émail des molaires ont-elles une direction longitudinale, de sorte que l'effet produit est encore le même. Chez notre toxodon, la direction de ces lames d'émail est oblique, et la forme de l'articulation de la mâchoire est en harmonie avec cette circonstance. Aucun des rongeurs vrais ne nous offre cette disposition qui se retrouve cependant chez le wombat, animal de la Nouvelle-Hollande qui est le représentant des rongeurs dans la sous-classe des marsupiaux.

Chez les rongeurs phytophages (1) les dents ont cela de particulier que les molaires, ainsi que les incisives, croissent toute la vie, de sorte que malgré l'usure rapide qu'elles éprouvent en frottant contre celles qui leur sont opposées, à l'autre mâchoire, elles conservent toujours sensiblement la même longueur.

Cette faculté des dents de ne point diminuer tout en s'usant sans cesse, est, comme on le conçoit bien, une circonstance très favorable à la durée de la vie des individus. Chez la plupart des herbivores, les dents, après un nombre d'années assez court, sont devenues presque hors d'état de servir, de sorte que si la vie n'était pas limitée par d'autres causes, elle serait enfin terminée par la mort la plus cruelle, par la mort de faim. Les rongeurs, chez qui toute l'organisation est calculée pour une longue vie, seraient presque irrévocablement condamnés à cet horrible sort, sans les particularités

---

(1) Le mot *phytophage* qui commence à être généralement employé, ne peut être remplacé par celui d'*herbivore* dont on se sert quelquefois dans le même sens ; les animaux qui broutent l'herbe, ceux qui vivent principalement de graines, ceux qui mangent des fruits charnus ou des racines féculentes, ceux enfin qui rongent le bois pour s'en nourrir sont tous également phytophages, c'est-à-dire mangeurs de substances végétales ; les premiers seuls sont herbivores.

que nous venons de signaler dans leur système dentaire.

Les mouvements dont jouit l'œil dans les mammifères sont en rapport avec leur genre de vie, leurs habitudes, leur caractère. Les espèces qui ont de nombreux ennemis et peu de moyens de défense, ont les yeux placés de manière que leur vue peut embrasser un grand espace autour d'eux ; cela s'observe, par exemple, au plus haut degré dans la girafe, qui, sans bouger la tête, et en mouvant l'œil seulement, peut voir en arrière presque aussi bien qu'en avant ; cela s'observe encore, quoiqu'à un moindre degré, dans le timide lièvre, qui a les yeux placés tout à fait sur les côtés de la tête, et de plus très saillants. Les animaux qui vivent habituellement plongés dans l'eau et à qui la lumière n'arrive guère que d'en haut, jouissent d'un mouvement très étendu des yeux dans cette direction ; leur orbite est dirigé en haut, et plus grand dans son diamètre vertical que dans le diamètre horizontal. Le crâne du toxodon nous offre cette structure, qui nous porterait déjà à elle seule à soupçonner que l'animal, de même que l'hippopotame et le cabiaï, passait une grande partie de sa vie dans l'eau. La conjecture acquiert un plus grand degré de probabilité par ce fait, que le mode d'articulation de la tête avec la colonne vertébrale, ressemble beaucoup à celui qu'on observe chez les cétacés herbivores ; cette tête pouvait se relever, l'échine restant horizontale, et amener les narines à la surface de l'eau pendant que tout le corps était submergé. Notre conjecture enfin devient presque une certitude, quand nous voyons l'ouverture antérieure des fosses nasales disposée comme elle l'est chez tous les mammifères qui ont souvent besoin de rester longtemps sans respirer.

Nous en sommes réduits, jusqu'à présent, à de simples suppositions sur les formes générales du toxodon; cependant l'analogie nous autorise à nous le représenter avec un corps massif porté sur quatre jambes assez courtes, dont les doigts devaient être munis de sabots, comme ils le sont chez le cabiaï; comme cet animal, il avait sans doute la queue très courte et la peau très peu garnie de poils, si même elle n'était complètement nue.

Je me suis arrêté si longuement sur le toxodon, que je dois me borner à dire quelques mots seulement des autres animaux dont les dépouilles ont été recueillies par M. Darwin, le naturaliste de l'expédition du *Beagle*. Je puis me dispenser de parler de certains rongeurs qui n'offraient rien de remarquable par la taille, ni par des caractères qui dussent les éloigner beaucoup des genres de l'époque actuelle; j'ai déjà parlé des édentés à cuirasse, intermédiaires aux tatous et aux mégatheriums; il ne me reste plus à annoncer que les pachydermes et les ruminants; car il est à remarquer que c'est à des animaux phytophages qu'appartiennent presque exclusivement les ossements fossiles rapportés par M. Darwin de l'Amérique australe.

Parmi les débris appartenant à des pachydermes, les plus intéressants qu'on ait découverts dans cette occasion, sont ceux qu'on a reconnus pour des os de cheval; le genre cheval, en effet, n'avait point de représentants en Amérique quand les Européens y ont abordé, et les deux espèces qui y sont naturalisées aujourd'hui, furent

12.

introduites par les Espagnols, il y a trois siècles seulement.

Le cheval antédiluvien est-il le même que celui dont les restes ont été trouvés dans notre pays? C'est ce que nous apprendra peut-être bientôt le savant anatomiste à qui nous devons la description du toxodon, M. Owen; mais c'est déjà un résultat fort curieux de trouver à l'état fossile, dans la vallée de la Plata, le cheval, genre propre à l'ancien continent, et dans les plâtrières de Montmartre le sarigue, genre aujourd'hui exclusivement américain.

Relativement aux ruminants, la collection de fossiles du *Beagle* nous offre un cas tout différent de celui que nous venons de considérer. Un genre dont toutes les espèces vivantes sont propres à l'Amérique du sud, le genre lama (*auchenia*) paraît y avoir un représentant, mais dans des dimensions colossales; le *macrauchenia* a dû avoir une taille égale à celle de nos chameaux.

Les chameaux proprement dits ont été longtemps cités comme des animaux dont les débris ne se trouvaient point à l'état fossile; mais depuis peu les Anglais en ont découvert dans leurs possessions de l'Inde. Un crâne presque entier trouvé au pied du versant méridional des sous-Himalayas offre la plus grande ressemblance avec celui du chameau à une seule bosse ou dromadaire.

C'est encore dans l'Inde anglaise et à peu près vers la même époque, qu'a été découverte la tête osseuse d'un énorme animal qui paraît devoir être compris dans le groupe des ruminants, mais qui devait tenir à quelques égards des pachydermes. C'était une sorte de grande antilope à crâne très relevé, très élargi en arrière, portant **deux** paires de cornes comme l'antilope tchicara, l'une, **plus petite**, située au-dessus des yeux, et l'autre tout à fait en arrière (1). Le *sivatherium* (c'est le nom qu'on lui a donné pour rappeler le pays où ont été trouvés ses restes, la chaîne de montagnes du *Sivalick* ou Hymalaïens inférieurs), le sivatherium devait avoir la face lourde, la physionomie brutale et les petits yeux du rhinocéros; il avait certainement de grandes lèvres mobiles et peut-être propres à faire l'office d'une sorte de trompe, un col court, et des membres solidement construits.

En Europe, les ossements fossiles de ruminants sont assez communs; ceux du genre cerf surtout se rencontrent en grande abondance dans diverses localités et prinpalement dans les terrains qui se sont déposés à une époque peu éloignée de celle du dernier cataclysme.

On peut remarquer, comme une circonstance assez singulière, que, tandis que les pachydermes fossiles appartiennent à des genres entièrement confinés aujourd'hui dans la zone torride, les ruminants, au contraire, sont généralement ceux des pays froids, comme l'aurochs, le bœuf musqué, l'élan, le renne. Cependant il y a une distinction à faire selon la nature des dépôts; et ainsi dans ceux que l'on désigne sous le nom de *brèches*, et dont j'aurai bientôt occasion de vous parler, sur quatre espèces de cerfs, par exemple, il en est trois dont les

---

(1) Il y a quelques raisons de croire que les cornes de la paire supérieure étaient branchues; on ne connaît parmi les Antilopes de l'époque actuelle qu'une seule espèce originaire de l'Amérique du Nord qui présente des cornes divisées.

dents offrent des caractères qui ne s'observent aujour-
d'hui que dans les cerfs de l'Archipel de l'Inde.

Le plus anciennement connu des ruminants fossiles
est le cerf à bois gigantesque; il appartenait à une espèce bien évidemment perdue. Il paraît plus commun en
Irlande que partout ailleurs; un naturaliste anglais assure
que, dans un seul verger d'une acre d'étendue, on en a
trouvé par hasard, à sa connaissance, plus de trente têtes
en vingt ans; une de ces têtes portait des cornes dont
chaque perche était longue de plus de cinq pieds anglais,
et les deux andouillers extérieurs avaient leurs pointes
à dix pieds dix pouces l'une de l'autre.

Au reste, les têtes fossiles n'ont pas des dimensions
proportionnées à celles des bois qu'elles portent; les
plus grandes, au contraire, sont plus courtes que des
têtes d'élans ordinaires.

Les ossements des bœufs fossiles appartiennent à des
individus qui ont dû différer très peu de ceux qui vivent
actuellement; ils se réduisent à trois espèces, l'aurochs,
le bœuf commun, et le bœuf musqué. Aucun caractère
prononcé ne distingue ces espèces à l'état fossile de leurs
correspondantes actuelles.

Il faut remarquer, relativement aux bœufs ordinaires,
que ceux de l'ancien monde ont dû être beaucoup plus
grands que ceux qui vivent de nos jours. Cependant il
ne serait pas impossible que nos bœufs actuels tirassent
leur origine de cette ancienne espèce que la civilisation a fait disparaître. Ce qui pourrait surtout le
faire croire, c'est que les crânes de bœufs fossiles n'ont
été trouvés jusqu'ici que dans des tourbières ou d'autres

terrains formés depuis le dernier ordre de choses ; de sorte qu'ils pourraient bien être d'une origine plus moderne que les os d'éléphants, de rhinocéros, etc.

LETTRE XIII.

DES BRÈCHES OSSEUSES ET DES CAVERNES.

Les débris fossiles de ruminants se trouvent en assez grande abondance au milieu de concrétions qui remplissent les fentes de certains rochers. Ces concrétions, qui ont reçu le nom de brèches, sont formées en général de fragments de roches à bords anguleux ou à peine émoussés, unis entre eux par un ciment calcaire ou terreux. Celles qui renferment des os ont cela de particulier qu'elles se trouvent presque exclusivement sur les bords de la Méditerranée. On ne se rend point compte de cette circonstance, ni de la ressemblance qu'elles présentent entre elles, tant pour la nature des rochers dans les fentes desquels on les observe, que pour celle des matières dont elles se composent; il y a là un beau sujet de recherches, et les *brèches osseuses* sont réellement un des phénomènes les plus remarquables de la géologie (1).

(1) Toutes les brèches osseuses des côtes de la Méditerranée, celles de *Gibraltar*, de *Cette*, de *Nice*, de *Corse*, de *Pise*, de *Naples*, de *Romagnano* dans le Vicentin, de *Dalmatie*, de l'île de *Cérigo*, contiennent à peu près les mêmes ossements; cette circonstance doit faire présumer qu'elles ont été formées en même temps et de la même manière, quoiqu'à de grandes distances l'une de l'autre.

La nature des os qu'elles renferment ajoute encore à l'intérêt qu'elles inspirent, en ce qu'elle prouve que leur formation remonte à une époque beaucoup plus ancienne qu'on ne l'avait cru jusqu'ici. Ces os, en effet, n'appartiennent point le plus souvent aux espèces herbivores qui peuplent aujourd'hui le pays, mais à celles qui l'habitaient à la même époque que les éléphants et les rhinocéros. Quant à ces derniers animaux, si on ne trouve point d'ordinaire leurs débris dans les brèches, cela tient sans doute à la grande dimension des os, qui les aura empêchés de tomber dans les fentes de rochers.

Au reste on cite des brèches, comme celles qui se trouvent à quelque distance de Palerme, où il existe des restes bien reconnaissables de ces pachydermes. D'un autre côté, comme on voit aussi dans quelques-uns de ces conglomérats, avec les ossements d'espèces qui ont disparu du pays, ceux d'autres espèces qui y vivent encore, cela semble indiquer une sorte d'état intermédiaire entre l'état actuel et le précédent ; de sorte que, dans plusieurs cas au moins, la formation des brèches n'a pas dû précéder de beaucoup la grande catastrophe qui sépare ces deux périodes.

Les fentes qui renferment les *brèches*, devaient nécessairement être ouvertes par en haut lorsque ces conglomérats ont commencé à s'y former ; les os et les fragments de pierre (ceux-ci proviennent presque toujours du rocher même), tombaient successivement et s'accumulaient vers le fond en même temps que le ciment qui les réunit.

Quelquefois la partie inférieure de la fente était baignée par les eaux de la mer ; d'autres fois elle était supérieure à leur niveau.

La proportion des ossements aux fragments de pierres et au ciment, est variable suivant les localités. Dans certaines brèches, comme dans celles de Cagliari sur la côte méridionale de la Sardaigne, les ossements les plus communs qui appartiennent à de petits rongeurs, sont en quelque sorte plus abondants que le limon dans lequel ils sont empâtés. Les débris de ruminants ne sont pas très abondants dans les brèches de Cagliari ; ils le sont beaucoup dans celles de Gibraltar et de Nice.

A Nice les brèches ont fourni des restes de quelques grands carnassiers, parmi lesquels M. Cuvier a signalé deux espèces qui paraissent très voisines du lion et de la panthère. A San Ciro en Sicile, elles ont offert des os qu'on a cru pouvoir rapporter au genre chien. D'ailleurs ce n'est pas en carnassiers que sont riches les brèches osseuses, et c'est dans une autre sorte d'ossuaires dont la formation est à peu près de la même époque, qu'il faut aller chercher les dépouilles des mammifères de cet ordre.

Pour en finir avec les brèches proprement dites, il reste à parler des débris d'oiseaux qu'elles renferment, et l'on peut citer encore pour cette classe de fossiles, la localité de Cagliari où l'on a trouvé trois ou quatre espèces qui paraissent devoir être rapportées aux genres merle et alouette.

Certains conglomérats, dont la composition est tout à fait celle des brèches, au lieu de se trouver compris dans des fentes à peu près verticales, sont étendus en couches peu inclinées sur la surface des rochers, ou renfermés dans des cavités souterraines qu'ils remplissent entièrement. Sous cette dernière forme, les brèches se rapprochent déjà évidemment du *limon à ossements* qui couvre le fond de certaines grandes cavernes, et il y a en effet, entre ces deux sortes de formations, des rapports beaucoup plus étroits que ne l'ont d'abord supposé les géologues.

Si les brèches osseuses nous ont conservé de nombreux débris de ruminants, *les cavernes à ossements* nous offrent de leur côté, des ressources précieuses pour la connaissance des carnassiers leurs contemporains. Il n'est personne qui n'ait entendu parler de ces cavernes dont les plus anciennement célèbres sont celles qu'on rencontre dans les pays de Blanckenbourg et dans l'électorat de Hanovre, et dont Leibnitz lui-même a donné des descriptions. On se ferait une idée bien fausse de ces anciens repaires d'animaux sauvages, si on se les représentait comme de simples cavités, creusées dans le rocher à quelques pieds de profondeur : qu'on se figure une suite de grottes nombreuses, ornées de stalactites de toutes les formes, dont la hauteur et la largeur sont extrèmement variables, mais qui communiquent les unes avec les autres par des ouvertures si étroites, qu'un homme ne peut souvent y passer en rampant qu'avec la plus grande peine.

Ces grottes, qui communiquent entre elles, s'étendent souvent à des distances très considérables. Un naturaliste moderne (M. de Volpi), visitant la caverne d'Adelsberg en Carniole, dit avoir parcouru une suite de chambres qui l'ont conduit trois lieues presque toujours dans la même direction. Il ne fut arrêté que par un lac qui lui rendit le passage impossible. M. de Volpi ne trouva d'ossements dans cette caverne qu'à deux lieues de son entrée. Mais depuis, un de nos compatriotes, M. Bertrand Geslin, en a rencontré dans toute l'étendue de la caverne, et notamment dans la seconde chambre, à cinquante pas seulement de l'entrée. La plupart des os recueillis dans cette caverne appartiennent à la grande espèce d'ours connue sous le nom d'ours des cavernes, et dont les débris sont plus communs dans ces lieux souterrains que ceux d'aucune autre espèce.

On rencontre également dans les cavernes des ossements de tigres, de loups, de renards, de belettes. Les débris de l'espèce des hiènes y sont surtout très nombreux : ces hiènes de l'ancien monde avaient, comme celles d'aujourd'hui, l'habitude d'entraîner dans leurs tanières les cadavres des animaux pour en ronger à loisir les ossements. Dans toutes les espèces de ce genre, en effet, dans les espèces antédiluviennes aussi bien que dans celles du monde actuel, les mâchoires sont armées de dents puissantes et très propres à la mastication des corps les plus durs. Ce sont ces animaux, sans doute, qui ont contribué, plus que tous les autres carnassiers, à remplir les lieux qui leur servaient de refuge d'ossements de toute sorte dont beaucoup portent encore la trace de leurs dents. Elles n'épargnaient pas même leur propre espèce; car on a remarqué que leurs os ne sont pas moins brisés que ceux des autres animaux ensevelis avec eux.

On a trouvé même un crâne d'hiène fracturé, et portant les marques évidentes de la consolidation de la fracture, qui était probablement le résultat d'un des combats que ces animaux se livrent quelquefois entre eux.

On ne trouve presque point d'ossements d'animaux carnassiers dans les grandes couches meubles où on rencontre en si grand nombre leurs contemporains herbivores. Il n'y a guère d'exception un peu marquante, sous ce rapport, que pour l'espèce des hiènes dont on a trouvé des débris assez nombreux à Canstadt près d'Aichstedt. On a aussi trouvé quelques ossements d'ours dans d'autres lieux ; mais le nombre en est bien petit, en comparaison de la prodigieuse quantité de débris de ces animaux que renferment les cavernes.

Dans les cavernes les plus anciennement connues et les plus fréquentées, on ne trouve presque plus d'ossements ; car ces lieux singuliers ayant depuis longtemps frappé l'attention du peuple, on attribuait aux os qu'elles renferment une vertu médicamenteuse qui les faisait rechercher pour les vendre aux pharmaciens, chez lesquels ils étaient conservés sous le nom de *licorne fossile*.

L'existence des cavernes est un phénomène bien curieux, sous tous les rapports : les débris qu'elles renferment prouvent que des animaux d'espèces, de genres et de classes tout à fait différents, et dont les analogues ne pourraient aujourd'hui supporter le même climat, ont vécu pourtant ensemble dans l'ancien ordre de choses. Ainsi, les animaux qui ne vivent aujourd'hui que dans la Zone Torride ont vécu et habité jadis avec des espèces qu'on ne trouve que dans les régions les plus glacées.

Les formations régulières, qui renferment des débris organiques fossiles, nous offrent le même phénomène en présentant, par exemple, l'aurochs avec l'éléphant, comme on le voit dans le val d'Arno.

Mais, si nous avons ainsi des preuves irrécusables qu'il existe une grande différence entre le monde antédiluvien et celui que nous habitons, on peut, d'un autre côté, se servir des mêmes faits pour établir que les carnassiers, dans l'ancien monde, avaient à peu près le même genre de vie qu'aujourd'hui. Il y a plus, c'est que ces carnassiers des cavernes, contemporains des éléphants et des rhinocéros de nos contrées, diffèrent beaucoup moins des carnassiers actuels, que les herbivores de la même époque ne diffèrent de ceux qui vivent encore de nos jours. A la vérité, le grand tigre ou lion, et l'hiène fossile, quoique peu différents de leurs analogues vivants, appartiennent néanmoins à des espèces éteintes ; mais beaucoup de carnassiers des cavernes ne peuvent être distingués d'une manière satisfaisante de ceux d'aujourd'hui.

Toutes les cavernes à ossements ne présentent pas des débris de carnassiers proprement dits, et on peut citer au nombre des exceptions, sous ce rapport, la grotte d'Osselles, située sur la rive du Doubs, à environ cinq lieues de Besançon. Cette caverne était depuis longtemps un objet de curiosité à cause de son étendue et des magnifiques stalactites qui la décorent ; mais personne n'avait imaginé qu'il y eût rien d'intéressant à chercher sous la croûte de stalagmites (1) qui recouvre le sol. Enfin, en

(1) On nomme *stalactites* et *stalagmites*, des concrétions qui se forment

1826, un naturaliste anglais, qui à cette époque s'occupait spécialement de l'étude des cavernes à ossements, M. le docteur Buckland, étant venu visiter Osselles, reconnut dans cette grotte toutes les apparences de celles qui, en Allemagne et en Angleterre, renferment de si nombreux débris de mammifères antédiluviens, et ne douta pas qu'on n'en trouvât ici également ; il crut même pouvoir marquer les points où l'on trouverait des fossiles.

« Ce ne fut pas sans peine, dit-il, que je parvins à persuader mes guides de m'aider à rompre cette surface jusqu'alors laissée intacte, afin d'y rechercher les restes d'animaux et le détritus diluvien que, d'après l'analogie qui existe entre cette caverne et d'autres, je m'attendais à trouver au-dessous ; leur surprise fut extrême de voir ma prédiction se vérifier à l'égard de l'existence d'un lit de limon, mêlé d'un fragment de pierres et de cailloux roulés, au-dessous de ce qu'ils considéraient comme un pavé solide et impénétrable du souterrain, et leur étonnement augmenta encore en trouvant, à chacune des quatre places que je choisis pour mon expérience, ce détritus accumulé à une profondeur que nous ne pûmes percer avec une barre de fer de trois pieds de longueur, et de plus entremêlé d'une grande quantité de dents et

---

dans les cavernes des montagnes calcaires. Les stalactites sont attachées au plafond, où elles pendent en forme de grappes ; elles sont le résultat du dépôt de matières calcaires apportées par les eaux qui suintent à travers la voûte ; la portion de calcaire qui reste encore dans ces eaux lorsqu'elles tombent sur le sol, s'y dépose et forme les stalagmites qui tantôt s'élèvent en petits monceaux coniques directement au-dessous des stalactites, et tantôt, (quand les gouttes d'eau qui tombent du plafond sont plus uniformement reparties), en couches qui recouvrent tout le plancher de la caverne.

d'os fossiles. Ces os ne sont pas réunis en squelette complet, mais ils sont éparpillés dans le limon et les cailloux
roulés précisément avec la même irrégularité que ceux
trouvés dans les cavernes d'Allemagne et d'Angleterre. »

Ce qu'il y a de plus remarquable sous le rapport de la
géologie antédiluvienne, c'est que parmi les ossements
qu'offre la grotte d'Osselles, on n'en a pas rencontré un
seul qui appartînt à un autre genre de mammifères qu'au
genre des ours. Les débris de hiènes, si fréquents dans
toutes les autres, ne s'y rencontrent point; aussi les os
d'ours y sont-ils exempts des fractures qu'ils présentent
dans les cavernes où ils ont été exposés à la dent des
hiènes.

En 1827, on fit dans la grotte d'Osselles des fouilles
conduites peut-être avec plus de zèle que de circonspec-
tion, et on en retira quatre grandes charretées d'os. Heureusement avant tout ce bouleversement, la grotte fut
visitée par M. Fargeau, professeur au collége de Besançon, qui y fit plusieurs observations importantes dont
nous reproduirons ici les principales.

« Les ossements, dit M. Fargeau, n'existent que dans
les chambres, c'est-à-dire dans les endroits où le souterrain, en s'élargissant plus ou moins sensiblement, offre
un sol uni ou peu incliné. Les couloirs étroits, les ouvertures latérales et élevées, nous en ont paru jusqu'à présent totalement dépourvues. Nous n'avons découvert
nulle part les fentes, les déversoirs que l'on a vus ailleurs,
encore remplis d'ossements, et par lesquels on pourrait
supposer que ces débris sont arrivés dans la grotte.

Dans certains endroits, particulièrement vers le milieu

de la grotte, dans une chambre un peu élevée, le sol est formé par une belle stalagmite de deux ou trois pouces d'épaisseur, qui recouvre immédiatement les os, et dans laquelle un assez grand nombre sont même incrustés. Ailleurs, par exemple, à quatre-vingts pas de l'entrée de la grotte, une couche de six ou huit pouces d'argile forme le plancher : sous cette couche s'étend horizontalement dans toute la chambre, un feuillet dur, mince, qui recouvre le limon où sont les ossements.

« Ce feuillet solide se trouve à peu près partout où les os sont au-dessous de l'argile; il les recouvre immédiatement, souvent même il les incruste; il se contourne, il se replie pour suivre en quelque sorte les contours des plus gros. C'est ainsi, par exemple, que dans la *grande salle*, dans ce vaste charnier antédiluvien, après avoir fait enlever une épaisseur de dix-huit à vingt pouces d'argile, pour mettre à découvert ce parquet solide sur une assez grande étendue, nous remarquions çà et là des monticules plus ou moins volumineux, revêtus de la même croûte : c'était des crânes, des bassins, ou quelquefois les extrémités d'énormes humérus, fémurs, etc.

« Cette croûte, qui adhère si fortement à certains crânes, n'est point une stalagmite; elle n'en a pas la structure cristalline, et elle n'offre d'ailleurs nulle part ces mammelons plus ou moins saillants qui dénoteraient son mode de formation... C'est une véritable incrustation, telle que pourrait la former un liquide qui, après avoir dissous la matière calcaire, la déposerait en s'évaporant.

« Sous ce feuillet calcaire, les ossements forment une couche à peu près régulière, dont l'épaisseur moyenne ne dépasse pas un pied. Ils sont là dans la plus grande confusion. Nulle part l'apparence d'un squelette entier, ou dont les parties se trouveraient à peu près dans leur position relative. Mais très souvent ces diverses parties sont rapprochées et comme circonscrites dans un petit espace. Du reste, partout une étonnante réunion d'animaux de tous les âges, reconnaissables par l'état de leurs dents. »

Quoiqu'il n'y ait rien dans la disposition du limon qui y puisse faire soupçonner des dépôts d'époques différentes, cependant les os qui y sont situés le plus profondément sont quelquefois plus altérés que les autres ; ils sont très poreux, très légers, et ne contiennent plus qu'une fort petite quantité de matière animale ; leurs extrémités manquaient quelquefois, sans que ce soit le résultat d'un frottement par les eaux ou d'une autre action mécanique ; c'est l'effet d'une destruction toute semblable à celle qu'on observe souvent dans les ossements humains retirés des anciennes sépultures, et qui a eu lieu naturellement dans les parties les moins compactes. Le plus grand nombre des os de la caverne sont assez lourds, et ils contiennent encore beaucoup de gélatine ; ils happent beaucoup moins à la langue que les premiers.

Il est à remarquer que dans la plupart des cavernes, les parties du plancher qui ne sont point recouvertes, soit par une couche de stalagmites, soit par cette incrustation calcaire dont parle M. Fargeau, ne renferment point d'ossements fossiles, même quand ils présentent le même dépôt de limon. Ce qui porterait à croire que ces os, pour se conserver, ont besoin de cette enveloppe protectrice, et ce qui explique peut-être pourquoi ceux qui ont été enfouis les premiers, et sont restés par conséquent plus longtemps privés de cette enveloppe, ont éprouvé une plus grande altération.

Les brèches et le limon des cavernes renferment, ai-je dit, les ossements de plusieurs espèces animaux, qui non seulement existent encore à la surface du globe, mais habitent les mêmes pays où elles vivaient alors ; n'y trouvera-t-on point aussi des ossements appartenant à l'espèce humaine ? C'est une question qui ne pouvait manquer d'exciter un vif intérêt, et qu'on a cru à diverses reprises avoir résolue, tantôt dans un sens, tantôt dans l'autre, mais qui se débat encore aujourd'hui. La solution définitive ne peut être attendue que comme résultat de la découverte de nouveaux faits ; cependant quelques personnes avaient cru pouvoir l'établir sur des considérations théoriques.

« Les différences qui s'observent entre les débris organiques conservés dans des terrains de différents âges, nous conduisent, disaient-elles, à reconnaître que les animaux n'ont pas apparu tous à la fois à la surface du globe : ceux qui occupent un rang très bas dans l'échelle, sont les seuls dont les dépouilles se rencontrent dans les formations très anciennes. A mesure que l'on passe à des formations plus récentes, on rencontre des animaux d'un ordre plus élevé ; mais cette gradation ne nous conduit pas jusqu'aux espèces dont l'organisation a de grands rapports avec celle de l'homme, car non seulement la famille des *quadrumanes* (1), qui occupe le second rang dans la série animale, n'a point de représentants dans la zoologie antédiluvienne, mais il paraît en être encore de même pour la famille suivante, celle des *cheiroptères* (2). »

Nous verrons bientôt que ces deux dernières assertions ont été successivement reconnues pour inexactes; mais continuons à laisser parler les naturalistes qui n'admettent point l'existence des fossiles humains dans les formations antédiluviennes.

« Les ossements humains sont, disent-ils, au nombre de

(1) La famille des *Quadrumanes* se compose des singes et des *makis*. Les premiers sont trop connus et trop faciles à distinguer au premier coup d'œil de tous les autres animaux, pour qu'il soit nécessaire de parler ici de leurs caractères zoologiques. Chacun sait que leurs espèces, très nombreuses, sont répandues dans toutes les parties chaudes des deux continents et dans quelques-unes des îles qui en sont voisines. Il est remarquable qu'il n'en existe point à Madagascar, et ce sont les makis qui les remplacent dans cette grande île.

C'est à Madagascar seulement que l'on trouve les makis proprement dits, animaux très élégants de forme et très agiles, que l'on a nommés, à cause de leur tête pointue, *singes à museau de renard*. On en connaît cinq ou six espèces qui ne diffèrent guere que par les couleurs; chez toutes, la queue est longue et touffue. La queue manque au contraire complétement chez les *Indris*, animaux qui habitent aussi exclusivement l'île de Madagascar, où les habitants les dressent pour la chasse comme des chiens; les indris ont sur ces derniers animaux l'avantage de pouvoir suivre le gibier jusqu'au sommet des arbres. Les *Loris*, les *Galagos*, les *Tarsiers* sont trois petits genres, appartenant au même groupe et dont toutes les espèces ne sont pas moins remarquables par leur lenteur que celles des deux premiers par leur agilité; on les trouve en Afrique et aux Indes.

(2) La famille des *Cheiroptères* comprend les animaux connus sous le nom de chauves-souris, et les *Galéopithèques*, nommés vulgairement chats-volants. Les galéopithèques se distinguent des chauves-souris, parce que les doigts de leurs mains, tous garnis d'ongles tranchants (le pouce seul en est armé chez les autres cheiroptères) ne sont pas plus allongés que les doigts des pieds, en sorte que la membrane qui en occupe les intervalles et qui s'étend presqu'aux côtés de la queue ne peut plus remplir les fonctions d'ailes, mais seulement de parachûte. Ces animaux vivent sur les arbres dans l'Archipel des Indes; ils se nourrissent principalement d'insectes, mais il paraît qu'ils mangent aussi des fruits.

ceux qu'on a cherchés inutilement dans les cavernes ; or, de ce qu'on n'en trouve point dans ces antres où les hyènes de l'ancien monde entraînaient les cadavres des animaux pour s'en repaître à loisir, on est en droit de conclure qu'il n'existait point d'hommes dans le pays à cette époque, car certainement ses dépouilles n'auraient pas été plus épargnées alors qu'elles ne le sont aujourd'hui par ces bêtes féroces, dont les habitudes ont toujours été les mêmes.

« Mais peut-être, ajoutent-ils, prétendra-t-on que si l'on ne trouve point des os humains à l'état fossile, soit dans le limon des cavernes, soit dans les brèches ou les autres formations à peu près du même âge, cela peut tenir à ce que ces os seraient moins capables que ceux des animaux, de résister aux causes de destruction qui tendent à les décomposer, avant qu'ils aient pu se recouvrir d'une enveloppe conservatrice. Une pareille supposition n'est pas admissible, car on ne voit point sur les champs de bataille, par exemple, que les os d'hommes soient, relativement à leurs dimensions, plus promptement altérés que ceux des chevaux soumis aux mêmes causes de destruction. D'ailleurs les os des plus petits animaux, placés dans des circonstances favorables, se conservent très bien, et ainsi dans des terrains de date beaucoup plus reculée que ceux qui renferment les débris de mastodontes et de dinotheriums, on rencontre à l'état fossile des os de mammifères dont la taille égalait à peine celle de la souris.

« On a cité, poursuivent les naturalistes dont nous exposons l'opinion, de nombreux cas de fossiles humains ;

mais la plupart des faits que l'on rapporte n'offrent que de grossières méprises provenant de l'ignorance des observateurs, soit en géologie, soit en anatomie. Pour le dernier cas, nous pouvons rappeler l'histoire du roi Teutobochus, ce géant qui s'est trouvé n'être autre chose qu'un mastodonte (voyez page 128), ou bien le fameux *homme témoin du déluge*, de Scheuchzer, que M. Cuvier a reconnu enfin pour une grande Salamandre (1). Quant aux autres cas, c'est-à-dire ceux où les ossements trouvés étaient bien évidemment des os humains, on peut prouver que *souvent*, et il est à parier que *toujours* on s'est mépris sur la nature des terrains qui renfermaient ces débris. Quelquefois il s'agissait d'alluvions très modernes, et dont la formation ne remontait qu'à quelques siècles; d'autres fois, les os avaient réellement été découverts au milieu de formations anciennes, mais c'est qu'ils s'y étaient introduits récemment.

Supposons que ces os aient été trouvés, au milieu d'une brèche osseuse; rien de plus facile que de comprendre comment ils ont pu y arriver à une époque récente. Les grandes commotions qui ont produit les fentes dans lesquelles ces conglomérats se sont formés, pour être aujourd'hui moins violentes qu'aux temps passés, n'ont pas cessé entièrement, et les effets qu'elles produisent sont encore de même nature. Nous voyons presque toujours à la suite des tremblements de terre, se former des fissures quelquefois très-larges où pourront tomber, et des fragments de pierre, et des os d'animaux entraînés par

---

(1) On trouvera dans la lettre XVI, où il est question des fossiles appartenant à la classe des reptiles, l'histoire de l'homme témoin du déluge.

les eaux pluviales, et même des animaux entiers qui se seront avancés imprudemment sur le bord du précipice ; entre tous ces débris s'accumulera un limon, et il se formera ainsi une sorte de brèche moderne. Maintenant, s'il arrive que la nouvelle fente vienne à croiser la direction d'une fente remplie par une brèche ancienne, il y aura un point où les deux conglomérats se confondront, et il n'y aura par conséquent, qu'un examen très-scrupuleux fait sur les lieux mêmes, qui pourra prévenir les méprises et empêcher de regarder comme contemporains les débris d'animaux qui ont vécu à des époques différentes.

» Les cavernes peuvent encore plus facilement induire en erreur. Elles ont, en effet, pour la plupart, servi de retraites, dans les temps d'invasions, à des familles entières, et dans les temps ordinaires à des troupes de bandits, qui auront été souvent dans la nécessité d'y enlever leurs morts ; ainsi, des ossements humains pourront, de nos jours, être retrouvés au milieu de ceux d'animaux antédiluviens ; mais dans ce cas, si on y regarde de près, on verra que le terrain a été remanié.

» On a trouvé, dira-t-on sans doute, des ossements humains, des squelettes entiers étroitement engagés dans des gangues de consistance pierreuse, et il est évident qu'ils n'ont pu y être introduits après coup. Non sans doute, ils ne l'ont pas été ; ils sont bien contemporains de la formation de la roche, mais ce qu'il faut dire, c'est que la roche elle-même est formée d'hier. C'est ce qui a été parfaitement prouvé pour le cas de ces fameux squelettes découverts au commencement de ce siècle à la Guadeloupe. La roche dans laquelle ils étaient empâtés, non seulement est toute moderne, mais elle continue encore à se former aujourd'hui; cela est si bien connu des gens qui fréquentent la portion du rivage où on la trouve, que les nègres qui la comparent, à cause de sa texture grossière, au mortier à chaux et à sable en usage dans les constructions, l'ont nommée *Maçonne-bon-Dieu*, pour exprimer que sa formation continuelle, qu'ils sont forcés de reconnaître et dont ils ne peuvent deviner la cause (1), est l'œuvre d'une main invisible. Les squelettes de la Guadeloupe ne doivent donc pas être cités comme un exemple de fossiles humains. »

Nous ne discuterons pas pour savoir si ces ossements peuvent en effet être considérés comme *fossiles*, ou si cette dénomination doit leur être refusée? Ce serait une pure question de mots; ce qu'il importait réellement de connaître, c'était l'âge de ces débris, et c'est ce qui maintenant ne peut être douteux pour personne; évidemment ils n'appartiennent pas aux époques antédiluviennes.

La chose est-elle aussi claire, cependant, pour les ossements humains provenant des cavernes et des brèches? non sans doute. On a bien montré que dans beaucoup de cas, l'erreur était manifeste, que dans d'autres elle était probable, que dans tous ceux que l'on pouvait citer, elle était au moins possible, et que désormais il ne serait plus permis de s'appuyer que sur des observations, où de la part du géologue comme de celle de l'anatomiste, on ne pourrait supposer ni défaut d'attention, ni défaut

(1) Cette cause est probablement l'existence de quelque source calcaire sous-marine, dont le dépôt réunit les fragments arenacés à travers lesquels passent ses eaux à leur sortie.

de lumières. Mais de ce que les premières recherches faites dans ces conditions n'avaient amené aucune découverte décisive, on n'était nullement fondé à conclure qu'une pareille découverte était impossible; on aurait dû être mis en garde contre la validité de ces *preuves négatives*, par ce qui était déjà arrivé dans le cours même de cette discussion pour des assertions analogues.

Pour prouver que l'homme n'existait pas encore, ou du moins n'habitait pas nos pays, à l'époque où y vivaient ces éléphants, ces rhinocéros, ces hyènes, dont les débris ont été conservés dans le limon des cavernes et les autres couches comparativement récentes des formations antédiluviennes, on faisait remarquer, ainsi que je l'ai déjà dit, qu'on ne trouvait ni dans ces terrains, ni dans des terrains plus anciens, aucun os qu'on pût rapporter à un singe ou même à une chauve-souris; d'où l'on concluait qu'ils devaient avoir été déposés antérieurement à l'apparition de ces deux familles à la surface du globe, et à plus forte raison avant l'apparition de l'homme qui avait dû être la fin et comme le couronnement de la création. On ne niait pas qu'il pût y avoir, disons mieux, on ne doutait pas qu'il n'y eût à l'état fossile des ossements de cheiroptères, de quadrumanes, d'hommes, mais on supposait que les couches qui les renfermaient avaient été, par suite des derniers cataclysmes, ensevelies sous les eaux des mers, et pour jamais soustraites à notre examen.

La supposition était très-soutenable, tant qu'il n'y avait pas de faits qui prouvassent le contraire; mais aujourd'hui il y en a. Depuis quelques années on a découvert des restes de chauve-souris bien caractérisés dans les brèches osseuses de Cagliari en Sardaigne, dans celles d'Antibes en Provence et dans le limon de plusieurs cavernes en Belgique; ces restes même paraissent tous pouvoir être rapportés à des espèces actuellement vivantes dans nos contrées. Il y a plus, on a trouvé dans les plâtrières de Montmartre le squelette presque complet d'une chauve-souris, qui par sa taille, par le nombre et la disposition de ses dents, ressemble parfaitement à notre chauve-souris sérotine, de sorte que cette espèce habitait déjà les lieux où nous la voyons encore aujourd'hui, bien avant le temps où y parurent les races depuis si longtemps éteintes des éléphants et des rhinocéros (1).

Relativement aux quadrumanes, les recherches sont restées plus long-temps infructueuses, et notre célèbre Cuvier, qui a examiné tant d'ossements fossiles, n'en a jamais trouvé un seul qu'on pût soupçonner appartenir à un singe, à un maki ou à tout autre animal de l'ordre des quadrumanes. C'est seulement en effet, en 1836, qu'a eu lieu la première découverte, et elle a eu lieu presque en même temps au pied des Pyrénées et au pied des monts Hymalaias. Il est à remarquer que, dans les deux pays, les terrains qui renfermaient ces précieux débris, n'appartenaient pas aux formations les plus récentes des terrains antédiluviens.

Nous avons déjà eu occasion de parler de ces gisements

______

(1) Dans les fouilles exécutées pour les nouvelles constructions de l'Hôtel-de-Ville, on vient de découvrir ce mois-ci (novembre 1838) un fémur de Rhinocéros à narines cloisonnées. Il était enfoui dans un terrain de transport, de formation beaucoup plus récente que celle des gypses de Montmartre.

du département du Gers, si riches en fossiles, et exploités avec tant de bonheur par M. Lartet; c'est là, dans un terrain plus ancien que celui qui renferme les dépouilles du dinotherium, qu'a été trouvée, par le naturaliste que nous venons de nommer, une mâchoire inférieure presque complète (il ne manque que les branches montantes) et assez bien conservée pour qu'il ne fut possible, en la voyant, de garder aucun doute, non-seulement sur la famille, mais sur le genre auquel elle devait être rapportée. Ce qu'il y a de remarquable, c'est que ce genre est des plus élevés dans la série des singes ; l'espèce fossile en effet, appartenait au groupe des *Gibbons*, lequel, comme on le sait, vient immédiatement après celui des orangs. Le calcaire de Sansan, où cette mâchoire a été découverte, renfermait aussi des dépouilles du pangolin gigantesque.

Pour l'Inde, c'est, de même, dans la chaîne de montagnes où avaient été déjà découverts les débris du sivatherium (dans la chaîne du Sivalik), qu'ont été trouvés les ossements fossiles de quadrumanes. Le premier échantillon obtenu de ce gisement consiste dans une portion de mâchoire supérieure. La forme des dents et celle de l'orbite, indiquaient, à la première vue, que c'était bien un os de singe qu'on avait sous les yeux ; non plus un gibbon, comme à Sansan, mais une espèce de guenon ou plutôt de semnopitheque, bien distincte d'ailleurs de toutes celles qui vivent aujourd'hui, car en supposant à l'animal les mêmes proportions à peu près qu'aux autres singes de ce groupe, il devait avoir, lorsqu'il se tenait debout, au moins 6 pieds de hauteur.

De nouvelles fouilles, faites dans le même canton, ont procuré des os de deux autres espèces de singes : l'une qui pourrait bien encore se rapporter au genre semnopitheque, était de grande taille, sans cependant égaler la première ; l'autre devait avoir à peu près les dimensions du Semnopitheque Entelle, mais sa dentition semble la rapprocher des macaques.

Les terrains dans lesquels ont été trouvés les débris de quadrumanes dont il vient d'être parlé, sont, suivant toute apparence, plus anciens que les limons à ossements des cavernes ; si donc, dans ces derniers dépôts, on venait à trouver de nouveau des ossements humains, et dans des circonstances telles qu'on ne pût douter qu'ils y avaient été enfouis à la même époque que les ossements des espèces antédiluviennes d'ours et d'hyènes, le fait ne serait nullement en désaccord avec la loi dont il a été parlé plus haut, sur les rapports entre l'âge des couches terrestres et le rang des espèces animales qui y ont laissé leurs dépouilles. Cette loi, du reste, pour le dire en passant, n'a été vérifiée que pour les grandes coupes géologiques et zoologiques, et si on voulait l'étendre aux divisions d'un ordre inférieur, (ce que n'ont pas fait les naturalistes qui l'ont dabord énoncée), elle présenterait sans doute bien des anomalies.

Quoi qu'il en soit, de tous les arguments qu'on a présentés pour démontrer l'impossibilité de trouver dans les formations antédiluviennes, des ossements humains, il n'en est pas un seul qui conserve aujourd'hui quelque valeur, de sorte qu'il n'est plus permis de rejeter, sans un examen scrupuleux, les cas de cette nature qui peuvent être annoncés, surtout quand ils le seront par des hommes éclairés ; or, on ne peut nier que parmi les géologues qui depuis quelques années, ont publié des observations sur les ossements humains, découverts soit dans les cavernes de la Belgique, soit dans d'autres dépôts limoneux, tels que ceux qu'on connaît dans la vallée du Rhin, il n'y en ait plusieurs dont les lumières sont prouvées par leurs travaux antérieurs, et dont la bonne foi ne saurait être soupçonnée.

LETTRE XIV.

DES PALÆOTHERIUMS, DES ANOPLOTHE-RIUMS, ETC.

Les terrains superficiels, les couches meubles, les limons des cavernes, les ciments des brèches qui nous ont conservé les débris des mammifères dont je vous ai entretenue dans mes précédentes lettres, bien qu'ils soient tous de date plus récente que les assises profondes dans lesquelles nous allons commencer à pénétrer, ne peuvent cependant pas être considérés comme des formations contemporaines. Quoique leur âge relatif n'ait pas, dans tous les cas, été bien rigoureusement déterminé, lorsque l'on compare deux gisements de fossiles dont l'un nous présente des espèces appartenant aux genres encore existants ou au moins à des genres très voisins, tandis que dans l'autre prédominent des formes tout à fait étrangères au monde actuel, on peut dire hardiment que le dernier remonte à une époque plus reculée que l'autre. Les animaux que j'ai à vous faire connaître aujourd'hui ont laissé leurs dépouilles dans un terrain dont l'ancienneté n'est pas douteuse; aussi vont-ils nous offrir tous, ou presque tous, des caractères qui ne permettent de les réunir à aucun des genres vivants.

Ce qui, relativement à ces animaux, peut ajouter pour nous à l'intérêt de leur découverte, c'est qu'ils ont vécu dans les lieux mêmes que nous habitons jusqu'au moment où la mer vint détruire leur espèce; la plupart des lieux qui forment aujourd'hui les carrières à plâtre de nos environs leur servirent de tombeau, et Montmartre, en particulier, fut leur dernier refuge. Ne dirait-on pas que c'est par un vrai coup de la Providence que la nature a de nos jours placé si près de leurs dépouilles l'homme célèbre qui a si bien su les connaître, les classer, et les faire, pour ainsi dire, revivre dans notre esprit après tant de siècles?

La tâche qui lui était imposée n'était pas facile; les ouvriers qui travaillent dans les carrières trouvaient, il est vrai, assez fréquemment des débris d'animaux; mais ces débris sont très fragiles; aussi les brisaient-ils autrefois sans scrupule (et combien de milliers de ces os ont été ainsi enlevés pour jamais à la curiosité des naturalistes!). Ce n'est que depuis que l'attention est fixée sur ce genre de recherches, qu'ils font tout leur possible pour les conserver. Mais quel parti semblerait-il d'abord qu'on pût en tirer? On en rencontre de huit ou dix espèces différentes, et qui toutes étaient inconnues des naturalistes à l'époque où M. Cuvier a commencé ses travaux. Comment donc, sur la grande quantité d'os dont se compose un squelette, venir à bout de choisir avec certitude ceux qui appartiennent à chaque genre et à chaque espèce? Voici à peu près comment s'y est pris ce grand naturali

La forme des dents soumises à son examen, leur nombre, leur arrangement, le convainquirent bientôt qu'elles n'avaient pu appartenir qu'à des animaux herbivores, et que même ces animaux devaient être rangés dans l'ordre des pachydermes (1). Cette)classe est très singulière, et elle a été longtemps mal connue par les naturalistes, à cause de la difficulté qu'on avait à se procurer des squelettes complets des grandes espèces, toutes habitantes des régions tropicales ; elle était aussi assez mal comprise, sans doute parce que, tant qu'on ne considérait que les espèces vivantes, elle présentait, entre les différents genres qui en restent, des vides qui empêchaient de bien sentir leur liaison.

Ce fut surtout la considération des dents qui conduisit M. Cuvier à ces premiers résultats ; bientôt une attention suivie lui donna la facilité de distinguer celles qui appartenaient aux différentes espèces ; il reconstruisit ainsi artificiellement des mâchoires, puis des têtes entières, et le hasard en ayant offert postérieurement dans les carrières, elles ont confirmé tout ce qu'il avait annoncé.

Passant ensuite à l'étude des pieds, et faisant pour leur classification un même travail, il est arrivé à des résultats semblables, qu'il a également eu le bonheur de voir confirmer par des découvertes ultérieures.

Il était parvenu ainsi à avoir des têtes de deux genres ; il avait désigné l'un de ces genres sous le nom de *palæotherium* ; il avait donné à l'autre celui d'*anoplotherium*. Il distingua parmi les *anoplothériums* plusieurs

(1) Les animaux désignés sous le nom de pachydermes, qui signifie cuir épais, forment une famille composée aujourd'hui des genres *éléphant, tapir, cheval, hippopotame, cochon* et *rhinocéros.*

sous-genres, et parmi les *palæothériums* plusieurs espèces. Il avait également des pieds de plusieurs sortes, et c'était une tâche qui n'était pas facile, que celle de rattacher à chaque tête les pieds qui lui convenaient. Les volumes respectifs des parties lui ont bien été de quelque secours dans ce nouveau travail; mais il a été bien plus guidé par les analogies que présentait chaque partie avec des espèces connues.

Ainsi, par exemple, la tête du palæotherium ayant beaucoup d'analogie avec celle du tapir, par le nombre, l'arrangement, la nature de ses dents et tous les détails de sa forme: et, d'un autre côté, une des sortes de pieds ressemblant beaucoup à ceux du même animal, M. Cuvier en a conclu naturellement que ces pieds devaient avoir été unis à la tête qui s'en rapprochait par une analogie si évidente.

Comme les palæotheriums contiennent plusieurs espèces différentes pour la taille, et qu'il avait des pieds de différentes dimensions, ce fut une grande confirmation pour lui que de voir dans les pieds de même espèce des rapports de grandeurs correspondants à ceux que présentaient les têtes.

Pour les anoplotheriums, il se conduisit de la même manière; et, comme il avait dans les têtes les preuves de l'existence d'un genre et de plusieurs sous-genres, il ne fut pas surpris de trouver des pieds analogues, qui différaient aussi entre eux pour se prêter aux mêmes subdivisions.

Je ne m'étendrai pas davantage sur l'historique de ces recherches; vous comprenez de suite tout ce qu'elles ont d'ingénieux, et quelle connaissance profonde de la nature elles exigent. Qu'il me suffise de vous dire que les troncs ont été recomposés comme les têtes et les pieds, puis ajustés avec ces derniers. Ce qui prouve d'une manière incontestable, et l'excellence de la méthode suivie dans ce travail, et la manière rigoureuse dont elle a été appliquée, c'est que toutes les découvertes d'animaux plus ou moins complets trouvés postérieurement ont confirmé ce qui avait été annoncé, sans que jamais on ait été obligé de rectifier les résultats auxquels l'analogie avait conduit d'abord.

Ce serait maintenant le lieu d'entrer dans quelques détails sur les caractères zoologiques de ces nouveaux genres, mais c'est ce que je n'oserais entreprendre; car, outre la sécheresse du sujet, je me souviens que mon rôle est de vous intéresser, si je peux, aux belles découvertes dont je vous parle, et qu'il ne peut aller au-delà. Je me contenterai donc de vous dire que le genre palæotherium diffère de l'anoplotherium en ce que les animaux qui le composent ont une dent canine saillante, à peu près semblable à celle que présentent les animaux de l'espèce du sanglier, moins saillante que chez ces derniers à l'état sauvage, mais recouverte dans son entier par les lèvres, comme dans l'hippopotame, le tapir et le cochon; que l'anoplotherium, au contraire, est dépourvu de cette dent, et que de son absence il résulte que, bien que tous deux herbivores, ces deux genres devaient, relativement à leurs habitudes, présenter des différences assez marquées. Le genre anoplotherium, manquant de la canine qui distingue le palæotherium, devait renfermer des animaux de mœurs plus pacifiques; c'est aussi ce que rappelle le nom qu'on lui a donné, le mot anoplotherium étant formé de deux mots grecs qui signifient *animal inoffensif*, tandis que palæotherium veut dire seulement *animal ancien*.

On distingue, dans les différents palæotheriums, relativement à leur forme extérieure, le grand, le petit, le moyen, le gros, l'épais, le court. Pour les anoplotheriums, on a établi également les dénominations d'après le volume du corps et les proportions de ses diverses parties. Je vous envoie le trait de celles de ces espèces sur lesquelles nous avons assez de données pour qu'on ait cru, sans trop de témérité, pouvoir se hasarder à les représenter aux yeux; et vous me saurez peut-être quelque gré d'y joindre aussi ce que l'analogie peut nous apprendre de plus positif sur les lieux qu'ils habitaient, leur genre de vie, leurs mœurs, etc.

Grand palæotherium (*voyez* la planche 1). « Cet animal avait la taille d'un cheval de médiocre grandeur; mais il était plus trapu; sa tête était plus massive, ses extrémités plus grosses et plus courtes. Il n'est rien de plus aisé que de se le présenter dans l'état de vie. » (Cuvier.)

Petit palæotherium (*voyez* la planche 1). « Si nous pouvions ranimer cet animal aussi aisément que nous en avons rassemblé les os, nous croirions voir courir un tapir plus petit qu'un chevreuil, à jambes grèles et légères : telle était sans doute sa figure. Un squelette presque complet de cette espèce a été trouvé à Pantin; sa hauteur, au garrot, devait être de 16 à 18 pouces. » (Cuvier.)

phénomènes naturels, d'accord avec les traditions historiques et religieuses, se réunissent pour prouver que
cet ordre de choses ne peut exister depuis plus de 5 ou
6 mille ans. Je vais vous présenter la série des faits d'où
il tire ces conclusions, telle qu'il l'a exposée tant dans
ses livres que dans ses savantes leçons.

D'abord, relativement aux fleuves, à ceux dont je viens
de vous parler, par exemple, il trouve que, d'après les
données obtenues, on ne peut pas évaluer à plus de 50 ou
60 siècles le temps qu'il a fallu au Pô et à l'Adige pour
former les terrains d'alluvion qui les entourent.

Les lacs d'eau douce qui nous présentent les mêmes
phénomènes d'élévation de leur fond, conduisent, dit
notre grand naturaliste, à la même conséquence relativement à l'époque de laquelle date le commencement de
ces dépôts; car on en voit qui reçoivent des cours d'eau
trop considérables et trop chargés de matières terreuses
pour ne pas exercer une influence assez forte sur l'élévation de leur fond, et qui seraient par conséquent déjà
comblés si la dernière révolution qui a déterminé la
forme actuelle de nos continents remontait à une époque
plus reculée.

Toutes les hautes montagnes ont leur sommet couvert
de glaces éternelles, qui proviennent de la fonte des
neiges. Ces amas, connus sous le nom de glaciers, s'é-
tendent plus ou moins vers la base de la montagne; et
leur propre poids les faisant descendre au-dessous de
leur niveau naturel, elles sont fondues par l'action de la
température plus élevée qui règne vers le pied de la montagne. L'eau, en fondant, abandonne les parties ter-

reuses qu'elle retenait, et en forme les dépôts qu'on désigne sous le nom de moraines.

La formation des moraines dépendant de causes périodiques et à peu près constantes, il n'est pas très difficile d'évaluer quel temps a dû être nécessaire pour leur donner le volume qu'on leur connaît; et, comme elles datent certainement du commencement de l'ordre actuel, elles fournissent un nouveau moyen d'arriver à une connaissance approximative du temps qui s'est écoulé depuis le dernier cataclysme.

Cette élévation conduit encore au même résultat, et nous donne 5 à 6 mille ans tout au plus pour l'âge de notre monde. Les glaciers, dans certains lieux, sembleraient même ne demander qu'un temps beaucoup moins considérable; mais cela tient à des circonstances locales, telles que l'existence de cours d'eau qui, tombant des montagnes, lavent les moraines et entraînent au loin leurs débris.

Les calculs qu'on peut faire sur les dunes conduisent au même laps de temps. On sait en effet de combien (terme moyen) elles s'avancent par siècle et même par année. On sait que, du côté de Bordeaux, leur marche est de 60 à 70 pieds par an, et que, si on ne leur opposait aucun obstacle, il ne leur faudrait que 2000 ans pour arriver à cette ville; d'après leur étendue actuelle, il doit y en avoir un peu plus de 4000 qu'elles ont commencé à se former.

Ce qu'il y a de plus curieux, remarque M. Cuvier, c'est que les traditions historiques de tous les peuples s'accordent d'une manière singulièrement frappante avec

« On peut se faire une idée assez juste du palæotherium moyen, en se le représentant comme un tapir à jambes grêles ; il devait être, dans ce genre, ce qu'est le babiroussa parmi les cochons ; sa hauteur, au garrot, était de 31 à 32 pouces. » (Cuvier.)

Nous avons trop peu de données sur les trois autres espèces de palæotheriums pour oser hasarder aucune conjecture sur leur forme.

Le squelette de plusieurs anoplotheriums a été reconstruit si complètement, qu'on ne peut conserver aucun doute sur l'apparence qu'il devait avoir quand il était recouvert des muscles et de la peau.

Anoplotherium commun (*voyez* la planche 2). « Sa hauteur, au garrot, était assez considérable ; elle pouvait aller à plus de trois pieds et quelques pouces ; mais ce qui le distinguait le plus, c'était son énorme queue : elle lui donnait quelque chose de la stature de la loutre, et il est très probable qu'il se portait souvent, comme ce carnassier, sur et dans les eaux, surtout dans les lieux marécageux. Mais ce n'était sans doute point pour y pêcher. Comme le rat d'eau, comme l'hippopotame, comme tout le genre des sangliers et des rhinocéros, notre anoplotherium était herbivore ; il allait donc chercher les racines et les tiges succulentes des plantes aquatiques. D'après ses habitudes de nageur et de plongeur, il devait avoir le poil lisse comme la loutre ; peut-être même sa peau était-elle demi-nue, comme celle des pachydermes dont nous venons de parler. Il n'est pas vraisemblable non plus qu'il ait eu de longues oreilles, qui l'auraient gêné dans son genre de vie aquatique, et je penserais volontiers qu'il ressemblait, à cet égard, à l'hippopotame et aux autres quadrupèdes qui fréquentent beaucoup les eaux.

» Sa longueur totale, la queue comprise, était au moins de huit pieds, et sans la queue, de 5 et quelques pouces. La longueur de son corps était donc à peu près la même que dans un âne de taille moyenne; mais sa hauteur n'était pas tout à fait aussi considérable. » (Cuvier.)

Anoplotherium léger (*voyez* la planche 2). « Il devait avoir un peu plus de 2 pieds de hauteur au garrot, et égaler le chamois en hauteur, bien que sa tête et ses os ne soient pas si gros; mais cela tient à l'excessive élongation de ses membres. Sa tête égale à peine celle de la corine. On voit qu'autant les allures de l'anoplotherium commun étaient lourdes et traînantes lorsqu'il marchait sur la terre, autant le léger devait avoir d'agilité et de grâce. Léger comme la gazelle ou le chevreuil, il devait courir rapidement autour des marais et des étangs, où nageait la première espèce. Il devait y paître les herbes aromatiques des terrains secs, ou brouter les pousses des arbrisseaux. Sa course n'était point sans doute embarrassée par une longue queue; mais, comme tous les herbivores agiles, il était probablement un animal craintif, et de grandes oreilles très mobiles, comme celles du cerf, l'avertissaient du moindre danger. Nul doute, enfin, que son corps ne fût couvert d'un poil ras; et par conséquent, il ne nous manque que sa couleur pour le peindre tel qu'il animait jadis cette contrée, où il a fallu en déterrer, après tant de siècles, de si faibles vestiges. Remarquons, en passant, qu'ainsi revêtu de sa peau, s'il eût été rencontré par quelques-uns de ces naturalistes qui veulent tout classer d'après les caractères extérieurs, on n'eût pas manqué de le ranger avec les ruminants; et cependant il en est à une assez grande distance par ses caractères intérieurs, et très probablement il ne ruminait pas. »

L'anoplotherium léger appartient au sous-genre des *Xiphodons*, nom formé de deux mots grecs qui signifient *dents tranchantes;* en effet, les trois premières dents molaires ont chez l'adulte une forme toute particulière; elles sont allongées, comprimées, à bords festonnés et tranchants; il est très possible que l'animal en ait tiré quelque parti pour manger de la chair, et il doit être compté probablement parmi les espèces omnivores de l'ordre de pachydermes, comme le sont les cochons

M. Cuvier croit pouvoir rapporter au genre anoplotherium, mais non pas avec la même certitude qu'il l'a fait pour les xiphodons dont le squelette lui était entièrement connu, un petit groupe qu'il désigne sous le nom de *Dichobunes*, à cause des collines disposées par paire que présentent les quatre dernières molaires. Ce groupe comprend trois espèces : la première avait la taille et les proportions du lièvre; les deux autres avaient seulement celles du cochon d'Inde. Pour celles-ci surtout, la réunion au groupe des anoplotherium, ne semble pas à l'illustre auteur de l'histoire des ossements fossiles, suffisamment prouvée. Il se pourrait bien, dit-il, que ces deux petits animaux, quand on connaîtra plus complétement leur squelette, fussent enfin placés parmi les ruminants.

Les espèces que nous venons de décrire appartiennent spécialement au bassin dans lequel se trouve Paris, et il est assez remarquable qu'on ne les rencontre nulle part ailleurs. On a cependant découvert des individus appartenants aux mêmes genres dans quelques endroits de la France ou des pays voisins; par exemple, à Issel, aux environs du Puy en Velay, près d'Orléans et de Montpellier. Il y a quelque lieu de croire que les os de ces deux derniers endroits appartiennent à une seule et même espèce.

Quant aux plâtrières des environs de Paris, outre les ossements des animaux dont nous venons de parler, elles offrent de rares débris de deux autres pachydermes. L'un qui a été désigné sous le nom de *Chœropotame*, paraît encore plus voisin des cochons que les anoplotheriums; « je soupçonne, dit M. Cuvier, que le sous-genre des dichobunes dont les pieds ressemblent si fort à celui de cochons, était fort voisin de ce nouveau genre et établissait même le passage entre lui et les anoplotheriums proprement dits. »

L'autre animal, l'*Adapis*, avait dans la disposition de ses dents quelque chose qui semblait indiquer un genre de vie encore plus omnivore que le cochon, ou du moins dans lequel les aliments empruntés au règne animal prédominaient davantage; l'adapis, par sa dentition, se rapprochait à certains égards des carnassiers insectivores, et sa forme générale paraît avoir été à peu près celle du hérisson, quoique dans des dimensions d'un tiers plus fortes.

C'est une chose bien remarquable, dit M. Cuvier en

terminant l'histoire des pachydermes de Montmartre, que l'abondance des animaux de cet ordre parmi les fossiles, comparativement à leur proportion dans le nombre des animaux vivants ; aussi les nuances qui lient les genres entre eux, ces formes intermédiaires, ces passages d'un genre à l'autre, si communs dans les autres familles, semblaient-ils manquer dans celle-là. Il était réservé à l'histoire des os fossiles de les retrouver dans les entrailles de la terre, parmi les races qui complétaient l'ensemble du grand système des êtres naturels, et dont la destruction y a produit ces lacunes si frappantes. »

Peut-être, en ne voyant que des animaux phytophages pour habitants de nos contrées, vous faites-vous une idée séduisante de la vie qu'ils devaient y mener dans ces temps reculés ; mais n'allez pas trop tôt vous presser d'en conclure que de tout temps le territoire de Paris a été un lieu privilégié, de manière ou d'autre, pour former le plus agréable séjour de la terre. Je suis fâché d'être obligé de vous le dire, mais nos doux anoplotheriums ne devaient pas toujours jouir en paix des lieux qu'ils animaient par leur présence : des animaux carnassiers leur faisaient la guerre, et la révolution qui les a détruits a enseveli avec eux leurs persécuteurs.

Le plus fort, le plus cruel, le plus terrible ennemi des habitants de nos contrées, était un animal de la famille des *ratons*, dont la taille égalait presque celle du loup, mais qui, d'après la forme de ses dents, devait surpasser de beaucoup ce dernier en férocité. Il ne devait le céder, sous ce rapport, à aucun des animaux actuellement vivants ; ce que rendent évident la grandeur de ses dents, leur forme tranchante; et les indices qui nous restent sur la vigueur de ses mâchoires.

Il existait aussi dans nos environs un animal du genre *canis*, dont on a trouvé une mâchoire très-bien caractérisée, mais qui n'appartenait à aucune des espèces actuellement vivantes; il présente, en effet, des caractères qui le distinguent très-positivement de nos chiens domestiques, des renards, des chacals et des loups. (1)

Ajoutez au nombre des animaux redoutables de ce temps-là, un carnassier du genre des genettes, et un autre du genre des civettes.

On a trouvé également dans nos plâtrières un squelette de sarigue, remarquable par sa très-belle conservation; je l'ai déjà mentionné en parlant des ossements fossiles de cheval, découverts récemment en Amérique, je ne vous en dirai rien de plus ici.

Enfin, c'est seulement pour ne passer entièrement sous silence rien de ce qui peut se rattacher à l'histoire d'animaux si intéressants pour nous, comme ayant été les premiers quadrupèdes terrestres qui ont habité le sol que nous foulons aujourd'hui, que je vous dirai qu'on trouve, dans différentes parties de la France, des débris de pachydermes qu'on a désignés sous le nom de *lophiodons*. Ces lophiodons devaient être contemporains des

---

(1) On a trouvé à Avaray, près de Baugency, dans une couche qui renfermait des ossements de mastodonte, de rhinocéros et de dinotherium, quelques débris d'une espèce gigantesque du genre *Chien*, qui, en supposant l'animal construit dans les proportions du loup, était deux fois plus grand à peu près. Il devait en effet n'avoir pas moins de huit pieds, depuis le bout du museau jusqu'à la racine de la queue, sur au moins cinq pieds de hauteur, au train de devant.

paleotheriums (puisque, dans quelques lieux, à Issel par exemple, leurs débris se trouvent réunis dans les mêmes couches), mais ils paraissent avoir subsisté jusqu'à une époque plus rapprochée de nous.

Les lophiodons devaient être encore plus voisins des tapirs que ne l'étaient les palæotheriums. De même que ces derniers, ils répétaient leurs formes, mais sous des dimensions dffiérentes, dans les lieux où ils habitaient ; ainsi, à Issel, on en connaît trois espèces, et à Argenton, trois autres. En tout on en a déjà déterminé plus de douze dont la taille variait depuis celle du bœuf jusqu'à celle du cochon de Siam.

LETTRE XV.

MAMMIFÈRES MARINS.

Pour terminer ce qui est relatif à la zoologie antédiluvienne des classes supérieures, il ne nous reste plus
qu'à dire quelques mots sur les mammifères marins.

Ces êtres, remarquables par la réunion des caractères
qui leur permettent de vivre à la fois dans l'air et dans
l'eau, ont dû naturellement précéder les mammifères
terrestres. Aussi commence-t-on à trouver leurs débris
dans des terrains plus anciens que ceux même qui renferment les ossements de palæotheriums et de lophiodons.

Il semble, au premier coup d'œil, que les mammifères
marins dussent être plus capables que les animaux terrestres de résister aux grandes catastrophes, produites par
les irruptions de la mer ; mais l'observation ne confirme
pas cette supposition, et la comparaison des espèces fossiles avec celles qui existent encore aujourd'hui, tend à
prouver qu'aucune d'elles ne s'est maintenue telle qu'elle
existait à son origine.

C'était une idée assez naturelle à une époque où l'on
confondait toutes les espèces de terrains, et où on les
considérait toutes comme les produits de la mer, que

d'attribuer aussi à des animaux marins les ossements qui se rencontrent en si grand nombre dans quelques mers ; aussi voit-on que les anciens descripteurs de fossiles ont souvent prétendu que les os dont ils parlaient avaient appartenu à des phoques, à des lamantins ou autres animaux semblables.

Mais aujourd'hui qu'il paraît certain que les ossements de mammifères renfermés dans un si grand nombre de couches proviennent d'une terre qu'une ou plusieurs grandes inondations ont détruite, on doit s'attendre à trouver, au contraire, parmi les êtres antédiluviens, très peu d'animaux marins.

Rien de plus rare en effet que les os de phoques et de lamantins parmi les fossiles. Il en est de même des morses et de tous les grands cétacés.

Vous connaissez sans doute, au moins d'une manière générale, l'organisation extérieure du *lamantin*. Vous savez qu'il manque de membres postérieurs et que ses membres antérieurs, tout raccourcis, font principalement l'office de nageoires, quoiqu'il s'en serve encore avec assez d'adresse et de force pour s'accrocher à la terre, et porter ses petits ; on distingue aisément, au travers de la peau qui enveloppe l'extrémité de ces membres, cinq doigts, dont quatre sont terminés, comme les nôtres, par des ongles plats et arrondis, ce qui a pu leur faire donner, à juste titre, le nom de *mains*, par comparaison avec les nageoires des autres cétacés, tels que les baleines et les marsouins.

« Comme ces animaux ont leurs mamelles sur la poitrine, et qu'ils élèvent souvent la partie antérieure de leur corps au-dessus de l'eau ; comme le nom de *mains*, donné à leurs nageoires, a fait exagérer l'idée de la resemblance de ces membres avec les nôtres ; comme enfin leur mufle est entouré de poils, qui de loin peuvent faire l'effet d'une sorte de chevelure, on leur a donné, dit M. Cuvier, des noms plus ou moins singuliers qui ont conduit ensuite à des récits extrêmes et entièrement fabuleux. Les Portugais et les Espagnols ont appelé le lamantin *pesce-mulher*, *pesce-dona* (poisson-femme). Le dugong, animal de la même famille que les lamantins, et dont l'espèce est très voisine de la leur, avait reçu de son côté le nom d'*homme barbu*. De ces noms à l'idée d'un être demi-homme et demi-poisson, il n'y a pas loin. Il suffit d'un voyageur peu scrupuleux ou de peu de mémoire pour compléter la métamorphose. »

C'est en effet à la vue des lamantins et des dugongs, et à des descriptions inexactes de ces animaux, qu'on doit rapporter tout ce qu'on a dit des *Tritons*, des *Sirènes*, etc. Dans toutes les figures données sur ces êtres imaginaires, le naturaliste tant soit peu instruit découvre au premier coup d'œil le modèle d'après lequel elles ont été inexactement copiées. Et voilà à quoi se réduisent ces récits d'*hommes* et de *femmes de mer*, accumulés par Maillet (1), par Lachesnaye-des-Bois, par Sachs, et par d'autres auteurs plus érudits que judicieux.

Bien que le lamantin ne se rencontre aujourd'hui que dans la Zone Torride, il est certain qu'il habitait jadis

______

(1) Quant à Maillet, il paraît évident, comme nous l'avons déjà dit, qu'au moins dans un cas un de ces prétendus *hommes de mer* était réellement un *homme*, un Eskimau pris par les Anglais avec sa barque, et qui mourut peu de temps après à bord du navire qui l'avait enlevé à son pays.

l'ancienne mer qui a couvert l'Europe de ses coquillages, à une époque antérieure à celle où vivaient sur notre sol les palæotheriums et les genres leurs contemporains. On a trouvé, en effet, des ossements fossiles appartenant bien évidemment à des lamantins, en différents lieux de France : près d'Angers, près de Montauban (Vendée), dans les environs de Mantes, dans les terrains déplacés pour la construction de la nouvelle machine de Marly, et près de Lonjumeau.

La considération de ces ossements trouvés dans des terrains très anciens, avec des formes qui ne se rapprochent pas moins de la nôtre que celle des espèces actuellement vivantes du même animal, fournirait à elle seule une puissante objection contre le système des transformations successives des êtres, si ce système n'était d'ailleurs réfuté par tant d'autres considérations victorieuses.

Les ossements de dauphins sont aussi rares à l'état fossile que ceux des animaux dont nous venons de parler. Quelques ossements trouvés dans différentes parties de la France nous apprennent que les espèces anciennes sont essentiellement différentes de celles qui vivent encore actuellement.

Même remarque relativement au *narwal*, cétacé si célèbre par la corne ou plutôt la dent qu'il porte, et qui est, depuis des siècles, un objet de curiosité et de commerce.

Quant aux cachalots et aux hyperoodons, il paraît qu'on en a trouvé encore moins de débris à l'état fossile.

Les mers de l'ancien monde contenaient, comme nos mers actuelles, des baleines dont les espèces (autant que l'état très imparfait de la science sur cet objet peut permettre de l'assurer) différaient assez peu des espèces actuellement vivantes. Les ossements de ces énormes animaux, quand on vient à les mettre à nu, donnent souvent lieu à des méprises de la part des hommes peu instruits, qui, les prenant pour des ossements de mammifères terrestres, se font l'idée d'animaux de dimensions exagérées (1).

Parmi les découvertes d'ossements de *baleines* fossiles, l'une des plus célèbres est celle que fit à Paris, en 1779, un marchand de vin de la rue Dauphine, qui déterra un très gros fragment de la tête d'un de ces animaux. Cet homme, en faisant des fouilles dans sa cave, découvrit une pièce osseuse d'une grandeur considérable, enfouie dans une glaise jaunâtre qui paraît avoir fait partie du sol naturel de cet endroit. Ne voulant pas se livrer aux travaux nécessaires à l'extraction complète de ce morceau, il le brisa, et en enleva une portion qui pesait deux cent vingt-sept livres, et qui fut vue d'un grand nombre de curieux. Mais parmi les naturalistes de profession, il n'y

(1) Telle est probablement la cause de l'erreur de l'article suivant, inséré dans plusieurs journaux scientifiques.

Squelette du plus grand des animaux antédiluviens.

« On a découvert dans la Louisiane, sur les bords du Mississipi, les os d'un
« animal colossal ; l'épine dorsale avait seize pouces de diamètre, et les côtes
« neuf pieds de long ; plusieurs débris avaient chacun vingt pieds de long, et
« pesaient plus de cent vingt livres. On estime, d'après les dimensions de ces
« os, que l'animal vivant devait avoir environ cinquante pieds de longueur,
« vingt à vingt-cinq de largeur, environ vingt pieds de hauteur, et qu'il a dû
« peser au moins vingt tonneaux ou 20,000 kilogrammes. C'est, dit-on, la
« plus grande curiosité naturelle qu'on ait découverte jusqu'ici ; et cet animal,
« pour la dimension, doit avoir surpassé le mammouth, autant que celui-ci
« surpassait le chien de taille moyenne. »

eut que le seul Lamanon qui se donna la peine d'en prendre connaissance. Il fit faire de cet os mutilé une copie en terre cuite, et en publia un dessin et une description dans le Journal de physique. Il conjectura dès lors, avec raison, que ce devait être quelque os de la tête d'un cétacé.

Daubenton s'en occupa depuis, toujours d'après le modèle exécuté par Lamanon; car pour la pièce elle-même elle ne resta pas en France : elle existe maintenant dans le cabinet de Teyler, à Harlem, d'où on a bien voulu en envoyer, pour notre musée, une copie plus exacte à certains égards que celle de Lamanon. Sur ces données, M. Cuvier a été à portée de reconnaître que les os trouvés rue Dauphine établissaient une espèce antique de baleine différente non seulement des espèces vivantes, mais encore de toutes les espèces fossiles connues jusqu'ici.

Non seulement on peut faire, sur les cétacés fossiles, cette remarque que nous avons eu déjà occasion d'indiquer relativement aux autres mammifères marins, que les espèces fossiles qu'il a été possible de caractériser dans leur famille ne différaient pas moins de celles qui habitent aujourd'hui nos côtes, que les animaux terrestres de l'ancien monde ne diffèrent de leurs correspondants actuels; mais encore on a découvert trois ou quatre espèces tellement éloignées de celles des autres cétacés, que M. Cuvier s'est cru obligé d'établir pour elles un genre particulier sous le nom de *ziphius*.

Les animaux qu'il désigne sous ce nom ne sont en effet ni tout à fait des baleines, ni tout à fait des cachalots, ni tout à fait des hyperoodons. Ils tiennent, dans l'ordre des cétacés, la place qu'occupent dans l'ordre des pachydermes les anoplotheriums et autres animaux de Montmartre, et, dans celui des édentés, le mégatherium et le mégalonyx. Ce sont probablement aussi des restes d'une nature détruite, et dont on chercherait vainement aujourd'hui les originaux à l'état de vie.

« Par là, dit M. Cuvier, se confirme de plus en plus, cette proposition à laquelle l'examen des coquilles fossiles avait déjà conduit : que ce ne sont pas seulement les productions de la terre qui ont changé lors des révolutions du globe, mais que la mer elle-même, agent principal de la plupart de ces révolutions, n'a pas conservé les mêmes habitants ; que lorsqu'elle formait, dans nos environs, ces immenses couches calcaires peuplées de coquilles aujourd'hui presque toutes inconnues, les grands mammifères qu'elle nourrissait n'étaient pas ceux qui la peuplent aujourd'hui, et que, malgré les forces que semblait leur donner l'énormité de leur taille, ils n'ont pas mieux résisté aux catastrophes qui ont bouleversé leur élément, que n'y ont résisté sur terre les éléphants, les rhinocéros, les hippopotames, et tous ces autres quadrupèdes si robustes, qu'à défaut des arts de l'homme une révolution générale de la nature pouvait seule extirper leurs races. »

Les naturalistes ont été longtemps en doute sur la question de savoir si on trouvait des ossements d'oiseaux à l'état fossile. Plusieurs auteurs, il est vrai, prétendaient depuis longtemps en avoir observé, mais leurs assertions étaient exposées à des objections insurmontables. En 1782, l'affirmative était encore loin d'être prouvée, et ce n'est qu'à cette époque qu'on présenta un véritable *ornitholithe* (c'est ainsi qu'on appelle les débris fossiles d'oiseaux) trouvé à Montmartre. Depuis ce temps, M. Cuvier en a reçu, des carrières de nos environs, un nombre assez considérable pour qu'il ne soit plus permis de conserver aucun doute; il en existe particulièrement plusieurs empreintes parfaitement bien conservées au Muséum.

On a les preuves de onze ou douze espèces d'oiseaux ensevelis dans nos carrières, parmi lesquelles il paraît que deux au moins ont dû être des oiseaux de proie; au reste on ne peut guères espérer, pour les animaux de cette classe, des déterminations aussi précises que celles qu'on a obtenues pour l'autre classe, les différences entre les oiseaux étant beaucoup moins marquées que celles entre les mammifères.

L'existence, bien constatée aujourd'hui, des oiseaux à l'état fossile, prouve qu'à l'époque reculée où ils ont été ensevelis, et lorsque les espèces étaient si différentes de ce qu'elles sont maintenant, on voyait déjà pourtant, entre les classes et les ordres, les mêmes rapports d'organisation générale que nous observons maintenant, et qu'aucune classe d'animaux ne manquait dans la série des êtres vivants; aussi chacune d'elles est-elle si nécessaire à l'existence du tout, que peut-être la destruction totale d'une seule suffirait pour entraîner celle de toutes les autres.

Quelques genres d'oiseaux, comme les aquatiques, ont dû nécessairement vivre avant les mammifères terrestres, puisque les premières terres mises à découvert étaient propres à les recevoir avant que les mammifères

pussent y trouver leur nourriture. Cette idée si naturelle est confirmée par les recherches géologiques. Tandis qu'on ne trouve aucun mammifère dans les terrains
secondaires, on y connaît au contraire des ossements
d'oiseaux nageurs, comme dans le calcaire de Pappenheim, et des débris d'échassiers, comme dans le calcaire de Stonesfield (1).

Cependant où les restes fossiles d'oiseaux sont le plus
communs, c'est dans les dépôts tertiaires tels que ceux des
environs de Vérone, ceux d'Œningen, le terrain d'eau
douce de l'Auvergne, où l'on a même trouvé récemment
des œufs parfaitement reconnaissables pour avoir appartenu, comme nous venons de le dire, à plusieurs genres et
espèces assez rapprochées de la caille, de la bécasse, de
l'alouette de mer, de l'ibis, du cormoran, du busard, du
balbusard, et de la chouette.

Terminons par une seule remarque sur la distribution
des os fossiles provenant des deux classes supérieures
d'animaux vertébrés, c'est-à-dire des vertébrés à sang
chaud, des mammifères et des oiseaux.

Vous avez déjà pu remarquer que certains lieux paraissent privilégiés pour fournir presque exclusivement
telles ou telles espèces qu'on ne trouve point ailleurs,
ou qui ne se trouvent nulle part, à beaucoup près, aussi
communes. Nos environs sont dans le premier cas, rela-

(1) Trois mâchoires trouvées dans le calcaire de Stonesfield, ont été considérées comme provenant de petits carnassiers voisins des didelphes; mais
l'exactitude de cette détermination n'est pas admise par tous les naturalistes.
Au reste, on peut remarquer que parmi les espèces vivantes de didelphes
il en est une, de la taille du rat, dont les habitudes sont aquatiques; c'est celle
que Buffon a décrite et figurée sous le nom très impropre de **Petite Loutre
de la Guyane.**

tivement aux palæotheriums et aux anoplotheriums. On peut citer comme étant dans le second, le val d'Arno, où on a trouvé plus d'ossements de rhinocéros que dans tout le reste de l'Europe ensemble; le Camp des Géants, dans l'Amérique méridionale, pour les mastodontes à dents étroites; et, dans l'Amérique septentrionale, les bords de l'Ohio, pour le grand mastodonte.

On explique cette accumulation de débris d'animaux de même espèce dans un même lieu, en supposant qu'à l'époque où la mer a envahi les pays dans lesquels ils vivaient, ils ont fui, devant l'inondation, vers les lieux qui ont été les derniers envahis par elle, et où ils ont été détruits tous ensemble. Il serait difficile, sans cette considération, de se rendre raison de la prodigieuse quantité d'ossements fossiles trouvés à Montmartre, par exemple, où on ne peut supposer que les palæotheriums et les anoplotheriums se soient trouvés par hasard entassés par milliers avec les animaux carnassiers, qui, quoique moins nombreux, s'y trouvent aussi en grande quantité.

On dira peut-être que ce sont des milliers de générations qui s'y découvrent successivement. A la bonne heure; mais pourquoi les mêmes débris sont-ils beaucoup moins nombreux dans toutes les autres plâtrières des environs? Notre hypothèse n'est-elle pas la seule qui puisse rendre raison de cette surabondance d'ossements fossiles dans une seule colline si peu étendue (1)? Ces ani-

---

(1) On pourrait aussi concevoir les accumulations d'ossements comme dues, au moins en quelques cas, à l'action des eaux elles-mêmes, qui, après avoir balayé une grande étendue de pays, emportaient les corps des animaux vers les points particuliers où se dirigeait leur cours, et les y abandonnaient en se

maux, si différents, qui, effrayés de la grande catastrophe qui détruisait à la fois tout ce qui jouissait de la vie, périssent ensemble, quand la nature les avait destinés à se fuir, ne nous rappellent-ils pas l'ingénieuse fiction du poëte qui, dans sa description du déluge, nous représente la brebis fuyant auprès du loup, qui, dans sa frayeur, n'est plus à craindre pour elle?

Tout prouve qu'aux différents âges de l'ancien monde, les terres sèches étaient, bien plus qu'elles ne

retirant. C'est ce qui s'observe de nos jours à la suite des inondations, et quoique sur une petite échelle, les effets produits sont encore quelquefois très frappants; nous n'en citerons qu'un exemple. Au mois de janvier 1794, une partie de la frontière méridionale de l'Écosse, le long du golfe de Solway, fut ravagée par une inondation qui fit périr un grand nombre d'animaux. Lorsque les eaux furent rentrées dans leurs limites, elles amoncelèrent en divers points les corps qu'elles avaient charrié; sur un long banc de sable qui se trouve au point où l'action des marées s'oppose à celle des cours d'eau douce, les cadavres étaient par milliers. On y compta, outre deux hommes et une femme, 9 vaches, 3 chevaux, 1810 moutons, 45 chiens, 180 lièvres, sans parler d'une multitude d'animaux plus petits, taupes, rats, souris, etc.

Les deux causes que nous venons de signaler, la fuite des animaux devant les eaux et le transport de leurs cadavres par les courants, sont-elles les seules qui aient pu déterminer la réunion d'une grande quantité d'ossements dans un même lieu? nous savons déjà que non. Les carnassiers, lorsqu'ils sentent leur fin prochaine, vont presque toujours chercher quelque retraite profonde où ils puissent mourir en paix, et le même lieu a pu servir pendant des siècles de dernier asile à presque tous les individus d'une même espèce, qui ont habité successivement le canton. C'est sans doute en partie à cette cause qu'est due l'accumulation des ossements d'ours dans les cavernes de Gailenreuth et dans celles d'Osselles.

Les herbivores n'ont pas coutume de se retirer ainsi dans les cavernes pour y mourir, et quand leurs débris se rencontrent dans ces sortes de lieux, c'est qu'ils y ont été, comme nous l'avons déjà dit, entraînés par des hyènes ou par d'autres bêtes féroces; cependant il paraît que dans certains cas, les herbivores recherchent de préférence certains lieux pour y aller rendre le dernier soupir. Dans l'expédition du *Beagle* on trouva sur une foule de points des bords de la rivière de Santa-Cruz (côte orientale de la Patagonie), de grands espaces couverts d'os de guanacos (une espèce de lama), et quelquefois même ces os formaient de véritables monceaux. On ne pouvait guère supposer qu'ils eussent été ainsi accumulés par la main des hommes; mais les couguars et les condors pouvaient bien y avoir un peu contribué.

sont aujourd'hui, séparées en îles, où les animaux terrestres étaient comme parqués. C'est ainsi que, dans
toutes les îles un peu considérables découvertes de nos
jours, on a trouvé une population particulière; et si
l'homme n'avait pas de tout temps cherché à transplan-
ter les animaux d'une contrée dans une autre, on verrait leur séparation géographique des genres et des
espèces bien plus marquée qu'elle ne l'est : or, l'homme
n'existant pas à ces époques, c'était une raison d'isolement ajoutée à celle de la plus grande division des
terres.

LETTRE XVI.

SUR LES REPTILES, LES CRUSTACÉS ET LES MOLLUSQUES.

Tous les débris d'animaux anciens dont l'étude nous a occupés jusqu'ici se rencontrent dans les terrains superposés à la craie, dans ceux que les géologistes ont désignés sous le nom de tertiaires. Là, comme nous l'avons vu, ils sont loin d'être distribués indistinctement dans les formations nombreuses dont l'ensemble constitue ces terrains. Les couches les plus voisines de la craie ne renferment que des ossements de mammifères marins, et si (ce qui est loin d'être prouvé) on y a rencontré quelques ossements de mammifères terrestres, au moins y sont-ils en très-petit nombre. Vous n'aurez pas non plus perdu de vue cette remarque générale, que les premiers qu'on rencontre dans les couches supérieures appartiennent à des genres aujourd'hui détruits, genres qu'on ne retrouve que rarement avec les éléphants, les rhinocéros, etc., des terrains antédiluviens les plus superficiels.

L'apparition à la surface du globe des reptiles dont nous allons nous occuper aujourd'hui remonte à une époque plus reculée que celle où vivaient les mammifères, même les mammifères les plus anciens. On les retrouve abondamment, non-seulement dans la craie, qui ne recèle déjà plus aucun ossement de ces derniers, mais encore dans la plupart des terrains antérieurs, jusqu'à la grande formation houillère, dont l'histoire nous occupera bientôt sous le point de vue botanique.

Nous allons donc remonter à un autre âge du monde : et si vous avez pu prendre jusqu'ici sans ennui une idée des recherches de nos géologues sur les époques plus récentes, peut-être ne vous intéresserez-vous pas moins à ce qu'ils ont recueilli sur cette époque primitive où la terre n'était encore parcourue que par des reptiles à sang froid ; où la mer contenait un assemblage prodigieux de coquilles aujourd'hui extrèmement rares, et qui formaient alors le fond de sa population, et où le peu de terres récemment abandonnées par l'antique Océan ne formaient que des iles où croissait une végétation aussi simple dans sa structure qu'abondante et vigoureuse.

Les crocodiles sont au nombre des reptiles les plus anciens. Leurs ossements se rencontrent dans beaucoup de couches non seulement d'une antiquité moyenne, comme nos plâtres de Montmartre, mais encore dans celles dont la formation est beaucoup plus ancienne, comme les pierres de taille des environs de Caen, et même les marnes calcaires bleuâtres des environs de Honfleur : c'est dans ces dernières formations, qui offrent des bancs épais souvent de 300 pieds, que se trouvent les débris de ces antiques animaux mêlés à ceux des singuliers reptiles qu'on a désignés sous les noms d'*icthyosaurus* et de *plesiosaurus*, dont j'aurai bientôt à parler.

Les crocodiles paraissent avoir été très communs, au moins dans les environs de Caen, à l'époque reculée qui nous occupe; car depuis quelques années seulement que l'attention est fixée sur les débris fossiles qu'on rencontre dans ces parages, on a recueilli les restes d'au moins dix individus de la même espèce.

L'espèce, ou plutôt les espèces des environs de Honfleur n'ont pas dû être moins nombreuses que celles des environs de Caen. Nous possédons au Muséum une tête entière dont la reconstruction est due aux soins et à la persévérance de M. Cuvier. L'histoire de la découverte de ce morceau singulier vous intéressera peut-être, et je laisserai parler M. Cuvier lui-même. Il possédait deux mâchoires inférieures de crocodiles trouvées près de Honfleur, et ces deux mâchoires, quoique très semblables, ne lui paraissaient pas appartenir à la même espèce.

« Averti, dit-il, par ces deux mâchoires inférieures, qu'il pouvait exister deux espèces à Honfleur, je devais songer d'abord à en retrouver le crâne et la mâchoire supérieure. La collection que j'avais reçue de Rouen m'en offrait bien quelques fragments; mais le premier propriétaire avait eu la malheureuse idée de les faire scier et polir : il en avait même dispersé une partie dans d'autres cabinets. C'est par une suite presque incroyable de hasards que j'ai rassemblé et que j'ai pu rapprocher six morceaux qui avaient appartenu au même crâne, et dont deux étaient restés chez l'abbé Bachelier; deux avaient passé dans le cabinet de M. de Drée; deux autres enfin me furent envoyés de Genève par feu M. de Jurieu, sans qu'il se doutât de l'importance dont ils étaient pour

cette recherche particulière. Au moyen de ces six morceaux je suis parvenu à reconstruire une portion considérable du crâne, contenant tout l'occiput et la plus
grande partie de la face supérieure et des côtés jusqu'au
museau.

» C'est par des hasards semblables que j'ai rassemblé
trois fragments appartenant à un seul et même museau,
et dont je n'avais donné que deux dans ma première édition; ces deux-ci étaient dans le cabinet de feu l'abbé
Besson; le troisième était dans le cabinet de M. Faujas,
à qui Besson l'avait donné sans s'apercevoir qu'il ne
formait qu'un même tout avec les deux autres.

« Après avoir réuni ces trois pièces comme elles l'a-
vaient été autrefois dans la nature, j'ai eu l'idée de les
rapprocher du crâne formé, comme je viens de le dire,
par le rapprochement de six autres morceaux, et j'ai vu
que ce museau s'adaptait si bien à ce crâne, qu'il ne me
reste aucun doute qu'il ne lui ait appartenu; qu'il n'ait
été trouvé en même temps; en un mot, que ces neuf
fragments n'aient fait originairement partie d'une seule
et même tête individuelle, et n'aient été ainsi dispersés
par l'incurie et le peu de connaissance de leur premier
possesseur. »

Il résulte de cette tête si singulièrement, on pourrait
presque dire si merveilleusement reconstruite, que l'espèce des antiques crocodiles de Honfleur à laquelle elle
appartient diffère du gavial actuel :

1° Par l'étendue plus considérable de la tête qui ne
peut avoir en moins de 3 pieds, tandis que celle du ga-

vial, dans les plus grands individus que M. Cuvier ait pu se procurer, n'a que 31 pouces.

2° Par l'étroitesse de son museau, sensiblement plus mince, malgré les plus grandes dimensions de la tète.

3° Par l'étroitesse plus remarquable encore de l'occiput.

Enfin le crâne fossile diffère du crâne de l'espèce vivante la plus voisine, tant par sa forme oblongue que parce qu'il se joint au museau par un rétrécissement insensible, au lieu d'une contraction brusque.

Cette distinction de deux espèces, annoncée par les mâchoires et confirmée par les tètes, l'a été encore, et d'une manière non moins tranchée, par toutes les autres parties, notamment par les vertèbres et par les os des extrémités.

On trouve encore des crocodiles dans les couches supérieures à celles qui renferment ceux dont nous venons de parler. On en trouve dans la craie; on en rencontre dans les couches au-dessus de la craie, dans les lignites d'Auteuil et de Mimet. Quelques-uns ont vécu avec les palæotheriums et les lophiodons des calcaires d'eau douce. Ceux-là paraissent déjà plus semblables à ceux qui vivent actuellement; à mesure qu'on s'approche des couches supérieures, la ressemblance de ces espèces avec celles de nos jours va en augmentant. Enfin il parait qu'il y en a, mais en très petite proportion, dans les couches meubles et superficielles, où sont enfouis tant de cadavres d'éléphants et d'autres grands quadrupèdes; leur petit nombre dans ces dernières peut même devenir un sujet d'étonnement quand on pense que les crocodiles vivent aujourd'hui dans la zone torride avec les éléphants, les hippopotames et tous les autres animaux dont ces couches recèlent des débris.

Les tortues paraissent aussi anciennes dans le monde que les crocodiles; elles les accompagnent généralement dans toutes les couches, depuis les plus anciennes jusqu'aux plus récentes; mais nulle part elles ne se trouvent si abondantes que dans les formations qui renferment les débris de palæotheriums, et particulièrement dans les environs de Paris.

Le plus grand nombre de leurs débris appartenant à des sous-genres dont les espèces sont propres aux eaux douces et à la terre ferme, leur présence confirme les conjectures que l'étude des crocodiles doit faire naitre sur l'existence d'iles, ou en général de terres découvertes avant la formation de la craie et avant qu'il y ait eu des quadrupèdes vivipares, ou du moins avant qu'ils aient été assez nombreux pour laisser une quantité de débris comparables à ceux des reptiles : vérité importante que semblent aujourd'hui vouloir révoquer en doute quelques naturalistes.

Parmi les débris de tortues, on en rencontre qui prouvent que quelques-uns de ces animaux, comme au reste la plupart des reptiles qui ont paru sur les premières terres, avaient acquis des dimensions prodigieuses. On a rencontré, il y a quelques années, dans les carrières de Mont, près de Lunéville, un radius de tortue de mer qui indique une carapace de près de 8 pieds de longueur; l'animal qu'elle recouvrait appartient au sous-genre des chelonées. On a trouvé plusieurs os indiquant le même sous-genre.

Dans presque toutes les parties de la Thuringe et du Voigtland, dans les portions limitrophes de la Hesse, et jusqu'en Franconie et en Bavière, règne une couche de schiste marneux et bitumineux, parsemée de grains de pyrite cuivreuse contenant de l'argent, et exploitée en plusieurs endroits pour ces deux métaux. Cette couche est l'une des plus anciennes parmi celles qui contiennent des débris de corps organisés, et probablement antérieure à toutes celles qui contiennent des ossements de crocodiles; cependant ce terrain, recouvert par des masses immenses de productions marines des plus anciennes, paraît avoir été formé sous l'eau douce; la nature des poissons qu'il renferme porte du moins à le soupçonner; et ce qui confirme que ce terrain, tout ancien qu'il est, a été, à l'époque la plus reculée, d'abord découvert, puis envahi de nouveau par la mer, c'est la présence de débris de reptiles appartenant à des genres qui fréquentent les marais et les bords des rivières.

Pendant long-temps on a été incertain sur la détermination de ces débris réellement célèbres. Dès le commencement du siècle dernier on s'en occupait, et on les regardait comme ayant appartenu à des crocodiles. Cette opinion, adoptée ou rejetée successivement par différents naturalistes, a été tout récemment combattue par M. Cuvier, qui paraît avoir fixé l'opinion des savants à cet égard. Suivant lui, ces animaux anciens sont des sauriens du genre des *monitors*. Parmi les poissons d'eau douce qui se trouvent ensevelis avec eux, M. Cuvier en a découvert un genre aujourd'hui inconnu, et qui, à l'époque si reculée de la première déposition des terrains secondaires, était répandu sur des points qui appartiennent maintenant aux deux hémisphères : en effet, une espèce très voisine de celle qui a laissé de si nombreux débris dans les schistes pyriteux de la Thuringe, a été trouvée dans des schistes non cuivreux provenant du *Connecticut*, dans l'Amérique du nord, et l'on en a rencontré également dans un gisement analogue aux environs d'Autun.

Pour terminer l'indication des principaux animaux qui ont été pris pour des crocodiles, il me reste à signaler le fossile devenu célèbre sous le nom de *grand animal de Maëstricht*. Cet animal n'est pas pourtant (non plus que les reptiles des schistes cuivreux de Thuringe) un véritable crocodile; comme ces derniers, il appartenait au genre des monitors, ou plutôt il forme à lui seul un genre nouveau voisin des Monitors et des *Iguanes*, ainsi que l'a le premier reconnu A. Camper. Ce qui avait surtout induit les naturalistes en erreur relativement au genre de cet animal, c'est l'énormité de ses dimensions comparée à celles qu'ont aujourd'hui les reptiles dont il se rapproche le plus : sa longueur était en effet égale à dix fois au moins celle des plus grands de ces animaux. On compte dans son squelette 133 vertèbres; la longueur de sa tête seule approche de 4 pieds; sa queue, longue de 10 pieds, se terminait en s'élargissant en forme de rame; la longueur totale de son corps surpassait 24 pieds. La queue forte et robuste de ce grand reptile devait former une rame très puissante, qui lui permettait d'affronter les eaux de la mer même la plus agitée; car cet énorme lézard, quoique appartenant à un genre de reptiles dont aucun ne vit aujourd'hui dans la mer, était évidemment un animal marin.

On a proposé pour l'animal de Maëstricht le nom de *mososaurus*.

On a découvert dans plusieurs localités des reptiles appartenant à des genres plus ou moins semblables à celui que constitue l'animal de Maëstricht, et qu'on peut se représenter comme autant de grands lézards. Tel est celui que M. Cuvier propose d'appeler *géosaurus*, dont les débris ont été découverts dans les environs de Monheim, et qui devait être long de 12 à 13 pieds; pour cette raison on avait proposé de lui donner le nom de *lacerta gigantea* (lézard géant); mais ce nom ne peut plus lui être conservé aujourd'hui qu'on sait que le grand animal de Maëstricht, appartenant au même genre, a une taille double de la sienne, et qu'un autre lézard, dont nous allons nous occuper, présente des dimensions bien plus considérables encore (1).

Ce dernier reptile est celui que M. Cuvier appelle *megalosaurus;* ses débris ont été trouvés dans les environs d'Oxford par un célèbre naturaliste anglais, M. Buckland, de qui j'ai déjà eu l'occasion de vous parler pour ses recherches sur les cavernes à ossements.

---

(1) Le Muséum possède des débris très-curieux de ces reptiles : on y distinguera, entre autres, les vertèbres et différents autres os du grand animal de Maëstricht, classé par M. Cuvier parmi les monitors, et surtout une tête, qui est certainement un des plus beaux débris des créations anciennes qu'on ait découvert jusqu'à présent.

L'énormité des os qui en restent indiquerait pour la totalité de son corps une longueur de 45 pieds de roi. Quelques débris paraîtraient même faire soupçonner qu'il en a existé de plus grands encore. Ces conclusions ne sont pourtant légitimes qu'autant qu'on admet (ce qui est très probable) que ce reptile avait la forme des monitors, animaux chez lesquels la queue est environ le tiers de la longueur du reste du corps. Mais en supposant qu'il en fût autrement, et que la queue de ces animaux, dont on ne possède pas de débris, fût beaucoup moins longue que celle des reptiles qui leur correspondent, il resterait toujours certain que le mégalosaurus était long de plus de 30 pieds. Encore faut-il remarquer que pour le réduire à ces dimensions il faut aller contre tout ce que les analogies présentent de plus vraisemblable ; car et ses dents, et la forme des os de ses membres, doivent le faire placer parmi les monitors; quelques os semblent même indiquer qu'il ressemblait plus par sa forme à un lézard proprement dit qu'à tout autre animal du même genre. Ce serait donc à lui que conviendrait, plus qu'à tout autre, le nom de lézard-géant qu'on avait donné au reptile de Monheim. Le nom que lui a donné M. Cuvier indique en effet la grandeur de ses dimensions.

D'après la forme tranchante des dents du megalosaurus, il n'est pas douteux que cet énorme lézard n'ait été d'un caractère extrêmement vorace. Du reste, tout ce qui accompagne ses débris dans les carrières où il a été enseveli annonce que c'était un animal marin.

On ne peut supposer qu'un animal aussi énorme ait

été confiné dans une seule localité; aussi trouve-t-on des débris qui ont dû appartenir à la même espèce dans plusieurs autres lieux, et entre autres dans le comté de Sussex.

A côté de ces débris on a trouvé des dents ayant appartenu aussi à des animaux du même genre, qui n'ont pas dû être beaucoup moins volumineux que le *mégalosaurus*, et qui offrent le caractère unique d'user leur pointe et leur fût transversalement comme les quadrupèdes herbivores; ces dents ressemblent tellement à celles des mammifères, que M. Cuvier, au premier aspect, les prit pour des mâchelières de rhinocéros. La présence d'une pareille dent au milieu de couches aussi anciennes que celles qui renferment les espèces voisines du megalo-saurus dérangeait toutes ses idées sur les rapports des os avec les terrains; ce ne fut qu'à la vue d'une plus grande quantité de ces dents, les unes entières, les autres plus ou moins usées, que notre grand naturaliste découvrit son erreur. Cette erreur de la part d'un homme aussi habile doit nous apprendre à suspendre notre jugement relativement aux faits qu'on annonce comme étant en opposition avec les lois générales établies sur une masse énorme d'observations. Avec un peu moins d'habileté, M. Cuvier consacrait l'existence d'un fait capable d'arrêter pour longtemps l'adoption de la loi de succession des êtres sur le globe depuis les temps anciens jusqu'à nos jours.

Les reptiles de la famille des sauriens dont il nous reste à nous occuper sont incontestablement de tous les êtres de la création les plus singuliers, les plus hétéroclites, ceux dont l'organisation a présenté aux naturalistes les formes les plus inattendues.

Vers la fin du siècle dernier on trouva à Eichtedt, dans la vallée de l'Altmühl, un peu au-dessous de Solenhofen, village du comté de Pappenheim, dans des schistes calcaires qui abondent en pétrifications animales, le squelette entier d'un être sur lequel on fit successivement bien des conjectures différentes.

Suivant les uns c'était un oiseau, suivant d'autres c'était un mammifère qui formait une espèce plus intermédiaire encore que celle des chauves-souris, entre les mammifères et les oiseaux. Il s'est trouvé même un naturaliste qui se croyait si sûr de cette vérité, qu'il s'était amusé à le dessiner en entier revêtu de son poil.

Un autre naturaliste le considérait comme un reptile.

Ce défaut d'accord entre les opinions émises, après mûr examen, par des hommes qui tiennent le premier rang dans la science, était d'autant plus surprenant, que, possédant une grande partie du squelette de l'animal, il semblait que rien n'aurait dû être si facile que de déterminer au moins à laquelle des quatre grandes classes des animaux vertébrés on doit le ranger. Mais l'étonnement que peut produire la divergence d'opinions que nous signalons ici cesse quand on considère que l'animal au sujet duquel elle existe réunit le singulier assemblage de caractères propres à chacune des trois grandes classes auxquelles on a voulu successivement le rattacher.

Cet animal avait en effet, comme les oiseaux, un long cou et un corps en proportion très court. Il portait

comme eux des ailes qui, par leur charpente d'ailleurs, rappelaient celles des chauves - souris, et dont
les dimensions étaient proportionnées à sa taille. La
forme de ses membres et celle de sa queue le rappro-
chaient tellement des mammifères, que plusieurs naturalistes paraissent ne pouvoir encore se décider à le
ranger parmi les reptiles. Sa tête présente un crâne d'une
petitesse qu'on ne remarque que chez ces derniers,
jointe à une gueule garnie de soixante dents pointues,
et couvertes par un bec d'oiseau.

L'opinion de M. Cuvier, qui, dans son grand ouvrage,
a consacré un long chapitre à l'interprétation des débris
de ce singulier animal, est qu'on ne peut conserver aucun doute sur la classe à laquelle il appartient. Selon lui,
l'ensemble de son organisation prouve de la manière la
plus évidente que c'était un reptile. L'autorité et la force
des arguments de cet homme célèbre paraissent avoir
entraîné l'opinion de la plupart des naturalistes qui
s'accordent à voir dans le *ptérodactyle* (c'est le nom qu'a
imposé M. Cuvier à l'animal qu'il a si bien fait connaître) un véritable reptile volant. Je citerai encore
ici les conclusions de notre grand naturaliste.

« Voilà, dit-il, un animal qui, dans son ostéologie, depuis les dents jusqu'au bout des ongles, offre tous les
caractères classiques des sauriens; on ne peut donc
pas douter qu'il n'en ait eu aussi les caractères dans
ses téguments et dans ses parties molles, qu'il n'en ait
eu les écailles, la circulation, etc. Mais c'était en même
temps un animal pourvu des moyens de voler, qui dans
la station devait faire peu d'usage de ses extrémités

antérieures, si même il ne les tenait toujours reployées comme les oiseaux tiennent leurs ailes; qui cependant pouvait encore se servir des plus courts de ses doigts de devant pour se suspendre aux branches des arbres, mais dont la position tranquille devait être ordinairement sur les pieds de derrière, encore comme celle des oiseaux; alors il devait aussi, comme eux, tenir son cou redressé et courbé en arrière, pour que son énorme tête ne rompît pas tout équilibre. »

D'après ces données on pourrait le dessiner à l'état de vie; mais la figure qu'on obtiendrait serait des plus extraordinaires, et semblerait au premier aspect le produit d'une imagination malade plutôt que des forces ordinaires de la nature.

On en voit quelquefois d'approchantes dans les peintures fantastiques des Chinois. M. Cuvier parle d'une de ces figures tirée d'un livre d'histoire naturelle chinois, que l'on conserve dans la bibliothèque de Trewa-Altorf : elle représente une chauve-souris avec un bec d'épervier et une longue queue de faisan; mais ce ne serait pas là, poursuit-il, ce qu'on pourrait appeler une représentation de notre animal.

Ce qui frappe surtout dans la description du ptérodactyle, c'est l'assemblage bizarre d'ailes vigoureuses attachées au corps d'un reptile; l'imagination des poètes en a seule fait jusqu'ici de semblables. De là la description de ces dragons que la fable nous représente comme ayant, à l'origine des choses, disputé pour ainsi dire la possession de la terre à l'espèce humaine, et dont la destruction était un des attributs des héros fabuleux, des demi-dieux et des dieux.

On ne peut supposer cependant que le souvenir confus, conservé par les anciennes traditions, de quelques-uns de nos animaux, ait donné lieu aux fables que nous rappelons. Tout prouve que les ptérodactyles et ceux des genres semblables qui ont pu exister sans qu'aucuns de leurs débris se soient conservés, étaient depuis long-temps ensevelis sous d'énormes débris de productions marines à l'époque où l'homme a paru sur la terre; aucun mammifère n'existait même probablement avec eux, dans ces îles primitives où la chaleur et l'humidité donnaient à tous les êtres organisés un développement dont la fécondité des régions chaudes et humides de l'Amérique équinoxiale ne peut nous fournir que de très faibles vestiges.

Aujourd'hui un seul reptile est pourvu d'ailes : c'est celui que pour cette raison les naturalistes ont désigné sous le nom de dragon, comme trace des anciennes traditions fabuleuses; mais les dragons modernes ne peuvent être comparés au ptérodactyle de l'ancien monde. Leurs ailes, trop faibles pour frapper l'air et les faire voler à la manière des oiseaux, ne servent qu'à les soutenir comme un parachute lorsqu'ils sautent de branche en branche.

Tous ces dragons, au surplus, sont des animaux d'une petite taille, vivant au sein des forêts qui recouvrent quelques contrées brûlantes de l'Afrique et une partie des grandes îles de l'Océan indien, surtout à Java et à

Sumatra. C'est dans ces lieux déserts qu'ils poursuivent les insectes avec adresse, en sautant, ou si l'on veut même, en volant de branche en branche ; ils descendent rarement à terre, parce qu'ils rampent avec peine.

On voit donc que rien dans ce portrait ne rappelle l'idée que les narrations fabuleuses de toutes les époques ont cherché à nous donner de ces terribles dragons enfantés par l'imagination des poètes (1).

Le mécanisme de l'appareil du vol était, chez le ptérodactyle, essentiellement différent de ce que nous le voyons aujourd'hui, tant chez le dragon que chez les oiseaux ou les chauves-souris ; en effet, les oiseaux volent avec une aile dans laquelle on n'observe rien qui rappelle les doigts des extrémités antérieures des mammifères ; les chauves-souris, avec une aile soutenue par quatre doigts très prolongés unis par une seule membrane, le pouce seul étant libre. L'aile des dragons est formée par des prolongements de leurs côtes, qui se re-

---

(1) Nous voyons le dragon, consacré par la religion des premiers peuples, devenir l'objet de leur mythologie, rendu célèbre par les chants des poètes grecs et latins, et, dit **M. de Lacépède**, « principal ornement des fables pieuses « imaginées dans des temps plus récents ; dompté par les héros et même par « les jeunes héroïnes qui combattaient pour une loi divine : adopté par une « seconde mythologie qui plaça les fées sur le trône des anciennes enchante- « resses ; devenu l'emblème des actions éclatantes des anciens chevaliers, il a « vivifié la poésie moderne ainsi qu'il avait animé l'ancienne. Proclamé par « la voix sévère de l'histoire, partout décrit, partout célébré, partout redouté ; « montré sous toutes les formes ; toujours revêtu de la plus grande puissance, « immolant ses victimes par son seul regard, se transportant au milieu des « nues avec la rapidité de l'éclair ; frappant comme la foudre, dissipant « l'obscurité des nuits par l'éclat de ses yeux étincelants ; réunissant l'agilité « de l'aigle, la force du lion, la grandeur du serpent géant ; présentant même « quelquefois une figure humaine ; doué d'une intelligence presque divine, et « adoré de nos jours dans les grands empires de l'Orient, le dragon a été tout « et s'est trouvé partout, hors dans la nature. »

plient pour lui fournir un soutien. Pour le ptérodactyle, il volait à l'aide d'une aile soutenue principalement par un doigt très prolongé, tandis que les autres avaient conservé leurs dimensions ordinaires.

Bien que la connaissance du ptérodactyle ait dû vous préparer à rencontrer dans l'organisation des habitants du monde primitif bien des singularités et des bizarreries, vous ne pourrez lire sans plus d'étonnement encore ce qui me reste à dire sur quelques-unes des plus antiques espèces de reptiles. Ceux dont je vais indiquer la forme se trouvent dans des couches au moins aussi anciennes que les monitors de Thuringe. J'emprunterai encore ici les propres expressions de M. Cuvier; j'ai presque besoin de son autorité pour oser retracer ces organisations si étranges.

« Nous voici arrivés, » dit cet illustre naturaliste en commençant le dernier chapitre de son grand ouvrage (tom. V, 2e part., p. 445), « nous voici arrivés à ceux de tous les reptiles, et peut-être de tous les animaux fossiles, qui ressemblent le moins à ce que l'on connaît, et qui sont le plus faits pour surprendre le naturaliste par des combinaisons de structure qui, sans aucun doute, paraîtraient incroyables à quiconque ne serait pas à portée de les observer par lui-même, ou à qui il pourrait rester la moindre suspicion sur les authenticités.

« Dans le premier genre, un museau de dauphin, des dents de crocodile, une tête et un sternum de lézard, des pattes de cétacé, mais au nombre de quatre, enfin des vertèbres de poisson.

« Dans le second, avec ces mêmes pattes de cétacé,

une tête de lézard et un long cou semblable au corps d'un serpent; voilà ce que le plesiosaurus et l'ichtyosaurus sont venus nous offrir, après avoir été ensevelis pendant tant de milliers d'années sous d'énormes amas de pierres et de marbres; car c'est aux anciennes couches secondaires qu'ils appartiennent. On n'en trouve que dans ces bancs de pierre marneuse ou de marbre grisâtre remplis de pyrites et d'ammonites, ou dans les oolites, tous terrains du même ordre que notre chaîne du Jura. C'est en Angleterre surtout que leurs débris paraissent abondants; aussi est-ce surtout au zèle des naturalistes anglais que la connaissance en est due. Ils n'ont rien épargné pour en recueillir beaucoup de débris, et pour en reconstituer l'ensemble autant que l'état de ces débris le permet. »

Les animaux dont il est question, malgré les anomalies de leur structure, ressemblent plus aux lézards qu'à tout autre animal connu.

Mais ces lézards ne vivaient que dans les eaux de la mer, qu'ils parcouraient facilement à l'aide de leur double rang de nageoires. Comme nous possédons toutes les parties de leurs squelettes, rien ne nous empêche de nous représenter complètement ces animaux, qu'il serait possible de peindre si nous connaissions la forme de leurs écailles, et leurs couleurs. (*Voyez la planche* 3.)

Parlons d'abord de l'*ichtyosaurus*.

« **C'était**, dit M. Cuvier, un reptile à queue médiocre et à long museau pointu, armé de dents aiguës; deux yeux d'une grosseur énorme devaient donner à sa tête un aspect tout à fait extraordinaire, et lui faciliter la vision pendant la nuit. Il n'avait probablement aucune oreille extérieure, et la peau passait sur le tympan comme dans le caméléon, la salamandre et le pipa, sans même s'y amincir.

» Il recevait l'air en nature, et non pas l'eau, comme les poissons ; ainsi il devait revenir souvent sur la surface de l'eau. Néanmoins ses membres courts, plats, non divisés, ne lui permettaient que de nager. Il y a grande apparence qu'il ne pouvait pas même ramper sur le rivage autant que les phoques, mais que, s'il avait le malheur d'y échouer, il y demeurerait immobile comme les baleines et les dauphins. Il vivait dans une mer où habitaient avec lui les mollusques qui nous ont laissé les cornes d'Ammon, et qui, selon toutes les apparences, étaient des espèces de sèches ou de poulpes qui portaient dans leur intérieur (comme aujourd'hui le *nautilus spirula*) ces coquilles spirales et si singulièrement chambrées ; des térébratules, diverses espèces d'huîtres, abondaient aussi dans cette mer, et plusieurs sortes de crocodiles en fréquentaient les rivages, si même ils ne l'habitaient conjointement avec les ichtyosaurus. »

La longueur de ce singulier animal était très variable ; tandis que les plus petits avaient 3 pieds et demi de longueur, on a trouvé des débris qui annoncent des individus de 30 pieds et plus. On en a rencontré plusieurs de grandeur intermédiaire.

Quant au *plesiosaurus*, il offrait des dimensions plus considérables encore que celles de l'ichtyosaurus, dont il différait d'ailleurs prodigieusement sous certains rapports. Il est vrai qu'il a dû être contemporain de ce dernier; qu'il n'avait, comme lui, pour tout moyen de progression que des nageoires, dont il devait lui être impossible de se servir sur terre. Mais ce qui devait lui donner un aspect totalement différent, c'était son cou énorme, véritable cou de serpent, porté sur un tronc dont les proportions différaient peu de celles des quadrupèdes ordinaires, et terminé par une tête qui se rapprochait plus de celle des lézards que de tout autre animal. Les dimensions de cette tête, proportionnées à l'étroitesse du cou, n'étaient nullement comparables à celle de l'ichtyosaurus, qui faisait à elle seule à peu près le tiers de l'individu; la queue du plesiosaurus, moins étendue que celle de l'ichtyosaurus, ressemblait plus à celle d'un quadrupède ordinaire qu'à celle d'un reptile.

Le peu de détails que je viens de vous donner sur les reptiles qui peuplaient la terre à l'époque reculée où ils étaient probablement, avec quelques poissons, les seuls vertébrés existants, suffira pour montrer qu'ils semblaient alors, tant par leurs dimensions que par la variété de leurs formes, avoir l'importance que les mammifères ont acquise depuis. Ils peuplaient à la fois la terre, la mer et l'air. Il y en avait, comme le megalosaurus, dont les dimensions ne le cédaient qu'à celles qu'offre aujourd'hui la baleine. Le mososaurus (grand animal de Maëstricht), le plesiosaurus et même l'ichtyosaurus, n'étaient guère moins volumineux que ne l'est aujourd'hui l'éléphant. Les mammifères seuls aujourd'hui se distinguent à la fois par la même variété dans leurs formes, et par les énormes dimensions qu'ils sont susceptibles d'acquérir. Les baleines, les cachalots vivent dans la mer comme le plesiosaurus et l'ichtyosaurus; les chauves-souris volent comme les ptérodactyles, pendant que le reste des mammifères terrestres offre dans sa structure une variété qui donne lieu à cette multitude de genres et d'espèces reconnus dans la grande classe à laquelle ils appartiennent.

On aurait droit de s'étonner si, à l'époque où la classe des reptiles offrait un si grand nombre d'espèces détruites aujourd'hui, et des formes si nombreuses et si variées, quelques familles de cette classe avaient été inconnues. On les y retrouve toutes en effet; cependant celle des batraciens (1) paraît, si on en juge par le petit nombre de débris qui se sont conservés, avoir présenté jadis proportionnellement le plus petit nombre d'individus. L'existence de leurs ossements n'a été même, longtemps, bien constatée que dans une seule localité (celle d'*Œningen*) (2); et parmi ceux sur le caractère desquels on ne peut plus conserver d'incertitude, on doit compter le fameux homme fossile de *Scheuchzer*.

Il était naturel que ceux qui attribuaient toutes les pétrifications au déluge fussent disposés à voir partout des ossements humains, et que, par suite de cette préoccupation, ils prissent pour humains des débris qui n'étaient que ceux de quelques espèces, ou détruites, ou dont l'ostéologie était mal connue. Aucune illusion sur ce sujet n'a été plus complète et plus célèbre que celle de

---

(1) Les batraciens sont les reptiles analogues à la grenouille, au crapaud, à la salamandre. Ils se distinguent de tous les autres reptiles par leur corps nu et les métamorphoses auxquelles ils sont sujets.

(2) On trouvera à la fin du du volume une note relative à des empreintes de pieds de divers animaux dont quelques-uns pourraient bien avoir été de grands batraciens.

Scheuchzer, médecin théologien, qui accueillit avec transport un schiste d'*Œningen* qui lui sembla offrir l'empreinte très évidente du squelette d'un homme. Il décrivit ce morceau en abrégé dans les Transactions philosophiques pour 1726 (t. XXXIV, p. 38). Enfin il en fit l'objet d'une dissertation particulière intitulée l'*Homme témoin du déluge*, qu'il publia avec une figure en bois qui a été, jusqu'à la publication de l'ouvrage de M. Cuvier, la meilleure représentation qu'on eut du morceau en question. Plus tard Scheuchzer reproduisit son assertion, affirmant de nouveau « qu'il *est indubitable que son morceau contient une moitié, ou peu s'en faut, du squelette d'un homme;* que la substance même des os, et qui plus est, des chairs et des parties encore plus molles que les chairs y sont incorporées dans la pierre; en un mot, que c'est une des reliques les plus rares que nous ayons de cette race maudite qui fut ensevelie sous les eaux. »

Cependant il fallait, comme l'a fait remarquer M. Cuvier, tout l'aveuglement de l'esprit de système pour qu'un homme tel que *Scheuchzer*, qui était médecin, et qui devait avoir vu des squelettes humains, pût se tromper aussi grossièrement; car cette imagination qu'il a reproduite si opiniâtrément, et que l'on a si longtemps répétée sur sa parole, ne peut supporter le plus léger examen.

Malgré l'évidence des faits, l'erreur propagée par *Scheuchzer* persista longtemps. *Pierre Camper* fut peut-être le premier, en 1787, à la signaler d'une manière positive, en indiquant même la classe, sinon la famille de l'animal auquel appartenaient les débris incrustés dans la roche d'Œningen. « Un lézard pétrifié, dit-il en parlant du prétendu homme fossile, a pu passer pour un anthropolithe. »

Depuis cette époque, M. Cuvier a donné la démonstration la plus positive de ce qu'avait annoncé Pierre Camper. L'animal, en effet, n'est autre qu'une salamandre gigantesque. Prenez un squelette de salamandre et placez-le à côté du fossile, sans vous laisser détourner par la différence de grandeur, comme vous le pouvez aisément en comparant un dessin de salamandre de grandeur naturelle avec le dessin du fossile réduit au sixième de sa grandeur, et tout s'expliquera de la manière la plus claire.

« Je suis persuadé même, disait, il y a dix-sept ans, notre grand naturaliste, que si l'on pouvait disposer du fossile et y chercher un peu plus de détails, on trouverait des preuves encore plus nombreuses dans les faces articulaires des vertèbres, dans celles de la mâchoire, dans les vestiges des très petites dents, et jusque dans les parties du labyrinthe de l'oreille ; » et il invitait les propriétaires ou dépositaires du précieux fossile à procéder à cet examen.

L'examen que M. Cuvier demandait pour la confirmation de ses idées, il a eu depuis l'avantage de le faire lui-même.

S'étant trouvé à Harlem, le directeur du Musée lui permit de faire creuser la pierre qui contenait le prétendu homme fossile, afin d'y mettre à découvert les os qui pouvaient encore y être cachés. L'opération se fit en présence du savant directeur du Musée et d'un autre naturaliste. Un dessin du squelette de la salamandre avait été placé près du morceau fossile, par M. Cuvier ; il eut la satisfaction de reconnaître qu'à mesure que le ciseau creusait la pierre, il mettait au jour quelqu'un des os que ce dessin avait annoncés d'avance.

Je ne m'étendrai pas davantage sur les espèces antédiluviennes de reptiles, et pour terminer l'histoire des vertébrés de ces époques reculées il ne me reste plus à vous parler que des poissons.

Quoique depuis des siècles on ait remarqué les traces laissées par ces animaux dans certaines roches, surtout dans celles qui offrent une texture feuilletée, et que les *icthyolites* fussent assez communs dans les cabinets de curieux, les paléontologistes n'ont commencé que très tard à s'en occuper d'une manière sérieuse. Cela tenait en partie à ce que l'étude de l'icthyologie a été de tout temps plus négligée que celle des autres branches de la zoologie, en partie à ce que les traces laissées dans les couches terrestres par ces anciens habitants des eaux semblaient au premier coup d'œil présenter des caractères beaucoup moins significatifs que ceux à l'aide desquels on était parvenu, dans ces dernières années, à reconstruire les espèces perdues de mammifères et de reptiles. En effet, les os des poissons n'ont pas, comme chacun en peut juger, le même degré de consistance que celui des autres vertébrés, et ils ne se conservent pas, à beaucoup près, aussi bien. Ce que présentaient donc en général les ichtyolites, ce n'était point des squelettes, mais des empreintes où l'on pouvait reconnaître quelquefois la forme générale de l'animal, mais plus souvent la forme et la disposition des écailles seulement; parfois on avait les écailles elles-mêmes, car, comme nous le verrons bientôt, beaucoup des poissons antédiluviens offraient des écailles bien moins sujettes à destruction que celles des poissons de nos jours. En examinant bien ces débris, ces empreintes, on y trouvait, malgré leur apparence d'uniformité, des différences très nombreuses, et l'analogie ne permettait pas de douter qu'à ces modifications des caractères extérieurs, n'eussent correspondu de grandes et importantes modifications dans le reste de l'organisation. Il y avait donc eu pour ces animaux une variété d'espèces et de genres beaucoup plus grande qu'on ne l'avait d'abord soupçonné, et il était naturel qu'on songeât à les retrouver par des procédés analogues à ceux qui avaient si bien réussi pour les vertébrés supérieurs. Mais il était évident que ces restitutions des espèces perdues deviendraient d'autant plus faciles et plus sûres qu'on aurait plus complétement étudié les espèces vivantes, qu'on connaîtrait mieux les dépendances mutuelles de leurs diverses parties; or, il s'en fallait bien qu'à cet égard l'ichtyologie fût aussi avancée qu'on aurait pu le désirer. C'est peut-être même parce que l'étude des ichtyolithes lui avait mieux fait sentir cette lacune que M. Cuvier entreprit vers la fin de son illustre carrière, la grande histoire des poissons que continue aujourd'hui son collaborateur M. Valenciennes.

Pendant que se poursuivait cette histoire des poissons vivants, conçue sur un plan trop vaste pour qu'on pût espérer la voir achevée avec un temps très long, les faits qui devaient servir à l'histoire des poissons fossiles devenaient assez nombreux pour qu'un savant naturaliste qui en avait fait l'objet d'une étude spéciale, M. Agassiz, crut y trouver déjà les éléments suffisants d'une ichtyologie antédiluvienne, M. Cuvier jugeant, d'après les premiers essais qui lui en furent communiqués, que ce travail, si plein de difficultés, n'était pas cependant au-dessus des forces de l'homme qui l'entreprenait, renonça dès lors à s'occuper lui-même de cette branche de la paléontologie, et mit libéralement à la disposition de M. Agassiz tout ce qu'il avait pu recueillir à ce sujet.

En étudiant à la fois les poissons vivants et les poissons fossiles, et s'attachant surtout à la considération des caractères qui chez ces derniers avaient été respectés par le temps, M. Agassiz fut conduit à reconnaître dans quelques-uns de ces caractères que l'on négligeait presque toujours d'observer, une importance qu'on n'y soupçonnait pas, et il en fit la base d'une classification qui diffère considérablement de tous les arrangements qu'on avait proposés jusque là. Pour vous en donner une idée, je ne puis mieux faire que de laisser parler l'auteur lui-même :

« Les écailles qui garnissent la peau des poissons présentent, dit M. Agassiz, dans leur forme et leur structure des différences auxquelles les ichtyologistes ont d'abord attaché assez peu d'importance, mais qui n'ont pu manquer d'être remarquées par les naturalistes qui se sont occupés des espèces de l'ancien monde, puisque ces écailles, ou même leur empreinte, sont souvent la seule trace qu'aient laissée ces animaux de leur existence, et qu'on a dû chercher à en faire usage à défaut des caractères plus saillants sur lesquels on s'appuie pour la classification des espèces vivantes. C'est ainsi que déjà pour les végétaux fossiles, on a dû tenir compte de la distribution des nervures des feuilles, des cicatrices laissées sur les troncs, et d'une foule de circonstances auxquelles on ne jugeait pas souvent qu'il fût utile d'avoir égard. Ce n'est pas ici le lieu d'insister sur les avantages qui résulteront, relativement à la connaissance des espèces vivantes, de la nécessité où l'on s'est vu d'approfondir, pour la détermination des espèces fossiles, des points trop négligés ; ce que nous devons dire seulement, c'est que, pour les poissons, on a été conduit à reconnaître que la disposition de l'enveloppe écailleuse qui protége leur corps est liée par d'étroits rapports à leur organisation intérieure, comme elle l'est aux circonstances extérieures, au milieu desquelles vivent ces animaux.

« Considérées sous ce point de vue, poursuit le savant naturaliste, les écailles peuvent être envisagées comme le reflet superficiel de ce qui se passe à l'intérieur et à l'extérieur du poisson. Aussi, en les examinant, j'ai trouvé qu'elles pouvaient conduire à une distribution très naturelle des poissons. Guidé par ces considérations, j'ai établi quatre ordres qui présentent quelques rapports avec les divisions d'Artedi et de Cuvier, mais dont l'un, complètement méconnu jusqu'ici, est presque exclusivement formé de genres dont on ne trouve les espèces que dans les couches anciennes de l'écorce de notre globe. Ces quatre divisions sont : les *Placoïdes* (1) qui com-

(1) *Placoïdes* (de πλαξ, plaque élargie). Les poissons de cet ordre sont caractérisés par les plaques d'émail qui recouvrent leur peau d'une manière

prennent les poissons cartilagineux de Cuvier, à l'exclusion des esturgeons ; les *Ganoïdes* (1) qui comprennent plus de cinquante genres éteints, et desquels il faut rapprocher les plectognathes, les syngnathes et les accipenser ; les *Cténoïdes* (2) qui sont les acanthoptérigiens de Cuvier et d'Artedi, en en excluant tous ceux qui ont les écailles lisses, et y adjoignant en revanche les pleuronectes ; enfin les *Cycloïdes* (3) qui sont les malacoptérygiens (moins les pleuronectes rapportés comme il vient d'être dit dans l'ordre précédent) auxquelles il faut joindre toutes les familles exclues des acanthoptérygiens de Cuvier.

« Pour bien comprendre les résultats généraux déjà obtenus, relativement aux poissons fossiles, il est nécessaire de jeter un coup d'œil sur les poissons vivants.

« On connaît maintenant environ huit cents espèces de poissons. De ce nombre, plus des trois quarts appartiennent à deux ordres de cette classe, dont la présence n'a pas encore été reconnue dans les terrains antérieurs à la craie, c'est-à-dire aux cycloïdes et aux cténoïdes ; en

---

irrégulière. Quelquefois ces plaques sont très grandes, d'autres fois elles se réduisent à de petits points comme sur la peau chagrinée des autres squales, ou comme les tubercules aigus, qui sont disséminés sur le corps des raies. (*Voyez* pl. IV, fig 1.)

(1) *Ganoïdes* (de γανος , éclat, à cause du brillant de leurs écailles). Cet ordre est caractérisé par des écailles anguleuses, composées de plaques osseuses ou cornées que revêt une lame mince d'émail.

(2) *Cténoïdes* (de κτεις , peigne) Les écailles de ces poissons offrent sur leur bord postérieur, des dentelures profondes comme les dents d'un peigne ; elles sont formées seulement d'une lame cornée et d'une lame osseuse, sans couche d'émail qui les recouvre.

(3) *Cycloïdes* (de κυκλος , cercle). Chez les poissons, les écailles sont à bords arrondis ; polies à la surface et formées de lames cornées ou osseuses ; mais toujours dépourvues d'émail.

sorte qu'il n'y a absolument rien d'analogue dans toute la série des terrains secondaires, jusqu'au Green-Sand (1); l'autre quart se compose de placoïdes et de ganoïdes, poissons dont les espèces sont aujourd'hui très peu nombreuses, mais qui existaient seuls durant toute la période qui s'est écoulée depuis que la terre a commencé à être habitée jusqu'au moment où ont vécu les animaux du Green-Sand. Cette distribution des ordres de poissons dans les diverses époques du monde, est une chose très remarquable, dont on n'apperçoit pas les causes, mais dont on ne peut contester la réalité, puisque cela se réduit à une comparaison de chiffres; et, du reste, ce n'est pas en grand seulement que nous pouvons remarquer cette dispensation régulière des groupes : dans chaque ordre, dans chaque famille même, les genres reproduisent, par leurs affinités, des séries analogues, en sorte que les différences d'organisation deviennent des caractères distinctifs pour les époques géologiques, même dans les espèces que l'on verrait pour la première fois. Ces différences organiques essentielles ont surtout trait à la nature des téguments, et à la manière dont la colonne vertébrale se termine dans la nageoire caudale, c'est-à-dire à la manière dont l'animal est en rapport avec le monde extérieur qui l'entoure, et à la structure de l'organe essentiel de la locomotion.

« Pour apprécier à sa juste valeur l'étude des poissons en général, et des fossiles en particulier, il ne faut jamais

---

(1) Voir pour l'ordre de superposition et l'ancienneté des différents terrains qui contiennent des restes fossiles de poissons, une note placée à la fin du volume.

perdre de vue la position de cette classe dans la série
des animaux. Placés plus haut que les rayonnés et les
mollusques, ils présentent des particularités d'organisation plus nombreuses, et qui donnent lieu à des sépa-
rations mieux tranchées; aussi remarque-t-on chez eux,
dans des limites géologiques plus étroites, des différences
plus grandes que chez les animaux inférieurs dont nous
parlions. Nous ne voyons pas, dans la classe des poissons,
des genres ni même des familles, parcourir toute la série
des formations avec des espèces souvent très-peu différentes en apparence, comme cela a lieu pour les zoophytes.
Au contraire, d'une formation à l'autre, cette classe est représentée successivement par des genres très différents,
appartenant à des familles qui s'éteignent bientôt aussi;
comme si l'appareil compliqué d'une organisation supérieure ne pouvait pas se perpétuer longtemps sans
modifications intimes, ou plutôt comme si la vie animale
tendait plus rapidement à se diversifier dans les ordres
supérieurs du règne animal, que sur les échelons les
plus bas. A cet égard, il en est des poissons à peu près
comme des mammifères et des reptiles, dont les espèces,
peu étendues en général, appartiennent dans la série des
terrains, à peu de distance verticale, à des genres différents, sans passer insensiblement d'une formation à
l'autre, comme on l'admet généralement pour certaines
coquilles. On ne connait pas une seule espèce de poisson
fossile qui se trouve successivement dans deux formations, tandis qu'on en connaît beaucoup qui, dans la
même formation, se trouvent répandus sur une étendue
très considérable. Cependant la classe des poissons

présente de plus, pour la géologie zoologique, l'immense avantage de s'étendre à travers toutes les formations, et d'offrir, dans une classe d'animaux vertébrés, un point de comparaison pour les différences que peuvent présenter, dans le plus grand laps de temps connu, des animaux construits en général sur le même plan, des animaux d'une classe qui compte déjà un aussi grand nombre d'espèces fossiles, se rapportant pour la plupart à des types qui n'existent plus, et dont les affinités avec les espèces vivantes sont aussi éloignées que celles qui rattachent les crinoïdes aux echinodermes ordinaires, les nautiles et les sepia aux bélemnites et aux ammonites, les ptérodactyles et les plésiosaures à nos sauriens, les pachydermes vivants à ceux qui habitaient jadis le bord des lacs des environs de Paris ou les plaines de la Sibérie.

« Les poissons des terrains tertiaires sembleraient, au premier abord, les plus aisés à connaître, parce qu'ils se rapprochent le plus des poissons vivants, et que leur étude peut être entreprise au moyen des ouvrages qu'on possède déjà sur l'ichtyologie. Cependant, vu le nombre énorme des espèces vivantes, desquelles ils se rapprochent, il est souvent très difficile, dans leur état de conservation, de les identifier, ou plutôt d'apprécier exactement leurs caractères distinctifs. On peut dire seulement, en général, que jusqu'à présent on n'a pas trouvé une seule espèce qui fut parfaitement identique avec celle de nos mers, si ce n'est un petit poisson que l'on trouve au Groënland, dans des géodes d'argile, et dont l'âge géologique est inconnu.

Les espèces du Crag-de-Norfolk, de la formation sub-apennine supérieure et de la molasse, se rapportent à des genres communs dans les mers tropicales ; tels sont les platax, les grands charcharias, les myliobates à larges chevrons, etc.

Dans les formations tertiaires inférieures, dans l'argile de Londres, dans le calcaire grossier de Paris, et à Monte-Bolca, déjà un tiers au moins des espèces appartient à des genres qui n'existent plus.

La craie a déjà plus des deux tiers de ses espèces appartenant à des genres qui ont complétement disparu ; l'on voit même quelques-unes de ces formes singulières qui prévalent dans la série oolithique. Cependant, dans leur ensemble, les poissons de la craie rappellent plus fortement le caractère général de poissons tertiaires que celui des espèces de l'oolithe ; tellement même qu'en n'ayant égard qu'aux poissons, dans un rapprochement général des formations géologiques, il semblerait plus naturel d'associer la formation de la craie et du grès vert avec les terrains tertiaires, que de les ranger dans le groupe des terrains secondaires. En descendant au-dessous de la craie, il n'y a plus un seul genre qui ait des espèces vivantes ; et même ceux de la craie qui en ont en comprennent encore un plus grand nombre de fossiles.

La série oolithique, jusqu'au Lias inclusivement, forme un groupe très naturel et très bien limité, qui doit comprendre aussi la formation veldienne, dans laquelle on n'a pas trouvé une seule espèce, appartenant même aux genres de la craie. Depuis cette époque, en descendant toujours, les deux ordres qui prévalent dans la création actuelle ne se retrouvent plus, tandis que ceux qui sont en minorité de nos jours, se présentent subitement en très grand nombre. Quant aux Ganoïdes, ce sont les genres à caudale symétrique que l'on trouve ici ; et parmi les Placoïdes, ce sont surtout ceux à dents sillonnées sur les deux faces, à grands rayons épineux, qui prédominent.

« En quittant le Lias pour passer aux formations inférieures, l'on observe une grande différence dans la forme de l'extrémité postérieure du corps des Ganoïdes. Tous ont la colonne vertébrale prolongée à son extrémité en un lobe impair qui atteint le bout de la nageoire caudale ; et cette particularité s'étend jusqu'aux poissons les plus anciens. Une autre observation digne de remarque, c'est que l'on ne trouve pas avant la houille de poissons évidemment carnivores, c'est-à-dire, munis de grosses dents coniques et acérées. Les autres paraissent avoir été omnivores, leurs dents étant arrondies, ou en cône obtus, ou en brosses.

« On parviendra sûrement un jour à recueillir un grand nombre de faits relatifs aux mœurs de ces animaux et à leur organisation intérieure. La découverte des coprolithes nous permet de reconnaître les êtres organisés qui faisaient la pâture des forbans des mers ; car, dans leurs coprolithes, qui sont assez nombreux dans les dépôts qui contiennent des poissons sauroïdes on découvre aisément les écailles des poissons qu'ils mangeaient, et quelquefois ces écailles sont déterminables. Même les intestins sont conservés dans quelques cas ; on en voit par exemple une portion dans un exemplaire de Megalichtys ; les paquets d'appendices pyloriques et les bouts d'intestins des es-

pèces de Leptolépis et de Thrissops de Solenhofen connus sous le nom de *Lumbricaria*, ne sont pas rares dans
les schistes de cette intéressante localité. Dans les poissons de la craie, on voit même des exemplaires de Ma-
cropoma où l'estomac est conservé avec ses différentes
membranes qui se séparent en feuillets. Dans un grand
nombre de poissons de Sheppy de la craie et de la série
oolithique, la capsule du bulbe de l'œil est encore intacte; et dans beaucoup, toutes les petites lames qui
constituaient les branchies. Il paraît cependant que la
nature des roches contribue à conserver certaines parties
plutôt que d'autres.

« C'est dans la série des dépôts inférieurs au Lias, que
l'on commence à trouver les plus grands de ces monstrueux poissons sauroïdes dont l'ostéologie rappelle à
bien des égards les squelettes des sauriens, soit par les
sutures plus intimes des os de leur crâne, soit par leurs
grandes dents coniques et striées longitudinalement, soit
encore par la manière dont les apophyses épineuses sont
articulées avec le corps des vertèbres, et les côtes à l'extrémité des apophyses transverses. L'analogie qu'il y a
entre ces poissons et les sauriens ne s'étend pas seulement au squelette : dans l'un des deux genres qui existent maintenant, une organisation très singulière des
parties molles rapproche encore plus ce groupe des reptiles qu'on n'aurait osé d'abord le supposer. En effet,
dans le *Lepidosteus osseus*, il y a une glotte comme celle
des sirènes et des reptiles salamandroïdes, une vessie
natatoire celluleuse, avec une trachée-artère, comme le
poumon d'un ophidien. Enfin leurs téguments ont sou-

vent une apparence si semblable à celle des crocodiles, qu'il n'est pas toujours facile de les distinguer.

« Le petit nombre de poissons trouvés dans les terrains de transition, paraissait ne pas permettre encore de leur assigner un caractère particulier. Cependant les espèces de la collection de M. Murchison, annoncent déjà des types qui n'arrivent pas même jusqu'au terrain houiller.

« Ce qu'il y a de plus remarquable dans tous les poissons inférieurs à la série oolithique, outre leur analogie avec les reptiles, c'est, d'un côté, la plus grande uniformité des types, et de l'autre, la plus grande uniformité des parties d'un même animal entre elles; de telle sorte que souvent les écailles, les os et les dents sont difficiles à distinguer les unes des autres. S'il est déjà permis de hasarder quelques conjectures sur cet état de choses, tel qu'il se présente à nous maintenant, l'on est naturellement porté à penser que le principe de la vie animale qui se développe plus tard sous forme de poissons ordinaires, de reptiles, d'oiseaux et de mammifères, est d'abord confiné entièrement dans ces singuliers poissons sauroïdes, participant en même temps des poissons et des reptiles, et que ce caractère mixte ne se perd dans cette classe qu'à l'apparition d'un plus grand nombre de reptiles, comme nous voyons les Ichtyosaures et les Plésiosaures participer pour leur ostéologie, aux caractères des cétacés, de la classe des mammifères, et les grands sauriens terrestres à ceux des pachydermes qui n'ont été créés que beaucoup plus tard.

« L'on est ainsi conduit par l'observation à ces idées de la philosophie de la nature, qui nous font pressentir un développement organique et régulier dans tous les êtres créés, constamment en rapport avec les différentes conditions d'existence qui se sont réalisées à la surface du globe, à la suite des changements qu'il a subis lui-même.

« D'après tous ces faits, on peut voir dans la série de toutes les formations géologiques, deux grandes divisions qui ont leur limite au grès vert. La première, la plus ancienne, ne comprend que des ganoïdes et des placoïdes. La seconde, plus intimement liée avec les êtres actuels, comprend des formes et des organisations beaucoup plus diversifiées; ce sont surtout des ctenoïdes et des cycloïdes, et un très petit nombre d'espèces des deux ordres précédents, qui disparaissent insensiblement et dont les analogues vivants sont considérablement modifiés. Comme on ne trouve pas dans les poissons de la première grande période des différences correspondantes à celles que nous observons maintenant entre les poissons d'eau douce et les poissons marins, il semble que l'on va peut-être au-delà des faits, en admettant dans la série oolithique, et plus bas, des terrains d'eau douce et des terrains marins distincts. Il y aurait plutôt lieu de penser que dans ces temps reculés, les eaux circonscrites dans des bassins moins fermés, ne présentaient pas encore les différences tranchées que l'on remarque de nos jours. »

Pour compléter l'histoire de la zoologie antédiluvienne, je devrais maintenant vous parler des animaux des classes inférieures; mais je me suis arrêté si longtemps sur les vertébrés, que le temps et l'espace me manquent également pour entrer dans quelques détails sur les trois autres grandes divisions du règne animal.

La considération des mollusques toutefois donne lieu à une remarque trop importante pour que je n'en dise pas ici quelque chose. Mais permettez-moi auparavant d'ajouter un mot encore relativement aux vertébrés ; c'est que si l'on compare entre elles les quatre classes dont cette division se compose, on trouve que parmi les fossiles les poissons sont plus nombreux que les reptiles, les mammifères beaucoup plus que les oiseaux. Quant aux mollusques, dont les dépouilles sont si abondantes dans tous les terrains qui se sont formés au sein des mers de l'Ancien Monde, je ne veux les considérer ici que comme pouvant fournir des indices sur la température de l'écorce terrestre aux différentes époques géologiques.

Plusieurs naturalistes ont déjà considéré sous ce point de vue les débris des corps organisés que renferment les différents terrains ; mais leurs investigations ont porté principalement ou sur des végétaux, ou sur des animaux vertébrés, et même le plus souvent sur des mammifères terrestres. Cependant pour ce genre de recherches les animaux marins, comme vivant dans des conditions de température plus constante, semblent devoir mériter une attention plus particulière. Les mollusques et les zoophytes, que le peu d'activité de leurs mouvements enchaîne pour ainsi dire au sol, paraissent surtout propres à accuser la température des lieux où ils ont vécu. C'est ce que fait remarquer M. Deshayes dans un mémoire où il a cherché à apprécier la température moyenne des époques correspondantes à la formation des différents étages des terrains tertiaires de l'Europe, au moyen de l'étude comparative des coquilles fossiles et modernes. Personne n'était plus capable que lui de traiter cette question, qui exige une connaissance approfondie des espèces vivantes et perdues de mollusques; aussi les résultats auxquels il est arrivé nous paraissent-ils avoir un degré de certitude qu'on ne se fût guère attendu à obtenir dans des recherches relatives à des époques aussi éloignées de celle où nous vivons.

Quand on considère la distribution actuelle des mollusques, on voit que le nombre des espèces est d'autant plus grand qu'on s'approche davantage des régions équatoriales. Ainsi ce nombre, qui vers le 80ᵉ degré de latitude est seulement de 10 à 12, va en augmentant progressivement, jusqu'à dépasser 900, dans les mers du Sénégal et de la Guinée.

Chacune des zones comprises entre ces limites extrèmes présente un certain nombre d'espèces qui se retrouvent dans les zones voisines, plus du côté le plus voisin de l'équateur, moins du côté qui regarde le pôle; mais elle a aussi des espèces qui lui sont propres, qui ne se retrouvent ni plus au nord, ni plus au sud, et dont l'existence, par conséquent, paraît liée étroitement à une condition déterminée de température. Si donc ces espèces se retrouvent à l'état fossile dans un terrain de sédiment, elles offriront un indice très satisfaisant de la température que présentait cette région à l'époque où la roche s'est formée, indice qui sera d'autant plus certain qu'on aura, pour un même terrain, plus d'espèces fossiles rigoureusement identifiées avec les espèces vivantes d'une même région marine. C'est aussi sur la comparaison attentive d'un nombre très grand d'espèces que reposent les résultats auxquels M. Deshayes est arrivé.

Considérés sous le rapport géologique, les terrains tertiaires, suivant lui, peuvent être divisés en trois groupes.

Les terrains de la formation la plus récente, ceux de la Suède, de la Norwége, du Danemark, de Saint-Hospice, près Nice, d'une partie de la Sicile, présentent à l'état fossile toutes les espèces qui se trouvent encore aujourd'hui à l'état vivant dans les mers correspondantes ; ce qui prouve qu'à l'époque où ces terrains se sont formés la température était sensiblement ce qu'elle est aujourd'hui.

Il faut remarquer cependant que les terrains tertiaires du pourtour de la Méditerranée n'offrent pas un accord aussi complet entre les coquilles fossiles et les coquilles vivantes. D'une part, quelques unes des espèces qu'on trouve à l'état fossile dans ces terrains ne vivent plus dans la Méditerranée, et il faut, pour les retrouver, s'avancer presque dans les mers tropicales de l'Afrique et de l'Inde ; quelques unes même sont complètement éteintes. D'autre part, plusieurs des espèces vivantes de la Méditerranée ne sont pas représentées dans les terrains dont nous parlons : il paraît donc que depuis leur formation il y a eu abaissement dans la température de la Méditerranée.

La seconde période tertiaire se compose d'un grand

nombre de petits bassins répandus surtout vers le centre
de l'Europe, la Superga, près Turin, le bassin de la
Gironde, les faluns de la Touraine, le petit bassin
d'Angers, le bassin de Vienne en Autriche, la Podolie,
la Wolhynie, et quelques autres lambeaux sur la frontière méridionale de la Russie d'Europe, lambeaux dont
quelques parcelles se montrent non loin de Moscou,
appartiennent à cette période à laquelle il faut probablement rapporter aussi les terrains lacustres de Mayence
et des bords du Rhin.

Les fossiles que présente cette seconde formation sont
des espèces propres aux mers les plus chaudes, aux mers
du Sénégal et de la Guinée. Ainsi, à cette époque géologique, les lieux que nous avons nommés étaient sous
l'influence d'une température tropicale, température qui
cependant n'était pas absolument uniforme, qui était
plus élevée dans les parties les plus voisines de la ligne;
car si en Pologne les fossiles de cet âge appartiennent à
des espèces tropicales, dans le bassin de la Gironde ils
se rapportent à des espèces équatoriales proprement
dites. Le nombre des espèces, l'abondance des individus,
leur volume, tout concourt à montrer que ce bassin était
sous l'influence d'une température notablement plus
élevée que l'autre extrémité du dépôt.

Ces dernières considérations serviront de même à
prouver que la température correspondante à la plus
ancienne des formations tertiaires a dû être plus élevée
que celle qui correspond à la formation précédente. En
effet, nous avons vu le nombre des espèces s'augmenter
progressivement à mesure qu'on s'avance vers des mers

plus chaudes, de manière à ce qu'on arrive des 10 espèces vivant sous le parallèle du cap Nord, aux 900 espèces répandues sur les côtes du Sénégal et de la Guinée. Or, les fossiles connus dans le premier étage des terrains tertiaires s'élèvent déjà à plus de 1400, ce qui doit faire supposer, pour l'époque de cette formation, une température au moins équatoriale. Il est à remarquer même que le nombre donné pour celui des espèces des premiers terrains tertiaires est probablement beaucoup trop faible, puisque le bassin de Paris, comme le plus exploré, en a lui seul fourni plus de 1200 dans une étendue de 40 lieues sur 55. Il n'existe plus certainement, dans aucune de nos mers, un seul point qui réunisse autant d'espèces dans un espace aussi étroit. »

Cette lettre s'est déjà prolongée outre mesure, cependant comme je ne veux plus revenir sur les anciens habitants de notre globe, il faut que je vous dise quelques mots des fossiles appartenant aux deux derniers embranchements du règne animal, des articulés et des zoophytes.

Les crustacés, ces animaux voisins des insectes dont le corps est garni d'une espèce de test, et parmi lesquels se trouvent à l'état vivant plusieurs espèces que vous connaissez fort bien, telles que les crabes, les homards, les écrevisses, les crevettes, etc., existaient fort anciennement sur notre globe. On commence même à en rencontrer dans des terrains antérieurs à la craie. Les argiles bleues auxquelles les Anglais donnent le nom de *blue-lias* en renferment en grand nombre : il en est de même des écueils connus sous le nom de *vaches noires*, et d'une partie des rochers du Calvados. On rencontre spécialement avec des ossements de crocodiles, des débris d'une espèce à longues pattes et à grande queue, qui paraît avoir été une langouste.

On trouve encore des débris de crustacés dans des terrains supérieurs, spécialement dans le *calcaire grossier* des environs de Paris. Toujours avec cette circonstance remarquable, que ceux de ces animaux qui se rencontrent dans les terrains moins anciens sont ceux qui se rapprochent le plus des espèces vivantes.

Parmi les crustacés fossiles, nous devons nous arrêter à signaler une famille extrèmement remarquable, surtout par cette circonstance que les êtres qui la composent sont incontestablement au nombre des plus anciens habitants du globe. On les a désignés sous le nom de *trilobites*.

Leur corps, comme dans la plupart des insectes et dans quelques crustacés, peut être divisé transversalement en trois parties principales; mais ce qu'ils présentent tous de caractéristique, ce qui les distingue essentiellement de tous les animaux connus, c'est leur division longitudinale en trois parties ou lobes, par deux sillons profonds et parallèles à l'axe du corps.

Les trilobites sont tous des animaux marins : leur association constante dans les mèmes roches avec des coquilles et d'autres productions marines, ne peut laisser de doute sur ce point. Il paraît qu'ils étaient susceptibles de se multiplier prodigieusement, à en juger par la manière dont certains calcaires en sont remplis. Quelques unes de ces pierres en semblent entièrement composées.

Les trilobites ne se sont maintenus à la surface de la terre qu'à des époques extrêmement reculées, et les moins anciens des terrains dans lesquels on les rencontre sont de beaucoup inférieurs à la craie.

Les trilobites offrent donc parmi les crustacés fossiles un ordre entier d'animaux dont on ne connaît plus aucune espèce vivante. Plusieurs genres ou espèces de cet ordre sont enfouis dans les couches les plus profondes de la terre. Ils paraissent d'abord presque seuls, et semblent avoir été les premiers habitants solides des premières eaux marines qui aient laissé dans nos couches des traces de vie.

L'ordre dont ces animaux singuliers se rapprochent le plus, est celui des *Gymnobranches;* et quand les animaux connus de cet ordre commencent à paraître dans des terrains plus nouveaux, les trilobites ont disparu, sinon en totalité, au moins en très grande partie. Nouvelle confirmation de cette loi remarquable de la nature, dont nous avons si souvent eu occasion de faire l'application, que les animaux fossiles diffèrent d'autant plus des êtres qui vivent actuellement, qu'ils sont enveloppés dans des couches plus anciennes du globe.

Nous trouvons occasion de faire la même remarque pour les deux autres classes d'articulés, pour les insectes, proprement dits, et pour les arachnides; ces animaux, malgré la délicatesse de leur organisation, ont laissé dans des couches de différents âges des vestiges très-reconnaissables; or, plus les couches qui les présentent sont anciennes, et plus grande est la différence entre les espèces qui les ont laissées et celles de l'époque actuelle.

C'est encore ce qui s'observe pour les zoophytes,
même pour ceux qui sont le plus bas placés, pour les
infusoires; on a découvert depuis deux ou trois ans que
certaines substances différentes d'aspect, mais que l'on
confondait sous le nom de tripoli, parce qu'on les em-
ployait également à polir les métaux, sont composées
presque uniquement des carapaces siliceuses de plusieurs espèces et même de plusieurs genres d'infusoires.
Tous ces tripolis ne sont pas du même âge; hé bien,
tandis que les plus nouveaux ne contiennent que des
espèces qui vivent encore aujourd'hui et qui vivent dans
les mêmes lieux, les plus anciens offrent une proportion
notable d'espèces appartenant à d'autres climats, et
même probablement d'espèces qui ont complètement
disparu.

LETTRE XVII.

SUR LES VÉGÉTAUX FOSSILES.

Si l'histoire des animaux antédiluviens nous a fourni de curieuses données sur l'état de la surface du globe, aux diverses époques où se déposaient les étages successifs des terrains de l'époque tertiaire, c'est à l'histoire des végétaux fossiles qu'il nous faudra surtout recourir, pour trouver des indices de même nature, concernant les périodes plus reculées; en effet, tandis qu'à cette époque, lorsque la vie commençait à se manifester sur notre globe, les animaux étaient tous confinés dans l'intérieur des eaux, et ne s'y présentaient qu'avec de petites dimensions; une végétation puissante, formant de vastes forêts, couvrait déjà tous les points de la surface de la terre que la mer laissait à découvert; d'ailleurs, (comme nous avons vu que ce fut plus tard le cas pour les animaux), chaque période de repos eut sa végétation propre, plus ou moins variée, plus ou moins abondante, suivant les circonstances qui influaient sur le développement des êtres qui la composaient, et peut-être suivant la durée de ces périodes, mais presque tou-

jours entièrement différente de celle des époques précédentes.

L'étude de ces populations végétales des différents
âges est, comme vous le pensez bien, accompagnée de
beaucoup de difficultés, même quand on la compare à
celle des populations animales des temps antédiluviens;
et la principale tient à cette circonstance, que, tandis
qu'en zoologie les caractères employés communément
pour la classification sont tirés de parties très peu sujettes à s'altérer, de la forme des dents et de celle des
os; en botanique, ceux dont on fait usage sont pris, en
général, d'organes extrèmement délicats, et dont il
ne reste plus de traces dans les végétaux fossiles; il a
donc fallu recourir à d'autres considérations, jusque-là
presque entièrement étrangères à la science, et chercher, dans ce qui avait été conservé, l'indication des
organes essentiels qui avaient disparu. C'est ce qu'ont
fait avec bonheur quelques botanistes distingués, et
principalement un botaniste français, M. Adolphe Brongniart; je ne puis mieux faire que d'emprunter ici ses
propres paroles, pour vous donner une idée des résultats
auxquels on est arrivé.

« Des diverses associations de végétaux qui ont successivement habité notre globe, aucune, dit ce savant,
ne mérite autant de fixer notre attention que celle qui
s'est développée la première sur sa surface (1), qui pa-

---

(1) Les végétaux terrestres qui se trouvent dans les couches plus anciennes
que la formation houillère, dans les terrains de transition, par exemple, sont
peu nombreux et diffèrent à peine ou même ne diffèrent nullement de ceux
que cette formation renferme. Il ne parait pas y avoir plus de différence

raît avoir couvert pendant un long espace de temps toutes les parties de la terre qui sortaient du sein des eaux, et dont les débris, amoncelés les uns sur les autres, ont formé ces couches souvent si puissantes et si nombreuses de houille, restes altérés des forêts primitives qui précédèrent d'un grand nombre de siècles l'existence de l'homme, et qui, suppléant maintenant à nos forêts modernes, dont l'accroissement de la population humaine amène journellement la destruction, sont devenues une des principales sources de la prospérité des nations.

« On ne saurait douter, en effet, que la houille ne doive son origine à des masses de végétaux accumulés, altérés et ensuite modifiés, comme le seraient probablement les couches de tourbe de nos marais, si elles étaient recouvertes par des bancs puissants de substances minérales, comprimées sous leur poids et exposées en même temps à une température élevée. Il suffit, pour s'en convaincre, d'observer la structure presque ligneuse que présente quelquefois la houille, et d'examiner les nombreux débris de plantes contenus dans les roches qui l'accompagnent.

entre les végétaux fossiles de ces deux époques qu'entre ceux des couches les plus anciennes et ceux des couches les plus récentes d'un même dépôt houiller. On peut donc dire que la végétation dont les terrains houillers recèlent les dépouilles, est la végétation primitive du globe ; elle a commencé aussitôt que les parties émergées de la surface terrestre se sont couvertes de quelques végétaux ; mais, faible et peu nombreuse d'abord, elle n'a atteint son maximum de développement que vers la fin de la période houillère : pendant cette longue période, elle paraît avoir eu à subir de notables changements quant aux espèces, tout en conservant les mêmes caractères essentiels.

« Mais l'étude des empreintes de tiges, de feuilles, de fruits même, qui sont en général enfermées en si grande quantité dans ces roches, ne prouve pas seulement l'origine végétale de cette substance, elle peut encore nous conduire à déterminer la nature des végétaux qui lui ont donné naissance, et qui, par conséquent, occupaient alors la surface de la terre.

« Parmi ces empreintes végétales, les plus fréquentes sont produites par des feuilles de fougères; mais ces fougères du monde primitif ne sont pas celles qui croissent encore dans nos climats; car il n'en existe pas actuellement en Europe plus de 30 à 40 espèces, et les mêmes contrées en nourrissaient alors plus de 200, toutes beaucoup plus analogues à celles qui habitent maintenant entre les tropiques qu'à celles des climats tempérés.

« Outre ces feuilles de fougères, ces mêmes terrains renferment des tiges que leurs dimensions rendent comparables aux plus grands arbres de nos forêts, tandis que leur forme les en éloigne complètement; aussi tous les anciens naturalistes, frappés de cette dissemblance, et voulant cependant leur trouver des analogues dans notre monde actuel, les avaient-ils rapportées à des végétaux arborescents mal connus à cette époque, à des bambous, à des palmiers, ou à ces grands cactus, connus vulgairement sous le nom de *cierges.*

« Mais une comparaison plus attentive entre ces arbres des régions équinoxiales et ces tiges de l'ancien monde suffit pour faire évanouir les rapports, fondés seulement sur quelque ressemblance dans l'aspect général, qu'on avait voulu établir entre eux, et l'étude plus approfondie, soit de ces tiges, soit des feuilles qui les accompagnent, montre bientôt que les végétaux qui formaient ces forêts primitives ne peuvent se comparer à aucun des arbres qui vivent encore sur notre globe.

Les fougères arborescentes qui, par l'élégance de leur port, font maintenant un des principaux ornements des régions équatoriales, sont les seuls végétaux arborescents actuellement existant dont on retrouve les analogues, quoique en petit nombre, parmi les arbres de cette antique végétation.

« Quant aux autres tiges fossiles, restes de ces forêts primitives de l'ancien monde, c'est parmi les végétaux les plus humbles de notre époque qu'il faut chercher leurs analogues.

« Ainsi, les calamites, qui avaient jusqu'à 4 à 5 mètres d'élévation, et 1 à 2 décimètres de diamètre, ont une ressemblance presque complète dans tous les points de leur organisation avec les prèles, connues vulgairement sous le nom de *queue de cheval*, qui croissent si abondamment dans les lieux marécageux de nos climats, et dont les tiges, grosses à peine comme le doigt, dépassent bien rarement un mètre de haut; les calamites étaient par conséquent des prèles arborescentes, forme sous laquelle ces plantes ont complètement disparu de la surface de la terre.

« Les lépidodendrons, dont les espèces nombreuses devaient essentiellement composer les forêts de cette époque reculée, et qui ont probablement contribué plus que tous les autres végétaux à la formation de la houille, diffèrent peu de nos lycopodes. On reconnaît dans leurs tiges la même structure essentielle, le même mode de ramification, enfin, on voit s'insérer sur leurs rameaux des feuilles et des fructifications analogues à celles de ces végétaux. Mais tandis que les lycopodes actuels sont de petites plantes, le plus souvent rampantes et semblables à de grandes mousses, atteignant très rarement un mètre de haut et couvertes de très petites feuilles, les lépidodendrons, tout en conservant la même forme et le même aspect, s'élevaient jusqu'à 20 à 25 mètres, avaient à leur base près d'un mètre de diamètre, et portaient des feuilles qui atteignaient quelquefois un demi-mètre de long : c'étaient, par conséquent, des lycopodes arborescents comparables par leur taille aux plus grands sapins, dont ils jouaient le rôle dans ce monde primitif; formant, comme eux, d'immenses forêts à l'ombre desquelles se développaient les fougères si nombreuses alors.

« Que cette végétation puissante devait être différente de celle qui revêt maintenant de ses teintes si variées la surface de la terre! La grandeur, la force et l'activité de la croissance étaient ses caractères essentiels; les plus petites plantes de notre époque étaient alors représentées par des formes gigantesques; mais quelle simplicité d'organisation et quelle uniformité au milieu de cette puissante végétation!

« Maintenant, dans les lieux mêmes où l'homme n'a rien changé à ce que la nature a créé, notre œil aime à se reposer successivement sur des arbres qui se distinguent immédiatement par la diversité de forme et de teinte de leur feuillage, et qui supportent souvent des fleurs ou des fruits de couleurs les plus différentes. Cette variété d'aspect est encore plus prononcée, si notre vue s'abaisse sur les arbustes ou sur les herbes si diverses qui bordent les lisières des forèts ou qui composent nos prairies, et dont les fleurs plus apparentes offrent presque toutes les teintes du prisme. Enfin, il résulte de cette diversité de structure, que, parmi ces plantes, beaucoup peuvent servir à la nourriture de l'homme ou des animaux, et sont même souvent indispensables à leur existence.

« La variété d'organisation et d'aspect des végétaux qui couvrent actuellement notre globe, se trouve indiquée par le nombre des groupes naturels, entre lesquels on peut les répartir. Ces groupes ou familles naturelles sont au nombre de plus de 250, dont 200 environ se rapportent à la classe des dicotylédones (1), qui présente, par conséquent, les plus grandes variations de structure,

(1) Les plantes *phanerogames*, c'est-à-dire celles dont les organes reproducteurs sont apparents, et dont la germination par conséquent a pu être observée, ont été divisées en deux grandes classes, suivant le nombre des cotylédons ou feuilles seminales que présentent leurs graines. La première classe comprend les plantes qui n'ont qu'un seul cotylédon ou les monocotylédones ; la seconde, celles qui ont plusieurs cotylédons, ordinairement deux, les dicotylédones. Cependant il est deux familles de phanérogames qui se distinguent de toutes les autres par certaines particularités qui leur sont communes dans l'organisation de la graine, particularités qui ont paru aux botanistes assez importantes pour légitimer la création d'une troisième classe ; ce sont les familles des cycladés et des conifères. Cette dernière était autrefois comprise parmi les monocotylédones, quoique le nombre des cotylédons dans la plupart de ses genres, fût de plus de deux (dans quelques uns jusqu'à douze) ; la première avait été d'abord réunie, mais à tort, à la classe des apétales ou *cryptogames*, c'est-à-dire des plantes dont les organes reproducteurs ne sont pas apparents.

et trente à celle des monocotylédones. Or, la première de ces classes, c'est-à-dire les deux cents familles qu'elle renferme, manque complètement dans notre flore primitive, et à peine si l'on y trouve quelques indices des monocotylédones.

« La classe qui presque à elle seule constitue la végétation de ce monde primitif, est celle des cryptogames vasculaires qui ne comprend actuellement que cinq familles dont les principales ont des représentants dans l'ancien monde : telles sont les fougères, les prêles et les lycopodes. Ces familles sont, pour ainsi dire, le premier degré de la végétation ligneuse : les végétaux qu'elles comprennent présentent, comme les arbres dicotylédones ou monocotylédones, des tiges plus ou moins développées, d'une texture solide, quoique plus simple que celle de ces arbres, et garnies de feuilles nombreuses ; mais ils sont privés de ces organes reproducteurs qui constituent les fleurs, et ne présentent au lieu de fruit que des organes beaucoup moins compliqués.

« Ces plantes si simples et si peu variées dans leur organisation, et qui n'occupent plus par leur nombre et leur dimension qu'un rang bien inférieur dans notre végétation actuelle, constituaient, dans les premiers temps de la création des êtres organisés, la presque totalité du règne végétal, et formaient d'immenses forêts qui n'ont plus d'analogue dans notre création moderne. La rigidité des feuilles de ces végétaux, l'absence de fruits charnus et de graines farineuses les auraient rendus bien peu propres à servir d'aliments aux animaux ; mais les animaux terrestres n'existaient pas encore, les mers seules offraient de nombreux habitants, et le règne végétal régnait alors sans partage à la surface découverte de la terre, sur laquelle il semblait appelé à jouer un autre rôle dans l'économie générale de la nature.

« On ne saurait, en effet, douter que la masse immense de carbone accumulée dans le sein de la terre à l'état de houille, et provenant de la destruction des végétaux qui croissaient, à cette époque reculée, sur la surface du globe, n'ait été puisée par eux dans l'acide carbonique de l'atmosphère, seule forme sous laquelle le carbone, ne provenant pas d'êtres organisés préexistants, puisse être absorbé par une plante. Or, une proportion, même assez faible, d'acide carbonique dans l'atmosphère est généralement un obstacle à l'existence des animaux, et surtout des animaux les plus parfaits, tels que les mammifères et les oiseaux; cette proportion, au contraire, est très favorable à l'accroissement des végétaux; et si l'on admet qu'il existait une plus grande quantité de ce gaz dans l'atmosphère primitive du globe que dans notre atmosphère actuelle, on peut le considérer comme une des causes principales de la puissante végétation de ces temps reculés.

« Cet ensemble de végétaux si simples, si uniformes, qui auraient été si peu propres, par conséquent, à fournir des matériaux à l'alimentation d'animaux de structure très diverse, tels que ceux qui existent maintenant, aurait, en purifiant l'air de l'acide carbonique en excès qu'il contenait alors, préparé les conditions nécessaires à une création plus variée; et si nous voulions nous laisser aller à ce sentiment d'orgueil qui a quelquefois fait penser à l'homme que tout dans la nature avait été créé à son intention, nous pourrions supposer que cette première création végétale, qui a précédé de tant de siècles l'apparition de l'homme sur la terre, aurait eu pour but de préparer les conditions atmosphériques nécessaires à son existence, et d'accumuler ces immenses masses de combustible que son industrie devait plus tard mettre à profit.

« Mais indépendamment de cette différence dans la nature de l'atmosphère, que la formation de ces vastes dépôts de charbon fossile rend extrèmement vraisemblable, la nature des végétaux mêmes qui les ont produits ne peut-elle pas nous fournir quelques données sur les autres conditions physiques auxquelles la surface de la terre était soumise pendant cette période?

« Ce qui a lieu encore dans les diverses régions du globe peut jeter quelque jour sur cette question.

« L'étude de la distribution géographique des plantes appartenant aux mêmes familles qui composaient seules la végétation de la période houillère, peut, en effet, nous indiquer les conditions climatériques, et, par conséquent, les causes physiques qui favorisent soit l'accroissement de taille, soit la plus grande fréquence de ces végétaux, et nous pourrons en conclure avec beaucoup de probabilité que les mêmes causes ont dû déterminer leur prépondérance à cette époque.

« Nous voyons, par exemple, que les fougères, les prêles et les lycopodiacées atteignent une taille d'autant plus élevée qu'elles croissent dans des régions plus rapprochées de l'équateur. Ainsi ce n'est que dans les parties les plus chaudes du globe que se trouvent ces fougères arborescentes qui joignent au port élancé et majestueux des palmiers le feuillage élégant des fougères ordinaires, et dont nous avons signalé l'existence dans le terrain houiller. Dans ces mêmes régions, les prêles et les lycopodes atteignent une taille double ou triple de celle que présentent les espèces les plus grandes des climats tempérés.

« Une seconde condition paraît avoir une influence encore plus marquée sur leur prépondérance par rapport aux végétaux des autres familles, c'est l'humidité et l'uniformité du climat; conditions qui se trouvent réunies au plus haut degré dans les petites îles éloignées des continents.

« Dans ces îles, en effet, l'étendue des mers environnantes détermine une température peu variable et une humidité constante, qui paraît favoriser d'une manière remarquable le développement et la variété des formes spécifiques, parmi les fougères et les plantes analogues, tandis qu'au contraire, sous l'influence de ces mêmes conditions, les végétaux phanérogames sont peu variés et beaucoup moins nombreux. Il en résulte que, tandis que, dans les grands continents, les plantes cryptogames vasculaires, telles que les fougères, les lycopodes, les prêles, etc., forment souvent à peine un cinquantième du nombre total des végétaux, dans les petites îles des régions équinoxiales, ces mêmes plantes constituent presque la moitié, et même quelquefois jusqu'aux deux tiers de la totalité des végétaux qui les habitent.

« Les archipels situés entre les tropiques, tels que les
iles du grand océan Pacifique ou les Antilles, sont donc
les points du globe qui présentent actuellement la végétation la plus analogue à celle qui existait sur la terre,
lorsque le règne végétal a commencé pour la première
fois à s'y développer.

« L'étude des végétaux qui accompagnent les couches
de houille doit, par conséquent, nous porter à penser
qu'à cette époque reculée la surface de la terre, dans les
contrées où se trouvent ceux de ses vastes dépôts de
charbon fossile qui sont le mieux connus, c'est-à-dire
dans l'Europe et l'Amérique septentrionale, offrait les
mêmes conditions climatériques qui existent maintenant
dans les archipels des régions équinoxiales, et probablement une configuration géographique peu différente.

» Quand on considère le nombre et l'épaisseur des
couches qui constituent la plupart des terrains de houille ;
quand on examine les changements qui se sont opérés
dans les formes spécifiques des végétaux qui leur ont
donné naissance, depuis les premières jusqu'aux dernières, on est obligé de reconnaitre que cette grande
végétation primitive a dû couvrir pendant longtemps de
ses épaisses forêts toutes les parties du globe qui s'élevaient au-dessus du niveau des mers ; car elle se présente
avec les mêmes caractères en Europe et en Amérique ; et
l'Asie équatoriale, ainsi que la Nouvelle-Hollande, sembleraient même avoir participé alors à cette uniformité
générale de structure des végétaux.

« Cependant cette première création végétale devrait
bientôt disparaître pour faire place à une autre création

composée d'êtres d'une organisation moins extraordinaire que les précédents, mais presque aussi différents encore de ceux que nous voyons actuellement.

« A quelles causes peut-on attribuer la destruction de toutes les plantes qui caractérisent cette végétation remarquable?

« Est-ce à une violente révolution du globe? Est-ce au changement lent des conditions physiques nécessaires à leur existence, changement qui pourrait être dû en partie à la présence même de ces végétaux? C'est ce qu'on ne saurait déterminer dans l'état actuel de nos connaissances.

« Toutefois il est presque certain que le dépôt des dernières couches des terrains houillers a été suivi de la destruction de toutes les espèces qui constituaient cette végétation primitive, et particulièrement de ces arbres gigantesques d'une structure si singulière, de ces Lycopodiacées, de ces Fougères, de ces Prêles arborescentes, caractère essentiel de cette première création (1).

« Après la destruction de cette puissante végétation primitive, le règne végétal paraît pendant longtemps n'avoir pas atteint le même degré de développement. Presque jamais, en effet, dans les nombreuses couches des terrains secondaires qui succèdent au terrain houiller;

_____

(1) On retrouve encore dans quelques parties des terrains secondaires un petit nombre de Fougères arborescentes et des Prêles gigantesques, mais cependant d'une taille beaucoup moins considérable que celle des terrains houillers, mais on n'y rencontre aucune trace de Lycopodiacées arborescentes analogues aux Lépidodendrons; ces végétaux, ainsi que les *Stigmaria* et les *Sigillaria*, paraissent avoir complétement disparu de la surface de la terre depuis la fin des terrains houillers.

on ne trouve de ces masses d'empreintes végétales, sortes d'herbiers naturels qui, dans ces anciens dépôts de charbon, nous attestent l'existence simultanée d'un nombre prodigieux de plantes. Presque nulle part on ne voit, dans ces terrains, de couches puissantes de combustible fossile ; et jamais ces couches ne se répètent un grand nombre de fois et n'ont une grande étendue comme dans les dépôts houillers ; soit qu'en effet le règne végétal n'occupât que des espaces plus circonscrits de la surface terrestre, soit que ses individus épars ne couvrissent qu'incomplétement un sol peu fertile et dont les révolutions du globe ne leur auraient pas permis de devenir tranquilles possesseurs, soit, enfin, que les conditions dans lesquelles la surface de la terre se trouvait n'aient pas été favorables à la conservation des végétaux qui l'habitaient.

« Cependant, cette longue période qui sépare les formations houillères des terrains tertiaires, période qui fut le théâtre de tant de révolutions physiques du globe, et qui vit apparaître au milieu des mers ces reptiles gigantesques, types d'organisations bizarres, dans lesquels on croirait souvent reconnaître ces monstres enfantés par l'imagination des poëtes de l'antiquité, cette période, dis-je, est remarquable dans l'histoire du règne végétal par la prépondérance de deux familles qui se perdent, pour ainsi dire, au milieu de l'immense variété de végétaux dont est couverte aujourd'hui la surface de la terre, mais qui alors dominaient toutes les autres par leur nombre et leur grandeur. Ce sont les Conifères, qui, sous des formes très diverses, habitent encore presque toutes les régions du globe et les Cycadées, végétaux tous exotiques, moins nombreux dans notre monde actuel qu'à cette époque reculée, et qui joignent au feuillage et au port des Palmiers, la structure essentielle des Conifères. L'existence de ces deux familles, pendant cette période, est d'autant plus importante à signaler, qu'intimément liées entre elles par leur organisation, elles forment le chaînon intermédiaire entre les cryptogames vasculaires qui composaient presque seules la végétation primitive de la période houillère, et les phanérogames dicotylédones proprement dites, qui forment la majorité du règne végétal pendant la période tertiaire.

« Ainsi, aux cryptogames vasculaires, premier degré de l'organisation ligneuse, succèdent les Conifères et Cycadées qui tiennent un rang plus élevé dans l'échelle des végétaux, et à celles-ci succèdent les plantes dicotylédones qui en occupent le sommet.

« Dans le règne végétal, comme dans le règne animal, il y a donc eu un perfectionnement graduel dans l'organisation des êtres qui ont successivement vécu sur notre globe, depuis ceux qui les premiers ont apparu à sa surface, jusqu'à ceux qui l'habitent actuellement.

« La période tertiaire, pendant laquelle se déposèrent les terrains qui forment maintenant le sol des plus grandes capitales de l'Europe, de Londres, de Paris, de Vienne, vit s'opérer dans le monde organique des transformations plus grandes qu'aucune de celles qui s'étaient effectuées depuis la destruction de la végétation primitive.

« Dans le règne animal : création des mammifères,

classe que tous les naturalistes s'accordent à placer au sommet de l'échelle animale, et par laquelle la nature semblait préluder à la création de l'homme. Dans le règne végétal : création des dicotylédones, grande division que d'un consentement unanime les botanistes ont toujours placée en tête de ce règne, et qui, par la variété de ses formes et de son organisation, par la grandeur de ses feuilles, par la beauté de ses fleurs et de ses fruits, devait imprimer à toute la végétation un aspect bien différent de celui qu'elle avait offert jusqu'alors.

« Cette classe des dicotylédones, dont on pouvait à peine citer quelques indices douteux dans les derniers temps de la période secondaire, se présente tout à coup, durant la période tertiaire, d'une manière prépondérante. Comme de nos jours, elle domine toutes les autres classes du règne végétal, soit par le nombre et la variété des espèces, soit par la grandeur des individus. Aussi, cet ensemble de végétaux qui habitait nos contrées pendant que les terrains tertiaires se déposaient et enveloppaient ses débris dans leurs couches sédimenteuses, a-t-il les plus grands rapports avec la masse de la végétation actuelle, et plus particulièrement avec la flore des régions tempérées de l'Europe ou de l'Amérique. Le sol de ces contrées était couvert alors, comme à présent, de Pins, de Sapins, de Thuyas, de Peupliers, de Bouleaux, de Charmes, de Noyers, d'Érables, et d'autres arbres presque identiques avec ceux qui croissent encore dans nos climats.

« Ainsi, non seulement on n'y retrouve aucun indice de ces végétaux singuliers qui caractérisaient les forêts primitives de la période houillère, mais on n'y rencontre même que rarement quelques fragments de plantes analogues à celles qui vivent actuellement entre les tropiques.

« Il ne faut pas croire cependant que les mêmes formes végétales se soient perpétuées, depuis cette époque encore fort reculée, puisqu'elle précédait l'existence de l'homme, jusqu'à nos jours. Non, des différences très sensibles distinguent presque toujours ces habitants de notre globe, bien récents géologiquement, mais bien anciens chronologiquement, des végétaux contemporains des mêmes contrées auprès desquels on peut les ranger; et l'existence dans ces mêmes terrains, jusque vers le nord de la France, de quelques Palmiers, très différents de ceux qui croissent encore sur les bords de la mer Méditerranée, et d'un petit nombre d'autres plantes qui appartiennent à des familles actuellement limitées à des régions plus chaudes, semble indiquer qu'à cette époque l'Europe moyenne jouissait d'une température un peu plus élevée qu'à présent; résultat qui s'accorde du reste parfaitement avec celui qu'on peut déduire de la présence dans ces mêmes terrains, et dans les mêmes contrées, d'Éléphants, de Rhinocéros et d'Hippopotames, animaux qui maintenant s'étendent rarement au-delà des tropiques.

« Quel étonnant contraste entre l'aspect de la nature pendant les dernières périodes géologiques, et celui qu'elle offrait lorsque la végétation primitive couvrait la surface du globe !

« En effet, dans les derniers temps de l'histoire géologique du monde, la terre avait déjà pris, en grande partie du moins, la forme qu'elle conserve encore de nos jours. Des continents assez étendus, des montagnes déjà très élevées déterminaient des climats variés, et favorisaient ainsi la diversion des êtres; aussi, dans une contrée peu étendue, le règne végétal nous offre-t-il des plantes aussi différentes les unes des autres qu'à présent.

« Aux Conifères à feuilles étroites, dures et d'un vert sombre, se joignaient les Bouleaux, les Peupliers, les Noyers et les Érables au feuillage large et d'un beau vert; à l'ombre de ces arbres, sur les bords des eaux ou à leur surface, croissaient des plantes herbacées analogues à celles qui encore actuellement embellissent nos campagnes par la diversité de leurs formes et de leurs couleurs, et que leur variété même rendait propres à satisfaire les goûts si différents d'une infinité d'animaux de toutes les classes.

« Ces forêts de l'ancien monde, comme celles de notre époque, servaient en effet de refuge à un grand nombre d'animaux plus ou moins analogues à ceux qui vivent encore sur notre globe. Ainsi, des Éléphants, des Rhinocéros, des Sangliers, des Ours, des Lions, de toutes les formes et de toutes les tailles, les ont successivement habitées; des oiseaux, des reptiles et même des insectes nombreux complètent ce tableau de la nature telle qu'elle se présentait sur les parties de la terre qui s'élevaient alors au-dessus des eaux; nature aussi belle et aussi variée que celle que nous voyons actuellement sur sa surface.

« Au contraire, dans les premiers temps de la création des êtres organisés, la surface terrestre partagée, sans doute, en une infinité d'iles basses et d'un climat très uniforme était, il est vrai, couverte d'immenses végétaux ; mais ces arbres, peu différents les uns des autres par leur aspect et par la teinte de leur feuillage, dépourvus de fleurs et de ces fruits aux couleurs brillantes qui parent si bien plusieurs de nos grands arbres, devaient imprimer à la végétation une monotonie que n'interrompaient même pas ces petites plantes herbacées qui, par l'élégance de leurs fleurs, font l'ornement de nos bois.

« Ajoutez à cela que pas un mammifère, pas un oiseau, qu'aucun animal, en un mot, ne venait animer ces épaisses forêts, et l'on pourra se former une idée assez juste de cette nature primitive, sombre, triste et silencieuse, mais en même temps si imposante par sa grandeur et par le rôle qu'elle a joué dans l'histoire du globe. »

LETTRE XVIII.

DE LA MASSE DES EAUX.

La masse totale des eaux ayant joué, **par ses déplace-ments**, et peut-être par son changement de volume, un grand rôle dans les révolutions du globe, il est important de la considérer principalement sous le point de vue des modifications qu'elle peut apporter à l'ordre actuel des choses par son action journalière. Nous considérerons donc sous ce rapport :

1° L'Océan, ou la masse des mers qui sont en communication mutuelle ;

2° Les lacs salés sans issues ;

3° Les courants d'eau douce ;

4° Enfin la masse des eaux glacées.

L'Océan couvre un peu plus des trois quarts de la surface du sphéroïde ; sa forme est très irrégulière, et dépend de la distribution des montagnes et des vallées : son étendue est plus grande dans l'hémisphère austral que dans le boréal, et de là on a voulu (mais sans raison) conclure que peut-être les deux hémisphères ne pesaient pas également : assertion que dément positivement la rotation de la terre, qui ne pourrait subsister telle qu'elle est, si les deux hémisphères n'avaient pas le même poids.

On a cherché à évaluer la profondeur moyenne de l'Océan, et on est arrivé à des résultats extrêmement variables. Les uns, en effet, l'ont évaluée à cinq cents mètres, tandis que d'autres l'ont portée jusqu'à vingt mille; évaluation prodigieusement exagérée, car toutes les idées théoriques, d'accord avec les observations récentes les plus soignées, prouvent qu'on ne doit pas la porter à plus de sept ou huit mille mètres, c'est-à-dire environ une lieue et demie; de sorte que si on supposait la masse des eaux répandue uniformément sur toute la superficie du sphéroïde terrestre, elle ne le couvrirait qu'à une distance de cinq mille mètres, ou une lieue.

La masse des eaux diminue-t-elle progressivement, de manière à devoir laisser un jour notre globe à sec? Augmente-t-elle, au contraire, comme l'ont pensé certains auteurs qui doivent nous regarder comme menacés d'un nouveau déluge? Ou bien, enfin, reste-t-elle à peu près la même dans la suite des siècles, en ne faisant que changer de lit à chaque révolution? Telles sont les questions importantes et difficiles sur la solution desquelles je vais vous dire le sentiment des hommes les plus en crédit dans la science.

L'opinion de la diminution progressive des eaux se trouve principalement répandue dans les ouvrages des auteurs qui ont reconnu les traces du séjour de la mer sur les plus hautes montagnes. Ils ne pouvaient guère, en effet, sur cette simple donnée, avoir d'autre pensée que celle d'une élévation générale de la mer au-dessus de tous les continents, sur lesquels elle avait fait primitivement un séjour long et paisible, jusqu'à ce que, par suite de causes variables, les sommets des plus hautes montagnes eussent été mis à découvert.

Cette opinion n'est plus admissible depuis les nouvelles découvertes qui prouvent que les différents terrains ont tous été successivement, et à plusieurs reprises, mis à sec après avoir été couverts par l'Océan, puis de nouveau envahis par lui après avoir nourri des animaux terrestres. De pareilles observations prouvent d'une manière trop incontestable que c'est par suite d'un changement de lit que l'Océan a occupé, les unes après les autres, toutes les parties du sphéroïde terrestre. Au reste, il faut remarquer que la masse des eaux occupant plus des trois quarts de la surface du sphéroïde, il suffirait qu'elles abandonnassent un tiers seulement des terrains qu'elles recouvrent pour envahir tous les continents.

Les partisans de la diminution graduelle des eaux appelaient à l'appui de leur opinion un grand nombre de faits qui paraissent, au premier coup d'œil, prouver en effet que, même depuis les temps historiques, la mer a laissé à sec beaucoup de lieux qu'elle occupait jadis. Ils citaient le port de Fréjus, autrefois si célèbre pour l'asile qu'il donnait aux galères des Romains, et qui se trouve aujourd'hui très éloigné du rivage; celui d'Aigues-Mortes, où saint Louis s'embarqua sur les vaisseaux qui le portèrent en Orient, et qui se trouve également à sec; celui de Brindisi est dans le même cas; enfin la ville de Damiette, située, du temps de saint Louis, au bord de la mer, en est déjà éloignée de neuf à dix milles d'Italie.

Ils citaient de plus un grand nombre de faits semblables, qui, bien qu'attestés par les traditions historiques, ne peuvent pourtant rien prouver ; car tous les ports de mer dont nous venons de parler se trouvant situés à l'embouchure de grands fleuves comme le Nil, la Loire, le Rhône, etc., dont les eaux charrient beaucoup de sable et de matières terreuses qu'elles déposent sur le rivage, on voit qu'il y a tout lieu de croire que ce n'est pas la mer qui s'est retirée pour laisser son fond à sec, mais ce fond lui-même, au contraire, qui s'est élevé progressivement au-dessus du niveau des eaux ; dans un de ces ports même (celui de Brindisi), le travail des hommes a évidemment aidé l'opération de la nature.

La Baltique, seule de toutes les mers, paraît diminuer réellement de profondeur ; mais, suivant toute apparence, cette diminution est un phénomène local qui dépend du soulèvement du sol qui en forme le fond. Au reste, on saura vraisemblablement dans peu à quoi s'en tenir sur ce point, car on a pris, au commencement du dix-huitième siècle, toutes les précautions possibles pour ne conserver aucun doute. Si, comme tout porte à le croire, c'est réellement le fond de la Baltique qui s'élève, cet effet doit être attribué, non à la même cause que les précédents, c'est-à-dire aux *troubles* que les fleuves charrient, et qu'ils déposent au fond de la mer, mais à un phénomène analogue à celui qui a relevé sur la pente des montagnes des couches sédimenteuses formées au sein des eaux, et porté jusque sur leur sommet les débris de mollusques qui vivaient au sein de l'Océan.

Mais si rien ne peut prouver l'opinion de la diminu-

tion des eaux de l'Océan, leur augmentation progressive
est encore plus loin d'être démontrée d'une manière satisfaisante; et le peu d'auteurs qui l'ont admise se sont,
comme leurs adversaires, appuyés sur des faits réels,
il est vrai, mais dont la véritable explication leur était
inconnue.

Ainsi ils rappellent que plusieurs contrées de la Basse-
Égypte, qui sont maintenant au-dessous du niveau de
la mer, et que la salure des eaux rend stériles et inhabitables, étaient, il y a trois mille ans, au-dessus de ce
même niveau, et fertiles. On aurait cependant tort de
conclure de ce changement incontestable que les eaux
de la Méditerranée se sont élevées : s'il en était ainsi,
cette élévation aurait produit sur toutes ses côtes des
effets trop sensibles pour qu'ont eût pu les méconnaître;
il y aurait plutôt eu une dépression du sol, et ce changement dans son relief serait, comme celui dont nous
venons de parler, l'effet de mouvements opérés au-dessous de la croûte du globe terrestre.

Quand on s'occupe, en effet, de cette grande question de
l'élévation ou de l'abaissement du niveau de la mer, il est
extrèmement important de se convaincre que le niveau des
continents, bien loin de rester invariable, éprouve souvent des changements considérables, même dans l'espace
de quelques siècles. C'est ce qui nous est prouvé jusqu'à
l'évidence par l'état dans lequel se trouvent plusieurs
monuments anciens, dont quelques-uns paraissent avoir
été abaissés ou élevés avec le sol qui les porte, tandis
que d'autres qu'on retrouve maintenant à moitié engagés
dans la terre, ou s'y sont enfoncés par leur poids, ou

ont été peu à peu entourés par elle, tout le sol des environs se soulevant, excepté celui qui se trouvait maintenu dans sa place par la pression que le bâtiment lui faisait éprouver. C'est ainsi que les ruines du tombeau de Théodoric de Vérone, roi des Goths, construit l'an 495, près de Ravenne, en Italie, se sont tellement enfoncées dans la terre qu'on ne voit plus que la moitié de ce monument gothique, le reste étant caché sous le sol.

Ce fait est d'autant plus remarquable, que ce monument, d'une masse énorme, a certainement été élevé sur des pilotis.

On voit, dans plusieurs endroits de l'Écosse, les restes des murs que les Romains firent construire au deuxième siècle de l'ère chrétienne, et qui coupent ce pays d'une mer à l'autre; mais ils sont aujourd'hui enfoncés dans la terre, et il faut fouiller pour les trouver.

Il en est de même d'un autre mur qu'Adrien fit bâtir en terre vers l'an 125, et qui traversait l'Angleterre depuis Newcastle jusqu'à Carlisle. Il fut, en 432, reconstruit en briques par Aétius, général de l'empire romain, qui lui donna alors huit pieds d'épaisseur sur douze de hauteur.

On peut supposer, avec beaucoup de vraisemblance, que ce mur a été démoli dans les endroits où l'on ne trouve plus aujourd'hui aucun vestige; mais que doit-on présumer quand on voit ailleurs ces vestiges totalement ensevelis? Il faut, ou que cette masse se soit enfoncée sous terre par son propre poids, ou que la terre se soit haussée au point qu'elle l'ait entièrement recouverte.

Mais quelle que soit celle de ces deux suppositions à

laquelle ou s'arrête, on doit en tirer la conséquence qu'on ne peut jamais obtenir aucun point fixe sur les continents pour apprécier les changements de niveau de la surface des mers; car on ne sera jamais sûr que le rocher, je suppose, sur lequel on prendra une mesure, ne s'enfoncera pas dans le sol plus mou sur lequel il peut reposer, ou bien qu'il ne s'élèvera pas avec le sol lui-même. Notez que, dans l'exemple que je viens de vous citer des murs bâtis par les Romains, on ne peut supposer que la culture ait accumulé des débris ou des décombres qui auraient pu les recouvrir; car c'est dans des pays tout à fait incultes qu'ils ont ainsi disparu de la surface du sol.

Il est si vrai que ce n'est pas à cette dernière cause qu'on doit attribuer l'effet dont nous parlons, que des bâtiments plus anciens que les murs d'Adrien, situés au milieu de villes commerçantes et de terres cultivées, n'ont point éprouvé le même effet; ainsi, à Nîmes, la *Maison carrée*, bâtie sous Auguste, paraît subsister encore telle qu'elle a dû y être construite.

Afin que vous n'éprouviez pas trop de répugnance à admettre ces changements lents et presque insensibles qui, par la suite des siècles, se trouvent produits à la surface du sol, je vous rappellerai ceux qui, dans les tremblements de terre, ont lieu d'une manière si incompréhensible, et dont je vous ai cité tant d'exemples (1). Je n'ai pas besoin de vous rapporter le fait si extraordinaire arrivé près de Pouzzol, lorsque le *Monte-Nuovo*, haut de 2400 pieds, s'éleva dans une seule nuit. Mais je

(1) **Voyez les notes.**

ne peux m'empêcher de vous citer un autre fait non moins frappant et qui ne peut être attribué à une action volcanique.

En 1571, en Herrefordshire, on vit une étendue de vingt arpents de terre labourée et de prairie se séparer de la masse commune, et être insensiblement transportée, en trois jours, à 400 pas de distance. Ce qu'il y eut de plus singulier fut qu'on n'entendit aucun bruit; seulement, lorsque ce terrain ambulant se fut fixé, la terre s'enfla subitement, et il se forma une élévation très-considérable.

Il me semble que, pour celui qui fait attention à des faits si singuliers, et d'ailleurs parfaitement constatés, il ne doit plus paraître étonnant que des changements plus considérables aient lieu, à la longue, dans une grande étendue de pays, quoiqu'ils se fassent d'une manière insensible et dans l'espace de plusieurs siècles.

Il est démontré, par exemple, que la surface de l'Italie n'est plus la même que du temps de l'ancienne Rome; c'est ce que prouvent les fameux chemins consulaires, dont une partie encore est si bien conservée.

Le censeur Appius Claudius fit commencer un de ces chemins il y a 2150 ans. Il avait 14 pieds de largeur, et conduisait en ligne droite de *Rome* à *Capoue*. Pour le niveler il fit couper plusieurs montagnes, et particulièrement celle qu'on nomme aujourd'hui *Pisca marina*, près *Terracine* : elle est percée à une hauteur de 200 pieds, et chaque dizaine de pieds est marquée par des lettres romaines. Sur les parois de la montagne, le fond de ce chemin était si ferme, et les pierres étaient si étroitement liées, que dans les endroits où on l'a retrouvé il est aussi entier, aussi solide que lors de sa construction; on ne peut pas même faire pénétrer la pointe d'une épée dans les joints de ces pierres : néanmoins, il se trouve actuellement impraticable dans l'étendue de plus de 60 lieues d'Italie, c'est-à-dire depuis *Rome* jusqu'à *Torre-della-mare*; enfin, il se perd dans les vastes et profonds marais Pontins, desquels il sort tout entier. On peut alors le suivre sans interruption pendant plus de 10 lieues d'Italie jusqu'à *Sainte-Agathe*, où on est obligé de le quitter de nouveau.

Un autre chemin consulaire, nommé *Via Flaminia*, traverse l'Italie depuis *Rome* jusqu'à *Rimini*; il a été construit il y a environ 2000 ans; aussi, dans cet intervalle, a-t-il éprouvé des changements bien considérables. On voit deux inscriptions : l'une sur le pont de *Citta-Castellana*, et l'autre au-dessus de la porte d'une hôtellerie à *Castel-Novo*, qui annoncent que toute la belle partie de ce chemin, depuis *Otricoli* jusqu'à *Castel-Novo*, dans une étendue de plus de 20 lieues d'Italie, a été ensevelie depuis plusieurs siècles. Aujourd'hui, les voyageurs peuvent suivre cette route.

D'après ces observations et plusieurs autres semblables, il y a beaucoup d'apparence que toute l'Italie s'est abaissée vers le milieu, en se haussant ou en retenant sa première situation vers les deux extrémités.

Ce qu'on peut constater d'une manière si évidente pour l'Italie doit être vrai pour bien d'autres contrées, dont le sol n'a pas sans doute été moins que celui de ce beau pays sujet aux changements de niveau les plus considérables. Cependant, comme l'Italie est bien plus qu'aucune autre contrée couverte de monuments antiques dont la situation primitive nous est connue, on a pu y faire un plus grand nombre d'observations semblables.

Près de Pouzzol, et à 50 toises seulement de la côte, on rencontre les ruines d'un temple de Sérapis, dont le pavé est maintenant au niveau de la mer : or, il est extrêmement probable qu'on n'aurait pas construit un pareil édifice dans un lieu si bas et si peu éloigné du rivage. Mais ce n'est pas tout ; le terrain sur lequel repose cet édifice a été envahi par la mer, qui a laissé sur ses ruines des traces évidentes de son séjour : on y remarque, en effet, sur les murs, à 6 ou 7 pieds au-dessus du sol, des traces d'incrustations produites par les eaux ; et, sur trois colonnes qui sont encore debout, depuis 10 pieds, à partir de la base, jusqu'à 16, on trouve des trous de pholades parfaitement reconnaissables. Notre Muséum possède une des pièces enlevées à ce temple : elle est d'un très-beau marbre, et la coquille des pholades s'y voit encore dans beaucoup de trous.

Le sol du temple a donc été, depuis la construction de l'édifice, d'abord enfoncé de manière à être envahi par les eaux, qui y ont séjourné assez longtemps, puis incomplètement relevé et placé dans la situation où nous le voyons maintenant. Les événements qui ont produit ces changements n'ont dû avoir lieu que depuis la première éruption du Vésuve jusqu'à l'an 1100 ou 1200 de notre ère ; car, depuis cette époque, on a un historique satisfaisant des éruptions du volcan, auxquelles on n'aurait pas manqué de rattacher ces étranges changements de niveau.

Toutes les observations de ce genre doivent, ainsi que cette dernière, s'expliquer par des élévations ou des abaissements partiels de terrain, sans qu'il soit possible d'en tirer une conséquence générale; et il ne faut pas omettre de dire que, dans toutes les vallées tourbeuses, le sol peut être légèrement élevé par l'humidité et abaissé par le dessèchement.

Quant à l'opinion de ceux qui ont, comme **Buffon**, supposé un déplacement total et graduel de la mer, d'orient en occident, elle n'est fondée sur aucune observation positive, et par conséquent on ne peut s'y arrêter.

Concluons de tout ceci que rien ne prouve que la masse des eaux ait été autrefois beaucoup plus considérable qu'elle ne l'est aujourd'hui;

Qu'on a encore moins de raison pour supposer qu'elle augmente;

Enfin, que sa totalité ne se déplace point constamment dans une même direction.

Il existe pourtant une cause que j'ai déjà signalée, et qui, bien que assez légère, devrait à la longue opérer, par son action continue, quelques changements dans le lit de l'Océan : je veux parler de l'exhaussement que doit produire dans son fond la grande quantité de matières diverses qui s'y précipitent journellement.

Ces matières sont surtout les particules terreuses et salines charriées par les fleuves, et qui forment à leur embouchure les dépôts dont je vous parlais tout à l'heure. Il était curieux de calculer la quantité de ces matières, connues sous le nom de *troubles*, et on est parvenu à des résultats approximatifs qui paraissent assez satisfaisants.

On sait quelle quantité d'eau chaque fleuve verse, terme moyen, dans la mer, pendant un temps déterminé, et on connaît de plus quelle proportion de troubles il charrie.

Le Pô, le plus pur de tous, n'en contient qu'une partie sur cent soixante-dix; le Nil, une sur cent trente-deux; et le Rhin seul donne une sur cent. La Seine contient un cent-vingtième de matières étrangères; et comme on a calculé qu'il passe sous le Pont-Royal dix millions de mètres cubes d'eau par jour, on voit qu'il y passe quatre-vingt mille mètres de troubles, qui sont tous les jours déposés dans la mer. Des calculs semblables, faits sur les autres fleuves, ont conduit à admettre que la somme des matières étrangères charriées par les fleuves dans la mer pouvait être suffisante pour élever son fond de cinq centimètres par an, c'est-à-dire de cinq mètres par siècle.

Vous voyez que c'est bien peu de chose, relativement à la masse entière des eaux; car la profondeur de l'Océan étant, comme j'ai eu l'honneur de vous le dire, de 7 à 8 mille mètres, il faudrait 1000 ou 1200 siècles, c'est-à-dire de 100 à 120 mille ans, pour combler le lit de l'Océan tout entier. Au surplus, tous ces résultats reposent sur des données si incertaines, que ce serait une folie que de leur attacher une grande importance.

Une autre cause d'altération pour les eaux de la mer, et d'élévation pour son fond, consiste dans les produits organiques qui s'y déposent. Cette cause serait extrêmement puissante, si la mer nourrissait des habitants dans toutes les parties de sa masse ; mais tout porte à croire qu'il n'en est pas ainsi.

Il ne faut pas, en effet, s'enfoncer à une grande profondeur dans la mer pour être soumis à une pression que ne pourrait supporter aucun corps organisé vivant. Le défaut de lumière présente encore un autre obstacle au développement des corps organisés dans l'Océan ; car la lumière ne pénètre pas au-delà de 40 à 50 pieds, et elle est indispensable à la vie. Ajoutons à cela que la température de l'eau, s'abaissant à mesure qu'on s'éloigne de sa surface, elle devient bientôt trop froide pour que la plupart des corps marins puissent y vivre.

Ce refroidissement graduel, dont on ne peut révoquer en doute la réalité, a conduit quelques auteurs à penser que le fond de la mer devait être glacé ; mais il est impossible d'admettre cette supposition, puisque la glace, étant plus légère que l'eau, viendrait nécessairement flotter à sa surface.

On a souvent répété que certains zoophytes pierreux (les polypes lithophytes) avaient une grande influence sur l'exhaussement du fond de la mer, et on les a présentés comme capables, par leur entassement, de produire des îles considérables à sa surface, d'augmenter les continents, et même, comme c'est principalement dans les régions équatoriales qu'on les rencontre, comme menaçant d'élever sous l'équateur un cercle solide qui s'opposerait à la navigation.

Dans un mémoire lu il y a quelques années à l'Institut, deux naturalistes distingués (MM. Quoy et Gaymart) ont montré l'illusion de ces assertions exagérées ; ils ont fait voir que ces zoophytes ne s'élèvent point, comme on l'a cru, des plus grandes profondeurs de l'Océan, et qu'ils ne commencent jamais leurs travaux que sur des rochers dont le sommet est voisin de la surface des eaux. Ils exhaussent ces rochers de 20 ou 30 pieds tout au plus ; mais c'est assez pour former des écueils dangereux pour les navigateurs.

Il n'est pas possible, comme vous le pensez bien, d'aller dans la mer examiner positivement à quelle profondeur s'établissent ces animaux ; mais l'étude des anciennes formations marines qui font aujourd'hui partie de nos continents a suppléé à ce qui ne pouvait être prouvé par l'observation directe. M. Quoy a constaté que les encroûtements de nos continents, formés dans l'ancienne mer, n'atteignent que très rarement une élévation de 15 ou 20 pieds ; dans un seul lieu ils se sont élevés jusqu'à 30 : on peut, au reste, presque toujours, avec un peu d'attention, découvrir la base primitive sur laquelle les polypes avaient construit lorsqu'ils étaient sous les eaux.

Ajoutons, comme une autre cause de l'exhaussement du fond de la mer, l'action continuelle des vagues sur ses rivages, qu'elles minent insensiblement, et dont les débris s'y précipitent. Les parties pierreuses y sont agitées par les flots, qui, émoussant leurs arêtes et détruisant leurs angles, leur donnent la forme arrondie propre à tous les corps qui ont été roulés dans un liquide. Ces cailloux roulés forment, par leur masse, les grèves qui servent de barrière à la mer et limitent son action. Si je vous parle de ce phénomène, c'est seulement pour en faire mention, car son influence relativement à l'élévation du fond de l'Océan est tellement limitée qu'on peut la négliger entièrement.

Les volcans sous-marins nous offrent une troisième cause réelle, quoique moins importante, puisqu'elle est accidentelle et locale, de l'exhaussement du fond de l'Océan.

Les lacs salés sans issue sont d'une importance beaucoup moins grande que l'Océan. Le plus étendu est la mer Caspienne, qui a 300 lieues de longueur, sur 50 environ de largeur; les autres le sont beaucoup moins. Quant à leur ancienneté, ils ont dû commencer après la dernière révolution du globe.

Leur degré de salure varie beaucoup. La mer Morte est, sous ce rapport, très remarquable : elle contient jusqu'à un quart de matières salines. Ces lacs peuvent nous servir à comprendre la formation des dépôts salins qu'on trouve dans l'intérieur de la terre. Supposons, en effet, que la température vienne à augmenter subitement dans les lieux où ils sont situés, il en résultera une évaporation considérable qui pourra les mettre à sec; et les parties salines, qui ne s'évaporent pas, resteront seules au fond de leur bassin. Si, plus tard, de nouvelles eaux viennent déposer sur ces bassins des troubles qui forment des terrains au-dessus, il en résultera un dépôt de sels gemmes, semblables à ceux que nous trouvons dans plusieurs parties de l'écorce minérale.

On a fait jouer aux lacs répandus sur le globe un rôle très important, relativement aux grandes inondations qui ont couvert les différentes parties des continents. Supposons la masse des eaux à peu près telle qu'elle est maintenant, quant à sa quantité, mais disposée d'une manière différente ; c'est-à-dire qu'au lieu d'être presque entièrement rassemblée dans l'Océan, elle se trouve divisée en une grande quantité d'amas considérables, placés sur des plateaux à différentes hauteurs. Par la suite des temps, un des lacs supérieurs rompra la digue qui le retient, et ses eaux, débordant sur les terrains inférieurs, produiront une inondation qui restera sur ces lieux jusqu'à ce que quelqu'une des digues inférieures venant à se rompre aussi, il en résulte une seconde irruption de l'eau.

L'eau, dans ce système, aurait continué de descendre de la même manière, pour ainsi dire, d'étage en étage, jusqu'à ce que la masse entière du liquide eût été réunie dans la partie la plus basse, pour y former l'Océan tel que nous le voyons maintenant.

La difficulté n'est pas de répondre à ceux qui douteraient que la rupture d'une seule digue eût pu occasionner des effets aussi importants que paraissent l'avoir été les déluges successifs ; car, outre qu'on peut supposer les lacs supérieurs aussi immenses qu'on voudra, on pourrait toujours imaginer que l'irruption de nouvelles eaux déterminera la rupture d'une digue inférieure, et ainsi de suite, de manière à avoir la quantité d'eau nécessaire pour les effets prouvés.

Mais il n'est pas aussi facile, dans ces idées, de rendre raison du très long séjour que les eaux ont certainement fait, à différentes reprises, sur toutes les parties du globe, et qu'il est impossible d'expliquer par un simple passage des eaux des lacs supérieurs, quelque lent qu'on le suppose.

Les eaux douces, beaucoup moindres par leur volume que les eaux salées, exercent pourtant sur le globe une influence sensible. Les particules étrangères que les fleuves charrient, se déposant peu à peu sur leur fond, l'exhaussent assez promptement; et, si on n'a pas soin de les contenir par des digues, ils débordent bientôt sur les pays voisins, et finissent par changer entièrement de lit : c'est ce qui serait arrivé depuis longtemps pour le Pô, par exemple, si on n'avait pas pris les précautions nécessaires pour le retenir toujours dans le même lit.

M. de Prony, chargé par le gouvernement d'examiner les moyens à opposer aux dévastations que pourraient causer les crues de ce fleuve, a reconnu que, depuis l'époque où on l'a enfermé de digues, il a tellement élevé son fond, que la surface de ses eaux est maintenant plus haute que les toits des maisons de Ferrare. Grâces à ces atterrissements, le rivage a gagné, à son embouchure, plus de 6600 toises depuis l'année 1604; ce qui fait 150; 180, et, en quelques endroits, 200 pieds par an.

Il en est de même, comme nous l'avons vu, pour tous les fleuves; tous, à leur embouchure, déposent sur le rivage une si grande quantité des troubles qu'ils charrient, que bientôt, le terrain se trouvant considérablement élevé, la mer ne peut plus le couvrir.

Si l'industrie des hommes ne s'opposait pas à la marche des choses, les terrains d'alluvion (c'est ainsi qu'on appelle ceux qui sont déposés par le cours des fleuves) se formeraient sur une beaucoup plus grande étendue; car, aussitôt que le fond d'un fleuve serait assez élevé pour porter ses eaux au-dessus des terrains environnants, ces eaux s'y répandraient, et il se formerait une nouvelle couche, qui s'accumulerait jusqu'à ce que son élévation déterminât encore un nouveau changement de lit. Mais quand, pour prévenir les ravages que causent les débordements, on leur oppose des digues qui fixent le cours du fleuve, la couche devient de plus en plus épaisse, et on en vient à avoir des fleuves suspendus assez haut au-dessus des terrains qui les environnent. C'est ainsi qu'en Italie l'Adige menace, comme le Pô, de se répandre sur les pays voisins, et qu'il faudra nécessairement lui ouvrir un nouveau lit dans les parties basses sur lesquelles elle a déjà coulé autrefois.

Le Rhin et la Meuse menacent de même les plus riches cantons de la Hollande.

Les atterrissements, le long des côtes de la mer du Nord, se forment avec la même rapidité dans le pays de Groningue. On sait positivement qu'en 1570 des digues furent construites devant la ville, et que, 100 ans après, on avait déjà gagné trois quarts de lieue en dehors de ces travaux. Les villes de Rosette et de Damiette, bâties au bord de la mer il y a moins de mille ans, en sont maintenant à plus d'une lieue.

La marche des atterrissements, et le plus ou moins de rapidité avec laquelle se déposent les terrains d'alluvion, ont fourni des données à M. Cuvier, pour calculer, d'une manière approximative, l'époque à laquelle peut remonter l'ordre actuel des choses. Il trouve que tous les

phénomènes naturels, d'accord avec les traditions historiques et religieuses, se réunissent pour prouver que
cet ordre de choses ne peut exister depuis plus de 5 ou
6 mille ans. Je vais vous présenter la série des faits d'où
il tire ces conclusions, telle qu'il l'a exposée tant dans
ses livres que dans ses savantes leçons.

D'abord, relativement aux fleuves, à ceux dont je viens
de vous parler, par exemple, il trouve que, d'après les
données obtenues, on ne peut pas évaluer à plus de 50 ou
60 siècles le temps qu'il a fallu au Pô et à l'Adige pour
former les terrains d'alluvion qui les entourent.

Les lacs d'eau douce qui nous présentent les mêmes
phénomènes d'élévation de leur fond, conduisent, dit
notre grand naturaliste, à la même conséquence relativement à l'époque de laquelle date le commencement de
ces dépôts; car on en voit qui reçoivent des cours d'eau
trop considérables et trop chargés de matières terreuses
pour ne pas exercer une influence assez forte sur l'élévation de leur fond, et qui seraient par conséquent déjà
comblés si la dernière révolution qui a déterminé la
forme actuelle de nos continents remontait à une époque
plus reculée.

Toutes les hautes montagnes ont leur sommet couvert
de glaces éternelles, qui proviennent de la fonte des
neiges. Ces amas, connus sous le nom de glaciers, s'é-
tendent plus ou moins vers la base de la montagne; et
leur propre poids les faisant descendre au-dessous de
leur niveau naturel, elles sont fondues par l'action de la
température plus élevée qui règne vers le pied de la montagne. L'eau, en fondant, abandonne les parties ter-

reuses qu'elle retenait, et en forme les dépôts qu'on désigne sous le nom de moraines.

La formation des moraines dépendant de causes périodiques et à peu près constantes, il n'est pas très difficile d'évaluer quel temps a dû être nécessaire pour leur donner le volume qu'on leur connaît; et, comme elles datent certainement du commencement de l'ordre actuel, elles fournissent un nouveau moyen d'arriver à une connaissance approximative du temps qui s'est écoulé depuis le dernier cataclysme.

Cette élévation conduit encore au même résultat, et nous donne 5 à 6 mille ans tout au plus pour l'âge de notre monde. Les glaciers, dans certains lieux, sembleraient même ne demander qu'un temps beaucoup moins considérable; mais cela tient à des circonstances locales, telles que l'existence de cours d'eau qui, tombant des montagnes, lavent les moraines et entraînent au loin leurs débris.

Les calculs qu'on peut faire sur les dunes conduisent au même laps de temps. On sait en effet de combien (terme moyen) elles s'avancent par siècle et même par année. On sait que, du côté de Bordeaux, leur marche est de 60 à 70 pieds par an, et que, si on ne leur opposait aucun obstacle, il ne leur faudrait que 2000 ans pour arriver à cette ville; d'après leur étendue actuelle, il doit y en avoir un peu plus de 4000 qu'elles ont commencé à se former.

Ce qu'il y a de plus curieux, remarque M. Cuvier, c'est que les traditions historiques de tous les peuples s'accordent d'une manière singulièrement frappante avec ce résultat constant. La Genèse est certainement l'un des plus anciens livres qui existent, et on ne peut guère lui refuser 3300 ans d'antiquité : Moïse, son auteur, vécut longtemps avec son peuple en Égypte, c'est-à-dire chez une des nations les plus anciennement civilisées, et il ne fait pas remonter le déluge à plus de 15 ou 1800 ans avant l'époque où il écrit. Or, on ne doit pas supposer qu'il ait, contre la propension ordinaire, cherché à rajeunir l'espèce humaine; la vanité de son peuple, qui connaissait les traditions égyptiennes, se serait déclarée contre lui.

Bérose, qui écrivait à Babylone au temps d'Alexandre, parle du déluge comme Moïse, et il le place immédiatement avant Bélus, père de Ninus.

Les Védas, ou livres sacrés des Indiens, ont été composés à peu près dans le même temps que la Genèse (1500 ans avant Jésus-Christ), et ils font aussi remonter la révolution dont ils parlent à 1500 ans.

Les Guèbres parlent du même désastre comme ayant eu lieu à la même époque.

La Chine nous fournit, sur le déluge, des documents plus positifs encore; car Confucius (qui vivait près de 2000 ans avant Jésus-Christ) commence l'histoire de ce pays par un empereur nommé Iao, qu'il représente comme occupé à faire écouler les eaux qui, s'étant élevées *jusqu'au ciel, baignaient encore le pied des plus hautes montagnes, couvraient les collines moins élevées, et rendaient les plaines impraticables.*

L'astronomie a paru, il est vrai, fournir des renseignements contraires à ceux dont nous venons de parler;

cette science nous apprend, en effet, que les Chaldéens et les Indiens avaient, il y a près de 3000 ans, la connaissance de la longueur de l'année, ainsi que des mouvements relatifs de la lune et du soleil. Mais qu'y a-t-il dans ces connaissances qui contredise l'opinion de la nouveauté de l'ordre actuel? Qu'on considère les progrès immenses que l'astronomie a faits en quelques siècles, depuis Copernic, et on ne sera plus étonné que le temps pendant lequel ils ont pu travailler ait suffi pour donner quelques connaissances élémentaires d'astronomie à des hommes si favorisés dans l'étude de cette science par leur genre de vie et la pureté du ciel sous lequel ils vivaient. Au surplus, quand il serait démontré que l'astronomie avait, à cette époque reculée, fait des progrès qui demandaient plus de 2000 ans d'observations suivies, en pourrait-on conclure autre chose, si ce n'est que le peu d'hommes échappés à la destruction générale avaient conservé les connaissances astronomiques acquises avant le déluge, et les avaient transmises à leurs descendants? C'est ce que suppose, dans son Histoire de l'astronomie, le célèbre Bailly, qui explique par cette hypothèse, l'identité des noms donnés aux douze signes du zodiaque par des peuples entre lesquels on ne peut guère supposer que des communications antérieures à la dernière grande catastrophe.

La même hypothèse rendrait aussi raison de l'état de l'astronomie chez les anciens, qui paraissent avoir possédé plutôt les débris de cette science que ses éléments, puisqu'on trouve dans l'histoire de leurs connaissances,

conjointement avec les notions qui demandent les recherches les plus profondes, une ignorance des faits les plus
simples, qu'on ne pourrait supposer chez un peuple qui
aurait eu la gloire d'être l'inventeur de la science.

Remarquons, toutefois, qu'il n'est pas nécessaire de
supposer un cataclysme pour expliquer la destruction des
peuples chez lesquels l'astronomie aurait fait ces grands
progrès, et qu'une invasion de barbares, comme il y en a
eu sans doute à des époques antérieures à celles dont
l'histoire a conservé le souvenir, rendrait tout aussi bien
raison de l'extinction de la science et de la conservation
de quelques-uns des résultats chez les nations voisines
de cet ancien centre de civilisation. Si, à l'époque où
a eu lieu la dernière irruption des peuples du Nord, on
n'avait eu encore pour écrire, au lieu de parchemin, que
le papyrus, substance aisément destructible, qui sait si les
travaux des astronomes grecs seraient parvenus jusqu'à
nous?

Je vous demande pardon de cette digression, j'en ai
fini avec le déluge, mais il me reste encore quelque
chose à vous dire des eaux de l'époque actuelle.

Toutes les eaux des pluies ne sont pas destinées à couler à la surface de la terre; une partie pénètre dans la
croûte minérale, et forme les eaux de sources, qui en
sortent ensuite à des températures variables. Ces cours
d'eau intérieurs agissent mécaniquement, en déplaçant
certaines parties des couches les plus meubles; ils jouent
aussi un rôle dans les phénomènes volcaniques, quoique
ce rôle soit, comme nous l'avons vu précédemment,

beaucoup moins important qu'on ne le suppose d'ordinaire, puisqu'ils ne servent qu'à fournir, par la décomposition de leurs principes, les parties gazeuses qui sortent du cratère.

Quelques sources rencontrent, dans la terre, des dépôts salins, et se chargent de leurs principes, qu'ils rapportent à la surface. Ils lavent donc peu à peu ces dépôts; aussi les sources d'eau salée sont-elles sujettes à s'altérer, et voit-on souvent leur degré de salure diminuer graduellement.

Quand les eaux pénètrent très profondément dans la croûte minérale, elles contractent la température élevée qui règne dans les profondeurs de la terre, et plusieurs sources s'échauffent assez pour conserver, même en sortant à la surface du sol, une température voisine de l'eau bouillante : on en rencontre plusieurs en Irlande qui sont dans ce cas. Telle est l'origine des eaux thermales, qu'on remarque le plus ordinairement dans les pays volcaniques, mais qui se rencontrent pourtant quelquefois bien loin des volcans brûlants. Presque toujours les eaux qui descendent assez bas pour devenir thermales rencontrent différentes matières, sulfureuses ou autres, dont elles se chargent, et deviennent ainsi minérales.

Ce qui prouve combien les eaux thermales pénètrent profondément, c'est le peu d'influence qu'ont sur leur écoulement les plus grandes sécheresses; elles continuent de couler dans des cas où toutes les sources ordinaires sont taries.

Presque toutes les sources sortent de la terre à une température supérieure à celle du climat dans lequel on les rencontre, parce que presque toutes proviennent de cours d'eau qui pénètrent plus ou moins profondément dans les terres. Quant à celles qui descendent des montagnes, elles sont, au contraire, plus froides, à cause qu'elles conservent toujours un peu de la température des lieux d'où elles viennent.

Les eaux des pluies sont presque les seules qui concourent à la formation des sources; car celles de l'Océan et des grands lacs ne pénètrent guère dans l'intérieur des terres, le fond des mers ne pouvant pas offrir les fentes et les crevasses qui se trouvent sur le sol des continents, et qui, si elles ont existé primitivement, n'ont pu manquer d'être bientôt comblées par les troubles qui se déposent dans les eaux, et qui ont comme luté leur fond. Aussi tout ce qu'on a dit des infiltrations à de très grandes distances est-il purement hypothétique, et inventé par les auteurs de systèmes pour soutenir leurs idées.

Il existe dans le comté de Cornouailles, paroisse Saint-Just, une mine de cuivre dont les travaux ont été poussés jusqu'à 600 pieds sous la mer. Les ouvriers n'étaient, à cette distance, séparés des flots que par une épaisseur d'une trentaine de pieds. Lorsque la mer était agitée, elle produisait dans ces souterrains un tel bruit et un tel ébranlement, que les ouvriers, se croyant quelquefois menacés d'être submergés, cherchaient leur salut dans la fuite. Mais ce qu'il y a de remarquable dans ces travaux sous-marins, c'est qu'on y est très peu incommodé

par les eaux : le peu qu'il y en a est généralement salé,
ou au moins un peu saumâtre.

On a lieu de faire la même remarque relativement à
toutes les autres mines dont les travaux ont été ainsi
poussés jusque sous la mer.

LETTRE XIX.

DE L'ATMOSPHÈRE.

L'atmosphère affecte une forme sphéroïdale, et entoure notre globe jusqu'à une hauteur qu'on peut évaluer à 60,000 mètres, ou 12 lieues; du moins c'est à cette hauteur qu'elle n'exerce plus de réfraction.

Si la température augmente rapidement à mesure qu'on enfonce dans l'intérieur de la terre, elle diminue avec une vitesse non moins grande quand on s'élève dans les régions supérieures de l'atmosphère. Cette diminution est si rapide, que le sommet de toutes les montagnes un peu élevées est couvert de neiges perpétuelles. Le point d'élévation où les neiges commencent à se former dans les différentes parties du globe est très intéressant, parce qu'il indique à quelle hauteur il faut s'élever dans chaque région, pour arriver à la température de la glace.

D'ailleurs les sommets des hautes montagnes pouvant être considérés comme des réservoirs que la nature s'est ménagés pour y conserver, à l'état solide, l'eau qui alimente les fleuves, je crois qu'il est à propos que je m'arrète un instant à vous en parler. Il me semble d'autant plus nécessaire de le faire, que les glaciers, par les conséquences qu'on a voulu tirer de leur accroissement prétendu, jouent un grand rôle dans toutes les hypothèses où l'on admet le refroidissement progressif de la terre.

Un naturaliste suisse (Grouner), heureusement placé pour étudier ces montagnes, a donné la description la plus exacte, non seulement des glaciers de son pays, mais encore de tous ceux que des voyageurs recommandables ont observés avec soin dans toutes les parties de la terre. C'est de son travail que je vais profiter (1).

La neige tombée du ciel et reçue sur les sommets élevés et froids est le principe et l'origine de tous les glaciers. Cette neige, dans les jours d'été les plus chauds, se fond et coule dans des lieux plus bas, où elle se gèle durant les nuits ; enfin, dans les vallons qui se trouvent au pied des glaciers, bien au-dessous du niveau où se maintiennent les glaces perpétuelles, il se forme, dans l'hiver, des amas de glace qui, par leur immense volume, rafraîchissent assez l'atmosphère pour résister aux chaleurs des étés les plus chauds.

Il faut donc distinguer, 1° les monts de neige et de glace ; 2° les vallons de glace (situés au-dessous des monts, mais à des hauteurs encore assez considérables pour que la congélation de l'eau y ait lieu naturellement) ; 3° les glaciers formés au-dessous de ces masses par la fonte des neiges, et leur *regel* en glaces qui cheminent et sui-

(1) Description des glaciers de la Suisse.

vent les pentes. Ces derniers, qui ne sont que des prolongements des seconds, prennent mille formes différentes, suivant les dispositions des lieux qui leur servent de lit.

Je parlerai successivement de ces trois sortes de glaciers.

« Sur les plus hautes cimes des Alpes, dont les têtes se perdent dans les nues, et où la neige ne fond qu'un peu à sa surface, est une neige pure, accumulée de siècle en siècle, abaissée et comprimée. Dans les heures les plus chaudes de quelques beaux jours de l'été, la surface en est un peu fondue. Cette superficie regèle aussitôt dans la nuit, et forme une croûte ferme et solide. Tel est le premier genre des glaciers : on pourrait les appeler *monts neigés*. »

Souvent cette neige, endurcie, forme comme une calotte, et couvre un mont qui paraît un sommet isolé ; quelquefois aussi c'est une suite de côtes énormes qui, à différentes hauteurs, offrent des pointes toujours blanches : ce sont les pointes mêmes des rochers qui servent de base et d'appui aux neiges dont ils sont couverts.

Dans le circuit de ces montagnes coniques, il y a d'autres fois des pentes douces ou des espèces d'appendices et de plates-formes en terrasses couvertes de neige, où elle fond et regèle. L'eau des sommets s'y épanche aussi et s'y congèle ; ce qui couvre ces lieux d'une masse composée de couches alternatives de neige et de glace. Grouner appelle ces pentes douces et ces terrasses des *champs de glace*.

Passons au second genre de glaciers.

Entre les monts dont je viens de parler il y a des intervalles ou des vallons qui sont plus élevés que les sommets inférieurs, et au-dessus d'un niveau où fondent naturellement les neiges. Aussi ces vallons sont-ils toujours remplis de la neige qui y tombe dans toutes les saisons de l'année. Cependant les rayons du soleil, dans les longs jours d'été, réfléchis par les *monts neigés*, fondent la surface de cette neige, qui regèle pendant la nuit. Voilà une croûte de glace sur laquelle il va tomber de la neige nouvelle à quelques jours de là; car il ne pleut jamais sur ces vallons. Par ces alternatives, il se forme à la longue un amas considérable de neige compacte et de glace opaque qui en élève considérablement le fond. Si cette masse est soutenue et comme encaissée tout autour, il ne peut y avoir d'écoulement que par-dessous, au travers des fentes des rochers et dans les vides de l'intérieur des montagnes; si le vallon se comble jusqu'à une certaine issue ou une gorge, l'écoulement extérieur de l'eau produite par la neige fondue commence à se faire sur ce débouché.

Quelques-uns de ces vallons offrent, en été, une surface unie comme celle d'un lac gelé, où les yeux éblouis se perdent dans l'étendue de quelques lieues : on en a vu un qui avait jusqu'à 14 lieues sans interruption.

D'autres présentent plusieurs irrégularités : tantôt des avalanches ou lavanges de neige tombent des sommets environnants, et, grossis pendant leur chute, ils viennent former un monticule considérable sur la surface plane de la glace inférieure. La chaleur du soleil les arrondit et leur donne mille formes diverses; mais il suffit d'un été un peu chaud pour les faire fondre, et changer ainsi totalement l'aspect du vallon qui les supportait. Voilà pourquoi les descriptions faites d'une année à l'autre de l'aspect de ces vallons se ressemblent si peu. Tantôt la neige, poussée par les vents lorsqu'elle tombe du ciel, ou enlevée des sommets supérieurs, se dispose par gradins ou par petites élévations qui ont quelque sorte de régularité. On croirait alors voir les ondes d'un lac agité par une furieuse tempète, et qui auraient été subitement surprises et endurcies par une congélation soudaine et simultanée.

Le soleil d'un été chaud efface, sur les Alpes, tous ces objets brillants, et on ne trouve plus l'année suivante qu'un spectacle totalement changé et des formes différentes qui annoncent l'ébauche de nouveaux glaciers, de nouveaux vallons, de nouveaux champs de glace et de nouveaux lacs.

Telles sont les causes bien simples données par Grouner aux changements éprouvés par les glaciers du second ordre, sur lesquels on avait fait, avant lui, mille hypothèses bizarres.

Quelquefois les masses énormes des vallons de glace, légèrement déplacées par un grand dégel, et se trouvant porter à faux, se fendent avec un grand bruit, qui, répété mille fois par les échos des montagnes, frappe de surprise et d'admiration les voyageurs ou les paysans du voisinage. Plus d'une fois ces fentes ont servi de tombeau aux voyageurs et aux chasseurs imprudents. Il est remarquable que très souvent 12, 24 ou 36 heures après le moment où les malheureux ont disparu dans une de ces fentes on retrouve leur cadavre très bien conservé et rejeté sur la glace dans le même lieu; ce qu'on ne peut attribuer qu'à des courants qui circulent sous la croûte solide, et qui ont un cours réglé. Au reste, on voit très souvent, dans les fentes, l'eau liquide qui reste constamment à cet état sous la glace.

Les glaciers du troisième genre, qu'on peut nommer *vallées* ou *amas de glaces qui cheminent*, méritent peut-être plus que les deux autres le nom de *glaciers*, puisqu'ils sont uniquement formés par le regel de l'eau qui coule des monts neigés et des champs de glace. Aussi la glace qui les compose est-elle beaucoup plus semblable à celle qu'on trouve partout en hiver que celle des glaciers supérieurs; car cette dernière, quoiqu'on la désigne partout sous le nom de glace, mériterait peut-être aussi bien le nom de neige durcie, ou plutôt formée par un mélange de glace rendue opaque par la grande quantité de matières terreuses qu'elle renferme, et de neige très dure et très comprimée; elle n'a guère de commun avec la neige et la glace ordinaire que d'être de l'eau à l'état solide. Elle est poreuse et extrêmement dure; mais elle n'est point transparente, quoique Aristote ait cru qu'elle pouvait se changer en un véritable cristal.

Puisque je vous parle de la dureté de la glace, permettez-moi de vous rappeler que, dans les régions où le froid est rigoureux et longtemps soutenu, elle parvient à un degré dont on se ferait difficilement une idée. Vous avez peut-être mille fois entendu parler de la salle construite à Saint-Pétersbourg avec de la glace; elle était

longue de 52 pieds, large de 16, et haute de 20. On fit
plus, on tailla avec la même substance six pièces de
canon; on les tira à 60 pas sur une planche épaisse de
2 pouces, qui fut percée de part en part, et les canons
n'éclatèrent pas. Ceux qui seraient entièrement étrangers
à la physique seraient peut-être plus surpris encore d'apprendre qu'un physicien anglais a construit avec de la
glace polie et transparente une lentille, dont il s'est servi
pour enflammer, au moyen des rayons du soleil, de la
poudre à canon, du papier, du linge et d'autres matières
combustibles, à une distance de sept pieds.

Je ne m'arrêterai point ici à décrire les différents accidents que les localités peuvent produire dans la forme,
l'apparence et la disposition réelle du troisième genre de
glaciers, car il ne vous sera pas difficile de vous figurer
comment, par suite de la diversité d'exposition au soleil,
des parties, garanties par l'ombre des montagnes, restant
intactes, tandis que d'autres, plus basses, sont fondues
par l'ardeur de ses rayons, il en résulte ces arcs de
glace éclatants que l'on contemple avec admiration d'une
vallée inférieure. Quelquefois des causes semblables produisent des escarpements, des coupes presque verticales,
de véritables murs de glace qui descendent fort bas, et
même dans des vallées profondes.

Dans d'autres lieux, on admire une multitude de
quilles énormes qui se trouvent à l'extrémité des vallées,
et surtout vers leurs débouchés dans une vallée inférieure;
ce sont quelquefois comme des stalagmites cylindriques
ou pyramidales formées par l'eau qui tombe des lieux

plus élevés, et que le froid a saisie à l'instant où elle a touché la glace.

Dans les Alpes, les glaces se maintiennent perpétuellement à une hauteur de 1400 toises au-dessus du niveau de la mer; dans les Andes, au Pérou, à 2460. Si on va vers le nord, au contraire, le terme inférieur se trouve plus bas : en Norwège, on trouve les glaces à 600 toises ; en Laponie, elles descendent jusqu'au pied des montagnes, et plus loin, sous le pôle, tout est glacé.

Les montagnes couvertes de glaces perpétuelles deviennent de plus en plus communes, à mesure qu'on se rapproche des pays les plus voisins du pôle, quoique, dans ces régions, les montagnes soient beaucoup moins élevées que vers l'équateur.

En Norwège, les sommets de toutes les montagnes un peu élevées sont couverts de glaciers qui ressemblent, plus qu'en aucun autre lieu, à ceux des Alpes.

La Suède a aussi des monts couverts de glaces perpétuelles, d'où sortent de grandes rivières.

Les montagnes d'Islande présentent le même phénomène; mais elles offrent une circonstance bien remarquable, qui consiste en ce que ce ne sont pas les sommets les plus élevés qui conservent leurs glaces toute l'année, ce qui tient à des circonstances locales qui ne sont pas assez bien déterminées.

Quelques-uns de ces monts sont tout à la fois des glaciers et des volcans. L'Hécla est le plus célèbre de tous : quand il vient à s'enflammer, les glaces du sommet se fondent, et il en résulte des torrents qui se précipitent sur les campagnes, les inondent, et détruisent les villages qui se trouvent sur leur passage. Vous avez pu lire, il y a quelques années, dans les journaux, les détails donnés sur une éruption nouvelle de ce volcan, qui paraissait vomir, avec les flammes, les pierres et les glaces qu'il lançait au loin.

Les autres volcans de l'Islande sont beaucoup moins célèbres que l'Hécla, parce que leurs éruptions ont été jusqu'ici beaucoup moins fréquentes. Deux de ces derniers, quoiqu'ils soient très élevés, n'ont point de neige à leur sommet, ce qu'on peut attribuer à la chaleur que leur sol conserve constamment. Dans une contrée qui paraît si éminemment volcanique, il me semblerait raisonnable de supposer que cette singularité, qui fait que des montagnes très élevées sont exemptes des neiges qu'on rencontre sur d'autres qui le sont moins, doit être attribuée aux feux souterrains, qui, bien qu'ils ne fassent pas d'éruption, ont cependant assez de force pour fondre des amas de glace.

C'est également à la chaleur interne du sol que j'attribuerais les changements de lieu des glaces, qui s'observent fréquemment en Islande.

Une chose qui vous étonnera sans doute, et qui tient peut-être en partie à la même cause, c'est que le climat de l'Islande est moins froid que celui de la Suisse; car si les étés y sont moins chauds, les hivers y sont moins rudes : au reste toutes les îles, en général, jouissent d'un climat plus doux et plus égal que les parties du continent situées sous une même latitude.

La Laponie offre un spectacle plus effrayant. On y trouve des marais et des lacs toujours glacés jusqu'à leur fond. Presque toute la terre y est absolument impropre à la culture.

Les côtes orientales et occidentales du Groenland sont couvertes de pyramides énormes et de masses de glace inaccessibles, mais surtout les côtes orientales qu'aucun navigateur n'a pu encore visiter.

Partout où l'on a pu pénétrer dans le pays, on n'a vu que des montagnes entièrement couvertes de neige. Dans tous les endroits qui ne sont pas trop escarpés, on n'y a vu que des vallées comblées par les glaces. Au plus fort de l'été, la neige fond un peu du côté du nord, derrière les brisants de la côte et les petits golfes ; mais, du côté du midi, elle est toujours ferme.

Le Spitzberg a été pendant longtemps la terre connue la plus voisine du pôle ; elle est inhabitée et inhabitable : les montagnes pointues dont elle est hérissée lui ont fait donner le nom qu'elle porte. Elles sont couvertes de glace depuis leur sommet jusqu'à leur pied, et rafraîchissent tellement l'air, qu'il est impossible de supporter leur voisinage. Quand le soleil les éclaire, elles paraissent brillantes comme des flammes.

Les pôles sont très probablement recouverts d'une couche très épaisse de glace qui ne fond jamais. Nous ne pouvons avoir aucun détail sur cette partie inabordable pour nous ; mais nous connaissons mieux la formation des glaces annuelles ; et, à cet égard, il faut bien distinguer les glaçons spongieux flottants, peu considérables, des plaines ou champs de glace qui offrent une surface solide beaucoup plus durable. La superficie n'en est pourtant pas formée par la mer, puisque des navigateurs, pris au milieu de ces glaces, assurent que leur fonte donne de l'eau douce. Il est à croire que cela tient à ce que la partie superficielle a été formée par la fonte des neiges, qui, tombant sur une première couche d'eau salée congelée, se seront d'abord fondues, puis glacées.

Les grandes montagnes de glace sont beaucoup plus durables; elles paraissent remonter à une haute antiquité, et appartiennent au pôle même. Leur épaisseur est souvent de 100 à 120 mètres, et leur saillie au-dessus du niveau commun, est de 15 à 20 mètres.

Ce qu'il serait surtout important de constater, relativement à toutes les espèces de glaciers, ce serait leur augmentation ou leur diminution; car on pourrait en tirer des inductions très plausibles sur l'abaissement ou l'élévation de température dans les régions où ils sont situés. Or, si les hypothèses de Leibnitz, de Buffon et d'un grand nombre de naturalistes, étaient fondées, les glaciers devraient augmenter d'une manière sensible d'un siècle à l'autre. Dans leurs idées, en effet, les glaces qui doivent envahir un jour tout le globe ont déjà gagné une partie considérable de sa surface; elles occupent, sous l'équateur même, tout ce qui s'y trouve élevé à 2,400 toises au-dessus du niveau de la mer. Dans les régions brûlantes de l'Afrique, on commence à les trouver à 2,000 toises. Elles s'approchent davantage du sol, à mesure qu'on s'éloigne de la Zone Torride. Sur les Alpes, elles ne sont qu'à 1,500 toises du sol, en Norvège, elles descendent déjà à 600; dans le Groënland, dans la Laponie, elles s'étendent jusqu'au fond des vallées presque au niveau de la mer ; enfin, plus loin, vers le pôle, tout est glace. Dans l'autre hémisphère, les glaces paraissent beaucoup plus tôt encore, de sorte qu'elles occupent déjà plus d'un dixième de la surface entière du globe ; et tandis qu'elles s'avancent ainsi d'une manière effrayante des pôles vers les régions tempérées, elles descendent également du haut des montagnes, et, devenues, par leur masse énorme, une nouvelle cause de refroidissement, elles resserreront de plus en plus le règne de la vie, jusqu'à ce qu'elles le fassent disparaître entièrement de la surface du globe.

Ceux qui se livrent à ces sinistres idées croient pouvoir donner des faits positifs à l'appui de leurs opinions. Dans les régions polaires, disent-ils, bien des passages, autrefois parcourus par des navigateurs même assez récents, sont maintenant impraticables, à cause des glaces qui les obstruent. Les mêmes effets, selon eux, se remarquent sur nos montagnes les plus élevées, où l'on voit, disent-ils, les glaciers gagner de siècle en siècle, et presque d'année en année, descendre vers leur pied, et envahir dans leur marche lente, mais sûre, les champs, les prairies et les villages.

Relativement aux Alpes, particulièrement dans la Suisse, il est certain que les glaces ont gagné, depuis quelques années, d'une manière assez sensible.

Dans le bailliage d'Unterlaken, les neiges se sont emparées de quelques intervalles de montagnes où il y avait des pâturages, et elles ont obstrué entièrement un chemin qui conduisait au-delà dans le Valais. Un petit village, dont le nom était Sainte-Pétronelle, a disparu, et les glaces couvrent le terrain où étaient ses habitations.

Comme les Alpes sont les montagnes à glace les plus voisines de nous, et les mieux observées, on a été très porté à généraliser ces effets de peu d'importance, et qui probablement ne seront pas durables.

En effet, la tradition et quelques documents historiques apprennent que les glaciers de la Suisse, dont il est ici question, se sont élevés pendant environ un siècle, et ont gagné du terrain horizontalement ; mais que, durant d'autres années, ils ont diminué en hauteur et en étendue. Ainsi, l'on ne peut pas douter qu'il n'y ait une compensation ou des retours d'effets qui doivent rassurer les habitants voisins de ces lieux.

Il est certain, par exemple, que dans le temps même où les glaces ont gagné d'un côté, elles ont perdu de l'autre. Un magnifique portail de glace, d'où sortait un ruisseau abondant, et qui brillait parmi les glaciers du Grendelwaldt, a disparu entièrement.

Quant aux passages qu'on a reconnus, dans les régions polaires, être, depuis peu, devenus impraticables, on peut raisonnablement penser que c'est accidentellement qu'une plus grande quantité de glace s'y est trouvée rassemblée, et qu'un été plus chaud suffira pour les rendre aussi libres qu'ils ont pu l'être auparavant. Ce qu'il y a de certain, au surplus, c'est que le refroidissement du globe, quelque démontré qu'il soit, est devenu beaucoup trop lent pour qu'on puisse supposer qu'il produise des effets sensibles sur l'augmentation des glaciers.

Au lieu de voir dans les glaciers les tristes effets d'une cause destructrice qui aurait déjà fait disparaître la vie dans une partie considérable du globe, il est plus philosophique de les considérer comme le moyen que la nature a employé, dans beaucoup de lieux, dès le commencement de l'état actuel des choses, pour se procurer d'immenses réservoirs propres à devenir la source des fleuves, qui s'en échappant en grandes masses, et qui, traversant une étendue considérable pour se rendre à la mer, rafraîchissent et fertilisent les campagnes de tous les pays qu'ils parcourent.

Il est constant que ces amas de glace conservent les eaux qui servent à l'entretien des sources de ces grands fleuves qui arrosent une grande partie de l'Europe, où l'on manquerait d'eau sans cette ressource de la nature. Supposez, madame, un instant que les glaciers des Alpes n'existent pas; en les supprimant nous ôterons à cinq grands fleuves, à un grand nombre de moyens, et à une infinité de ruisseaux permanents, leur source intarissable; car l'eau qui tombera en pluie sur ces montagnes, si elles sont moins élevées, s'écoulera aussitôt pour produire des inondations désastreuses, ou sera dissipée en vapeurs : mais les neiges et les glaces la fixent, l'accumulent, la maintiennent, et, ne la laissant s'écouler que peu à peu et d'une manière permanente, la mettent dans la disposition la plus propre à fertiliser les campagnes qu'elle traverse pour se rendre dans la mer.

Avant que M. Fourier nous eût appris que la température de nos espaces planétaires était de 40° au-dessous du point de la glace, on supposait que le froid allait augmentant toujours progressivement, et l'on avait calculé qu'à 18,000 mètres au-dessus de Paris, on trouverait un froid de 82°; à 120,000 un froid de 300°. Aujourd'hui on sait, comme nous avons vu (*voyez* lettre 1re), que le froid, après avoir augmenté jusqu'à une température de 40° au-dessous de zéro, n'augmente plus, quelque haut qu'on s'élève.

C'est au froid qui règne dans les hautes régions de l'air qu'est due la formation des nuages, qui sont le résultat de la condensation de la vapeur aqueuse qui se trouve dans l'air; comme cette vapeur est d'un tiers plus légère que l'air, elle tend continuellement à s'élever, et monterait indéfiniment, si, à une certaine hauteur, le froid ne la condensait et ne la ramenait à l'état liquide. Dans cet état, elle reste quelque temps suspendue, et forme les nuages; puis elle retombe sous la forme de pluie : de sorte qu'aucune particule d'eau n'est perdue par suite de l'évaporation.

Il n'en est pas de même relativement au calorique, à l'arrivée et à la sortie duquel l'atmosphère ouvre sans cesse un libre passage. La transmission du calorique qui nous est lancé par le soleil se fait directement par voie de rayonnement, mais celle qui a lieu, au contraire, de la terre dans l'espace environnant, se fait et par le même moyen et par le déplacement de chaque molécule, qui aussitôt qu'elle est échauffée s'élève indéfiniment.

Elle a lieu aussi, mais très peu, par la transmission lente de molécule à molécule.

Le second mode de refroidissement, celui qui se fait

par le déplacement successif des molécules échauffées, est le plus important, surtout à cause de l'influence évidente qu'il exerce sur la production des vents. En effet, si une masse d'air un peu considérable se trouve simultanément échauffée, elle s'élèvera dans l'atmosphère, et les couches voisines se précipitant pour prendre sa place, il en résultera un vent plus ou moins soutenu, etc.

La terre perd-elle plus de calorique qu'elle n'en reçoit, ou bien, au contraire, en reçoit-elle plus qu'elle n'en perd? C'est une question du plus haut intérêt, et que M. Fourier a de nos jours complètement résolue; il a démontré avec une certitude mathématique, que le globe se refroidit, quoique ce soit bien lentement, et d'une manière tout à fait insensible. Pour peu que ce refroidissement fût considérable, l'astronomie fournirait un moyen certain de l'évaluer. En effet, la longueur de l'année étant déterminée par la révolution de la terre autour du soleil, si notre globe se refroidit, cette révolution doit être plus rapide, et la longueur de l'année doit diminuer. Or, on connaît quelle était cette longueur du temps d'Hipparque, célèbre astronome qui, il y a deux mille ans, a dressé des tables très exactes d'astronomie. Il résulte de ces tables que, de son temps, le jour n'était pas plus court qu'il ne l'est maintenant de $\frac{1}{300}$ de seconde décimale, c'est-à-dire $\frac{1}{30000}$ de minute dont on en compterait 100 à l'heure, quantité réellement inappréciable. Le sphéroïde terrestre perd encore du calorique par les eaux thermales, qui en amènent sans cesse à sa surface, et surtout par les éruptions volcaniques.

Si l'émission progressive de la chaleur terrestre n'a plus aucune influence sur nos climats, d'autres causes peuvent les modifier; tels sont les changements produits à la surface du sol, par le défrichement et la culture des terres dont l'effet est de les échauffer. Cette considération explique comment plusieurs pays ont pu jadis être soumis à une température beaucoup moins élevée que celle qui y règne aujourd'hui. La France et l'Allemagne, par exemple, semblent jouir aujourd'hui d'un climat beaucoup plus tempéré qu'au temps des Romains.

C'est ce que semblent indiquer les descriptions qui nous en restent et la nature des plantes qui, comme la vigne, y prospèrent maintenant, et qui ne pouvaient y croître dans ce temps-là.

On explique cette différence par l'influence qu'a dû exercer sur la température le défrichement des forêts qui couvraient notre pays, et qui ont fait place aux champs cultivés; la théorie de la chaleur a montré, comme nous l'avons vu, que cette cause pouvait réellement produire les effets qu'on lui attribuait depuis longtemps.

Au surplus, on ne peut alléguer les mêmes raisons pour l'Italie, qui dès lors était aussi bien cultivée au moins qu'elle peut l'être maintenant; et pourtant Horace, dans une de ses odes où il peint les rigueurs de l'hiver, parle du mont Soracte, *dont le sommet est blanchi par les neiges*, et des forêts, *fatiguées du poids des glaces dont elles sont couvertes.*

Certainement aujourd'hui l'Italie ne lui fournirait pas l'occasion de faire de pareils tableaux. S'il est vrai que le

voisinage de la Germanie, au temps où son climat était
si rigoureux, devait refroidir l'Italie, quoique peut-être
il soit difficile de comprendre comment, par suite de
cette cause seule, la différence ait pu être si considérable,
peut-être y aurait-il une recherche curieuse à faire sur
ce sujet (1).

Le baromètre prouve que le poids d'une colonne d'air,
depuis la terre jusqu'à la plus haute élévation de l'atmosphère, équivaut à celui d'une colonne semblable d'eau
de dix mètres de hauteur; le poids total de l'atmosphère
est donc égal au poids d'une masse d'eau suffisante pour
entourer le sphéroïde terrestre à dix mètres d'élévation.
Par conséquent, si l'air se condensait et tombait liquide
sur la terre, il n'augmenterait pas d'une quantité bien
notable la masse des eaux actuellement existantes; et
l'on voit, de plus, que son volume n'est que le millième
de celui du sphéroïde.

L'atmosphère, considérée comme agissant sur la mer
et sur la terre, joue un rôle assez important : outre les
actions chimiques qu'elle exerce sur la masse des eaux en
leur cédant une partie de l'air sur-oxigéné qui entre dans
sa composition, et sur la terre par la décomposition des
minéraux, elle agit mécaniquement en enlevant les corps
secs et légers pour les transporter au loin; c'est elle qui
forme les dunes, et change ainsi la surface entière de
plusieurs contrées; c'est elle qui, soulevant les vagues

____

(1) Le tableau tracé par Horace pourrait bien ne se rapporter qu'à un hiver
plus rigoureux que les autres, et en effet différents passages des auteurs de
la même époque semblent indiquer pour l'état normal de la saison froide
aux environs de Rome quelque chose de moins sévère.

de l'Océan, est la cause première de l'action qu'il exerce sur ses rivages. Elle renferme, de plus, la cause des phénomènes électriques qui détruisent si fréquemment le sommet des hautes montagnes.

Les plus étonnants produits de l'atmosphère sont ces pierres qui tombent assez fréquemment à la surface de la terre, sans qu'on ait pu jusqu'ici indiquer d'une manière satisfaisante leur mode de formation ou leur origine.

L'histoire fait mention de pluies de pierres qui, dès l'antiquité la plus reculée, avaient frappé d'étonnement ceux qui en avaient été témoins. Tite-Live, Pline, et plusieurs autres écrivains, en citent des exemples positifs. On n'en a jamais douté dans le moyen-âge; et Cardan, particulièrement, parle d'un phénomène semblable, qui eut lieu en 1510. Sur 1,200 pierres tombées, il y en avait, suivant lui, une du poids de 120 livres et une autre de 60.

Ce n'est que dans le dernier siècle que la difficulté d'expliquer la chute des pierres de l'atmosphère a conduit nos physiciens à nier absolument un phénomène sur lequel ils auraient dû, tout au plus, suspendre leur croyance : mais, loin d'apporter cette sage réserve dans leur décision, ils ont pendant longtemps repoussé, avec le plus dédaigneux mépris, tout ce qu'on leur a présenté sur ce sujet.

Cependant les observations se multipliaient, et les hommes qui avaient vu ces pierres, qui avaient failli être écrasés par leur chute, ne purent se résoudre à croire, sur l'assurance des savants, qu'ils n'avaient rien vu, entendu, ni senti, de ce que leurs sens leur avaient appris. Les faits, d'ailleurs, se répétèrent si souvent dans la dernière moitié du dix-huitième siècle, qu'il est inconcevable qu'on n'y ait pas fait plus d'attention. Il y eut des exemples bien constatés de chutes de pierres en Bohême en 1753, près de Paris en 1768, et à Sienne en 1794; il en tomba dans deux endroits de l'Europe en 1796; deux ans après le même phénomène fut observé à Confaté, à Bénarès; enfin tout récemment un physicien distingué qui s'est occupé à recueillir les exemples de chutes de pierres, a trouvé qu'à la fin du dix-huitième siècle, et lorsqu'on niait ce phénomène avec le plus d'opiniâtreté, on pouvait en compter jusqu'à 150.

Ce qui aurait dû surtout convaincre nos savants de la réalité du phénomène qu'ils ne voulaient pas admettre, c'est que toutes ces pierres étaient étrangères au sol où on les rencontrait; qu'elles étaient entièrement différentes de toutes celles que les physiciens et les chimistes connaissaient jusque là; enfin, qu'elles avaient entre elles les plus grands caractères de ressemblance, bien que recueillies à des époques très différentes et dans des lieux très éloignés : ajoutez à cela que les témoins s'accordaient sur les circonstances accessoires; tous les avaient vues tomber de l'atmosphère dans un temps d'éclairs, et surtout dans l'explosion de ces météores lumineux dont la production accompagne souvent les orages, et plusieurs d'entre eux les avaient recueillies encore chaudes peu d'instants après leur chute.

Enfin l'évidence des faits a triomphé de toutes les préventions, et la chute des pierres de l'atmosphère n'est plus contestée aujourd'hui. Ce qui a surtout contribué à vaincre l'obstination des plus incrédules, c'est l'existence d'un métal qui s'y trouve à l'état natif, ce qu'on n'avait jamais jusqu'ici rencontré au même état dans aucun autre corps. Cette preuve, qui ne pouvait être appréciée que par les chimistes, devait avoir par cela même plus de poids sur leur conviction, puisque les témoignages sur ce point étaient nécessairement donnés par des gens instruits, et que d'ailleurs tous les chimistes qui pouvaient se procurer de ces pierres étaient à portée de vérifier par eux-mêmes leur composition intime.

L'existence du phénomène étant une fois reconnue, il arriva (ce qui a toujours lieu en pareille circonstance) que les savants, qui d'abord ne voulaient pas l'admettre, parce qu'ils ne le comprenaient pas, ne manquèrent pas d'en proposer des explications qui leur paraissaient très claires.

L'un d'eux, niant l'origine aérienne de ces pierres, suppose qu'elles sont seulement mises à découvert, et tirées de terre par le voisinage de la foudre. Mais d'où la foudre les tirerait-elle, s'il est vrai qu'on n'en rencontre nulle part de semblable à la surface de la terre ni dans son intérieur ? Il faudrait pourtant qu'elles se trouvassent à quelques pouces tout au plus de profondeur. Et par quelle singularité ne se montreraient-elles jamais à la surface du sol que quand le tonnerre viendrait les y chercher ?

Des raisons semblables s'opposent à ce qu'on leur attribue une origine volcanique ; car les parties constituantes qui entrent dans leur composition n'ont aucune espèce de rapport avec les produits rejetés par les volcans sur quelque point de la terre que ce soit.

Frappés de l'extrême ressemblance qui nécessite qu'on donne à toutes ces pierres une origine commune, et convaincus de l'impossibilité de la leur assigner sur aucun point de la terre, MM. de Laplace et Biot, deux de nos savants les plus distingués, n'ont trouvé rien de plus satisfaisant que de les faire venir de la lune, en supposant qu'elles nous sont lancées par quelques-uns des volcans qui brûlent à la surface de notre satellite.

Ces deux savants ne manquent pas de raisons assez plausibles pour appuyer leur opinion ; car, calculant sur le petit volume de la lune (qui n'est que le 32e de celui de la terre) qu'elle ne doit exercer qu'une attraction 32 fois moindre sur les corps qui sont à sa surface; faisant entrer aussi le peu de résistance que peut présenter l'atmosphère de la lune, qui doit être extrêmement rare, ils sont arrivés, si je ne me trompe, à cette conclusion, qu'il suffirait qu'une pierre fût lancée de la surface de la lune avec une force égale au double tout au plus de celle qu'un canon de fort calibre donne à son boulet, pour qu'il sortît de la sphère d'attraction du satellite, qu'il entrât dans celle de notre planète, et tombât infailliblement à sa surface.

Quelque étrange que puisse paraître cette explication, elle est certainement beaucoup plus admissible que celle dans laquelle on veut expliquer leur formation dans l'atmosphère même, et dont je vais essayer de vous donner une idée.

Vous connaissez, au moins de nom , le gaz hydrogène ;

c'est un gaz transparent comme l'air, tout à fait inodore quand il est pur, et si léger, qu'il l'est 14 ou 15 fois plus que l'air que nous respirons. Imaginez donc, madame, que ce gaz, dans le travail des volcans, ou de toute autre manière, ait dissous les métaux qui entrent dans la composition des pierres de l'atmosphère (le fer et le nickel); que, chargé de ces molécules métalliques, il s'élance dans les régions supérieures, où nous supposerons qu'il y en a toujours une quantité prodigieuse, qui, vu son excès de légèreté sur l'air commun, s'y rend à mesure qu'il est dégagé des corps qui le renferment sur la terre : « un orage survient, l'hydrogène s'enflamme, et fait apercevoir quelques-uns de ces météores lumineux dont l'existence, d'après les traditions constantes, paraît devoir précéder la formation des pierres; le gaz, en brûlant, abandonne le métal qu'il a dissous, et réduit celui qui était à l'état d'oxide; la chaleur vive produite en ce moment fond le métal; et l'attraction moléculaire le rassemble en masses plus ou moins grosses, qui, tombées sur la terre, conservent quelque temps une partie de la chaleur développée dans leur formation. »

Si vous admettez tout cela, vous aurez une explication des pierres tombées du ciel. On a proposé sur la formation des aérolithes, une troisième opinion qui paraît réunir en sa faveur plus de probabilités que les deux précédentes; cette opinion consiste à considérer les aérolithes comme de très petites planètes circulant dans les espaces de notre système solaire, et dont quelques-unes, entrant de temps à autre dans la sphère d'activité de notre globe, se précipitent vers nous, et traversent notre atmosphère avec une rapidité qui suffit pour les en-flammer.

Aucun indice ne nous montre que l'air ait, dans la durée de la période actuelle, éprouvé une modification appréciable, malgré la respiration continuelle des animaux et des végétaux ; mais, dans les époques antérieures, l'atmosphère pouvait bien présenter une composition assez différente de celle qu'elle nous offre aujourd'hui ; il est même très-vraisemblable, ainsi que je vous l'ai déjà fait remarquer à l'occasion des plantes fossiles, que l'acide carbonique entrait pour une proportion considérable dans ses éléments à l'époque où parurent à la surface du globe les premiers êtres organisés, et que c'est parce que la végétation puissante de cette époque l'a dépouillée peu à peu d'une grande partie de son carbone, qu'elle est enfin devenue propre à la respiration des vertébrés à sang chaud.

NOTES.

NOTE PREMIÈRE.

Les questions relatives à la température du globe terrestre,
entrevues par les philosophes anciens, n'avaient jusqu'ici été
susceptibles d'aucune solution satisfaisante, et l'esprit humain,
sur cette matière comme sur toutes celles qu'il aborde d'une
manière prématurée, s'est jusqu'à ces derniers temps successivement promené d'une erreur à l'erreur opposée.

Ainsi, tandis que Buffon, trop préoccupé de l'hypothèse d'un
feu central encore brûlant sous l'écorce refroidie des corps planétaires, attribuait à la chaleur dont ces corps ont dû jadis
être pénétrés, une influence presque exclusive sur la température de leur surface, d'autres physiciens, niant jusqu'à la réalité de cette chaleur primitive dont tout prouve l'existence,
voulaient expliquer par la seule influence de la chaleur solaire
l'état thermométrique du globe tout entier.

Des vues aussi exclusives ne peuvent plus être admises.
Il est démontré, aujourd'hui, que des causes diverses influent
sur les températures du globe terrestre, et on peut même
assigner avec une grande précision le rôle que joue chacune d'elles.

Un seul homme, M. Fourier, a fondé de nos jours la théorie mathématique de la chaleur. Faisant usage d'une méthode de calcul de son invention, appropriée au nouvel ordre de phénomènes qu'il voulait étudier, il est parvenu à reconnaître les lois suivant lesquelles ils se manifestent. Aucun géomètre n'a appliqué jusqu'ici avec plus de profondeur l'analyse mathématique à l'investigation des grands phénomènes de la nature; aucun, depuis Newton, n'a ouvert des voies aussi neuves à l'étude de la philosophie naturelle.

Donner une idée des résultats obtenus par M. Fourier sur la chaleur du globe, ce sera exposer l'ensemble de nos connaissances sur ce sujet (1).

« Notre système solaire est placé dans une région de l'univers dont tous les points ont une température commune et constante, déterminée par les rayons de lumière et de chaleur qu'envoient tous les astres environnants. Cette température froide planétaire est peu inférieure à celle des régions polaires du globe terrestre.

La terre n'aurait que cette même température du ciel, si deux causes ne concouraient à l'échauffer :

L'une est l'action continuelle des rayons solaires, qui pénètrent toute sa masse, et entretiennent à la superficie la différence des climats.

L'autre est la chaleur intérieure qu'elle possédait lorsque les corps planétaires ont été formés, et dont une partie seulement s'est dissipée à travers sa surface.

Occupons-nous successivement de ces deux dernières causes de la chaleur terrestre, que nous considèrerons d'abord chacune à part, comme si elle agissait seule.

---

(1) L'exposé que nous allons donner est extrait d'un mémoire inséré par M. Fourier dans les *Annales de Chimie et de Physique* (octobre 1824). Si sur quelques points j'ai cru devoir donner des développements qui m'ont paru indispensables pour les lecteurs auxquels mon livre est destiné, dans d'autres il m'a paru que je n'avais rien de mieux à faire que de transcrire textuellement les expressions de M. Fourier. Ces pages sont indiquées par des guillemets.

Et d'abord, qu'arriverait-il si la terre, n'ayant eu primitivement que la température de l'espace dans lequel elle est plongée, était exposée depuis un très grand nombre de siècles à l'action des rayons solaires? Pour la solution de cette question, on doit évidemment distinguer les effets produits à l'extrême surface, de ceux qui devraient avoir lieu à des profondeurs plus ou moins considérables. Quant aux premiers, rien de plus simple.

Les alternatives de la présence et de l'absence du soleil auront, dès l'origine des choses, déterminé des variations diurnes et annuelles, semblables à celles que nous observons maintenant. Tout détail sur ce sujet serait superflu ; tout le monde comprend en effet comment la surface échauffée par la présence du soleil au-dessus de l'horizon, doit se refroidir chaque soir après le coucher de cet astre. La cause des variations annuelles est aussi évidente. Dans nos climats, le soleil étant pendant l'été plus longtemps chaque jour au-dessus de l'horizon, et dardant ses rayons plus directement sur nos têtes, il doit résulter de cette double cause un échauffement plus considérable que celui qui a lieu dans l'hiver, temps où le soleil, malgré sa proximité de la terre, y produit moins d'effet. Depuis longtemps la science considère ces phénomènes, au moins dans leur généralité. Remarquons seulement que la différence entre la chaleur des jours et celle des nuits, entre celle de l'été et celle de l'hiver, pour chaque région, ne pouvait être expliquée que par la considération de l'influence qu'exerce sur elle la température des espaces planétaires, que personne avant M. Fourier n'avait seulement cherché à évaluer.

Les effets périodiques dont nous venons de parler ne se remarquent qu'à l'extrême surface : et il suffit de pénétrer à quelques pieds au-dessous, pour les voir sensiblement modifiés.

En vertu d'une loi générale de la nature, les couches placées immédiatement au-dessous de la superficie lui soutirent une partie de la chaleur qui lui est communiquée par le soleil ; et le même effet se produit de proche en proche, jusqu'à une profondeur qui dépend essentiellement du temps qui s'est écoulé depuis l'époque où la cause échauffante a commencé à agir.

Mais ces couches échauffées par l'imbibition de la chaleur de la superficie ne peuvent plus être soumises aux mêmes variations de température que cette dernière. Pour rendre cette vérité sensible, considérons une profondeur telle, que la chaleur communiquée à la surface ne puisse y pénétrer qu'après plusieurs jours. Là, évidemment, les variations diurnes ne se feront plus sentir. La température n'y sera jamais ni si chaude que pendant le jour, ni si froide que pendant la nuit, mais prendra un degré intermédiaire qui ne dépendra immédiatement que d'une moyenne entre la chaleur de plusieurs jours et la fraîcheur de plusieurs nuits consécutives. Un thermomètre placé à cette profondeur (qui est celle de la plupart de nos caves) ne variera donc pas dans l'espace de 24 heures, comme il le ferait à la surface, et restera immobile pendant un temps qui peut égaler l'étendue d'une saison, marquant constamment une température moyenne, fournie par la totalité des jours et des nuits de cette saison.

Si nous descendons plus bas encore, nous arriverons à des couches où la transmission de la chaleur solaire ne pourra s'opérer qu'après un temps assez considérable pour que l'alternative des saisons ne s'y fasse plus sentir; de sorte qu'on y aura une température fixe qui sera la moyenne entre celle des saisons, c'est-à-dire exactement celle qu'on obtiendrait en prenant la valeur moyenne de toutes les températures observées à chaque instant à la surface pendant un grand nombre d'années.

Cette température fixe des lieux profonds une fois établie pour chaque point de la terre à une certaine distance de la surface, il n'a pu manquer d'arriver (en vertu de cette loi, par suite de laquelle un corps chaud mis en contact avec un corps froid cède de sa chaleur à ce dernier), qu'elle finit par se propager toujours la même pour chaque point, jusqu'aux plus

grandes profondeurs, de manière que le résultat final de l'influence solaire après un temps suffisamment prolongé, ne peut
manquer d'être l'établissement d'une température fixe pour
chaque lieu de la terre, se prolongeant toujours la même, à
partir du point où les variations périodiques cessent de se faire
sentir, jusqu'au centre de la terre.

Il est inutile de rappeler que cette température fixe étant le
résultat des variations périodiques de la superficie, et donnant
exactement pour chaque lieu la valeur moyenne de toutes les
températures qui se succèdent à la surface pendant une longue
suite d'années, ne changera plus, une fo s établie, quelle que
soit la longueur du temps pendent lequel se prolongera l'afflux
des rayons solaires.

Dans l'état final dont nous venons de parler, toute la chaleur
qui pénètre par les régions équatoriales est exactement com-
pensée par celle qui s'écoule à travers les régions polaires ; de
sorte que la terre rend aux espaces célestes toute la chaleur
qu'elle reçoit du soleil.

L'état final de la masse dont la chaleur a pénétré toutes les
parties est exactement comparable à celui d'un vase qui reçoit
par des ouvertures supérieures le liquide que lui fournit une
source constante, et en laisse échapper une quantité précisément
égale par une ou plusieurs issues.

Concluons de ce que nous venons de dire, que si la terre
avait été exposée pendant un temps très-considérable à la seule
action des rayons du soleil, on observerait, dans toute la profondeur de la couche superficielle qui nous est accessible, une
température variable avec la latitude, qui ne changerait pas
sensiblement lorsqu'on s'enfoncerait en suivant une ligne
verticale.

Si l'action des rayons solaires n'avait pas été prolongée assez
longtemps pour que l'échauffement fût parvenu à son terme,
la température des lieux profonds ne serait pas uniforme jusqu'au centre de la terre ; elle décroîtrait à mesure qu'on péné-
trerait plus bas. Mais, dans aucune supposition, l'influence des

rayons solaires ne peut déterminer un échauffement qui augmente avec la profondeur, c'est-à-dire rendre les couches
profondes plus chaudes que celles qui sont superficielles. »

Toutes les vérités précédentes, dont le raisonnement ne
peut qu'indiquer l'existence, M. Fourier les a démontrées avec
toute la rigueur mathématique. Il a même donné des formules
à l'aide desquelles on peut arriver sur chaque point à des résultats aussi précis que ceux que donnerait l'observation immédiate
la plus soignée.

Éclaircissons ceci par un exemple.

Nous venons de faire voir, et nous aurions pu d'ailleurs
donner comme une chose évidente d'elle-même, que la profondeur à laquelle la température devient constante et uniforme
pour chaque lieu dépend, entre autres choses, de la durée de
la période qui ramène les mêmes effets à la surface ; que, par
exemple, il faut pénétrer plus bas pour se soustraire à l'influence
des saisons, que pour cesser de sentir celle du jour et de la
nuit ; mais il serait impossible de déterminer par le raisonnement seul le rapport exact qui existe entre la durée de la
période et la profondeur à laquelle il faut pénétrer pour s'y
sous raire. Ce rapport, le calcul seul peut le fournir ; il nous
indique que les variations diurnes ne se font sentir qu'à une
profondeur dix-neuf fois moindre que celles où l'on cesse d'observer les variations annuelles.

Tous les effets de la chaleur du soleil sur la terre sont
modifiés par la superposition de l'atmosphère, et par la présence
des eaux. Les grands mouvements auxquels ces fluides sont
sujets en rendent la distribution plus uniforme.

L'air et les eaux exercent encore sur la chaleur terrestre
une action d'un autre genre : comme corps transparents placés
à la surface du globe, ils augmentent sa temp rature. Offrant
en effet un passage assez libre à la chaleur lumineuse, ils présentent un obstacle plus grand à la sortie de celle que la terre
exhale ensuite dans l'espace. L'air et l'eau produisent ainsi à
peu près l'effet d'un verre ordinaire qui entourerait un corps

exposé au soleil, ou l'effet des doubles vitres sur la température
de nos appartements.

Passons à une autre cause de la température du globe.

Des observations nombreuses, et aujourd'hui suffisamment
constatées, prouvent que sur chaque point de la terre les températures fixes des lieux profonds sont croissantes à mesure
qu'on descend à de plus grandes profondeurs. Or, nous avons
vu que cette élévation de la température fixée, dans le sens de
la profondeur, ne peut en aucune manière être le résultat de
l'action prolongée des rayons du soleil. La cause qui donne aux
couches profondes une température fixe de plus en plus élevée,
est donc une source intérieure de chaleur constante ou variable,
placée au-dessous des points du globe, où l'on a pu pénétrer.
Cette cause pénétrant jusqu'à la surface de la terre, élève sa
température au-dessus de celle qui serait le résultat de la seule
action du soleil. Mais l'excès de température communiqué à
la superficie par cette cause est aujourd'hui presque nul.
C'est ce que M. Fourier a démontré avec une rigueur mathématique.

Car, circonstance remarquable, à peine avons-nous eu acquis
quelque certitude sur l'existence du foyer central, que la théorie
de ce grand géomètre nous a fourni les moyens d'arriver aux
résultats les plus curieux sur toutes les conséquences qu'on peut
en tirer.

Peut-être, au premier aspect, paraîtra-t-il étonnant que, ne
connaissant ni la nature du foyer de la chaleur interne, ni son
intensité, ni la profondeur à laquelle il est situé, nous puissions
rien déterminer relativement à l'influence qu'il est susceptible
d'exercer sur la surface. Mais cette influence ne dépend directement d'aucune des circonstances que nous venons d'indiquer :
et pour la calculer rigoureusement il suffit, 1° d'avoir la mesure
exacte de l'élévation de la température dans les couches situées
immédiatement au-dessous du sol ; 2° de connaître le degré de
facilité avec lequel la chaleur peut pénétrer chacune des substances qui les composent.

Il n'est pas nécessaire en effet de beaucoup de réflexions pour comprendre que le foyer central, quel qu'il puisse être, et quelle que soit sa position, ne pouvant exercer d'influence sur la surface de la terre que par l'intermédiaire des couches les plus superficielles, l'effet qu'il produira aura un rapport immédiat et nécessaire avec son m de d'ac'ion sur ces dernières; qu'il réchauffera d'autant plus la surface, qu'il fera croître d'une manière plus rapide la température des couches situées au-dessous d'elle, et réciproquement.

Ce que le raisonnement ne fait qu'indiquer, on peut encore ici le détermiuer avec la plus grande préci-ion à l'aide des formules analytiques, et le secours qu'on peut en tirer pour ce cas particulier est tel, que c'est aujourd'hui pour les géomètres une même chose de savoir comment la chaleur croit, à mesure qu'on s'enfonce au-dessous du sol, ou de connaître l'excès de température que le foyer central communique à la surface; l'une de ces connaissances conduit immédiatement à l'autre.

Or, on peut mesurer, pour chaque localité, l'accroissement de température à partir de la surface; on peut donc connaître aussi pour chaque localité l'excès de température produit par la chaleur centrale.

Toutes les observations recueillies et discutées par les plus savants physiciens de nos jours nous apprennent que l'accroissement de température des couches placées au-dessous de la surface est d'environ un degré par 30 mètres, terme moyen. Dans un globe de fer, un pareil accroissement donnerait seulement un quart de degré centésimal pour l'élévation actuelle de la température de la surface. Par suite de l'influence du feu central, cette élévation est bien faible, et presque insensible; cependant celle que la terre éprouve est beaucoup moindre encore. En effet, les couches de l'écorce minérale ne sont pas de fer, mais de substances qui off.ent beaucoup moins de facilité à la transmission de la chaleur. Or, l'échauffement du sol est (pour une même élévation dans le sens de la profondeur) directement proportionnel à cette facilité : d'où résulte que si, comme cela est vraisemblable, les substances dont l'enveloppe supérieure de la terre est formée conduisent huit fois moins bien la chaleur que le fer, l'excès de la chaleur communiqué à la surface par le foyer interne ne sera que d'un trente-deuxième de degré centésimal, quantité tout à fait insignifiante.

Lorsqu'on examine attentivement, et selon les principes connus, toutes les observations relatives à la figure de la terre, on ne peut douter que cette planète n'ait reçu à son origine une température très-élevée; d'un autre côté, les observations thermométriques montrent que la distribution actuelle de la chaleur dans l'enveloppe terrestre est celle qui aurait eu lieu si le globe, primitivement très-chaud, s'était ensuite progressivement refroidi, jusqu'à l'état dans lequel nous le trouvons maintenant. L'accord de ces deux genres d'observations fournit, comme on le voit, l'argument le plus fort de l'origine ignée de notre planète. Mais, comme nous venons de le voir, ce feu central, dont on ne peut plus guère aujourd'hui contester l'existence, ne produit plus à la surface du sol que des modifications insensibles.

Tout prouvant que les autres corps planétaires ont la même origine que la terre, nous ne pouvons douter que les conséquences auxquelles nous sommes arrivés relativement à notre globe ne leur soient applicables.

En appliquant cette conclusion, mathématiquement prouvée, à tous les corps planétaires, on trouve que dans tous le foyer de chaleur, bien que encore brûlant à l'intérieur, doit être sans influence sensible sur la température de la surface; d'où il résulte que chez tous la chaleur de la superficie doit dépendre presque exclusivement de leur distance au soleil, de la manière dont ils présentent les différentes parties de leur surface aux rayons de cet astre, ainsi que de l'état de la superficie, la présence ou l'absence d'une atmosphère ou d'une grande quantité d'eau à leur surface pouvant surtout produire des différences très-sensibles.

C'est surtout l'ignorance où nous sommes de ces dernières circonstances qui s'oppose à ce que nous puissions assigner rigoureusement la température de la surface de chaque planète. Tout ce que nous pourrions faire, serait de déterminer d'une manière assez approchée le degré de chaleur qu'acquerrait le globe terrestre s'il était substitué à chacune d'elles. Cependant, pour les corps situés aux extrémités du système solaire, l'incertitude n'existe plus. L'impression des rayons du soleil sur ces planètes étant extrêmement faible à cette grande distance, on peut être assuré que la température de leur surface n'est que de très-peu supérieure à celle des espaces planétaires ; par conséquent qu'elle est soumise à un froid incompatible avec l'existence de la vie, telle que nous la voyons sur la terre. Ce résultat est surtout évident pour Uranus, qui, éloigné du soleil de 660 millions de lieues, ne peut être réchauffé par les rayons de cet astre.

Ces considérations suffisent pour faire voir combien Buffon s'est écarté de la vérité dans ses conjectures sur l'état présent, passé et futur, de la température des corps planétaires. Les erreurs dans lesquelles il est tombé sur ce sujet proviennent :

1° De ce qu'il s'est complètement mépris sur la rapidité du refroidissement total des masses échauffées : il a été conduit à supposer cette rapidité incomparablement plus grande qu'elle ne l'est réellement. Ainsi, il admet qu'il n'a fallu que quatre mille ans à la terre pour passer de la température de l'eau bouillante à celle qu'elle a maintenant ; et quatre mille ans ne seraient pas suffisants pour faire baisser cette température d'un dixième de degré.

Ajoutons qu'il n'a pas connu cette loi du refroidissement en vertu de laquelle un corps d'un volume aussi considérable que celui du corps planétaire doit nécessairement être depuis longtemps refroidi à sa surface, pendant que son intérieur est encore brûlant.

2° De ce qu'il n'a accordé aux rayons solaires qu'une puissance beaucoup trop bornée. Ainsi, tandis qu'il suppose que notre terre deviendra inhabitable aussitôt que, par l'évaporation de sa chaleur interne, elle sera réduite à celle qui lui viendrait du soleil, il est prouvé au contraire que la chaleur qui nous vient de cette dernière source est aujourd'hui, à très-peu près, la seule qui influe sur nos climats, et qu'elle suffira pour les maintenir constamment les mêmes pendant un temps immense.

Pour que nos climats changeassent d'une manière sensible, la surface de la terre restant toujours la même, il faudrait, en effet, ou que notre soleil vînt à diminuer de chaleur, ou que notre système solaire tout entier fût transporté dans une région de l'univers dans laquelle la température des espaces planétaires fût sensiblement différente de celle où nous sommes plongés.

Buffon s'était proposé d'indiquer d'une manière exacte le temps qui devait être nécessaire à chaque corps planétaire pour passer d'un état de fusion produite par la chaleur, à un froid incompatible avec la vie.

Aujourd'hui, grâces à la théorie de la chaleur, rien ne serait si facile que de résoudre cette question de la manière la plus précise, et de déterminer ainsi l'âge des planètes, si nous avions quelque moyen d'apprendre quelle a été leur tempérarure initiale : faute de cette connaissance, nous ne pouvons rien déterminer, et nous sommes forcés de nous contenter d'indiquer quelques résultats propres à donner une idée du temps immense qui a dû s'écouler depuis l'origine de notre système planétaire.

M. Fourier, cherchant à établir la durée des temps nécessaires pour que des corps solides semblables et semblablement échauffés parviennent au même état quand, après avoir été élevés à une même température, on les plonge dans un même milieu, est arrivé à ce résultat remarquable, que la terre, une fois échauffée à une température quelconque, et plongée dans un milieu plus froid qu'elle, ne se refroidit pas plus, dans l'espace de 4,280,000 années, qu'un globe d'un pied de diamètre, formé de matières pareilles, et placé dans les mêmes circonstances, ne le ferait en *une seconde*; c'est-à-dire que, dans cet espace de temps réellement immense, sa température n'aura pas varié d'une manière appréciable. On voit par ce résultat avec quelle lenteur les changements généraux s'opèrent dans l'intérieur des planètes. La durée de ces grands phénomènes, dit M. Fourier, répond aux dimensions de l'univers; elle est mesurée par des nombres du même ordre que ceux qui expriment les distances des étoiles fixes.

Une fois familiarisé avec l'idée de ces nombres effrayants, on ne sera plus étonné d'apprendre que, quelle que soit l'influence exercée à la surface du sol par la chaleur interne, cette influence persistera pendant un temps illimité, et qu'il s'écoulera plus de 50,000 années avant qu'elle soit réduite à la moitié de ce qu'elle est maintenant. A la vérité, au commencement des choses, les variations ont dû être beaucoup plus rapides; mais, depuis l'époque des temps historiques les plus reculés, tous les grands phénomènes relatifs à la terre ont pris un caractère de stabilité extrêmement remarquable. Il est rigoureusement démontré que depuis l'école grecque d'Alexandrie jusqu'à nous la température de la surface terrestre n'a pas diminué, par suite du refroidissement de sa masse interne, de la trois-centième partie d'un degré de chaleur du globe terrestre.

Concluons de ces différentes réflexions qu'après avoir diminué pendant un temps immense, l'influence de la chaleur interne du globe, quelque intense qu'elle puisse être, ne produit plus à sa surface qu'un effet insensible; que cet effet, tout faible qu'il est, ne se dissipera pourtant totalement qu'après un temps illimité, puisque, rigoureusement parlant, il persistera toujours de plus en plus faible jusqu'à ce que la chaleur interne soit totalement dissipée.

Quoique l'effet de la chaleur interne ne soit plus sensible à la surface de la terre, la quantité totale de cette chaleur, qui se dissipe dans un temps donné, comme une année ou un siècle, peut se mesurer; et M. Fourier, qui l'a déterminé, a montré qu'elle était encore assez considérable; celle qui traverse durant un siècle un mètre carré de superficie et se répand dans les espaces célestes, pourrait fondre une colonne de glace qui aurait pour base ce mètre carré et une hauteur d'environ trois mètres.

Le même géomètre a déterminé la quantité de chaleur dont les oscillations déterminent, chaque année, l'alternative des saisons pour chaque point du globe; cette quantité, en supposant que l'enveloppe terrestre fût de fer forgé, serait, pour un mètre carré de superficie, équivalente à celle qui fondrait une colonne de glace ayant pour base ce mètre carré, et pour hauteur 5 mètres; c'est-à-dire que la quantité de chaleur qui, chaque année, produit à Paris l'alternative des saisons, serait, dans cette supposition, sensiblement égale à celle que perd le globe terrestre pendant un siècle, par suite de l'évaporation de sa chaleur interne; mais l'enveloppe du globe terrestre étant formée de substances qui conduisent beaucoup moins bien la chaleur que ne le ferait le fer forgé, la déperdition annuelle est réellement moins considérable.

Il est très-important d'observer que la température moyenne d'un lieu peut subir, par suite de causes accidentelles, des variations incomparablement plus sensibles que celles qui proviendraient du refroidissement séculaire du globe.

L'établissement et le progrès des sociétés humaines, l'action des forces naturelles peuvent changer notablement, et, dans de vastes contrées, l'état de la surface du sol, la distribution des eaux, et des grands mouvements de l'air; de tels effets sont propres à faire varier dans le cours de quelques années la valeur de la chaleur moyenne d'une manière très-sensible. En général, le défrichement et la culture des terres, l'établissement des villes, les travaux à l'aide desquels on donne aux fleuves et aux rivières un cours déterminé, le dessèchement des marais ; en un mot, tout ce qui résulte des progrès de la civilisation, tend à augmenter la température d'un pays. C'est ce qui paraît être arrivé jadis pour la Germanie, qui, du temps de Tacite, était beaucoup plus froide que de nos jours, et, à une époque toute récente, pour les États-Unis, dont le climat paraît s'être très-sensiblement adouci depuis un demi-siècle. Ces faits incontestables, qui paraîtraient au premier aspect contredire l'hypothèse du refroidissement progressif du globe terrestre, ne prouvent évidemment rien contre elle, puisqu'ils dépendent de causes locales dont la théorie de la chaleur ne peut faire apprécier l'importance avec assez d'exactitude, tandis que cette même hypothèse prouve, comme nous venons de le voir, que l'influence du feu central est à peu près nulle à la surface.

Considérons maintenant une troisième cause de la chaleur terrestre, celle qui réside dans la température des espaces planétaires. Supposons pour un instant que le soleil et tous les corps planétaires cessent d'exister ; la région du ciel dans laquelle notre système solaire était placé aura une certaine température que marquerait un thermomètre placé dans un de ses points.

Indiquons les faits principaux qui ont conduit M. Fourier à reconnaître l'existence de cette chaleur propre aux espaces planétaires, indépendante de la chaleur primitive que le globe a pu conserver.

« Pour acquérir la connaissance de ce singulier phénomène,
« il faut examiner quel serait l'état thermométrique de la masse
« terrestre si elle ne recevait que la chaleur du soleil ; et pour
« rendre cet examen plus facile, on peut d'abord supposer que
« l'atmosphère est supprimée ; or, s'il n'existait aucune cause
« propre à donner aux espaces planétaires une température
« commune et constante, c'est-à-dire si le globe terrestre et
« tous les corps qui forment le système solaire étaient placés
« dans une enceinte privée de toute chaleur, on observerait des
« phénomènes entièrement contraires à ceux que nous connais-
« sons ; les régions polaires subiraient un froid immense, et

« le décroissement des températures, depuis l'équateur jus-
« qu'aux pôles, serait incomparablement plus rapide et plus
« étendu.

« Dans cette hypothèse du froid absolu de l'espace, s'il est
« possible de la concevoir, tous les effets de la chaleur, tels
« que nous les observons à la surface du globe, seraient dus à
« la présence du soleil; les moindres variations de la distance de
« cet astre à la terre occasionneraient des changements très-con-
« sidérables dans les températures; l'intermittence des jours et
« des nuits produirait des effets subits et totalement différents
« de ceux que nous observons. La surface des corps serait ex-
« posée tout à coup, au commencement de la nuit, à un froid
« infiniment intense; les corps animés et les végétaux ne résis-
« teraient point à une action aussi forte et aussi prompte, qui
« se reproduirait en sens contraire au lever du soleil.

« La chaleur du soleil conservée dans l'intérieur de la masse
« terrestre ne pourrait point suppléer à la température exté-
« rieure de l'espace, et n'empêcherait aucun des effets que l'on
« vient de décrire; car nous connaissons avec certitude (ainsi
« que nous venons de le voir) par la théorie et les observations,
« que l'effet de cette chaleur centrale est devenu depuis long-
« temps insensible à la superficie, quoiqu'il puisse être très-
« grand à une profondeur médiocre.

« Nous concluons de ces dernières remarques, et principale-
« ment de l'examen mathématique de la question, qu'il existe
« une cause physique toujours présente qui modère les tempé-
« ratures à la surface du globe terrestre, et donne à cette pla-
« nète une chaleur fondamentale, indépendante de l'action du
« soleil et de la chaleur propre que sa masse intérieure a con-
« servée : cette température fixe, que la terre reçoit ainsi de
« l'espace diffère peu de celle que l'on mesurerait aux pôles
« terrestres; elle est nécessairement moindre que la températu-
« ture qui appartient aux contrées les plus froides; mais dans
« cette comparaison l'on ne doit admettre que des observations
« certaines, et ne point considérer les effets accidentels d'un

« froid très intense qui serait occasionné par l'évaporation,
« par des vents violents et une dilatation extraordinaire de
« l'air (1).

« Après avoir reconnu l'existence de cette température fonda-
« mentale de l'espace, sans laquelle les effets de la chaleur
« observés à la superficie du globe seraient inexplicables, nous
« ajouterons que l'origine de ce phénomène est pour ainsi dire
« évidente. Il est dû au rayonnement de tous les corps de l'uni-
« vers, dont la lumière et la chaleur peuvent arriver jusqu'à
« nous ; les astres que nous apercevons à la vue simple, la mul-
« titude innombrable des astres télescopiques ou des corps
« obscurs qui remplissent l'univers, les atmosphères qui envi-
« ronnent ces corps lumineux, la matière rare disséminée
« dans diverses parties de l'espace concourant à former ces
« rayons, qui pénètrent de toutes parts dans les régions plané-
« taires. On ne peut pas concevoir qu'il existe un tel système de
« corps lumineux ou échauffés, sans admettre qu'un point
« quelconque de l'espace qui les contient acquiert une tempé-
« rature déterminée.

« Le nombre immense des corps célestes compense les in-
« égalités de leurs températures, et rend l'irradiation sensible-
« ment uniforme.

« Cette température de l'espace n'est pas la même dans les
« différentes régions de l'univers ; mais elle ne varie pas
« dans celles où les corps planétaires sont renfermés, parce que
« les dimensions de cet espace sont incomparablement plus
« petites que les distances qui les séparent des corps rayon-
« nants. Ainsi, dans tous les points de l'orbite de la terre, cette
« planète trouve la même température du ciel.

(1) C'est de cette manière qu'on doit expliquer ce qu'a rapporté le capitaine Parry, qui dit avoir observé un froid de 50 degrés à l'île Melville.

Nota. Dans tous les résultats obtenus par M. Fourier, les températures sont évaluées en degrés de Réaumur. Nous avons oublié d'en avertir. Il est d'autant plus important de réparer cette omission, qu'elle peut donner lieu à de fausses idées.

« Il en est de même des autres planètes de notre système.
« Elles participent toutes à la température commune, qui est
« plus ou moins augmentée pour chacune d'elles par l'impression
« des rayons du soleil, selon la distance de la planète de cet
« astre. »

APPENDICE.

TABLEAU

DES

PÉRIODES DES TEMPS DE REFROIDISSEMENT DES PLANÈTES
ET DE LEURS SATELLITES, D'APRÈS BUFFON.

REFROIDIES DE MANIÈRE A POUVOIR LES TOUCHER.	REFROIDIES A LA TEMPÉRATURE ACTUELLE.	REFROIDIES A 1/25ᵉ DE LA TEMPÉRATURE ACTUELLE.
La Terre..... en 34270 $\frac{2}{3}$ ans.	En .. 74852 ans.	En.... 16812 ans.
La Lune..... en 7515 «	En... 16409 «	En.... 72514 «
Mercure..... en 24813 «	En... 54192 «	En.... 187765 «
Vénus....... en 41969 «	En... 91645 «	En.... 228540 «
Mars........ en 15054 «	En... 28538 «	En.... 60526 «
Jupiter...... en 110118 «	En... 240451 «	En.... 483121 «
Saturne...... en 59911 «	En... 130821 «	En.... 262020 «

TABLEAU

DU COMMENCEMENT, DE LA FIN ET DE LA DURÉE DE L'EXISTENCE DE LA NATURE ORGANISÉE DANS CHAQUE PLANÈTE, SUIVANT BUFFON.

Date de la formation des Planètes, 74,852 ans.

COMMENCEMENT À COMPTER DE LA FORMATION DES PLANÈTES.	FIN à dater de la formation des PLANÈTES.	DURÉE absolue.	DURÉE à dater de ce jour.
La Lune 7890	72514	64624	0
Mars............................... 13685	60326	55641	0
Mercure............................ 26053	187765	161712	112933
La Terre........................... 35983	168123	132140	93291
Vénus 44067	228540	184473	155708
Saturne............................ 62906	262020	199114	187188
Jupiter............................ 115623	483121	367498	

(Buffon , supplément, t. II , p. 302 et 503.)

NOTE II.

Si l'hypothèse de l'incandescence du globe est à peu près incontestable, quant à ce qui regarde les couches de l'écorce minérale, on conçoit facilement qu'on ne trouve plus la même certitude sur ce qui est relatif aux couches les plus profondes, et même relativement à toutes celles qui font partie de la masse interne.

Un célèbre chimiste anglais a même, dans ces derniers temps, proposé une hypothèse d'après laquelle la partie la plus superficielle du globe terrestre aurait seule été soumise à la combustion. Ce chimiste (sir Humphry Davy), partant de ce fait curieux, qu'il existe certains métaux capables de s'enflammer par suite du seul contact de l'air et de l'eau (1), suppose qu'au commencement des choses ces métaux, qui existaient en grande proportion à la surface du sol, prirent feu spontanément et communiquèrent l'incendie à toute cette surface ; plus tard, l'eau, à mesure qu'elle pénétra dans l'intérieur des couches extérieures solidifiées, continuant d'enflammer les mêmes métaux, détermina un soulèvement de ces couches avec explosion et éruptions volcaniques. C'est pour cette raison que les volcans étaient, à l'origine des choses, infiniment plus nombreux qu'ils ne le sont maintenant. Pourtant, aujourd'hui même, les éruptions ne sont pas dues à une autre cause. Notre chimiste trouve une confirmation de cette opinion dans la nature des gaz qui s'échappent du

---

(1) On leur a donné le nom de *potassium* et de *sodium*, parce que la potasse et la soude sont le résultat de leur combinaison avec l'oxigène. On ne peut douter que la chaux ne soit le résultat de la combinaison d'un métal semblable au calcium avec l'oxigène, mais ce dernier n'a pu encore être reconnu.

cratère des volcans, et qui sont justement, dit-il, ceux qui doivent résulter de la combustion des métaux dont il vient d'être parlé, combinés avec le soufre ou le chlore.

Pour rendre son explication sensible, M. Davy indique une expérience très jolie et très facile à répéter : elle consiste à placer sur un morceau de verre une boule métallique, dans laquelle entrent en grande proportion, les métaux dont j'ai parlé; si, sur cette boule qui représente le globe terrestre, on fait tomber une rosée très fine, on voit en peu de temps sa surface se brûler et s'oxider en commniquant à toute la boule une chaleur très intense.

C'est ainsi, suivant le chimiste anglais, que la terre a été échauffée par la combustion de sa surface jusqu'à une profondeur assez considérable, mais qui, à moins d'un temps immense, n'a pu pénétrer jusqu'à son centre.

Sous ce rapport, l'hypothèse de M. Davy aurait des résultats qui sont directement contraires à ceux que suppose l'hypothèse la plus généralement admise. En effet, dans cette dernière, la masse entière du globe ayant été primitivement fondue par la chaleur, la surface seule est refroidie, et la chaleur doit aller en augmentant indéfiniment à mesure qu'on s'approche du centre. Si les idées de M. Davy étaient fondées, au contraire, le plus haut degré de température se trouverait à une profondeur de quelques lieues, et, à partir de ce point où les volcans ont leur source, elle devrait aller toujours décroissant jusqu'au centre qui, peut-être n'aurait jamais été échauffé par l'incendie de la surface.

Comme il s'agit ici de profondeurs auxquelles l'homme n'atteindra probablement jamais, on peut être assuré que jamais l'observation ne pourra rien fournir de directement favorable ou contraire à chacune des deux opinions opposées.

Cependant, comme les observations qui prouvent que la température des couches terrestres s'élève à mesure qu'on pénètre plus avant dans l'intérieur du globe sont incontestables, et qu'il est impossible que la chaleur solaire produise un pareil effet, il faut nécessairement recourir, pour l'expliquer, à l'admission d'une chaleur propre du globe, et jusqu'ici on n'a à choisir qu'entre les deux suppositions dont nous avons parlé.

On a fait récemment contre celle de la liquéfaction totale de la masse interne une objection assez embarrassante (au moins dans l'état actuel de la science). Si notre globe, a-t-on dit, n'est autre chose qu'une masse énorme de matières métalliques en fusion, enfermées dans une enveloppe assez mince, cette masse fluide, soumise, comme les eaux de l'océan, à l'attraction de la lune et du soleil, doit éprouver, par suite du déplacement diurne de ces astres, des mouvements analogues à ceux qui produisent les marées, et, soulevant l'écorce minérale, donner lieu deux fois par jour à des tremblements de terre périodiques. Cette objection a été présentée à la fois par plusieurs savants, et en particulier par l'auteur d'une Théorie de la terre qu'on trouvera exposée dans la note suivante.

NOTE III.

SYSTÈME DE COSMOGONIE DE M. AMPÈRE.

M. Ampère, dans ses Leçons sur la classification naturelle des connaissances humaines, a émis sur la théorie de la terre des opinions fort ingénieuses, et a bien voulu nous les développer plus complètement dans quelques conversations particulières ; nous tâcherons d'en donner ici une idée, mais auparavant nous croyons devoir rappeler brièvement les hypothèses d'Herschell sur la formation même du globe.

Prenant les choses de très-loin, et s'appuyant sur des observations qu'il avait faites sur l'apparence des corps celestes, et en particulier des nébuleuses, Herschell se crut autorisé à admettre que la matière dont les mondes sont composés était d'abord à l'état gazeux. En effet, il avait vu que parmi les nébuleuses, les unes n'offrent à l'œil qu'une lumière diffuse et homogène, analogue à celle de la queue des comètes, tandis que d'autres présentent dans cette même lumière des points plus brillants qui semblent indiquer que les particules gazeuses commencent à se réunir en noyaux liquides ou solides. Il avait en outre remarqué que l'éclat de ces points s'augmente à mesure que la lumiere diffuse va perdant de son intensité ; et de là il avait conclu assez naturellement que ces différences correspondaient aux différentes phases par lesquelles un monde passe depuis l'époque de sa formation.

« De même, disait-il, que pour faire l'histoire du chêne l'homme n'a pas besoin de suivre un être de cette espèce pendant la longue période de son existence, qui surpasse de beaucoup la sienne propre, mais qu'il lui suffit de parcourir une forêt pour y observer des chênes dans tous les états par lesquels ils passent successivement, depuis le développement de leurs cotylédons jusqu'à leur décrépitude et à leur mort ; de même il suffirait de trouver dans le ciel des nébuleuses qui représentassent les différentes époques de la formation d'un monde, pour en déduire les différents états successifs par lesquels chacun d'eux a passé ou passera. »

Sous ce point de vue, Herschell considère chaque nébuleuse comme le germe, comme l'espoir d'un système de mondes futurs analogue au système complet de notre soleil et de nos étoiles ; car, suivant lui, toutes les étoiles, en y comprenant la multitude innombrable de celles que l'on voit dans la voie lactée, ne forment qu'une nébuleuse parvenue au point où toute la matière s'est déjà concentrée en noyaux solides ; tous ces noyaux constituent un ensemble comparable, pour la forme, à une meule de moulin, dont l'épaisseur, quoique immense, serait cependant très-petite, relativement à son diamètre. Dès lors, en nous supposant placés en un point quelconque de l'épaisseur de cette meule, lorsque nous tournons les yeux sur une de ses faces, nous ne pouvons apercevoir dans cette direction qu'un certain nombre des étoiles comprises dans l'épaisseur, tandis qu'en plongeant nos regards dans le sens du diamètre, nous voyons comme une infinité d'étoiles les unes derrière les autres, paraissant d'autant plus petites qu'elles sont plus éloignées, et formant par leur réunion l'apparence de la voie lactée.

L'hypothèse d'Herschell, remarque M. Ampère, n'a rien que de très-conciliable avec le texte de la Genèse : *Terra autem erat inanis et vacua;* le sens que les anciens donnaient au mot *inanis* entraînant surtout l'absence de matière palpable, peut s'appliquer à l'état gazeux d'un corps. Au reste, ajoute le professeur, on verra bientôt se multiplier tellement les rapports entre le récit biblique et notre théorie, qu'il faudra conclure, ou que Moïse avait dans les sciences une instruction aussi profonde que celle de notre siècle, ou qu'il était inspiré.

S'il admet que les choses se sont passées comme le suppose

Herschell, c'est-à-dire que tous les corps, soit simples, soit composés, qui ont concouru à la formation de notre système planétaire et de la terre en particulier, aient d'abord été à l'état gazeux, il faut admettre nécessairement que leur température était plus élevée à cette époque que celle à laquelle celui de ces corps qui est le moins volatil prendrait l'état gazeux. Sans nous inquiéter de savoir quel est ce corps, nous désignerons par la lettre A la température à laquelle il cesse d'exister à l'état de fluide élastique. Pour qu'il y ait formation de corps solides ou liquides aux dépens de cette immense masse gazeuse, il faudra supposer qu'il s'y opère un refroidissement, et le premier dépôt ne pourra arriver avant que la température ne soit descendue au point A. Ce dépôt ne continuera qu'en vertu d'un refroidissement ultérieur, et sans que la partie déposée puisse acquérir une température supérieure à A. C'est ainsi que, si l'on a de la vapeur d'eau à 120°, on sait qu'elle ne pourra se liquéfier que lorsque, par un refroidissement successif, elle sera arrivée à 100°, et que, quoiqu'il y ait de la chaleur produite par la liquéfaction, cette chaleur ne peut que maintenir à 100° l'eau déposée, et jamais l'élever au-dessus.

Le premier dépôt ne sera très-probablement formé que d'une seule substance, soit simple, soit composée, car il est difficile d'admettre que deux substances différentes se liquéfient précisément au même degré de température.

Quand toute cette substance, provenant d'une portion déterminée de l'espace, se sera réunie en une seule masse liquide (masse qui, si elle n'a pas de mouvement de rotation, prendra la forme d'une sphère, et qui, si elle en a, prendra celle d'un sphéroïde aplati), il ne se formera plus de dépôt jusqu'à l'époque où, par l'effet du refroidissement, la masse sera descendue à la température B, qui est celle à laquelle une seconde substance se déposera sur le premier noyau, autour duquel elle formera une couche concentrique ; le second dépôt se fera comme le premier, peu à peu, et sans que jamais la température de la surface puisse s'élever au-dessus de B.

Il en sera de même pour toutes les températures de moins en moins élevées auxquelles se déposeront successivement les autres substances restées jusqu'alors à l'état de gaz.

Jusqu'à présent, nous avons raisonné comme si les diverses substances déposées successivement n'exerçaient les unes sur les autres aucune réaction chimique. Dans ce cas, les parties centrales avaient bien à la vérité une température supérieure à celle des couches plus extérieures ; mais en vertu du refroidissement successif et de la différence entre les degrés de température où commence chaque dépôt, on ne voit pas qu'aucune couche puisse jamais reprendre une température assez élevée pour repasser en totalité ou en partie à l'état de fluide élastique, surtout si l'on songe à la pression des couches qui se seraient déposées au-dessus d'elle. Il résulte de là que chaque couche, soit qu'elle se forme d'une substance simple ou d'une substance composée, devrait, dans notre hypothèse, rester homogène, séparée des autres par des lignes de niveau sans mélanges et sans inégalités à la surface de contact. Tous ces dépôts ayant été l'effet d'un refroidissement lent et gradué, les diverses substances seraient rangées précisément dans l'ordre des températures où elles passent de l'état liquide à l'état gazeux.

Ce n'est pas ainsi, pourtant, qu'est composé le globe de la terre, et ce n'est pas ainsi que doivent l'être les planètes et les soleils répandus dans l'espace. Pour voir ce qui a dû arriver, rendons aux couches successives les propriétés chimiques dont elles sont douées, et cet ordre si régulier sera aussitôt détruit par d'immenses bouleversements.

Lorsqu'une nouvelle couche se dépose à l'état liquide, soit que la précédente existe encore à cet état, soit que déjà elle ait passé à l'état solide, il doit se manifester entre elles une action chimique résultant de l'affinité entre les deux substances, si chaque couche est formée par un corps simple (ce qui doit être rare) ou entre les éléments, si l'une d'elles ou si toutes deux sont des substances composées ; de là formation de nouvelles combinaisons, explosions, déchirements, élévation de température, et (dans le cas où l'une des couches au moins contiendrait des éléments divers) retour à l'état de gaz des éléments qui seraient séparés par l'effet de nouvelles combinaisons, soulèvement de la surface par une sorte d'ébullition, enfin formation de matière solide toutes les fois qu'un des nouveaux composés exigerait pour rester à l'état liquide une température beaucoup plus élevée.

On sait quelle intensité de chaleur résulte des combinaisons chimiques, et combien ces températures sont supérieures à celles qui se produisent par la simple liquéfaction des gaz. Il pourra arriver ainsi que des couches inférieures, qui auraient déjà été solidifiées, passent de nouveau à l'état liquide, et dans le cas où la masse déposée serait très-considérable, il faudrait un temps assez long, pour que le centre, alors moins échauffé que la surface, se remît avec elle en équilibre de température.

Dans le moment où l'une de ces combinaisons viendrait de s'opérer, le maximum de température ne serait ni au centre, ni à la superficie de la masse, mais sensiblement à l'endroit où la dernière couche reposerait sur la précédente, puisque c'est là que, suivant notre supposition, se développerait l'action chimique.

Ce ne serait qu'après beaucoup de bouleversements, après que de grands morceaux de croûte déjà solidifiée auraient été soulevés par des éléments revenus à l'état gazeux, et en vertu d'un refroidissement ultérieur, que se pourrait former une croûte continue, assez solide pour mettre obstacle à de nouvelles combinaisons chimiques; mais quand la température se serait abaissée de manière à permettre que, sur cette couche solide, vînt se déposer une nouvelle substance à l'état liquide, susceptible de l'attaquer chimiquement, on verrait se reproduire une série de phénomènes analogues à ceux dont nous venons de parler.

Dans le cas où cette croûte solide ne serait pas susceptible d'être attaquée par le nouveau liquide déposé, mais où une couche inférieure serait de nature à l'être, il pourrait arriver que, pendant quelque temps, il n'y eût pas d'action chimique ; mais qu'ensuite, à travers les fissures de la couche intermédiaire, fissures produites par les bouleversements précédents, ou causées par le retrait résultant d'un refroidissement de cette couche moyenne postérieur à la solidification, le liquide déposé arrivât jusqu'à la couche attaquable. Le premier effet de cette pénétration serait de produire des explosions qui, augmentant les fissures de la couche préservatrice, mettraient en un plus large contact les deux couches qu'elle séparait. De là résulteraient des bouleversements nouveaux, dont les effets seraient d'autant plus intenses qu'ils auraient tardé davantage, et que les obstacles qu'ils auraient à vaincre seraient plus grands.

C'est ainsi qu'on peut rendre raison des révolutions successives qu'a éprouvées le globe terrestre, du brisement et de la disposition, sous toutes espèces d'inclinaisons, des couches formées d'abord selon des lignes de niveau.

On conçoit que la surface de la terre, au lieu d'avoir été en se refroidissant d'une manière graduelle, a dû éprouver des augmentations de température très-grandes et très-brusques toutes les fois que se sont produites les réactions chimiques dont nous venons de parler.

Maintenant que la température est tellement abaissée, que parmi les corps susceptibles d'agir chimiquement avec violence, il n'y a plus que l'eau qui soit à l'état liquide ; ce n'est plus que de l'eau qu'on peut craindre un nouveau cataclysme. M. Ampère rappelle à cette occasion l'expérience de Davy, laquelle représente en miniature les bouleversements qui ont dû avoir lieu sur le globe terrestre, quand une substance jusqu'alors à l'état gazeux est tombée liquéfiée sur ce globe dont la surface était de nature à agir chimiquement sur elle. Cette expérience, comme on l'a vu dans la note précédente, consiste à projeter en l'air de l'eau, de manière à ce qu'elle retombe en gouttes imperceptibles sur une petite masse de potassium ; à mesure qu'elle y arrive, chaque molécule d'eau est décomposée, son hydrogène, à cause de l'élévation de température qui se produit, brûle avec une petite flamme semblable à celle d'un volcan ; il se fait au point de contact une petite cavité qui est le cratère, et l'oxide de potassium se relève sur les bords en formant un monticule dont le cratère occupe le centre.

Si l'eau tombe en quantité un peu plus considérable, il se fait un embrasement général de la surface du potassium, d'où résulte une multitude de crevasses et d'élévations comparables aux grandes vallées et aux chaînes de montagnes, dont la terre est sillonnée. Au surplus, dit M. Ampère, il reste un grand monument des bouleversements qu'a produits sur le globe la décomposition des corps oxigénés par les métaux ; c'est l'énorme quantité d'azote qui forme la plus grande partie de notre atmosphère. Il est peu naturel de supposer que cet azote n'ait pas été primitivement combiné, et tout porte à croire qu'il l'était avec l'oxigène sous la forme d'acide nitreux ou nitrique. Pour cela, il lui aurait fallu, comme on sait, huit à dix fois plus d'oxigène qu'il n'en reste dans l'atmosphère ; où sera passé cet oxigène ? Suivant toute apparence, il aura servi à l'oxidation de substances autrefois métalliques, et aujourd'hui converties en silice, en alumine, en chaux, en oxide de fer, de manganèse, etc. Quant à l'oxigène qui existe dans l'atmosphère, ce n'est qu'un reste de celui qui n'est pas combiné avec les corps combustibles, joint à celui qui a été expulsé des combinaisons dans lesquelles il entrait, par du chlore ou des corps analogues.

Dans les premiers moments de ce dépôt d'acide nitrique, à mesure que l'acide arrivait sur les métaux non oxidés, la combinaison se produisait et bientôt il y eut une croûte complètement oxidée ; cette combinaison ne se passa pas, comme on peut le croire, sans qu'il y eût dégagement d'une énorme quantité de chaleur qui volatilisa de nouveau les portions de liquide qui continuaient à arriver, et maintint à l'état élastique celles qui allaient se liquéfier. Mais, le refroidissement s'opérant avec

le temps, la précipitation recommença, et le noyau solide fut
bientôt entouré d'un vaste océan acide. Pendant quelque
temps, la croûte oxidée dut protéger contre l'action de cet
acide les parties non encore oxidées qu'elle recouvrait ; mais la
mer d'acide croissait toujours, et augmentant incessamment
sa pression, se faisait chemin à travers les fissures ; il en dut
résulter une oxidation, d'abord sourde, puis violente, et qui
enfin fit voler en éclats la croûte supérieure ; de là, comme
nous l'avons déjà dit, précipitation du liquide acide, nouvelle
formation d'oxides bouillants comme la lave, puis, par l'effet
de la chaleur dégagée dans la combinaison, nouvelle vaporisa-
tion du reste de l'acide.

On a déjà dit qu'à mesure que ces événements se répétaient,
la couche d'oxide croissant, l'infiltration était plus difficile, les
cataclysmes devenaient plus rares, mais en même temps ils
étaient plus violents. Cependant, la terre se hérissait de plus en
plus de montagnes formées des éclats de la croûte soulevés et in-
clinés dans toutes les directions. Il arriva enfin qu'après un refroidissement nouveau, une nouvelle mer s'étant formée, elle ne
recouvrit plus toute la surface du noyau solide ; quelques îles
apparurent au-dessus des eaux (*apparuit arida*, dit Moïse),
et la terre fut entourée d'une atmosphère formée, comme la
nôtre, de fluides élastiques permanents, mais dans des proportion probablement fort différentes. Il semble, en effet, résulter
des ingénieuses recherches de M. Adolphe Brongniard, qu'à ces
époques reculées, l'atmosphère contenait beaucoup plus d'acide
carbonique qu'elle n'en contient aujourd'hui. Elle était impropre à la respiration des animaux, mais très favorable à la
végétation. Aussi la terre se couvrit-elle de plantes, qui trouvaient dans l'air bien plus riche en carbone, une nourriture
plus abondante que de nos jours, d'où résultait un développement beaucoup plus considérable que favorisait en outre un
plus haut degré de température.

C'est ainsi que s'explique l'antériorité de la création des
végétaux relativement aux animaux, et la taille gigantesque des

premiers. Nous trouvons en effet, à l'état fossile, des végétaux analogues à nos lycopodes et à nos mousses rampantes, mais qui atteignent deux cents et jusqu'à trois cents pieds de longueur.

La première création était toute composée de plantes acotylédones. A une époque postérieure vinrent s'y mêler des conifères et des cycadées, puis parurent les plantes monocotylédones, et enfin les dicotylédones que l'on peut regarder comme plus parfaites et mieux organisées pour résister au froid.

Cependant les débris des forêts s'accumulaient sur le sol, s'y décomposaient, et l'hydrogène carboné qui résultait de cette décomposition se répandait dans l'atmosphère. Là il était décomposé par des explosions d'électricité, alors beaucoup plus fréquentes en raison de la plus grande élévation de température. Un monument de cette époque nous est offert par les houilles, immenses débris de végétaux carbonisés.

La même action qui avait produit l'apparition des îles (l'action du liquide acide pénétrant à travers les fissures de la croûte oxidée), se répéta encore, et fut suivie incessamment des mêmes phénomènes d'effervescence, d'où résultèrent de nouveaux soulèvements. Seulement, tandis que les bouleversements antérieurs n'avaient fait apparaître au-dessus des eaux que des pics isolés, de simples îles, ceux-ci mirent à sec de vastes continents.

A chaque grand cataclysme, la température de la surface du globe s'élevant considérablement, toute organisation devenait impossible jusqu'à ce qu'elle se fût abaissée de nouveau. C'est en raison de cela que nous voyons à des couches qui renferment d'anciens végétaux et même les premiers animaux succéder d'autres couches où il n'y a plus de débris de corps organisés.

L'absorption et la destruction continuelle de l'acide carbonique par les végétaux, rendaient l'air de plus en plus semblable en composition à ce qu'il est maintenant, l'eau devenait en même temps de moins en moins chargée d'acide : cependant l'atmosphère n'était pas encore propre à entretenir la vie des animaux qui respirent l'air directement; ce fut en effet dans l'eau qu'apparurent d'abord les premiers êtres appartenant à ce règne : des radiaires et des mollusques.

La première population des mers fut uniquement composée d'invertébrés, puis vinrent les poissons, et plus tard les reptiles marins, tels que les énormes plésiosaures, et même, d'après le récit de Moïse, des oiseaux qui devaient être surtout des oiseaux aquatiques, puisqu'à cette époque le rapport des parties découvertes aux parties submergées du globe était bien moindre qu'à présent.

De ces grands reptiles qui ont successivement habité les eaux de la mer, une seule race, dit M. Ampère, mais une race bien dégénérée, sous le rapport des dimensions, subsiste encore aujourd'hui : c'est la tortue. Après l'époque des poissons, après celle des reptiles et des oiseaux, vinrent les mammifères, et enfin l'atmosphère s'étant suffisamment épurée, la terre étant capable d'entretenir une plus noble génération, apparut l'homme, le chef-d'œuvre de la création.

Cet ordre d'apparition des êtres organisés, remarque M. Ampère, est précisément l'ordre de l'œuvre des six jours, tel que nous le donne la Genèse. Depuis l'apparition de l'homme, ajoute-t-il, la seule catastrophe qu'ait éprouvée le globe est celle qui correspond au déluge; peut-être est-ce à elle qu'est dû le soulèvement des chaînes de l'Himalaya et des Andes. Maintenant la croûte qui nous sépare du noyau non oxidé est si épaisse, que les bouleversements sont devenus très-rares; sa résistance est même telle, que, quand une fissure a lieu en quelque point, l'explosion se fait isolément, et ses effets ne s'étendent point à toute la terre ; ainsi, quoique le choc se propage parfois à une grande étendue, le brisement de l'enveloppe solide ou la déjection des matières liquéfiées se fait en un espace très-limité. Parmi ces catastrophes du second ordre, la plus remarquable par son étendue est celle qui s'observa le 29 septembre 1759, à Jorullo, au Mexique, et où, entre autrès accidents, on vit dans une savanne située au-dessous du volcan, une étendue de quatre milles carrés se soulever en vessie et se hérisser de plusieurs milliers de petits cônes basaltiques, de fumaroles qui exhalaient une vapeur épaisse.

Cette hypothèse d'un noyau non oxidé, déjà présentée par Davy comme la seule admissible, explique très-bien les volcans, sans qu'on ait besoin de supposer que la terre ait en elle une chaleur énorme qui serait due à l'état de fusion de sa partie intérieure. En effet, cette masse non oxidée est une source chimique intarissable de chaleur qui se manifestera toutes les fois qu'un corps viendra former avec elle quelques combinaisons ; de sorte qu'un volcan en activité semblerait n'être autre chose qu'une fissure permanente, une correspondance continuelle du noyau non oxidé avec les liquides qui surmontent la couche oxidée. Toutes les fois qu'a lieu cette pénétration des liquides jusqu'au noyau non oxidé, il se produit des élévations de terrain, et c'est un effet qu'on pouvait prévoir, puisqu'on sait que le métal, en s'oxidant, doit augmenter de volume. La chaleur résultant de l'action chimique doit avoir son maximum d'intensité au point où se fait la combinaison, c'est-à-dire à la surface de contact de la partie oxidée avec le noyau métallique, et de là elle doit se propager non seulement vers l'extérieur du globe, mais aussi vers son intérieur ; on voit d'après cela que la marche de la chaleur dans l'intérieur du globe est une marche centripète ; à mesure que l'oxidation de la croûte va plus avant, la région des actions chimiques, source de la chaleur dégagée, se propage, en s'affaiblissant du dehors vers le dedans, de sorte que si les métaux, dit M. Ampère, étaient moins bons conducteurs, on pourrait supposer au centre une très basse température.

Ce que nous venons de dire paraît au premier abord en opposition avec les faits observés. On a reconnu, en effet, qu'à partir de la surface la température va toujours en augmentant, et on s'est pressé d'en conclure que l'augmentation continue jusqu'au centre, ou au moins jusqu'au noyau liquide.

Les observations sont bonnes, mais la conclusion est attaquable. Remarquons d'abord que cette augmentation de température à partir de la surface jusqu'à une certaine profondeur ne fournit pas matière à une objection ; dans notre hypothèse même, elle est nécessaire puisque le maximum d'intensité de la chaleur doit être au point de contact du noyau métallique avec la couche oxidée. Ajoutons que l'homme s'enfonce au plus à une lieue en terre, en sorte qu'il ne peut observer ce qui se passe que sur $\frac{1}{1400}$ du diamètre du globe. Conclure de ce qui s'observe dans cette petite fraction du diamètre à ce qui a lieu dans toute son étendue, est une extrême légèreté, et c'est au contraire en physique une règle imprescriptible, qu'on ne doit considérer une loi comme générale que quand elle a été observée directement dans la plus grande partie de l'échelle.

Ceux qui admettent la liquidité du noyau extérieur de la terre paraissent ne pas avoir songé à l'action qu'exercerait la lune sur cette énorme masse liquide, d'où résulteraient des marées analogues à celles de nos mers, mais bien autrement terribles, tant par leur étendue que par la densité du liquide. Il est difficile de concevoir comment l'enveloppe de la terre pourrait résister, étant incessamment battue par un espèce de levier hydraulique de 1400 lieues de longueur.

Aujourd'hui les eaux de la mer n'étant plus acides, quand une fissure se forme dans la croûte terrestre, et met à nu le noyau métallique, le liquide qui se précipite sur lui, prêt à l'oxider, est sensiblement de l'eau pure ; donc les gaz qui se dégageront devront être hydrogénés, et c'est en effet ce que confirme l'expérience.

Si cette eau rencontre des métaux très-oxidables, et que l'oxigène dégagé ne rencontre aucun corps qui ait pour lui une grande affinité, il se dégagera pur, et pourra, dans certaines circonstances, produire de belles flammes en arrivant au contact de l'air. S'il rencontre, au contraire, des corps avec lesquels il est susceptible de produire des hydracides, il s'en formera, et comme ces corps se vaporisent aisément, on verra des fumées acides s'échapper par les orifices.

Davy, dans ses voyages aux volcans, a constaté le dégagement de l'hydrogène, soit à l'état de pureté, soit à l'état de combinaison avec le soufre, le chlore ou le carbone.

On pouvait, il y a quelque temps, opposer des objections à cette théorie, en ce qui concerne la formation de l'hydrogène chloruré ; on n'admettait pas, en effet, que l'eau pût décomposer un chlorure métallique et lui arracher son chlore, mais Berzélius a prouvé récemment, par des expériences directes, que l'eau décompose le chlorure de silicium.

La source de chaleur, avons-nous dit, se trouve au contact de la couche non oxidée, et de la croûte oxidée ; elle est due en grande partie à l'action chimique qui a eu lieu dans cette région. Ajoutons qu'il existe, pour sa production, une cause secondaire dans les courants électriques qui résultent du contact de ces deux couches hétérogènes. Un autre effet des courants produits par cet immense couple galvanique se manifeste à la surface de la terre dans la direction de l'aiguille aimantée. Les courants se produisent aussi au contact des couches de différents oxides, mais moins énergiquement, en raison de la moindre conductibilité des oxides. Leurs effets tendent à se manifester également à la surface de la terre. Quant à la direction qu'ils y affectent, on peut soupçonner qu'elle est déterminée par l'action du soleil, qui, échauffant successivement les divers méridiens, diminue ainsi, pour un temps, la conductibilité des parties correspondantes dans les couches les plus superficielles de la croûte.

NOTE IV.

SUR L'ANCIENNETÉ RELATIVE DES DIFFÉRENTES CHAÎNES
DE MONTAGNES DE L'EUROPE ; PAR M. ARAGO.

(**Exposition du système de M. Elie de Beaumont.**)

Cicéron disait qu'il ne concevait pas comment deux *augures* pouvaient se regarder sans rire. Ce mot, il y a un certain nombre d'années, avait été appliqué aux géologues sans qu'ils eussent trop le droit de s'en plaindre ; car la science qu'ils professaient était alors une simple collection d'hypothèses bizarres, et dont aucune observation précise ne montrait la nécessité. Aujourd'hui, au contraire, la géologie a pris rang parmi les sciences exactes. Le nombre des travaux partiels dont elle se compose est immense ; les faits recueillis sont aussi nombreux que bien observés, et quelques-uns des résultats généraux qu'on en a déduits méritent au plus haut degré de fixer l'attention ; car ils nous éclairent sur l'état primitif du globe terrestre, et sur les effroyables révolutions physiques qu'il a éprouvées, à des époques éloignées séparées par des intervalles de tranquillité.

Peut-être, malgré mon insuffisance, céderai-je un jour à la tentation de présenter un aperçu rapide de ces grands phénomènes ; mais, dans cet article, je ne m'occuperai que d'un seul objet, de l'âge relatif des différentes chaînes de montagnes européennes. En choisissant cette question, j'ai été encore moins déterminé par sa nouveauté que par la lucidité et la rigueur de la méthode qui a permis à M. Élie de Beaumont de la résoudre. Je dois dire aussi que j'avais l'avantage de pouvoir puiser dans ses communications amicales, des éclaircissements sans lesquels il m'eût été impossible de rédiger cet article, car le mémoire original n'a pas encore paru. Il ne m'appartient point de prévoir le rang que les géologues assigneront au travail de M. Élie de Beaumont : mais je me tromperais fort s'ils ne le rangeaient pas unanimement parmi tout ce que leur science possède de plus curieux et de mieux établi. Le témoignage extrêmement favorable que MM. Brongniart, Brochant et Beudant en ont déjà rendu à l'Académie des Sciences, entraînera, je suppose, l'assentiment de toute l'Europe savante.

C'est une opinion presque généralement admise maintenant, que les montagnes se sont formées par voie de soulèvement, qu'elles sont sorties du sein de la terre, en perçant violemment sa croûte, en sorte qu'il y a eu peut-être une époque où la surface du globe ne présentait aucune aspérité remarquable.

Depuis que cette grande vue a été adoptée, des difficultés jusqu'alors insurmontables ont disparu de la science. On voit, par exemple, qu'on peut expliquer la présence des coquillages au sommet des plus hautes montagnes, sans supposer que la mer les ait recouvertes dans leur état actuel. Il suffit de dire, en effet, que ces montagnes, en sortant du sein des eaux, ont soulevé avec elles, et porté à 3 ou 4000 mètres de hauteur, les terrains, déposés par la mer, dont les points de leur émersion se trouvaient recouverts.

Dès que le géologue a admis la formation des montagnes par voie de soulèvement, une foule de recherches intéressantes s'offrent à lui : il doit se demander, par exemple, si toutes les grandes chaînes ont surgi à la même époque, et dans le cas d'une réponse négative, quel est l'ordre de leur ancienneté relative.

Telles sont précisément les questions dont M. Élie de Beaumont vient de s'occuper, et tout porte à supposer qu'il les a complètement résolues. Voici ses résultats ; je passerai ensuite aux preuves :

Le système de l'*Erzgebirge* en Saxe, de la *Côte-d'Or* en Bourgogne, et du mont *Pilas* en Forez, est, parmi les montagnes dont **M. de Beaumont** s'est occupé jusqu'ici, celui qui a été soulevé le premier.

Le système des Pyrénées et des Apennins, quoique plus étendu et plus élevé, est d'une date beaucoup moins ancienne.

Le système des Alpes occidentales, dont le colosse du Mont-Blanc fait partie, s'est soulevé longtemps après les Pyrénées.

Enfin, un quatrième soulèvement, postérieur aux trois que je viens de citer, a donné naissance aux Alpes centrales (le Saint-Gothard), aux monts Ventoux et Leberon, près d'Avignon, et, suivant toute probabilité, à l'Himalaya d'Asie et à l'Atlas d'Afrique.

J'ai d'abord présenté ces résultats, dans l'espérance que leur singularité engagerait le lecteur à suivre avec plus d'attention les détails un peu minutieux qui nous amèneront à en constater l'exactitude.

Parmi les terrains de tant de natures diverses qui composent l'écorce du globe, il en est qu'on a appelés des *terrains de sédiment*.

Les terrains de sédiment proprement dits sont composés, en tout ou en partie, de détritus charriés par les eaux, semblables aux vases de nos rivières ou aux sables des rivages de la mer. Ces sables, plus ou moins menus, agglutinés par des sucs calcaires ou siliceux, forment des roches *arénacées* appelées *grès*.

Certains terrains calcaires sont aussi rangés parmi ceux qu'on appelle de *sédiment*, lors même, ce qui est très-rare, qu'ils ne laissent pas de résidu sédimenteux après leur dissolution dans l'acide nitrique, parce que les débris de coquillages qu'ils renferment montrent d'une autre manière, et peut-être mieux encore, que leur formation a eu lieu aussi au sein des eaux.

Les terrains de sédiment sont toujours composés de couches successives bien visibles. On peut partager les plus récents en quatre grandes divisions, qui seront, dans l'ordre de leur ancienneté :

Le calcaire oolithique, ou calcaire du Jura :

Le système du grès vert et de la craie ;

Les terrains tertiaires ;

Enfin, les premiers dépôts d'atterrissement ou de transport (1).

Quoique tous ces terrains aient été déposés par les eaux, quoiqu'on les rencontre dans les mêmes localités, et les uns sur les autres, le passage d'une espèce à la suivante ne se fait pas par des nuances insensibles. On remarque toujours alors une variation subite et tranchée dans la nature physique du dépôt et dans celle des êtres organisés dont on y trouve les débris. Ainsi, il est évident qu'entre l'époque où le calcaire du Jura se déposait, et celle de la précipitation du système grès vert et craie qui le recouvre, il y a eu à la surface du globe un renouvellement complet dans l'état des choses. On peut en dire autant de l'époque qui a séparé la précipitation de la

______

(1) Quant au but que je me propose, une définition exacte de ces terrains est inutile. J'aurais même pu ne pas les nommer et me contenter de les désigner par les nos 1, 2. 3. 4. Le no 1 aurait été, par exemple, le terrain de sédiment le plus ancien des quatre, celui que les autres recouvrent, en un mot le calcaire du Jura ; dès lors, le no 4 se serait trouvé affecté au terrain supérieur, c'est-à-dire aux dépôts d'atterrissement. Je donnerai cependant ici quelques notions très-abrégées sur la nature et l'aspect de ces divers genres de dépôts.

M. de Humboldt a appelé *calcaire du Jura*, ce vaste dépôt de sédiment dont le Jura se compose en très grande partie et qui est formé par un calcaire blanchâtre, tantôt compacte et uni comme la pierre lithographique qu'on en extrait, tantôt pétri de petits grains appelés oolithes, d'où est venue la désignation de *calcaire oolithique*.

Le terrain de sédiment, comprenant le *grès vert et la craie*, se compose d'une succession de couches de grès mélangées souvent d'une grande quantité de petits grains verts de silicate de protoxide de fer, et surmontées d'une série très-épaisse de couches de craie. Les couches de l'une et de l'autre espèce qui forment les falaises de la Manche sont le type de ce genre de terrain.

Le *terrain de sédiment tertiaire* est celui des environs de Paris. C'est une succession très-variée de couches d'argile, de calcaire, de marne, de gypse, de grès et de meulières.

Enfin, les *anciens terrains d'atterrissement* tirent ce nom de leur ressemblance avec les atterrissements ou alluvions produits par les cours d'eau de l'époque actuelle.

craie de celle des terrains tertiaires, comme il est également manifeste qu'en chaque lieu, l'état ou la nature du liquide d'où les terrains se précipitaient a dû changer complètement entre le temps de la formation tertiaire et celui des anciens terrains de transport.

Ces variations considérables, tranchées et non graduelles dans la nature des dépôts successifs formés par les eaux, sont considérées par les géologues comme les effets de ce qu'ils ont appelé les *révolutions du globe*. Alors même qu'il semblerait difficile de dire bien précisément en quoi ces révolutions consistaient, leur existence n'en serait pas moins certaine.

J'ai parlé de l'ordre chronologique dans lequel les différents terrains de sédiment avaient été déposés ; je dois donc dire qu'on a déterminé cet ordre en suivant, sans interruption, chaque nature de terrain, jusque dans des régions où l'on pouvait constater positivement, et sur une grande étendue horizontale, que telle couche était au-dessus de telle autre. Les escarpements naturels, comme les falaises au bord de la mer, les puits ordinaires, les puits artésiens et les tranchées des canaux, ont été pour cela d'un grand secours.

J'ai déjà remarqué que les terrains de sédiment sont stratifiés. Dans les pays de plaines, comme on devait s'y attendre, la disposition des couches est presque horizontale. En approchant des contrées montagneuses, cette horizontalité, en général, s'altère ; enfin, sur les flancs des montagnes, certaines de ces couches sont très-inclinées ; elles atteignent même quelquefois la verticale.

Les couches de sédiment inclinées qu'on voit sur les pentes des montagnes ont-elles pu s'y déposer dans des positions obliques ou verticales ? N'est-il pas plus naturel de supposer qu'elles formaient primitivement des bancs horizontaux, comme les couches contemporaines de même nature dont les plaines sont recouvertes, et qu'elles ont été soulevées et redressées au moment de la sortie des montagnes sur les flancs desquelles elles s'appuient ?

En thèse générale, il ne semble pas impossible que les pentes des montagnes aient été encroûtées sur place, et dans leur position actuelle, par des dépôts sédimenteux, puisque nous voyons journellement les parois verticales des vases dans lesquels des eaux séléniteuses s'évaporent, se recouvrir d'une couche solide dont l'épaisseur va continuellement en augmentant; mais la question que nous nous sommes faite n'a pas cette généralité, car il s'agit seulement de savoir si les couches des terrains de sédiment *connus* ont été déposées ainsi. Or, à cela on doit répondre négativement; je le prouverai par deux genres de considérations totalement différents.

Des observations géologiques incontestables ont montré que les couches calcaires qui constituent les cimes élevées de 5 à 4000 mètres, du Buet en Savoie et du Mont-Perdu dans les Pyrénées, ont été formées en même temps que les craies des falaises de la Manche. Si la masse d'eau d'où ces terrains se sont précipités s'était élevée à une hauteur de 3 à 4000 mètres, la France en aurait été entièrement couverte, et des dépôts analogues existeraient sur toutes les hauteurs inférieures à 3000 mètres; or on observe, au contraire, dans le nord de la France, où ces dépôts paraissent avoir été très-peu tourmentés, que les craies n'atteignent jamais une hauteur de plus de 200 mètres au-dessus de la mer actuelle. Elle présentait précisément la disposition d'un dépôt qui se serait formé dans un bassin rempli d'un liquide dont le niveau n'aurait atteint aucun des points élevés aujourd'hui de plus de 200 mètres.

Je passe à une seconde preuve, empruntée à Saussure, et qui semble encore plus convaincante.

Les terrains de sédiment renferment souvent des galets ou espèces de cailloux roulés, d'une forme à peu près elliptique. Dans les lieux où la stratification du terrain est horizontale, les plus longs axes de ces cailloux sont tous horizontaux, par la même raison qui fait qu'un œuf ne se tient pas sur sa pointe; mais là où les couches sédimenteuses sont inclinées sous un angle de 45°, les grands axes d'un grand nombre de ces cailloux forment aussi avec l'horizon des angles de 45° ; quand les couches deviennent verticales, les grands axes de beaucoup de cailloux sont verticaux.

Les terrains de sédiment, l'observation des cailloux le *démontre*, n'ont donc pas été déposés sur la place et dans la position qu'ils occupent aujourd'hui ; ils ont été relevés plus ou moins au moment où les montagnes dont ils recouvrent les flancs sont sorties du sein de la terre (1).

Cela posé, il est évident que les terrains sédimenteux dont les couches se présenteront sur la pente des montagnes, *dans des directions inclinées ou verticales*, existaient avant que ces montagnes surgissent. Les terrains également sédimenteux *qui se prolongeront horizontalement* jusqu'à la rencontre des mêmes pentes, seront, au contraire, d'une date postérieure à celle de la formation de la montagne ; car on ne saurait concevoir qu'en sortant de terre elle n'eût pas relevé à la fois toutes les couches existantes.

Plaçons des noms propres dans la théorie générale et si simple que nous venons de développer, et la découverte de M. de Beaumont sera constatée.

Des quatre espèces de terrains sédimenteux que nous avons distingués, trois, et ce sont les plus élevées, les plus voisines de la surface du globe ou les plus modernes, se prolongent en couches horizontales jusqu'aux montagnes de la Saxe, de la

(1) **Pour** se convaincre que dans l'acte du redressement d'une couche horizontale, tous les grands axes des cailloux qu'elle renfermait n'ont pas dû devenir verticaux, on n'a qu'à tracer des lignes dans diverses directions sur un plan horizontal, et à le faire tourner ensuite autour d'une certaine charnière. Dans ce mouvement, toutes les lignes parallèles à la charnière resteront constamment horizontales. Les lignes perpendiculaires à cette même charnière s'inclineront au contraire à l'horizon de toute la quantité dont le plan se mouvra, en sorte qu'au moment où il atteindra la verticale, ces lignes seront verticales elles-mêmes. Les lignes placées primitivement dans des directions intermédiaires entre celles de ces deux systèmes, formeront avec l'horizon des angles compris entre 0 et 90°. Or, c'est là l'image fidèle de la disposition en grand qu'affectent les axes des cailloux dans les couches redressées

Côte-d'Or et du Forez; une, le calcaire du Jura ou oolithique, s'y montre seule relevée :

Donc l'Erzgebirge, la Côte-d'Or et le mont Pilas du Forez sont sortis du globe après la formation du calcaire oolithique, et avant la formation des trois autres terrains de sédiment.

Sur les pentes des Pyrénées et des Apennins, il y a deux terrains relevés, savoir : le calcaire oolithique et le terrain grès vert et craie ; le terrain tertiaire et le terrain d'alluvion qui le recouvre ont conservé leur horizontalité primitive :

Les montagnes des Pyrénées et des Apennins sont donc plus modernes que le calcaire du Jura et le grès vert qu'elles ont soulevé, et plus anciennes que le terrain tertiaire et celui d'alluvion.

Les Alpes occidentales (entre autres, le Mont-Blanc) ont soulevé, comme les Pyrénées, le calcaire oolithique et le grès vert, mais de plus, le terrain tertiaire ; le seul terrain d'alluvion est horizontal dans le voisinage de ces montagnes.

La date de la sortie du Mont-Blanc doit être inevitablement placée entre l'époque de la formation du terrain tertiaire et celle du terrrain d'alluvion.

Enfin, sur les flancs du système dont le Ventoux fait partie, aucune des espèces de terrain de sédiment n'est horizontale ; toutes les quatre sont relevées.

Quand le Ventoux a surgi, le terrain d'alluvion lui-même s'était donc déjà déposé.

En commençant cet article, j'avais annoncé, quelque singulier que cela dût paraître, qu'on était arrivé à connaître l'ancienneté relative des diffé entes chaînes de montagnes européennes ; on voit maintenant que les observations de M. de Beaumont ont même conduit plus loin, puisque nous avons pu comparer l'âge de la formation des montagnes à celui de la production des divers terrains de sédiment.

J'ai appelé précédemment l'attention du lecteur sur les causes inconnues, mais nécessaires, qui ont amené des varia-

tions si tranchées dans la nature des dépôts formés par les
eaux à la surface du globe terrestre. Le travail de M. de Beaumont permet d'ajouter à tout ce qu'on avait pu *conjecturer* sur
la nature de ces révolutions, quelques notions positives que
voici :

Les terrains de sédiment semblent, par leur nature et par la
disposition régulière de leurs couches, avoir été déposés dans
les temps de tranquillité. Chacun de ces terrains se trouvant
caractérisé par un système particulier d'êtres organisés, végétaux et animaux, il était indispensable de supposer qu'entre les
époques de tranquillité correspondantes à la précipitation de
deux de ces terrains superposés, il y avait eu sur le globe une
grande révolution physique. Nous savons maintenant que ces
révolutions ont consisté, ou du moins ont été caractérisées par
le soulèvement d'un système de montagnes. Les deux premiers
soulèvements signalés par M. de Beaumont n'étant pas, à beaucoup près, les plus considérables dans les quatre qu'il est
parvenu à classer, on voit qu'on ne pourrait point dire qu'en
vieillissant le globe devient moins propre à éprouver ce genre
de catastrophes, et que l'époque actuelle de tranquillité ne se
terminera pas, comme les précédentes, par la sortie subite de
quelque immense chaîne.

Dès qu'il demeura établi que les montagnes terrestres n'ont
pas toutes percé le globe aux mêmes époques, il fut naturel
d'examiner si les montagnes contemporaines n'offriraient point
entre elles quelques rapports de position. Cette recherche ne
pouvait pas échapper à la perspicacité de M. de Beaumont; or
voici ce qu'il a trouvé.

Les directions de l'Erzgebirge, de la Côte-d'Or et du mont
Pilas sont parallèles à un grand cercle de notre globe qui passerait par Dijon et formerait avec le méridien de cette ville un
angle d'environ 45°.

Les montagnes contemporaines du second surgissement, savoir : les Pyrénées et les Apennins; les montagnes de la Dalmatie, de la Croatie et les monts Crapacs, qui appartiennent

au même système, comme on peut le déduire des descriptions qu'en ont données divers géologues, sont toutes disposées parallèlement à un arc de grand cercle dont l'orientation sera bien déterminée, si je dis qu'il passe par Natchez et l'embouchure du golfe Persique. Ainsi, quelle qu'ait pu en être la cause, les montagnes qui, en Europe, sont sorties de terre à la même époque, forment à la surface du globe des chaînes, c'est-à-dire des saillies longitudinales, toutes parallèles à un certain cercle de la sphère. Si l'on suppose, comme il est naturel de le faire, que cette règle soit applicable hors des limites dans lesquelles elle a été constatée, les Alleghanis de l'Amérique du nord, puisque leur direction est aussi parallèle au grand cercle qui joint Natchez et le golfe Persique, sembleront devoir appartenir par la date au système pyrénéen. Or, M. de Beaumont a pu, ici, vérifier l'exactitude de la conséquence, en discutant les descriptions très-bien faites que les géologues américains ont données de ces montagnes. Il paraît, d'après cela, que l'on peut, sans trop de risque, se hasarder à prédire que les montagnes de la Grèce, les montagnes situées au nord de l'Euphrate, et la chaîne des Gates dans la presqu'île de l'Inde, qui satisfont aussi très-exactement à la condition de parallélisme déjà indiquée, doivent, comme les Alleghanis, avoir surgi avec les Pyrénées et les Apennins.

Le troisième système de montagnes par ordre d'ancienneté, celui dont le Mont-Blanc et les Alpes occidentales font partie, se compose de sillons parallèles à un grand cercle qui joindrait Marseille et Zurich. Dans tout l'espace compris entre ces deux villes, la règle se vérifie avec une exactitude très-remarquable. La chaîne qui sépare la Norwége de la Suède et la Cordilière du Brésil étant aussi, l'une et l'autre, parallèles au même cercle, ont probablement percé la croûte du globe en même temps que le Mont-Blanc.

Pour le quatrième et dernier système dont M. de Beaumont s'est occupé, le grand cercle de comparaison passe par le royaume de Maroc et l'extrémité orientale de l'Himalaya. Le parallélisme a été vérifié sur les monts Ventoux et Leberon, près d'Avignon ; la Sainte-Baume et beaucoup d'autres chaînes de Provence ; enfin, la chaîne centrale des Alpes, depuis le Valais jusqu'en Styrie. Si le parallélisme est également ici l'indice de la date, comme tout porte à le penser, nous devrons ranger dans ce système de montagnes comparativement modernes, le Balkan, la grande chaîne centrale porphyrique du Caucase, l'Himalaya et l'Atlas.

Il est une chaîne de montagnes immense, la plus étendue de tout le globe, qui échappe par sa direction aux systèmes dont je viens de m'occuper. Je veux parler de la grande Cordilière américaine. En attendant des observations géologiques analogues à celles qui l'ont si heureusement guidé, M. de Beaumont s'est livré à des *conjectures* d'où semble résulter avec assez de probabilité la conséquence que cette grande chaîne est encore plus moderne que le quatrième de ses systèmes. Ces conjectures, quelque ingénieuses qu'elles soient, sortent trop du cadre que je m'étais imposé pour qu'il me soit permis de les rapporter. Je craindrais d'ailleurs que des esprits inattentifs les confondissent avec les déductions rigoureuses dont je me suis d'abord occupé et qu'elles leur fissent quelque tort. Je me hâte donc de terminer cet article ; mais ce ne sera pas sans faire remarquer combien l'étude purement géographique des chaînes de montagnes se trouvera simplifiée, lorsque le parallélisme, soupçonné par M. de Beaumont comme caractère distinctif des montagnes contemporaines, ayant été vérifié directement dans les points les plus éloignés, sur l'Himalaya, par exemple, comparé au mont Ventoux, pourra être rangé parmi les principes de la science. Des classifications simples, peu nombreuses, à la portée des mémoires les plus rebelles et dégagées d'ailleurs de tout arbitraire, puisqu'on procédera par ordre d'ancienneté, serviront de guide dans l'inextricable dédale de chaînes entrelacées dont aucun géographe ne s'était tiré jusqu'ici d'une manière tout à fait satisfaisante.

Depuis que les résultats de M. de Beaumont sont connus,

j'ai vu qu'on s'étonnait de ce que les chaînes de même date étaient simplement *parallèles* à un grand cercle de la sphère et ne se trouvaient pas les unes sur le prolongement des autres. Mais tout ce qu'on peut inférer de ce manque d'alignement, c'est simplement que la cause, quelle qu'en soit la nature, qui a soulevé les différentes chaînes de montagnes, tout en propageant son action dans le plan d'un grand cercle, embrassait une zone d'une certaine largeur, et que les points de moindre résistance sur la croûte solidifiée ne se sont pas rencontrés, ce qui du reste aurait été bien étrange, dans la direction d'une ligne mathématique.

Une personne, à qui je venais de donner verbalement une analyse succincte du Mémoire de M. de Beaumont, voulait me détourner d'en parler dans l'Annuaire. Mes efforts pour lui montrer que le soulèvement des montagnes n'est plus aujourd'hui une idée gratuite, qu'elle découle des faits, qu'elle donne la seule explication qu'on ait encore pu trouver de l'inclinaison des couches des terrains de sédiment et de beaucoup d'autres phénomènes, furent absolument sans résultat. J'imaginai alors de citer de petits soulèvements de terrains qui se sont opérés de nos jours. L'effet que ce genre d'argument produisit m'a suggéré la pensée d'en faire usage ici.

Personne ne peut nier que les déjections volcaniques ne forment à la longue sur la surface du globe des monticules ou même des montagnes assez élevées. On a constaté, par exemple, que les laves sorties de l'Etna formeraient un volume beaucoup plus grand que celui de la montagne, et que le Monte-Nuovo, près de Naples, a été engendré par les scories lancées en deux fois vingt-quatre heures seulement; mais ce n'est pas là le genre de phénomène dont je veux parler; la question à examiner est celle-ci : Y a-t-il eu depuis les temps historiques des portions, *déjà consolidées* de la croûte terrestre qui aient été soulevées en masse par des causes intérieures? Existe-t-il des terrains qu'une révolution du globe, postérieure à leur formation, ait élevés de notre temps au-dessus de leur niveau primitif? La réponse à cette question doit être affirmative; en voici une preuve empruntée à M. de Humboldt.

Dans la nuit du 28 au 29 septembre 1757, un terrain de trois à quatre milles carrés, situé dans l'intendance de Valladolid, au Mexique, se souleva en forme de vessie. On reconnaît encore aujourd'hui, par les couches fracturées, les limites où le soulèvement s'arrêta. Sur ces limites, l'élévation du terrain au-dessus de son niveau primitif, ou bien au-dessus de celui de la plaine environnante, n'est que de 12 mètres (37 pieds); mais vers le centre de l'espace soulevé, l'exhaussement total n'a pas été de moins de 160 mètres (près de 500 pieds).

Ce phénomène avait été précédé de tremblements de terre, qui durèrent près de deux mois; mais quand la catastrophe arriva, tout paraissait tranquille; elle ne fut annoncée que par un horrible fracas souterrain, qui eut lieu au moment où le sol se souleva. Des milliers de petits cônes de 2 à 3 mètres de hauteur, et que les indigènes appellent *fours* (*hornitos*), sortirent sur tous les points; enfin, le long d'une crevasse dirigée du nord-nord-est au sud-sud-ouest, il se forma subitement six grandes buttes, toutes élevées de 4 à 500 mètres au-dessus des plaines environnantes. Le plus grand de ces six monticules est un véritable volcan, *le volcan de Jorullo*, vomissant des laves basaltiques.

On voit que les phénomènes volcaniques les plus évidents, les mieux caractérisés, accompagnèrent la catastrophe de Jorullo; qu'ils en ont été peut-être la cause; mais tout cela n'empêche pas qu'une plaine étendue, ancienne, parfaitement consolidée, dans laquelle on cultivait la canne à sucre et l'indigo, n'ait été de nos jours, comme il fallait l'établir, subitement transportée fort au-dessus de son niveau primitif. La sortie des matières enflammées, la formation des *hornitos* et du volcan de *Jorullo*, loin d'avoir contribué à produire cet effet, ont dû au contraire l'amoindrir : car toutes ces ouvertures, agissant comme des soupapes de sûreté, auront permis à la cause soulevante de se dissiper, soit qu'elle fût un gaz ou une vapeur. Si le terrain avait mieux résisté ; s'il n'eût cédé en tant de points, la plaine de Jorullo, au lieu de devenir une simple colline de 160 mètres de hauteur, aurait peut-être acquis le relief de telle sommité voisine des Cordilières.

Les circonstances qui accompagnèrent la formation d'une île nouvelle, près de Santorin, dans l'archipel grec, en 1707, me semblent propres à prouver aussi que les feux souterrains ne contribuent pas seulement à élever les montagnes à l'aide des déjections fournies par les cratères des volcans, mais qu'ils soulèvent aussi quelquefois l'écorce déjà consolidée du globe. L'extrait que je vais donner ici des relations publiées dans le temps par Bourguignon et par le père Gorée, témoins l'un et l'autre de l'événement, ne me semblent susceptibles d'aucune objection.

Le 18 et le 22 mai 1707, légères secousses de tremblement de terre à Santorin.

Le 23, au lever du soleil, on aperçoit entre le grand et le petit *Kameni* (deux îlots) un objet qu'on prend pour la carcasse d'un vaisseau naufragé. Des matelots se rendent sur les lieux, et au retour, rapportent, au grand étonnement de toute la population, qu'un rocher est sorti des flots. Dans cette région, la mer avait auparavant de 80 à 100 brasses de profondeur.

Le 24, beaucoup de personnes visitent l'île nouvelle, y débarquent et ramassent sur sa surface de grandes huîtres qui n'avaient pas cessé d'adhérer au rocher. L'île montait à vue d'œil.

Depuis le 23 mai jusqu'au 13 ou 14 juin, l'île augmenta graduellement d'étendue et d'élévation, sans secousses et sans bruit. Le 13 juin, elle pouvait avoir un *demi-mille* de tour, et **7** à **8** mètres de hauteur. Jamais il n'est sorti ni flamme ni fumée.

Depuis le moment de la sortie de l'île, l'eau avait été trouble près de ses rives ; le **15** juin elle devint presque bouillante.

Le **16**, dix-sept ou dix-huit roches noires sortent de la mer entre l'île nouvelle et le petit *Kameni*.

Le **17**, elles ont augmenté de hauteur considérablement.

Le **18**, il s'en élève de la fumée, et l'on entend pour la première fois de grands mugissements souterrains.

Le **19**, toutes les roches noires sont unies et forment une île continue, mais totalement distincte de la première. Il en sort des flammes, des colonnes de cendres et des pierres incandescentes. Ces phénomènes volcaniques duraient encore le **23** mai **1708**. L'île Noire, un an après sa sortie, avait **5** milles de tour, **1** mille de large et plus de **60** mètres de hauteur.

On voit évidemment, dans cette relation, que la sortie et l'agrandissement de la *première* île n'ont été accompagnés d'aucun phénomène volcanique, et qu'on ne pourrait pas la considérer comme un produit de déjections. Aussi n'est-ce pas là l'idée à laquelle se sont arrêtées les géologues qui rejettent les soulèvements. Cette île, suivant eux, était une grande masse de *pierres ponces* détachées du fond de la mer par le tremblement de terre arrivé la veille de sa première apparition. Mais, dans ce système, comment expliquerait-on l'immobilité de la masse flottante? On ne peut pas supposer qu'elle touchait toujours le fond de la mer, car alors on reconnaîtrait l'existence d'un véritable soulèvement : or, si la masse flottait, il faut dire quand et de quelle manière elle se fixa, où elle prit son point d'appui, quelles furent les causes de l'agrandissement et de l'ascension graduelle dont les observateurs font mention, et qui, en trois semaines, transformèrent un simple rocher à peine visible en une île d'un demi-mille de tour. Tant qu'on n'aura pas répondu à toutes ces questions, la supposition d'un soulèvement du fond de la mer restera la seule explication plausible qu'on ait encore donnée des phénomènes dont fut accompagnée, en 1707, l'apparition de la *première* ile nouvelle de la rade de Santorin.

Je passe à un troisième exemple:

Le **19** novembre 18**22**, à dix heures un quart du soir, les villes de Valparaiso, de Melipilla, de Quillota et de Casa-Blanca au Chili, furent détruites par un effroyable tremblement de terre qui dura trois minutes. Les jours suivants, en parcourant la côte dans son étendue de plus de **30** lieues, divers observateurs reconnurent qu'elle s'était notablement élevée; car sur un rivage où la marée ne monte jamais que de **1** à **2** mètres, tout soulèvement du sol est facile à constater.

Voici, au reste, quelques-unes des observations d'où l'on a déduit cette remarquable conséquence.

A *Valparaiso*, près de l'embouchure du *Concon*, et au nord de *Quintero*, on voyait dans la mer, près du rivage, des rochers qu'auparavant personne n'avait aperçus. Un vaisseau qui s'était brisé sur la côte et dont les curieux allaient à marée basse, examiner les restes *en bateau*, se trouvait, après le tremblement de terre, parfaitement à sec. En parcourant, dans une grande étendue, le rivage de la mer, près de Quintero, lord Cochrane et madame Maria Graham trouvèrent que l'eau, même à marée haute, n'atteignait pas les roches sur lesquelles adhéraient encore des huîtres, des moules et d'autres coquillages dont les animaux, morts depuis peu, étaient en putréfaction. Enfin, les rives tout entières du lac de Quintero, *qui communique avec la mer*, avaient évidemment monté beaucoup au-dessus du niveau de l'eau, et dans cette localité le fait ne pouvait échapper aux observateurs les moins attentifs.

A *Valparaiso*, la contrée parut s'être élevée d'environ **1** mètre. Près de *Quintero* on trouva **1** mètre et un tiers. On a prétendu qu'à un mille de distance dans l'intérieur, le soulèvement avait été de plus de **2** mètres; mais je ne connais pas le détail des mesures qui conduisirent à ce dernier résultat.

Ici, comme on voit, il n'y a point eu d'éruption volcanique, de laves répandues, de pierres et de cendres lancées dans l'atmosphère, et à moins qu'on ne veuille soutenir que le niveau de l'Océan a baissé, il faudra admettre que le tremblement de terre du 19 novembre 1822 a soulevé tout le Chili. Or, cette dernière conséquence est inévitable ; car un changement dans le niveau de l'eau se serait manifesté au même degré sur toute l'étendue de la côte d'Amérique, tandis que rien de semblable n'a été observé dans les ports du Pérou, tels que Payta et le Callao.

Si cette discussion ne m'avait pas déjà entraîné si loin, j'aurais pu rapprocher les observations précédentes, et d'où résulte qu'*en peu d'heures*, par l'effet de quelques secousses de tremblement de terre, une immense étendue de pays peut sortir de son niveau primitif, de celles qui montrent qu'il existe en Europe une grande contrée (la Suède et la Norvége) dont le niveau s'élève aussi, mais *d'une manière graduelle*, et par une cause sans cesse agissante, dont la nature n'est pas bien connue. Les nombreuses observations sur lesquelles ce curieux résultat est établi prendraient trop de place pour que je puisse les insérer ici.

NOTE V.

DES DIVERSES FORMATIONS DE SÉDIMENT DONT LA POSITION
ACTUELLE PERMET D'ASSIGNER L'ÉPOQUE RELATIVE DES
DIVERS MOUVEMENTS QUI ONT DISLOQUÉ L'ÉCORCE DU
GLOBE.

(Par M. Élie de Beaumont.)

. . . .

Il n'est aucune science dont toutes les parties présentent le
même degré de certitude et d'évidence. Dans toutes on rencontre des obscurités ou des difficultés de différents genres, soit
lorsqu'on veut remonter aux idées simples qui forment comme
les éléments de toutes les autres et les analyser complètement,
soit lorsqu'on veut s'étendre jusqu'aux combinaisons d'idées
les plus complexes; mais presque toutes les sciences, celles au
moins qui méritent ce nom, présentent un groupe d'idées plus
élevées et plus certaines que toutes les autres qui forment en
quelque sorte l'axe de l'édifice, et autour desquelles tout le reste
se coordonne. Ainsi la chimie qui devient si obscure lorsqu'on
veut analyser complètement les idées de corps simples,
d'atomes, etc., ou lorsqu'on vient à considérer les combinaisons les plus compliquées que présentent les minéraux et surtout
le règne organique, la chimie présente, relativement aux combinaisons des corps simples entre eux pour former des oxides
et des acides, et de ces composés pour former des sels, un
groupe de notions simples et précises qui forment le pivot de
cette science. La géologie est à peu près dans le même cas;
pleine d'obscurité en ce qui concerne l'origine de certaines
substances très-simples et très-répandues, telles que le carbonate
de chaux, ou en ce qui concerne l'origine de l'ensemble de
l'univers, elle présente cependant aussi son groupe central de

vérités autour duquel gravite tout le reste de la science. Ce pivot de toute la machine est ici la connaissance des couches qui se sont formées successivement, par voie de sédiment, sur la surface de notre globe, et dans lesquelles on découvre les restes des différents êtres organisés qui l'ont peuplée à diverses époques. Ces couches sont presque innombrables, mais les géologues ont remarqué qu'elles se partagent en un certain nombre de groupes naturels, qu'ils ont nommés terrains ou formations, dont chacun se distingue à la fois par la manière dont il s'étend sur la surface du globe et en couvre ou en forme les aspérités, et par la nature d'une partie au moins des corps organisés dont on y trouve les débris.

En donnant à chacun de ces groupes ou système de couches la plus grande étendue possible, on peut les réduire à douze qui se succèdent dans l'ordre suivant, en commençant par le système le plus ancien :

1° Terrain cambrien ;

2° Terrain silurien.

Ces deux groupes de couches présentent souvent des schistes qui prennent çà et là une texture cristalline analogue à celle des roches dites primitives ; et à cause de cette espèce de passage aux roches primitives, on les appelle fréquemment *terrains de transition*.

3° Terrain carbonifère. La partie supérieure de ce système est le terrain houiller si utile par les dépôts de combustible qu'il renferme et si remarquable par les débris d'une végétation tropicale qu'on y trouve enfouis jusqu'au-delà du cercle polaire.

4° Le terrain pénéen, comprenant le grès rouge et le calcaire nommé zechstein par les Allemands. Ce système doit son nom à sa pauvreté en débris organiques. Ces débris diffèrent peu de ceux qu'on trouve dans les terrains déjà nommés ; mais c'est dans le système pénéen que vient se terminer cette forme, la plus antique de la population terrestre.

5° Terrain de grès des Vosges.

6° Terrain du trias, comprenant le grès bigarré, le mus-chelkalk des Allemands, et des marnes irisées remarquables par leurs grands dépôts de sel gemme.

7° Terrain jurassique ou calcaire du Jura, qui se subdivise en un grand nombre d'étages de calcaires solides et de marnes.

8° Le terrain crétacé inférieur qui comprend le terrain wel-dien ou néocomien, et le terrain du grès vert.

9° Le terrain crétacé supérieur qui comprend la craie pro-prement dite avec ses nombreux lits de silex et le calcaire pisolithique.

10° Le terrain du calcaire grossier de Paris et du gypse de Montmartre.

11° Le terrain des grès mollasses de la Suisse et des poudin-gues appelés nagelfluhe qui en sont partis.

12° Le terrain des argiles et des grès et sables sub-apennins.

Ces trois derniers systèmes sont fréquemment désignés col-lectivement sous la dénomination de terrains tertiaires, tandis que les systèmes précédents sont nommés terrains secondaires. Dans l'article de M. Arago le système des argiles et sables sub-apennins a été désigné sous le nom d'attérissements anciens ou d'alluvions anciennes, et il présente en effet, dans beaucoup de ses parties, les caractères des attérissements et alluvions qui se produisent de nos jours.

14° Enfin les alluvions de différentes natures formées depuis le commencement de la période actuelle ; les rescifs madrépo-riques, les stalactites et les tufs calcaires que produisent les eaux incrustantes, les tourbes, etc.

Au passage de chacun de ces systèmes de couches à celui qui le précède ou à celui qui le suit, on trouve généralement les traces d'un bouleversement plus ou moins profond, d'une *révo-lution du globe* ; les dépôts particuliers généralement nommés *diluviens*, correspondent aux deux ou trois derniers de ces intervalles.

Dans le Mémoire où a puisé M. Arago pour l'article précédent, on avait constaté que chacune de ces révolutions du globe avait en partie consisté dans le surgissement d'une longue série de rides saillantes, d'un *système de montagnes*. On avait montré la coïncidence du redressement des couches de quatre systèmes de montagnes et de quatre des changements soudains que présente la série des terrains de sédiment.

Depuis lors, l'auteur du Mémoire a reconnu que les autres intervalles qui séparent les principaux systèmes de couches sédimentaires correspondent aussi chacun à un système de montagnes déterminé. Le nombre de ces systèmes observés dans l'Europe occidentale est de **12**, savoir :

1° Système du Westmoreland et du Hundsruck, soulevé entre la période du terrain cambrien et celle du terrain silurien ;

2° Système du Bocage (Calvados) et des Ballons (Vosges), soulevé entre le terrain silurien et le terrain carbonifère ;

3° Système du nord de l'Angleterre, soulevé entre le terrain carbonifère et le terrain pénéen ;

4° Système du Hainaut, soulevé entre la période de terrain carbonifère et celle du grès des Vosges ;

5° Système du Rhin, soulevé entre la période du grès des Vosges et celle du trias ;

6° Système de Thuringenwald et du Morvan soulevé entre la période du trias et celle du terrain jurassique ;

7° Système de la Côte-d'Or et du Pilas, soulevé entre le terrain jurassique et le terrain crétacé inférieur ;

8° Système du mont Viso, soulevé entre le terrain crétacé inférieur et le terrain crétacé supérieur ;

9° Système des Pyrénées et des Apennins, soulevé entre la période du terrain crétacé supérieur et celle du calcaire grossier et du gypse de Montmartre ;

10° Système des îles de Corse et de Sardaigne, soulevé entre le calcaire grossier et les mollasses de la Suisse ;

11° Système des Alpes occidentales, soulevé entre la période des mollasses de la Suisse et celle des argiles et sables sub-apennins, nommés aussi période des attérissements anciens ou des alluvions anciennes ;

12° Système de la chaîne principale des Alpes, comprenant le Saint-Gothard, et renfermant aussi le mont Ventoux et d'autres chaînes de la Provence, soulevé entre la période des sables sub-apennins et la période actuelle ;

On a vu dans l'article de M. Arago quelle est l'étendue que l'auteur croit pouvoir assigner à quelques-uns de ces systèmes, particulièrement aux plus modernes.

Il pense en outre que le vaste système des Andes, moins effacé qu'aucun autre, est le plus moderne de tous ; mais il ne correspond à aucun intervalle bien marqué dans les terrains sédimentaires de l'Europe, et l'auteur pense qu'il pourrait bien avoir, dans son surgissement, donné naissance au phénomène auquel se rapportent les traditions d'un déluge universel.

NOTE VI.

TREMBLEMENT DE TERRE DE LISBONNE DU 1ᵉʳ NOVEMBRE 1755.

(Détails adressés à un des membres de la société royale de Londres, par M. Wolfall, chirurgien. Extrait des *Transactions Philosophiques* (1).)

Lisbonne, ce 18 novembre 1755.

Si vous avez d'autres correspondants ici , ils seront sans doute en état de vous donner une relation plus satisfaisante du terrible accident qui vient de détruire cette ville ; mais si vous n'en avez pas, le détail que le trouble de mes esprits pourra me permettre de vous en faire, vous sera sans doute plus agréable que les rapports incertains que vous trouverez dans les papiers publics. Tout ce que je puis prétendre à présent, c'est de vous communiquer une histoire simple et sans parure ; et c'est ce que je vais faire avec candeur et vérité.

Il est peut-être nécessaire de vous dire d'abord que, depuis le commencement de l'année 1750 , nous avons eu beaucoup moins de pluie qu'à l'ordinaire, on n'en avait jamais moins vu , de mémoire d'homme, jusqu'au printemps dernier, qui donna la pluie nécessaire pour produire des récoltes très abondantes. L'été a été plus frais que de coutume, et, pendant les derniers qua-

(1) Une agitation extraordinaire dans les eaux, sans aucun mouvement sensible sur la terre, ayant été observée en différents endroits de l'Angleterre, tant dans l'intérieur des terres que sur le bord de la mer, le même jour, et principalement vers le temps où les plus violentes commotions de la terre et des eaux affectèrent un si grand nombre de parties du globe très éloignées l'une de l'autre, la Société Royale reçut un grand nombre de lettres, dans lesquelles sont détaillés les phénomènes de cette agitation dans les différents endroits où l'on s'en aperçut.

rante jonrs, le temps a été très clair et très beau, sans cependant qu'il y eût rien de remarquable à cet égard. Le 1er de ce mois, vers les neuf heures quarante minutes du matin, une très violente secousse de tremblement de terre se fit sentir; elle parut durer environ un dixième de minute, et en ce moment toutes les églises et les couvents de la ville, avec le palais du roi et la magnifique salle d'Opéra, qui était attenante, s'écroulèrent; en un mot, il n'y eut pas un seul édifice considérable qui restât debout : environ un quart des maisons particulières eurent le même sort ; et, suivant un calcul très modéré, il périt environ trente mille personnes. Le spectacle funeste des corps morts, les cris et les gémissements des mourants à demi ensevelis dans les ruines, sont au-delà de toute description; la crainte et la consternation étaient si grandes, que les personnes les plus résolues n'osèrent rester un moment pour écarter quelques pierres de dessus l'individu qu'elles aimaient le plus, quoique plusieurs eussent pu être sauvés par ce moyen : mais on ne pensa à rien autre chose qu'à sa propre conservation. Le moyen le plus probable était de gagner les places découvertes et le milieu des rues. Ceux qui étaient dans les étages supérieurs, furent en général plus fortunés que ceux qui tentèrent de s'é-chapper par les portes; car ceux-ci furent ensevelis sous les ruines, avec la plus grande partie des gens qui passaient à pied. Ceux qui étaient dans des équipages s'en tirèrent le mieux, quoique les cochers et les chevaux fussent très maltraités ; mais le nombre des personnes écrasées dans les maisons et dans les rues ne fut pas comparable à celui des gens qui furent ense-velis sous les ruines des églises; comme c'était un jour de grande fête, et à l'heure de la messe, elles étaient toutes très pleines. Or, le nombre des églises est ici plus grand qu'à Lon-dres et à Westminster ensemble; les clochers, qui étaient fort élevés, tombèrent presque tous avec les voûtes des églises, en sorte qu'il ne s'échappa que peu de monde.

Si la misère eût fini là, elle aurait pu se réparer à certain point; et quoique les vies ne pussent être rendues, les richesses

immenses qui étaient sous les ruines auraient pu en être retirées en partie : mais toute espérance est presque perdue à cet
égard ; car, environ deux heures après le choc, le feu se manifesta en trois différents endroits de la ville ; il était occasionné
par les feux des cuisines, que le bouleversement avait rappro-
chés des matières combustibles de toute espèce. Vers ce temps
aussi un vent très fort succéda au calme, et anima tellement
la violence du feu, qu'au bout de trois jours la ville fut réduite
en cendres. Tous les éléments parurent conjurés pour nous
détruire : aussitôt après le choc, qui fut à peu près au temps
de la plus grande élévation des eaux, le flot monta dans un
instant quarante pieds plus haut qu'on ne l'avait jamais observé,
et se retira aussi subitement. S'il n'eût pas ainsi rétrogradé, la
ville entière serait restée sous l'eau.

Aussitôt que nous eûmes le temps de réfléchir, la mort seule
se présenta à notre imagination.

Premièrement, la crainte que le nombre des corps morts, la
confusion générale, et le manque de bras pour les enterrer,
ne donnassent naissance à une maladie contagieuse, était très
alarmante ; mais le feu les consuma, et prévint ce mauvais effet.

Deuxièmement, la crainte de la famine était terrible ; car
Lisbonne est le magasin à blé pour tout le pays à cinquante
milles à la ronde. Cependant quelques-uns des greniers furent
heureusement sauvés, et quoique dans les trois jours qui suivirent le tremblement de terre une once de pain valût une livre
d'or, il devint ensuite assez abondant, et nous fûmes délivrés
de la disette.

La troisième grande crainte était que la classe vile du peuple ne
prît avantage de la confusion pour tuer et voler le petit nombre
de ceux qui avaient sauvé quelque chose. Cela arriva jusqu'à
un certain point ; sur quoi le roi ordonna qu'on dressât des
gibets tout autour de la ville, et après environ une centaine
d'exécutions, dans lesquelles se trouvèrent quelques matelots
anglais, le mal fut arrêté.

Nous sommes encore dans un état de perplexité : nous avons

essuyé jusqu'à vingt-deux secousses différentes depuis la première, quoique aucune n'ait été assez violente pour renverser les maisons qui ont échappé au premier choc. Mais personne n'ose encore coucher dans les maisons ; et quoique nous soyons généralement exposés aux injures de l'air, faute de matériaux pour faire des tentes, et quoiqu'il ait plu pendant quelques nuits, j'observe que les personnes les plus délicates souffrent ces incommodités avec aussi peu d'inconvénients que les plus saines et les plus robustes. Tout est encore pour nous dans la plus grande confusion imaginable : nous n'avons ni vêtements, ni meubles, ni argent pour en tirer d'ailleurs.

Toute l'Europe est intéressée dans la perte immense d'argent et de marchandises qu'a causée cette catastrophe ; mais aucune nation n'y a autant perdu que la nôtre. Il y a eu peu d'Anglais tués en comparaison des autres étrangers, mais un grand nombre ont été blessés ; et ce qui ajoute à leur infortune, c'est que, quoique nous soyons ici trois chirurgiens anglais, nous ne pouvons les soulager, faute d'instruments, de bandages et d'appareils.

Deux jours après le premier choc, il y eut des ordres de creuser pour chercher les corps ; et on en a retiré un grand nombre qui sont revenus à la vie. Je pourrais rapporter des exemples de rétablissements très extraordinaires. En un mot, c'est une chose merveilleuse que nous ne soyons pas tous perdus. J'étais logé dans une maison où habitaient trente-huit personnes ; il ne s'en est sauvé que quatre. Huit cents périrent dans la prison civile ; douze cents dans l'hôpital général ; dans un grand nombre de couvents qui contenaient chacun quatre cents personnes, il n'en est échappé aucune. L'ambassadeur d'Espagne a péri avec trente-cinq domestiques. Il serait trop long d'entrer dans de plus grands détails, car je n'ai eu que par hasard le papier sur lequel j'écris, et un mur de jardin me sert de pupitre.

Il arriva heureusement que le roi et la famille royale étaient à Bélime, maison royale à une lieue de la ville. Le palais du roi dans la ville s'écroula à la première secousse ; mais les habitants du pays assurent que le bâtiment de l'inquisition fut renversé le premier. La secousse s'est fait sentir dans toute l'étendue du royaume ; mais plus particulièrement le long des côtes. Faro, Saint-Ubalds, et quelques-unes des grandes villes commerçantes sont dans une situation encore pire, s'il est possible, que Lisbonne, quoique la ville de Porto ait entièrement échappé.

Il est possible que la cause de tous ces désastres soit venue du fond de l'Océan occidental, car je viens de converser avec un capitaine de vaisseau qui paraît un homme de grand sens, et qui m'a dit qu'étant à cinquante lieues au large, il éprouva une secousse si violente, que le pont de son vaisseau en fut très-endommagé. Il crut s'être trompé dans son estime, et avoir touché sur un rocher : il fit mettre aussitôt sa chaloupe à l'eau pour sauver son équipage ; mais il parvint heureusement à amener son vaisseau, quoique très-endommagé, jusque dans le port.

Du 22 novembre. — J'ai omis dans ma dernière lettre une circonstance essentielle, savoir le temps de la durée du tremblement de terre, qui fut de cinq à sept minutes. Le premier choc fut extrêmement court ; il fut suivi, avec la vitesse d'un éclair, de deux autres secousses ; et l'on a généralement fait mention des trois ensemble comme d'une seule. Vers midi, il y en eut une seconde ; j'étais alors dans le parvis du palais du roi ; j'eus l'occasion de voir les murs de plusieurs maisons qui étaient encore debout s'ouvrir, du haut en bas, de plus d'un pied, et se refermer si exactement qu'il ne restait aucune marque de séparation.

Depuis ma dernière lettre il est tombé quelques pluies très-fortes, et nous n'avons essuyé depuis quatre jours, qu'un seul choc peu considérable (1).

(1) Le tremblement de terre qui renversa Lisbonne se fit sentir non seulement dans les pays circonvoisins, mais encore dans des lieux très éloignés. La société royale de Londres reçut des lettres de toutes parts à ce sujet. On les trouvera dans le même tome XLIX des *Transactions philosophiques*, année 1755, pag. 398, 413 et suivantes.

NOTE VII.

TREMBLEMENT DE TERRE A LA JAMAÏQUE, EN 1692.

Extrait des *Transactions philosophiques*, vol. XVIII, pages 83 et suiv. (1).

I. Le terrible tremblement de terre qui arriva le **7 juin 1692**, entre onze heures et midi, renversa et noya les neuf dixièmes de la ville de Port-Royal, en deux minutes de temps, et tout ce qui était du côté du quai en moins d'une minute. Très peu de personnes y échappèrent. Je perdis tout ce qui était chez moi, gens et effets, mon épouse et deux hommes, madame B*** et sa fille. Il ne se sauva qu'une servante blanche. La maison s'enfonça verticalement; elle est maintenant à plus de 30 pieds sous l'eau. J'étais parti avec mon fils le même matin pour Liguania; le tremblement de terre nous surprit à notre retour à mi-chemin entre cette place et Port-Royal, et nous fûmes sur le point d'être engloutis par la mer, qui s'était élevée avec une extrême rapidité à six pieds au-dessus de son niveau ordinaire, sans qu'il fît le moindre vent. Nous nous sauvâmes, forcés de retourner à Liguania, où je trouvai toutes les maisons entièrement abattues, et où il ne restait d'autre abri que les huttes des nègres. La terre continue (le 20 juin) d'être agitée cinq à six fois dans les vingt-quatre heures, et souvent elle tremble. Une grande partie des montagnes est tombée, et tombe journellement.

II. Nous avons éprouvé une grande mortalité depuis le

(1) Les paragraphes numérotés sont de différentes mains.

grand tremblement de terre (car nous en avons journellement de petits). Presque la moitié des personnes qui échappèrent au Port-Royal sont mortes depuis d'une fièvre maligne , causée par le changement d'air, le manque de maisons sèches , de logements chauds , de remèdes convenables , et d'autres commodités nécessaires. (Le 3 septembre 1692.)

III. Une grande partie du Port-Royal est engloutie. Celle où étaient les quais est maintenant à quelques brasses dans l'eau. Toute la rue où était l'église est submergée, au point que l'eau est à la hauteur du dernier étage des maisons qui sont restées debout ; la terre, en s'ouvrant, engloutit des personnes qui reparurent dans d'autres rues, quelques-unes au milieu du port, et qui cependant furent sauvées, quoique dans le même temps il en périt environ deux cents, tant blanches que noires. Du côté du nord, plus de 1,000 acres de terrain s'approfondirent, et treize personnes y perdirent la vie. Toutes les maisons furent renversées dans toute l'île, en sorte que nous fûmes forcés d'habiter des huttes. Les deux grandes montagnes qui étaient à l'entrée du *Sixteen-mile-walk* tombèrent, et, se rencontrant dans leur chute , arrêtèrent le cours de la rivière ; en sorte que son lit demeura à sec depuis cet endroit jusqu'au bac, pendant un jour entier. On y prit une énorme quantité de poissons, qui furent d'un grand secours pour beaucoup d'infortunés. A Yellows une grande montagne se fendit et tomba dans la plaine, où elle couvrit plusieurs habitations , et écrasa dix-neuf blancs. La plantation d'un habitant (M. Hopkins) fut portée à un demi-mille de l'endroit où elle était auparavant, et maintenant elle est en bon rapport. De tous les puits qui ont depuis une brasse jusqu'à six ou sept de profondeur, l'eau s'éleva au-delà de l'ouverture dans la grande secousse de la terre. Nous en avons depuis deux ou trois par jour, et autant dans la nuit, tantôt plus, tantôt moins : mais, grâces à Dieu, elles sont petites. Nos gens ont formé une ville à *Liguania-side*. Il y est déjà mort environ cinq cents personnes, et la mortalité continue tous les jours. Le 20 septembre 1692.

IV. Entre onze heures et midi, nous sentîmes la maison où nous étions plusieurs personnes rassemblées, s'agiter ; les carreaux de brique commencèrent à se soulever : au même instant quelqu'un cria dans la rue : *Un tremblement de terre !* Nous courûmes aussitôt dehors ; nous vîmes tout le monde les mains élevées, implorant la miséricorde divine. Nous continuâmes à courir vers le haut de la rue, voyant à nos côtés des maisons englouties, d'autres renversées. Le sable s'élevait dans la rue comme les vagues dans la mer, soulevant les personnes qui étaient dessus, et s'enfonçant aussitôt dans des creux ; et au même instant l'eau, faisant irruption, roulait en tous sens ces pauvres malheureux, dont les uns saisissaient des poutres et des chevrons des maisons, les autres se trouvèrent dans le sable (qui reparut lorsque l'eau se fut écoulée) avec les jambes et les bras emportés : nous étions témoins de ce spectacle funeste. Le petit morceau de terrain sur lequel nous étions, au nombre de seize ou dix-huit, ne s'enfonça pas. Aussitôt que la secousse fut passée, chaqu'un désira savoir si quelque portion de sa famille était encore en vie. Je m'efforçai d'aller vers ma maison sur les ruines des autres qui flottaient sur l'eau ; mais je ne pus y parvenir. Enfin je me procurai un canot, et je ramai du côté de la mer pour m'y rendre. Je rencontrai dans le trajet plusieurs hommes et femmes qui flottaient sur des débris : j'en reçus autant que je pus dans mon bateau, et continuai de ramer jusque vers l'endroit où je pensais qu'avait été ma maison ; mais je n'eus là aucune nouvelle de ma femme et de mes gens. Le lendemain matin, j'allai d'un vaisseau à un autre, jusqu'à ce qu'enfin j'eus le bonheur de retrouver ma femme et deux de mes nègres. Elle me dit que, lorsqu'elle avait senti la maison s'ébranler, elle avait couru dehors en criant à toute la maison d'en faire autant. Elle ne fut pas plus tôt sortie que le sable s'éleva, et sa négresse s'étant attachée à elle, toutes deux furent englouties dans la terre : au même instant, l'eau les ayant soulevées, elles furent ballottées jusqu'à ce qu'enfin elles se saisirent d'une poutre qui les aida à attendre qu'un vaisseau espagnol qui était à leur vue envoyât un bateau pour les délivrer.

Toutes les maisons, depuis *Jews-Street* jusqu'au parapet, furent renversées, à la réserve de huit ou dix qui sont restées dans l'eau jusqu'au balcon. Aussitôt que la forte secousse fut finie, les matelots ne manquèrent pas de piller ces maisons. Une seconde secousse fit tomber deux de ces voleurs la tête en bas, et ils périrent.

Plusieurs vaisseaux et chaloupes furent renversés, et se perdirent dans le port. La frégate *le Cygne*, qui était au radoub à côté du quai, fut lancée, par le mouvement de la mer et l'approfondissement du quai, par-dessus les toits de plusieurs maisons; et, tandis qu'elle passait à côté de celle où demeurait mylord Pake, une partie de cet édifice tomba sur elle, et enfonça la cabine; mais elle ne coula pas à fond, et aida, au contraire, à sauver la vie à plusieurs centaines de personnes.

Quant aux boules de feu qu'on a dit avoir vues dans l'air, c'est une fausseté; mais on entendit dans les montagnes un mugissement si fort et si effrayant, que beaucoup de nègres qui s'étaient enfuis depuis quelques mois en furent épouvantés au point de retourner à leurs maîtres.

L'eau qui sortit du *morne des salines* s'ouvrit un passage en vingt ou trente endroits, en quelques-uns plus violemment qu'en d'autres; car en huit ou dix elle sortit avec autant d'impétuosité que si on eût lâché tout à la fois autant d'écluses. La plupart étaient à 18 ou 20 pieds de hauteur dans la montagne; et nous en observâmes trois ou quatre moindres qui étaient à près de 36 pieds. Je fus moi-même, avec deux autres personnes, témoin de cette éruption. Nous goûtâmes l'eau dans plusieurs points, et la trouvâmes saumâtre. Elle continua de couler l'après-midi et toute la nuit jusqu'au lendemain matin au lever du soleil, et alors les salines étaient entièrement submergées.

Deux montagnes entre *Spanish-town* et *Sixteen-mile-walk* se joignirent dans la secousse du tremblement de terre, ce qui arrêta le passage de la rivière, et la força d'en chercher un autre à travers les bois et les savanes. Plusieurs m'ont rapporté que la ville se trouva privée de la rivière pendant huit à dix jours, et qu'avant que les eaux reparussent, les habitants songeaient à changer leur établissement, persuadés qu'elle avait été engloutie comme le Port-Royal. Les routes, le long de la rivière, sont si encombrées, que tout le monde est forcé de passer par Guanaboa pour aller à *Sixteen-mile-walk*.

M. Bosby nous dit qu'étant allé la même après-midi à ses plantations, il avait trouvé la terre ouverte en plusieurs endroits, et que deux vaches avaient été englouties et étouffées dans une de ces crevasses.

Le temps fut beaucoup plus chaud après le tremblement de terre qu'auparavant, et il y eut une quantité de mosquites telle qu'on n'en avait jamais autant vu depuis la découverte de l'île.

Les montagnes à Yellows n'ont pas été mieux traitées qu'à Sixteen-mile-walk. Une grande portion d'une de ces montagnes charria au-devant d'elle tous les arbres qu'elle rencontra dans sa chute, et une plantation qui était au pied de la montagne a été entièrement détruite et ensevelie.

L'eau ne jaillit pas dans les rues de Port-Royal, comme on l'a rapporté ; mais dans la violente secousse, à mesure que le sable s'ouvrit en plusieurs endroits, où il y avait des personnes qui furent englouties, l'eau s'éleva d'entre le sable, en noya plusieurs, et en sauva quelques-unes.

V. Quoique le Port-Royal ait été si maltraité par le tremblement de terre, il y est resté encore plus de maisons que dans tout le reste de l'île. Il fut si violent dans d'autres endroits, que les personnes qui étaient debout furent violemment renversées, et demeurèrent ventre à terre, avec les jambes et les bras écartés, pour s'empêcher d'être roulées et froissées davantage par l'incroyable mouvement de la terre, qu'on a généralement comparé à celui des vagues de la mer. Il laissa à peine une habitation ou un moulin à sucre debout dans l'île. Il ne laissa point de maisons à Passage-Fort, une seule à Liguania, et aucune à Saint-Iago, à l'exception de quelques maisons basses bâties par les prévoyants Espagnols.

Du côté du nord, les habitations, avec la plus grande partie des plantations (qui sont assez loin les unes des autres) furent englouties avec les arbres et les personnes dans un seul abîme, au lieu duquel se vit, pendant quelque temps après, une grande mare ou lac ayant environ 1,000 acres d'étendue; il s'est desséché depuis, et ne présente maintenant autre chose qu'un sable ou un gravier mouvant, sans le moindre indice qui puisse faire juger qu'il y ait jamais eu dans cet endroit une maison, un arbre, ou toute autre chose.

Mais les plus violentes secousses furent, à ce qu'on dit, dans les montagnes; et c'est l'opinion reçue, que plus on approche des montagnes, plus la secousse est vive; et que la cause, quelle qu'elle soit, gît dans leur sein.

Non loin d'Yellows une portion de montagne, après avoir fait plusieurs sauts successifs, écrasa et ensevelit une famille entière, avec une grande partie de la plantation qui était à un mille de distance. Une grande et haute montagne, à une journée de Port-Morant, a été, dit-on, entièrement engloutie, et au lieu où elle était il y a maintenant un lac de quatre à cinq lieues d'étendue.

La montagne Bleue présente de loin la moitié de sa surface privée de verdure; les rivières, retenues quelque temps par les débris, en ont charrié d'énormes quantités de bois, qui quelquefois flottaient en mer comme des îles mouvantes. J'ai vu plusieurs de ces grands arbres sur le rivage, dépouillés de leur écorce et de leurs branches, et très-maltraités par les rocs contre lesquels ils ont été froissés par la force des eaux, ou par leur propre pesanteur dans leur chute. J'ai vu entre autres un gros tronc d'arbre qui était aussi aplati qu'une canne à sucre au sortir du moulin.

On compte que le nombre des morts a été de deux mille

dans toute l'île ; et si le tremblement de terre fût arrivé dans la nuit, il ne serait peut-être resté personne en vie.

Il est à remarquer que la moindre secousse est aussi sensible à bord d'un vaisseau que sur le rivage, l'eau secouant aussi bien que la terre.

On observe que quand le vent souffle, il n'y a jamais de secousse ; mais on en attend toujours dans le temps calme. Cette observation s'est confirmée dans toutes les secousses qui ont eu lieu depuis la grande.

Après la pluie elles sont communément plus vives qu'en tout autre temps. On éprouve souvent dans la campagne des secousses qui ne se font point sentir au Port-Royal ; et quelquefois il en arrive dans les montagnes ou au voisinage, et nulle part ailleurs.

On observe que depuis le tremblement de terre les brises de terre manquent souvent, et à leur place les brises de mer soufflent souvent la nuit : chose rare auparavant, et commune depuis.

On a trouvé au Port-Royal, et en beaucoup d'autres endroits par toute l'île, beaucoup de matière combustible sulfureuse, qu'on suppose avoir été vomie par les ouvertures de la terre.

L'île de Saint-Christophe était ci-devant très-sujette aux tremblements de terre : ils ont entièrement cessé depuis l'éruption d'un grand volcan qui continue de brûler, et on n'y en a plus éprouvé. D'après cet exemple, bien des gens attendent quelque éruption semblable dans une de nos montagnes. Mais nous espérons que cet événement ne sera pas nécessaire, les secousses ayant perdu de leur force, et devenant toujours moindres depuis celle qui fut si funeste ; il y a même si long-temps que nous n'en avons éprouvé que de très-petites et presque insensibles, de temps à autre, que nous nous flattons qu'elles vont bientôt cesser entièrement.

Après la grande secousse, les personnes qui se sauvèrent montèrent en grand nombre sur les vaisseaux qui étaient dans le port, et plusieurs y demeurèrent plus de deux mois après. Les secousses pendant tout ce temps étaient si violentes et si fréquentes (quelquefois deux ou trois dans une heure), accompagnées de bruits effrayants qui venaient de l'intérieur de la terre, de la rupture de la chûte continuelle des montagnes, qu'on n'osait se hasarder de descendre à terre. D'autres se rendirent à l'endroit nommé Kingstown (ou Killkown). Là, le défaut de commodités dans des huttes mal couvertes, où les pluies excessives qui suivirent le tremblement de terre entretenaient l'humidité, et le manque de remèdes et d'autres secours, occasionnèrent une grande mortalité. Il mourut dans toute l'île environ trois mille personnes, la plus grande partie à Kingstown, qui d'ailleurs est un lieu malsain ; et la grande quantité de cadavres que le vent amenait d'un côté du port à l'autre, et qui étaient quelquefois entassés cent ou deux cents à la fois, ajoutait sans doute à son insalubrité naturelle. 3 juillet 1693.

NOTE VIII.

ÉRUPTION DE L'ETNA EN 1669.

(Détails donnés par des commerçants anglais, extraits des *Transactions philosophiques*, vol. IV, p. 1 028.)

Le ciel parut noir pendant dix-huit jours avant l'éruption, il y eut de fréquents tremblements de terre, accompagnés d'éclairs et de tonnerre, dont le peuple faisait des rapports effrayants. Je n'ai cependant pas vu ni oui dire que ces secousses eussent renversé aucun édifice, à l'exception d'un petit village appelé Nicolosi, situé environ à un demi-mille de la nouvelle bouche, et de quelques autres petites maisons pareilles, dans les villages qui furent ensuite atteints par le feu. On observa, outre cela, que l'ancienne bouche, ou le sommet de l'Etna, avait vomi des flammes plus qu'à l'ordinaire pendant deux ou trois mois auparavant, ce qui était arrivé aussi à Vulcano et à Stromboli, deux îles brûlantes situées à l'ouest; et que le sommet de l'Etna s'était aussi affaissé dans son ancien cratère. En effet, tous ceux qui avaient vu cette montagne auparavant, conviennent que sa hauteur a été fort diminuée à cette époque.

La première éruption se fit le 11 mars 1669, deux heures avant la nuit, du côté du sud-est, sur les bords de la montagne, environ vingt milles en dessous de l'ancien cratère, et à dix milles de Catane. On dit d'abord que le courant de lave embrasée parcourait trois milles en vingt-quatre heures; mais nous étant avancés, le 5 avril, à un mille de Catane, nous

vîmes qu'il faisait à peine un stade par jour. La lave continua de
se mouvoir avec ce degré de vitesse pendant quinze ou vingt
jours, passant auprès des murs de Catane, et entrant assez avant
dans la mer. Mais, vers la fin de ce mois et au commencement
de mai, soit que la mer ne pût recevoir toute la matière, soit
que le volcan en vomît alors une plus grande quantité, elle
tourna ses efforts contre la ville; et, s'étant amoncelée
jusqu'à la hauteur des murs, elle se fit un passage par-dessus
en divers endroits; mais sa principale fureur tomba sur un
très-joli couvent de bernardins, qui avait de grands jardins et
d'autres terrains entre la maison et le mur de la ville. La matière embrasée ayant comblé cet espace, porta toute sa force
contre l'édifice; elle éprouva une résistance qui la fit monter
fort haut, comme cela arrivait, pour l'ordinaire, dès qu'elle
rencontrait quelque obstacle. Quelques parties du mur cédèrent
tout entières et s'enfoncèrent presque d'un pied, comme il
parut par la saillie des tuiles vers le milieu du comble, et par
la courbure que prirent les pièces de fer qui le traversent. Il
est certain que, si ce torrent fût tombé dans quelque autre partie de la ville, il aurait fait un grand ravage parmi les maisons
ordinaires. Mais sa furie s'étant apaisée le 4 de mai, il ne coula
plus que par petits courants, qui se dirigèrent principalement
vers la mer. Il a détruit dans la contrée supérieure environ
quatorze villes ou villages, dont quelques-uns assez considérables, contenant trois ou quatre mille habitants, et s'est étendu dans un pays agréable et fertile, que le feu n'avait jamais
dévasté. Maintenant on n'y retrouve plus la trace de l'existence
de ces villes; il n'en reste qu'une église et un clocher qui se
trouvaient isolés sur une petite éminence.

La matière de cet écoulement n'est autre chose que différentes
espèces de minéraux liquéfiés dans les entrailles de la terre par
la violence du feu, qui bouillonnent et sourdent comme la
source d'une grosse rivière. Lorsque la masse liquide a coulé
l'espace d'un jet de pierre, ou plus, son extrémité commence à se
figer et à se couvrir d'une croûte qui, lorsqu'elle est froide, forme

ces pierres dures et poreuses que les habitants du pays appellent *sciarri*. La masse ressemble alors à un amas d'énormes charbons embrasés qui roulent et se précipitent lentement l'un sur l'autre ; lorsqu'elle rencontre quelque obstacle, elle monte, s'amoncèle, renverse par son poids les édifices ordinaires, et consume tout ce qui est combustible. La principale direction de ce torrent était en avant ; mais il s'étendait aussi, comme fait l'eau sur un terrain uni, et formait différentes branches ou langues, comme on les appelle dans ce pays.

Nous montâmes à deux ou trois heures de nuit sur une haute tour à Catane, d'où l'on voyait pleinement la bouche du volcan : c'était un spectacle terrible que la masse de feu qui en sortait. Le lendemain matin, nous voulûmes aller à cette bouche ; mais nous n'osâmes en approcher de plus d'un stade, de peur que, le vent venant à changer, nous ne fussions abîmés sous quelque portion de l'immense colonne de cendres qui s'élevait, et nous paraissait deux fois plus épaisse que le clocher de Saint-Paul de Londres, et d'une hauteur infiniment plus considérable. L'atmosphère, dans le voisinage, était toute remplie de la partie la plus subtile de cette cendre ; et, depuis le commencement de l'éruption jusqu'à sa fin (pendant cinquante-quatre jours), on ne vit ni le soleil ni les étoiles dans tous les environs de la montagne.

Des côtés de cette colonne retombaient quantité de pierres de grosseur médiocre ; nous ne pûmes distinguer si elles étaient embrasées, et il nous fut impossible aussi de voir la source du torrent de feu, à cause d'un grand banc de sable qui se trouvait devant nous. L'orifice par où sortaient le feu et les cendres faisait entendre un mugissement continuel, comme le bruit des vagues de la mer lorsqu'elles se brisent contre les rochers, ou comme les roulements d'un tonnerre éloigné. J'ai entendu ce bruit plus d'une fois à Messine, qui en est à soixante milles, et située au pied de hautes montagnes. On l'a entendu jusqu'à cent milles au nord, dans la Calabre, où l'on a vu aussi tomber des cendres. Quelques-uns de nos gens de mer ont rapporté que

leurs ponts avaient été couverts, quoiqu'il y ait apparence que
la couche n'était pas fort épaisse.

Vers le milieu de mai, nous retournâmes à Catane ; la face
des choses y était bien changée : la ville était aux trois quarts
entourée de ces *sciarri* à la hauteur des murs, et en quelques
endroits ils avaient passé par-dessus. La première nuit de notre
arrivée, un nouveau courant de feu sortit du milieu de quelques *sciarri* sur lesquels nous avions marché une heure ou deux
auparavant, et qui étaient de niveau avec la hauteur des murs ;
il coula dans la ville, formant un petit ruisseau d'environ trois
pieds de largeur et de neuf pieds de long, ses extrémités se
figeant en *sciarri ;* mais ce courant était éteint le lendemain
matin, quoiqu'il eût rempli de ces *sciarri* une grande place
vide. Le lendemain au soir on découvrit un courant beaucoup
plus fort, qui se précipitait d'une autre partie du mur dans le
fossé du château, et qui dura, à ce qu'on nous apprit, encore
plusieurs jours après notre départ. Il y avait en même temps
d'autres courants de laves qui se rendaient à la mer.

Ayant passé deux jours auprès de Catane, nous retournâmes
vers la bouche, où alors, sans avoir rien à craindre du feu ou
des cendres, nous pûmes découvrir pleinement les anciens et les
nouveaux canaux de laves et l'énorme monceau de cendres qui
avait été vomi. Nous vîmes un espace triangulaire d'environ deux
acres d'étendue, qui nous parut être l'ancien lit ou canal du feu :
le fond était couvert de *sciarri*, et la surface avait une croûte de
soufre : il était bordé de chaque côté par un grand banc de cendre.
La montagne dont nous venons de parler s'élevait derrière, et il
paraît que le feu avait passé entre ces deux bancs, au coin supérieur, sur une petite élévation de *sciarri*, et il y avait un trou
d'environ six pieds de large, par où il est probable que le feu
sortait ; il doit y avoir eu plusieurs de ces trous qui, dans la
suite, se seront encroûtés ou auront été couverts de cendre. On
voyait le feu couler au fond de ce trou, et plus bas il y avait un
ruisseau de feu au-dessous des *sciarri*, qui, étant fondus dans
une certaine étendue, nous permettaient de voir couler le métal.

La surface de ce courant pouvait avoir une brasse de largeur, quoiqu'il pût fort bien en avoir davantage au-dessous, le canal étant évasé par le bas. Nous ne pûmes en mesurer la profondeur, parcequ'il était impénétrable aux instruments de fer. Nous aurions bien voulu nous procurer de cette matière à la source, mais il nous fut impossible de l'entamer : peut-être y avait-il des courants dont la matière était plus molle. Il sortait du canal, mais surtout du grand trou qui était au-dessus, une fumée sulfureuse, par laquelle quelques personnes de notre compagnie faillirent être étouffées. Il s'élevait, d'un quart d'heure à l'autre, une colonne de fumée ou de cendre du milieu du sommet de cette nouvelle montagne ; mais elle n'était nullement comparable à celle dont nous avons parlé ci-devant.

La dernière fois que nous fûmes à Catane, les habitants s'occupaient à barricader certaines rues et passages par où l'on présumait que le feu pourrait entrer : ils démolissaient pour cela les vieilles maisons des environs, et ils en entassaient les pierres sèches en forme de murailles, prétendant qu'elles résistaient mieux au feu, parce qu'il n'y avait pas de chaux.

On assure que jusqu'à présent la lave s'est avancée d'un mille dans la mer, et qu'elle a tout autant de front : elle en avait beaucoup moins lorsque nous y étions. Le bord de la mer va en baissant légèrement ; elle a environ cinq brasses de profondeur à l'extrémité des *sciarri*, qui s'élèvent de la moitié autant au-dessus de l'eau

La surface de l'eau était si chaude à vingt pieds ou plus de ces ruisseaux de feu, qu'on ne pouvait pas y tenir la main, quoiqu'elle fût plus tempérée au-dessous. Les *sciarri* conservaient leur feu sous l'eau, comme nous le vîmes lorsque la mer se retirait dans le reflux.

La vue générale de ces *sciarri* ressemble assez à des glaçons amoncelés sur une rivière dans les grandes gelées ; ils présentent de même un amas de gros flocons raboteux ; mais leur couleur est toute différente : ils sont la plupart d'un bleu obscur, et renferment des pierres et des rocs très-gros, qui s'y trouvent engagés d'une manière très-solide.

Mais, malgré leur âpreté et le feu que nous voyions luire à travers les fentes, nous nous hasardâmes à les parcourir en grande partie. On dit que d'autres en font autant dans la plus grande violence de l'éruption ; car d'un côté, tandis que la partie brûlante et mouvante de ces *sciarri*, ou courants de feu, est si dure et si impénétrable, qu'ils supportent les plus grands poids, de l'autre, leur surface est assez froide pour qu'on puisse la toucher et la manier sans s'apercevoir du feu qui est en dedans, à moins qu'on n'en approche de très-près , surtout pendant le jour. C'était une chose étrange à voir que la lenteur du mouvement d'une aussi grande rivière ; car, lorsqu'elle approchait d'une maison , on avait le temps d'en emporter non seulement les meubles, mais encore les tuiles , les poutres, et tout ce qu'on pouvait en enlever.

J'ajouterai que tout le pays , jusqu'à vingt milles de Catane, est couvert de ces vieux *sciarri* que les éruptions précédentes y ont amenés, quoique personne ne se souvienne d'aucune éruption aussi forte que cette dernière, ou qui se soit faite dans une partie aussi basse de la montagne. Malgré cela, le pays est bien cultivé et bien peuplé , soit que le temps ait amolli les vieux *sciarri*, soit qu'ils aient été recouverts de terre plus meuble : il reste cependant beaucoup de cantons dont on ne pourra sans doute jamais tirer parti.

Le feu s'est étendu d'environ dix-sept milles de longueur sur trois milles de largeur.

NOTE IX.

ÉRUPTION DU VÉSUVE EN 1737.

(Détails donnés par le prince Cassano, membre de la société royale de Londres ; extraits des *Transactions philosophiques.*)

———

Le mont Vésuve est à la distance d'environ sept milles de Naples, et à plus de quatre milles de la mer. Le pied de la montagne commence à la côte, et va en montant insensiblement jusqu'à la première plaine, où l'on peut aisément aller à cheval ; cette plaine est presque circulaire, elle a environ six milles de diamètre et un demi-mille de hauteur perpendiculaire au-dessus du niveau de la mer. C'est de là que s'élève une autre montagne qu'on nomme dans le pays Monte-Vecchio : sa hauteur perpendiculaire est d'environ quatre cents pas ; elle n'a guère que deux milles de circonférence au sommet, et est de forme irrégulière. Ce sommet, avant l'année 1631, avait la forme d'un bassin ; il était environné de vieux chênes, d'énormes châtaigniers : on y voyait dans le fond une caverne dans laquelle on pouvait descendre jusqu'à plus de deux cents pas, quoique avec un peu de difficulté. On regardait cette ouverture comme l'ancienne bouche qui pendant longtemps avait vomi une prodigieuse quantité de matières bitumineuses, et brûlé une partie considérable du pays d'alentour.

Quant aux éruptions qui se sont succédée jusqu'à nos jours, on peut les diviser en anciennes et modernes. Bérose, Polybe, Strabon, Diodore et Vitruve ont parlé de quelques unes des premières. Le Vésuve, sous le règne de Trajan, devint fameux par la mort de Pline : depuis cette époque mémorable, il est hors de doute que les éruptions furent moins fréquentes jusqu'à l'année 1159, où, après une éruption considérable, le Vésuve commença à se reposer, et demeura tranquille pendant près de cinq siècles. Ce long repos effaça le souvenir des anciens désastres : les habitants du voisinage se flattèrent que la matière inflammable était épuisée, et plantèrent tous les alentours de la montagne, qui, par leur fertilité, devinrent les délices du pays ; mais, dans la suite des temps, ils furent trompés dans leurs espérances, car en 1631, pendant six mois, on entendit des mugissements continuels, on essuya des tremblements de terre ; et en décembre il se fit une terrible éruption de feu, qui d'abord fit sauter en l'air une partie de la montagne, et vomit ensuite de l'eau, des cendres, des pierres et du feu, inonda presque toute la contrée jusqu'à la mer, sur une largeur de plus de sept milles, et fit périr au-delà de quatre mille personnes (1).

La montagne après cela demeura en repos, et beaucoup moins élevée qu'auparavant. Après un repos de vingt-neuf ans, elle se ralluma en 1660 ; son feu remplit toute la capacité du creux immense qui était resté depuis 1631, et dans lequel, après plusieurs moindres éruptions, il s'éleva une nouvelle montagne en 1685.

En 1707, tous les habitants des environs et toute la ville de

(1) On pourra juger de la violence de cette éruption par la relation suivante, que j'ai tirée du numéro 21 des *Transactions philosophiques*, année 1666. Elle fut communiquée par le capitaine Guillaume Badilly.

Le 6 décembre 1631, étant à l'ancre dans le golfe de Volo dans l'Archipel, vers les dix heures du soir, il commença à pleuvoir du sable ou de la cendre et cette pluie continua jusqu'à deux heures du matin. Il y en avait environ deux pouces d'épaisseur sur le pont, en sorte que nous le nettoyâmes avec des pelles comme nous avions fait pour la neige le jour d'auparavant ; il ne faisait point de vent lorsque cette cendre tomba. Il n'en tomba pas seulement où nous étions, mais encore en d'autres endroits, sur des vaisseaux qui venaient de Saint-Jean-d'Acre à notre port, et qui étaient alors à cent lieues de nous. Nous comparâmes les cendres, elles étaient de même nature.

N. B. Cette pluie de cendre venait de l'éruption du Vésuve dont il est question.

Naples furent en alarme à cause des explosions et des secousses fréquentes qu'on éprouvait, et du feu qui se faisait voir au sommet de la montagne. Une énorme quantité de cendres lancées avec impétuosité remplirent toute l'atmosphère, et obscurcirent le soleil pendant un jour entier ; mais heureusement ce jour effrayant fut suivi du calme, et la montagne s'apaisa.

En 1724, la quantité de cendres et de pierres lancées par la montagne fut si grande, qu'elle remplit tout l'espace entre l'ancien et le nouveau mont.

En 1750, il y eut une nouvelle éruption du Vésuve, qui, quoique peu considérable en comparaison de la dernière, occasionna néanmoins beaucoup de craintes.

Cette année 1737, au mois de mai, la montagne ne fut jamais tranquille : elle jetait tantôt beaucoup de fumée, tantôt des pierres ardentes qui retombaient sur la montagne. Du 16 au 19 on entendit des mugissements souterrains.

Le 19, on vit le feu sortir dans d'épais nuages noirs, et le jour il se fit plusieurs détonations bruyantes qui devinrent plus fréquentes vers le soir, et augmentèrent dans la nuit. La montagne vomissait alors une très épaisse fumée mêlée de cendres et de pierres, et on sentit aux environs quelques légères secousses de tremblement de terre.

Le lundi 20, à 9 heures du matin, la montagne fit une si forte explosion, que le choc fut sensible à plus de douze milles à la ronde. Une fumée noire mêlée de cendres parut s'élever tout d'un coup en vastes globes ondoyants, qui se dilataient en s'éloignant du cratère. Les explosions continuèrent très-fortes et très-fréquentes toute la journée, lançant de très-grosses pierres au milieu des tourbillons de fumée et de cendres, jusqu'à un mille de hauteur.

A huit heures du soir, au milieu du bruit et des affreuses secousses, la montagne creva sur la première plaine, à un mille de distance du sommet, et il sortit un vaste torrent de feu de la nouvelle ouverture : dès lors, toute la partie méridionale de la montagne parut embrasée. Le torrent coula dans la plaine en-dessous, qui a plus d'un mille de longueur et près de quatre milles de largeur. Il s'élargit bientôt de près d'un mille, et à la quatrième heure de la nuit il atteignit l'extrémité de la plaine et le pied des monticules bas qui sont du côté du sud. Mais ces monticules étant composés de rochers escarpés, la plus grande partie du torrent coula dans les intervalles de ces rochers, parcourut deux vallons, et tomba successivement dans l'autre plaine qui forme la base de la montagne. Après s'y être réuni, il se divisa en quatre branches, dont l'une s'arrêta au milieu du chemin, à un mille, à un mille et demi de Torre-del-Greco ; la seconde coula dans un large vallon ; la troisième finit sous Torre-del-Greco, au voisinage de la mer, et la quatrième à une petite distance de la nouvelle bouche.

Le torrent qui roulait dans le vallon arriva entre l'église des Carmélites et celle des Ames du purgatoire à quatre heures du matin. La matière courait comme du plomb fondu , et fit quatre milles en huit heures ; vitesse remarquable et extraordinaire, puisqu'on avait trouvé surprenant que dans l'éruption de 1618 la lave eût avancé de soixante pas dans une heure.

Le torrent qui courait derrière le couvent des Carmélites, après avoir mis en feu la petite porte de l'église, y entra, et se fit jour aussi par les fenêtres dans la sacristie et dans deux autres pièces ; il brûla les fenêtres du réfectoire, et les vaisseaux de verre qui étaient sur les tables, furent mis en pâte par la violence du feu. Seize jours après la matière était encore chaude et très-dure, mais on la brisa à force de coups.

Un morceau de verre fixé au bout d'un bâton et approché de cette matière se réduisait en pâte au bout de quatre minutes ; on entendait sous la masse du torrent des détonations fréquentes qui faisaient trembler l'église. Sur toute la surface du torrent, on voyait de petites fentes par lesquelles sortait une fumée ayant l'odeur du soufre mêlé avec de l'eau de mer, et les pierres qui étaient autour étaient couvertes de sublimations salines, le fer introduit dans ces fentes en sortait humide, mais le papier paraissait s'y durcir.

En même temps que la nouvelle bouche s'ouvrait, celle du sommet vomissait une vaste quantité de matière brûlante, qui, se divisant en torrens et en petits courans, se dirigea en partie vers le Salvadore, et en partie vers Ottajano ; et on voyait en outre des pierres ardentes s'élancer du haut de la montagne au milieu d'une épaisse fumée accompagnée d'éclairs et de tonnerres fréquens.

Les vomissements enflammés continuèrent jusqu'au mardi, et ce jour l'éruption des matières fondues, les éclairs et le bruit cessèrent ; mais un vent du sud-ouest s'étant mis à souffler fortement, les cendres furent charriées en grande quantité jusqu'aux extrémités du royaume. Dans quelques endroits elles étaient très-fines, dans d'autres grosses comme du gravier. Dans le voisinage du Vésuve, on éprouva non seulement la pluie de cendres, mais encore une grêle de pierres ponces et autres.

La fureur du volcan ayant commencé à s'apaiser le mardi au soir, le dimanche suivant il n'y avait presque plus de flammes à la bouche supérieure, et le lundi on ne vit que peu de fumée et de cendres. Il commença de pleuvoir abondamment ce jour-là, et la pluie continua le mardi et plusieurs jours ensuite, circonstance qui a constamment accompagné les éruptions.

Les dommages occasionnés dans le voisinage par cette éruption de feu et de cendres sont incroyables. A Ottajano, situé à quatre ou cinq milles du Vésuve, les cendres avaient quatre palmes de hauteur sur le terrain. Tous les arbres étaient brûlés, les habitants dans la consternation et l'effroi, et beaucoup de maisons écrasées sous le poids des cendres et des pierres.

NOTE X.

FORME DU CRATÈRE DU VÉSUVE AVANT L'ÉRUPTION DE 1631.

Le cratère avait cinq milles de circonférence, et environ mille pas de profondeur. Ses côtés etaient couverts d'arbrisseaux, et il y avait au fond une plaine où le bétail paissait ; les sangliers fréquentaient les parties boisées. Au milieu de la plaine, dans le cratère, était un passage étroit à travers lequel, par un sentier tortueux, on descendait environ un mille parmi les rochers et les pierres, jusqu'à une autre plaine plus spacieuse couverte de cendres. Dans celle-ci se trouvaient trois petits étangs placés en triangle : l'un vers l'est, rempli d'eau chaude extrêmement amère et corrosive ; un autre vers l'ouest, d'eau plus salée que celle de la mer ; le troisième d'eau chaude sans aucun goût particulier.

NOTE XI.

ÎLE NOUVELLE SORTIE DE LA MER PRÈS DE TERCÈRE EN 1720.

(Relation donnée par M. Th. Forster.)

John Robinson, capitaine d'un petit senau de la Nouvelle-Angleterre, arriva à Tercère le 10 décembre 1720 ; il vit près de cette île un feu sortir de la mer. Le gouverneur l'engagea à en approcher avec son bâtiment, et envoya à bord seize matelots et deux prêtres. Voici son récit :

« Le dimanche 18 décembre nous mîmes à la voile à minuit, et portâmes an sud-est d'Angra : le lendemain, à deux heures après midi, nous approchâmes d'une île toute de feu et de fumée. Nous continuâmes notre route jusqu'à ce que les cendres tombassent sur notre pont comme de la grêle ou de la neige, ce qui dura toute la nuit ; nous prîmes le large, le feu et la fumée grondaient comme le tonnerre ou comme de grands coups de canon. A la pointe du jour nous nous en approchâmes ; à midi nous fûmes à portée de bien observer, en étant à deux lieues au sud. Nous fîmes voile autour de l'île, et l'approchâmes de si près que le feu et la matière qu'elle lançait furent sur le point de nous endommager. Nous eûmes en même temps la crainte d'être jetés sur la côte ; mais un vent de sud-est, qui se leva pendant que nous étions tous en prières, nous délivra du danger. La brise fut accompagnée d'une petite ondée qui fit tomber beaucoup de poussière sur notre pont. Nous profitâmes du vent pour regagner Tercère.

« Le gouverneur nous informa que le feu avait éclaté le 20 novembre 1720 dans la nuit, et que le bruit affreux qu'il occasionna fit trembler la terre et renversa plusieurs maisons dans la ville d'Angra et dans les environs, à la grande frayeur des habitants. On trouva des quantités prodigieuses de pierres ponces, et des poissons à demi grillés, flottant sur la mer à plusieurs lieues autour de l'île, et des nuées d'oiseaux de mer rassemblés pour s'en nourrir. Cette nouvelle île est à peu près ronde, et peut avoir envi on deux lieues de diamètre. Sa latitude est de 38 degrés 29 minutes, sa longitude de 26 degrés 33 minutes (méridien de Londres). »

Une personne de ma connaissance passant de Cadix à Londres vers la fin d'avril 1721, me dit qu'elle avait trouvé la mer couverte de pierres ponces, depuis le cap Finistère presque jusqu'à l'entrée du canal, et m'en donna quelques-unes.

NOTE XII.

SUR L'EXISTENCE PROBABLE D'UN VOLCAN SOUS-MARIN SITUÉ PRÈS DE L'ÉQUATEUR.

(Extrait d'une note de M. P. Daussy.)

« On sait qu'on appelle vigies, des rochers ou des bancs de sable à peu de distance de la surface de la mer, soit au-dessus, soit au-dessous, et dont l'isolement rendrait la rencontre funeste aux bâtiments qui viendraient à les trouver sur leur route sans que rien les en eût avertis. Les cartes sont couvertes de ces indications pour signaler aux marins des dangers qui les intéressent à un si haut degré, lorsqu'ils sont annoncés par des hommes dont rien ne peut faire suspecter la bonne foi. Cependant le nombre des vigies dont l'existence a été constatée est bien petit ; on ne peut guère compter comme étant dans cette catégorie, dans l'Océan atlantique, que les rochers de Penedo de San Pédro, auprès de la ligne, et le rocher Rockol, situé à environ 75 lieues au large des îles Hébrides.

« Il y a donc lieu de croire que presque toutes celles qui sont marquées sur les cartes ne doivent leur existence qu'à des illusions qui auront fait prendre pour des rochers ou des bancs, certains corps flottants tels que des bâtiments naufragés, des baleines mortes ou des glaces. Il serait certainement utile de les faire disparaître de dessus les cartes, comme entravant la navigation ; mais cela ne pourrait avoir lieu qu'après avoir fait de chacune d'elles une recherche spéciale, comme on l'a déjà fait pour plusieurs.

« Cependant, si l'on doit reconnaître qu'un grand nombre de vigies n'ont d'autre origine que des illusions et que beaucoup de bâtiments ont passé sur les mêmes positions sans rien apercevoir, on ne peut pas en conclure d'une manière absolue, de ce qu'on ne retrouve plus un danger signalé, qu'il n'a jamais existé : car on a plusieurs exemples de soulèvements qui ont fait apparaître à la surface des eaux des îles dont l'existence n'a été que momentanée, et qui ont disparu ensuite, telles sont l'île Julia, dans la Méditerranée et celles qui surgirent dans les Açores en 1720 et en 1811.

« L'examen attentif de toutes les indications fournies par les navigateurs m'a porté à croire qu'un semblable phénomène aurait bien pu se produire à quelques milles au sud de l'Équateur et vers les vingtième ou vingt-deuxième degrés de longitude occidentale ; ou du moins, que les secousses éprouvées par différents bâtiments dans ces parages pourraient indiquer l'existence en cet endroit d'un volcan ébranlant de temps en temps le sol qui le contient.

« On sait que, quand des tremblements de terre se font ressentir en mer, ils produisent sur les bâtiments un effet semblable à un choc contre des rochers ou contre le fond. Ainsi dans celui qui eut lieu en 1835, sur la côte du Chili et qui s'est étendu sur un espace de plus de 15° du nord au sud, et de 10 de l'est à l'ouest, des bâtiments sous voiles ou à l'ancre ressentirent des secousses comme s'ils avaient passé en touchant sur des rochers (1). Celui qui a eu lieu le 9 février dernier à Odessa présenta la même circonstance (2). Il est donc probable que, lorsqu'un bâtiment éprouve une secousse semblable dans un endroit où la profondeur ne permet pas de croire qu'il ait touché, cela peut être attribué à l'effet d'une action de ce genre ; or, voici les différentes remarques qui ont été faites aux environs du point signalé plus haut, et qui se trouve pres-

---

(1) *Journal de la Société de Géographie de Londres*, tome **VI**, page 329.

(2) *Journal des Débats* du 27 février 1839.

que à moitié de distance entre la côte occidentale d'Afrique et la côte orientale d'Amérique du sud, dans les points où elles sont rapprochées l'une de l'autre, c'est-à-dire entre le cap des Palmes et le cap Saint-Roque.

« Le 17 octobre 1747, le vaisseau *le Prince*, capitaine Bobriant, en allant aux Indes, ressentit une ou deux secousses, comme s'il eût touché sur un haut fond : Il était alors par 1° 35′ de latitude sud, et 20° 10′ de longitude ouest.

» Le 5 février 1754, on ressentit sur le vaisseau *la Silhouette*, commandé par M. Pintaal, une secousse ou tremblement extraordinaire, comme si le vaisseau avait touché sur un haut fond : il était alors 5 heures après midi, et, suivant la latitude qu'on avait observée le même jour, ce danger serait 20′ au sud de la ligne, et par 23° 10′ de longitude occidentale.

« Le 13 avril 1758, la frégate *la Fidèle*, capitaine Lehoux, étant aussi par 0° 20′ de latitude sud et 23° 20′ de longitude, ressentit de semblables secousses.

« Le 3 mai 1761, le capitaine Bouvet, du navire *le Vaillant*, vit une île de sable par 0° 23′ sud et 21° 30′ ouest.

« Le 3 octobre 1771, la frégate *le Pacifique*, capitaine Bonfils, dans le trajet de la Côte-d'Or à Saint-Domingue, ressentit, à huit heures du soir, une secousse ou tremblement extraordinaire et pareil à celui qu'éprouve un vaisseau en échouant, ou, pour mieux dire, à celui que l'on ressent dans un vaisseau qu'on met à l'eau. On fit sur-le-champ carguer les voiles et sonder sans rencontrer le fond. On était alors par 42′ de latitude sud, et on s'estimait par 22° 47′ à l'ouest du méridien de Paris ; la mer était très-agitée.

« Le 19 mai 1806, M. de Krusenstern étant alors par 2° 43′ de latitude sud et 22° 55′ de longitude ouest, aperçut à 12 ou 15 milles dans le nord-nord-ouest, une colonne de fumée qui, à deux reprises différentes, s'éleva très-haut ; il pensa, ainsi que le docteur Horner, que ce pouvait bien être l'effet d'une éruption volcanique.

« Le **18 décembre 1816**, le capitaine Proudfoot, du navire *le Triton*, passa sur un écueil situé par 0° 23' sud et 20° 6' ouest. Ce danger paraissait avoir environ 3 milles d'étendue de l'est à l'ouest, et un mille du nord au sud : on trouva dessus 26 brasses d'eau, fond de sable brun ; aucun brisant n'était visible autour.

« Le **12** avril **1831**, le navire *l'Aigle*, capitaine J. Taylor, étant par 0° 22' de latitude sud et 23° 27' de longitude ouest, ressentit à midi, par un beau temps et la mer étant calme, une secousse, exactement comme si le bâtiment eût glissé sur un rocher : le gouvernail fut fortement agité et on entendit un bruit sourd sous l'eau.

« En novembre **1832**, le navire *la Seine*, capitaine Le Marié, se trouvant par 0° 22' sud et 21° 15' ouest, et filant 4 à 5 nœuds, éprouva à 11 heures du soir une secousse tellement forte qu'on crut avoir touché sur un banc.

« Le 9 février **1835**, la barque *la Couronne*, de Liverpool, après avoir traversé l'Équateur, en filant 6 nœuds avec une jolie brise d'est-sud-est, toucha à 10 heures ¼ et racla le fond avec sa quille, comme si elle eût passé sur un récif de corail ; aussitôt qu'on fut dégagé, un canot fut mis à la mer et l'on sonda, sans trouver le fond par 135 brasses : la position du lieu était latitude 0° 57' sud, longitude par des chronomètres et des distances lunaires 25° 39' ouest.

« Le journal du capitaine Jayer, commandant *le Philan-trope* de Bordeaux, m'a fourni encore les notes suivantes :

« Le **28** janvier **1836**, à 9 heures du soir, étant par
« 0° 40' sud et 22° 30' de longitude ouest, nous avons res-
« senti un tremblement de terre qui a fait trembler le navire
« pendant trois minutes, comme s'il raclait sur un banc, au
« point que je crus le navire échoué. »

« Et plus loin :

« Du 13 au 16 mars, beau temps, en vue d'un navire amé-
« ricain, *le Saint-Paul* de Salem, allant à Manille : ce navire
« que nous avons vu sous la ligne a éprouvé le même tremble-

« ment qne nous avons ressenti, à la même heure, étant à
« 10 milles dans l'ouest de nous. »

« Enfin, j'ai trouvé dans le numéro de novembre 1836,
du journal de la Société asiatique du Bengale, l'extrait suivant
des procès-verbaux de la Société de Calcutta :

« M. T.-L. Huntley présente des cendres volcaniques re-
« cueillies en mer par le capitaine Fergusson, du navire
« *Henry-Tanner*.

« Ces cendres étaient noires et avaient la consistance de
« cendres de charbon de terre ou de ponce.

« Le point où elles furent recueillies est par 0° 35′ sud et
« 15° 50′ ouest de Greenwich (18° 10′ de Paris); la mer était
« dans une violente agitation.

« Dans un précédent voyage fait par le même commandant, et
« presque à la même place (latitude 1° 35′ sud et 20° 45′ ouest
« de Greenwich), (23° 5′ de Paris), on eut à bord une alarme
« très-vive en entendant un très-grand bruit. Le capitaine et
« les officiers croyaient que le bâtiment avait touché en raguant
« sur un rocher de corail; cependant on n'eut pas le fond avec
« la sonde. »

Il me semble qu'on peut conclure de tous ces faits, dont
plusieurs se rapportent à très-peu près à la même position,
qu'il existe dans ces parages, c'est-à-dire vers 0° 3′ de
latitude sud et 22° de longitude ouest, un foyer volcanique
qui quelquefois lance au-dessus de la mer des cendres et de la
fumée, et qui souvent produit des mouvements semblables à
ceux occasionnés par les tremblements de terre. »

NOTE XIII.

SUR LE MODE DE FORMATION DES VALLÉES QUI SILLONNENT DE GRANDS PLATEAUX OU DE LARGES BASSINS (1).

Le creusement des vallées sur une surface précédemment nivelée, comme celle du terrain des environs de Paris qui l'avait été d'abord par les grandes formations d'eau douce, puis par un puissant dépôt de sable marin, est un phénomène assez difficile à expliquer, et aucune des suppositions qu'on a faites pour en rendre compte n'est à l'abri de fortes objections.

Deux explications principales ont été successivement en honneur : l'une, proposée par M. Deluc, consiste à admettre des affaissements longitudinaux de terrain, affaissements dont on trouvait fort bien la cause dans l'énorme déperdition de substance qu'ont dû faire éprouver à la masse interne les nombreuses éruptions volcaniques dont les produits font une partie considérable de l'écorce minérale. Par suite de ces pertes, la masse interne devenant trop volumineuse pour l'écorce déjà solide qui l'entourait ; cette enveloppe a dû, dans certaines parties, éprouver des affaissements qui ne sont presque rien en comparaison du volume total du globe, mais qui suffisent et au-delà pour expliquer la formation des vallées dont nous recherchons la cause ; si j'insiste sur cette manière de voir, c'est que la supposition des affaissements, admise par Deluc, rend

(1) **Tous** les paragraphes dont se compose cette note devaient, à l'exception des deux derniers, prendre place dans le texte de la lettre **VIII**, page 121, leur place est entre le second et le troisième alinéa de cette page.

très bien raison de la formation des montagnes primitives et de leurs vallées. En effet, les crêtes saillantes de granite qui couronnent les premières et qui font si facilement naître l'idée d'un brisement violent ; l'inclinaison des couches qui couvrent leurs flancs, et l'identité du sol qu'on retrouve également et sur les montagnes et dans les vallées qui les séparent : tout s'accorde avec cette supposition.

Mais rien de pareil ne se présente relativement à nos vallées : les couches des coteaux qui les dominent ne s'inclinent point pour y descendre, et aucune d'elles ne présente, dans son fond, un sol semblable à celui qui se trouve sur ces hauteurs.

C'est ainsi que la plaine de Grenelle, celle du Point-du-Jour, le fond de la Seine à Sèvres ne présenteut ni le sable des hauteurs qui les bordent, ni le gypse ni même le calcaire grossier que, vu sa solidité, on ne peut supposer avoir été balayé par les eaux, mais offrent simplement la craie recouverte de quelques mètres de terrain d'alluvion.

Quelle cause a donc pu enlever ces couches épaisses, et souvent si dures qui manquent dans les vallées? On a supposé que c'étaient des courants puissants dont nos rivières ne sont que les faibles restes, et qui ont entraîné dans la mer les débris qu'ils ont balayés; mais quels cours d'eau, quels torrents seraient capables d'enlever les énormes masses qu'il aurait fallu déplacer pour creuser nos vallées? Et comment supposer une pareille violence, à ceux dont on admet l'existence, quand on considère combien les lieux qui doivent leur avoir servi de lit ont une pente douce? La Seine coule dans la plus inclinée de ces vallées, et, dans ses plus grands débordements elle n'a pas la force de déranger une pierre grosse comme la tête. Comment ces cours d'eau auraient-ils dans un espace, souvent assez étroit, enlevé les couches supérieures, à une si grande profondeur sans endommager les terrains mous et sableux qui restent quelquefois suspendus à pic, au-dessus des vallées, à des hauteurs très considérables? Comment imaginer qu'aucune partie de ces terrains brisés ne se fût précipitée dans les cours d'eau, de manière à ce

que leur fond présentât au moins quelque analogie avec les plateaux qui les bordent ? Mais, bien loin que les terrains d'atté-
rissement des vallées correspondent à la quantité des matières
enlevées pour les former, on voit souvent, dans les lieux où elles
s'élargissent le plus, des lacs ou amas d'eau qu'ils auraient certainement dû combler, dans la supposition dont il est question.

Toutes ces objections, absolument insolubles jusqu'ici. font
rejeter pour les vallées de nos environs la dernière hypothèse,
comme celle des affaissements longitudinaux ; nous serons donc,
jusqu'à nouvel ordre, forcés de nous borner à admettre le fait
de leur formation sur le sol nivelé par les derniers dépôts
marins.

Que ce nivellement ait eu lieu, et que les vallées aient été
creusées à une époque postérieure par une cause qui ne nous est
pas connue, c'est une chose dont il n'est pas possible de douter,
et que prouve jusqu'à l'évidence la vue de leurs faces abruptes.
Les différentes parties du sol sableux dont elles sont formées, ont
si peu d'adhérence entre elles qu'il y aurait de l'absurdité à
supposer qu'elles ont été déposées particulièrement sur chaque
sommet.

Ce qui prouve d'une manière assez évidente que la formation de certaines vallées est postérieure à celle des terrains
qu'elles sillonnent, ce sont ces blocs énormes de pierres (ordinairement de granite) qu'on rencontre souvent sur le sommet de
collines dont la nature est tout à fait différente; de manière qu'on
peut être sûr qu'elles sont roulées d'un lieu plus élevé, qui
dominait celui où on les trouve. On ne manque pas, en effet,
quand on fait des recherches sur ce point, de découvrir dans
les environs les rochers dont elles ont été détachées. Mais il arrive assez fréquemment que ce rocher se trouve séparé de la
colline où le bloc de pierre a roulé, par une vallée profonde,
et qu'il n'aurait certainement pu franchir si elle avait
existé à l'époque où il a été détaché du roc : dans certains cas,
à la vérité, on peut supposer que c'est la colline qui s'est soulevée
depuis la chute du bloc; mais le plus souvent il est manifeste

que c'est la vallée qui s'est creusée à une époque postérieure.

Presque toujours on peut, à l'inspection seule d'une masse de pierre ainsi déplacée, reconnaître si elle vient de près ou de loin par le plus ou moins d'usure de ses angles. Si elle a roulé longtemps, elle se trouve infailliblement arrondie par sa chute; mais si elle conserve encore des arêtes saillantes, on peut assurer qu'elle n'a eu qu'un trajet court à parcourir. C'est ce que l'observation confirme toujours.

NOTE XIV.

SYSTÈME DE M. CONSTANT PREVOST CONCERNANT LA FORMATION DES TERRAINS TERTIAIRES DES ENVIRONS DE PARIS.

Nous avons eu plusieurs fois occasion de signaler à nos lecteurs M. Constant Prevost comme ayant des opinions différentes de celles qui sont généralement admises aujourd'hui sur la formation de nos terrains.

Nous aurions désiré pouvoir leur donner une idée un peu étendue de ses opinions. Pressés par le temps et l'espace, nous nous contenterons de placer ici un rapport fait à l'Académie des sciences, qui, en même temps qu'il offre un résumé des idées de ce géologue distingué, aura l'avantage de faire connaître l'opinion avantageuse qu'en ont émise les hommes mêmes qui ont adopté des idées différentes des siennes.

Rapport fait à l'Académie des sciences, par MM. Cuvier et Cordier, sur un Mémoire qui lui a été lu dans les mois de juillet et d'août, par M. Constant Prevost. Ce mémoire a pour titre : *Examen de cette question géologique : Les continents que nous habitons ont-ils été à plusieurs reprises submergés par la mer ?*

« L'auteur s'attache d'abord à prouver qu'il n'existe, au milieu des terrains de transport et de sédiment, aucune couche que l'on puisse regarder comme représentant une ancienne surface continentale, qui aurait été couverte pendant longtemps de végétaux terrestres , et habitée par des animaux du même genre, avant d'avoir été enveloppée par des dépôts marins. Il expose qu'il a vainement cherché des traces d'anciennes surfaces continentales, au contact des terrains marins et des terrains d'eau douce, qui alternent en plusieurs parties de la France, de l'Allemagne et de l'Angleterre. Il développe les motifs qui le portent à penser que les débris des végétaux qu'on a quelquefois trouvés dans une situation verticale, au milieu des terrains houillers, ne doivent cette position qu'au hasard. La présence de débris de mammifères, soit dans les couches diluviennes proprement dites, soit dans des cavernes antérieures à ces couches, ne lui paraît pas prouver davantage que la mer a pu envahir un sol précédemment habité. Il arrive définitivement à cette première conclusion, savoir : que les contrées qui sont occupées par des terrains de transport et de sédiment ont été recouvertes par les eaux, pendant tout le temps que la formation de ces terrains a exigé.

« L'auteur énumère ensuite avec soin les différentes circonstances qui caractérisent la formation des dépôts qui ont lieu de nos jours dans les lacs à l'embouchure des rivières, sur les plages de l'Océan, et dans toutes les parties de son bassin qui ont peu de profondeur. Il distingue parmi ces dépôts ceux qui résultent des courants plus ou moins rapides, et ceux qui proviennent de précipitations paisibles, ceux qui appartiennent à des rivages et ceux qui se forment en pleine eau. Il rappelle que les fleuves portent souvent à de grandes distances des débris organiques continentaux de toute espèce, et que les eaux de la mer, soulevées accidentellement de leur bassin, font quelquefois des irruptions momentanées très étendues sur des surfaces habituellement occupées par des marais, par des lagunes, par des lacs, dont le fond est incontestablement formé par des dépôts remplis de débris organiques, fluviatiles et terrestres. Il fait différentes remarques sur la nature des mollusques, qui vivent isolés ou en famille, près des rivages ou loin des rivages. Il expose enfin que, par le concours des causes actuelles, le détroit de la Manche doit contenir des alternations de couches, analogues à celles qui constituent la partie inférieure de beaucoup de terrains tertiaires ; que si le niveau de la mer pouvait baisser de 25 brasses, ce détroit serait changé en un vaste lac, et qu'après un certain laps de temps il s'y formerait nécessairement une série de couches analogues à celles qui figurent dans la partie supérieure des terrains de plusieurs contrées.

« Partant des données qui précèdent, et supposant en général que le niveau des mers a effectivement éprouvé un abaissement lent et progressif depuis l'origine des choses , l'auteur entreprend d'expliquer la manière dont se sont formés les terrains tertiaires des environs de Paris, et ceux qui leur font suite, ou jusqu'à la Loire, ou jusqu'à la Manche et au-delà, dans les environs de Wight en Angleterre. Considérant tous ces terrains comme appartenant à un antique bassin, il en représente la constitution au moyen de deux coupes transversales, dans lesquelles il a résumé toutes les observations qui ont été recueillies jusqu'à ce jour, et dont l'aspect est propre à donner une idée nette des alternances, des mélanges, des enchevêtrements que présentaient les dépôts divers. L'auteur pense que ces coupes paraissent, à la rigueur, suffire, à l'aide des légendes qu'il y a jointes, pour faire voir que les couches marines de la craie, du calcaire grossier, des marnes, et des grès supérieurs, ont pu être formées dans le même bassin, sous les mêmes eaux que l'argile plastique , le calcaire siliceux, et le gypse lui-même, qui renferment essentiellement des débris d'animaux et de végétaux fluviatiles ; mais il s'empresse d'ajouter à son système d'explication tous les développements, toutes les inductions qui lui ont paru propres à en assurer la vraisemblance ; voici, en résumé, quel est ce système d'explication.

« Première époque. Une mer paisible et profonde dépose les deux variétés de craie qui constituent les bords et le fond du grand bassin tertiaire dont il s'agit.

« Deuxième époque. Par suite de l'abaissement progressif de

l'Océan, le grand bassin devient un golfe, dans lequel des affluents fluviatiles forment des brèches crayeuses et des argiles
plastiques, qui sont bientôt recouvertes par les dépouilles marines du premier calcaire grossier.

« Troisième époque. Les dépôts sont interrompus par une
commotion qui brise et qui déplace sensiblement les couches.
Le bassin devient un lac salé, traversé par des cours d'eau volumineux, venant alternativement de la mer et des continents,
et qui produisent les mélanges, les enchevêtrements que présentent le second calcaire grossier, le calcaire siliceux et les
gypses.

« Quatrième époque. Irruption d'une grande quantité d'eau
douce, chargée d'argiles et de marnes, au milieu desquelles il
se forme encore quelques dépôts de coquilles marines bivalves ;
le bassin n'est plus qu'un immense étang saumâtre.

« Cinquième époque. Le bassin cesse de communiquer avec
l'Océan, et le niveau de ses eaux s'abaisse au-dessous de celui
des eaux marines ; les dépôts vaseux des eaux continentales
continuent.

« Sixième époque. Irruption accidentelle de l'Océan, qui
dépose ses sables et ses grès moins supérieurs. Immédiatement
après, le bassin, presque comblé, ne contient que des eaux
douces peu profondes ; il reçoit moins d'affluents, il s'y établit
des végétaux et des animaux ; les meulières et le calcaire d'eau
douce se déposent.

« Septième et dernière époque. La succession de ces opérations diverses est terminée par le cataclysme diluvien. »

On voit par l'analyse qui précède que le travail de M. Prevost n'a pas eu pour objet de faire connaître des faits nouveaux,
mais de rapprocher un grand nombre de faits curieux, d'en
discuter les caractères, d'en déterminer la valeur, de comparer
ceux qui paraissent comparables, et d'essayer de remonter aux
causes, en s'étayant de plusieurs suppositions qui peuvent être
plus ou moins probables ; ce genre de travail a certainement
son importance et son utilité en géologie ; il offre de grandes

difficultés, et on doit savoir d'autant plus de gré à M. Prevost de s'y être livré, qu'il l'a fait avec un talent remarquable. Nous avons en conséquence, l'honneur de proposer à l'Académie de décider que le mémoire de M. Constant Prevost sera imprimé dans le recueil des savants étrangers.

NOTE XV.

HYPOTHÈSES DE M. BREMSER, CONCERNANT L'ORIGINE DES CORPS ORGANISÉS.

Nous avons cru que dans un ouvrage tel que celui-ci, nos lecteurs ne liraient pas sans intérêt le système de Bremser, célèbre naturaliste allemand, sur les révolutions que la vie a éprouvées à la surface du globe.

L'auteur, après avoir signalé les difficultés insolubles que rencontreraient ceux qui voudraient expliquer la formation des corps vivants à la surface du globe par les lois de la gravitation, ajoute (1) :

« L'explication de la formation de la terre et de celle des corps organisés offre moins de difficultés, si nous cherchons la cause principale dans quelque chose de plus élevé, c'est--dire dans l'esprit même, dans la tendance à dominer la matière et à former continuellement, par sa liaison intime avec elle, des *tous clos* existant par eux-mêmes, comme nous le voyons journellement dans la formation de chaque corps organisé. Dans cette idée, l'esprit sépara d'abord la matière brute, la rejeta au centre de la terre, et c'est ainsi que les terrains primitifs se formèrent. Peut-être a-t-il fallu des milliers d'années pour arriver à ce résultat ; car la formation de ces terrains paraît s'être opérée peu à peu par cristallisation. Aprèsque la plus grande partie

(1) *Traité zoologique et physiologique des vers intestinaux*, par **M. Bremser**, traduit par **M. Grundler**, d. m. p., revu et augmenté de notes par **M. Blainville**.

de la matière qui était la moins propre à la vie, c'est-à-dire à
celle des corps isolés, se fut cristallisée, l'esprit put agir déjà
plus librement ; il s'effectua alors une révolution ou bien une
fermentation dans la totalité de la masse, et les terrains de
transition se précipitèrent probablement d'une manière subite.
Cependant on peut présumer par la disposition stratifiée de ces
terrains, que plusieurs fermentations semblables ont dû contribuer à leur formation. Jusqu'à cette époque, c'est-à-dire
jusqu'au complètement des terrains de transition, la terre
continua encore un vie universelle, c'est-à-dire une vie qui
n'était pas encore divisée, ou bien qui n'était pas encore communiquée à des corps isolés ; car nous ne trouvons nulle part,
ni dans les formations primitives, ni dans celle de transition,
aucune trace d'êtres jadis vivants, et encore bien moins d'organisations animales (1).

« Ce n'est qu'après la précipitation de ces terrains que l'esprit
fut à même de s'emparer de telles ou telles parties de la matière, et d'en former des corps isolés doués d'une vie individuelle. Nous trouvons les restes de corps jadis vivants dans les
couches inférieures des terrains secondaires, qui, selon toutes
les apparences, se sont formés, comme les terrains de transition,
après des fermentations semblables et partielles. Les corps anciennement vivants que nous découvrons dans les couches
inférieures des terrains secondaires appartiennent tous à des
animaux aquatiques ; on n'y trouve pas de plantes. Après la formation des terrains de transition et avant la précipitation des
premiers terrains secondaires, il est à présumer qu'il n'y avait
point de terrain à découvert, non plus peut-être que d'atmosphère, de même que la lune, comme partie détachée plus tard
de la terre, en est encore actuellement privée.

(1) Il y a ici une erreur de faits étonnante de la part d'un homme aussi
instruit que Bremser, puisqu'il est constant qu'on trouve dans les terrains
dont il est ici question une multitude d'êtres organisés parmi lesquels se remarquent ceux qu'on a désignés sous le nom de *trilobites*, certaines espèces
de coquilles, et même un grand nombre de poissons.

« Par la suite il s'opéra une nouvelle révolution ou fermentation. La première création fut détruite par la précipitation suivante, et la terre fut de nouveau peuplée d'animaux qui étaient cependant d'une autre espèce que les premiers. On ne peut déterminer au juste combien il y a eu de pareilles révolutions suivies de précipitations, qui avaient lieu, chaque fois au moins, sur de grandes étendues de la terre. Il est seulement certain que chaque précipitation fut suivie d'une nouvelle création, et que l'homme est un produit de la dernière (1); car on n'observe, comme il a été remarqué, aucun ossement d'homme, pas même dans les couches supérieures des terrains secondaires (2); et, qui plus est, on ne commence à voir des ossements de mammifères que dans ces couches supérieures, et M. Cuvier (3) présume par cette raison qu'ils sont un produit de l'avant-dernière révolution de notre terre.

« Comme après chaque précipitation il se formait toujours des êtres plus parfaits, et enfin celui qui jusqu'à présent est le plus parfait de tous, c'est-à-dire l'homme, mon opinion, de voir la cause principale d'action dans l'esprit, et dans sa tendance à dominer la matière, gagne, par cette raison, toujours plus de probabilité. C'est bien un esprit qui vivifie l'huître et qui anime l'homme; mais l'esprit est, dans les deux cas, pour me servir d'une expression empruntée à la théorie de l'électricité, sous des degrés très-différents de tension; dans l'homme il est monté jusqu'à l'intelligence, et dans l'huître nous trouvons à peine des traces de sentiment. Les animaux de la première création ne pouvaient pas être aussi parfaits que ceux de la dernière; dans la première, l'esprit était encore trop enchaîné à la matière, et ce n'est qu'après s'être débarrassé de cette dernière, non propice

(1) Cela se rapporte parfaitement avec le premier chapitre de la Genèse. On n'a qu'à s'imaginer, comme Buffon l'a déjà observé, au lieu des jours, de grandes époques. (*Note de* Bremser.)

(2) Bremser comprend ici sous le nom de terrains secondaires toutes les formations postérieures aux terrains de transition.

(3) Ossements fossiles, discours préliminaire, p. 70.

à l'animalisation, qu'il pouvait agir plus librement, et parvenir à la fin à gouverner l'existence corporelle de l'organisation, à laquelle il est inhérent ; car l'homme animé par l'esprit, veut, et sa volonté est une loi pour la matière. Cette assertion souffre cependant quelquefois des exceptions dans certains cas; mais alors l'esprit demande plus que la matière ne peut faire, et nous devons également considérer que l'homme n'est pas un pur esprit, mais seulement un esprit borné par la matière, de différentes manières. En un mot l'homme n'est pas un dieu, mais malgré la captivité de l'esprit dans sa corporéité, celui-ci est déjà devenu assez libre en lui pour qu'il s'aperçoive qu'il est gouverné par un esprit plus élevé que le sien, c'est-à-dire par un dieu. Pouvoir ou plutôt devoir comprendre cela, est ce qui forme la différence entre l'homme et les animaux, différence que l'on a voulu chercher dans l'absence du ligament cervical et de l'os inter-maxillaire, dans la coïncidence des dents canines, dans la faculté d'opposition du pouce aux autres doigts, dans les extrémités inférieures, dans sa station bipède, etc. Schrank (1), qui a rendu tant de services à l'histoire naturelle, a placé avec raison l'homme dans une classe particulière du règne animal.

« Il est encore à présumer, dans la supposition qu'il y aurait une nouvelle précipitation, que des êtres beaucoup plus parfaits que ceux qui ont été le résultat des précédentes seraient créés. L'esprit dans l'homme est à la matière dans la proportion de 50 à 50, avec de légères différences en plus ou en moins, car c'est tantôt l'esprit et tantôt la matière qui domine. Dans une création subséquente, si celle qui a formé l'homme n'est pas la dernière, il y aurait apparemment des organisations où l'esprit agirait plus librement, et où il serait dans la proportion de 75 à 25. Il résulte de cette considération que l'homme a été formé comme tel à l'époque la plus passive de l'existence de notre terre. L'homme est un triste moyen terme entre l'animal et

(1) *Brief an Nau*, pag. 247. Il a cependant oublié un signe caractéristique , c'est-à-dire que l'homme peut devenir fou : bonne occasion pour certains critiques de mettre au jour une idée spirituelle. (*Note de* Bremser.)

l'ange (1) ; il tend aux connaissances élevées, et ne peut pas y atteindre ; quoique nos philosophes modernes le croient quelquefois, cela n'est réellement pas. L'homme veut approfondir la cause première de tout ce qui est, mais il ne peut pas y parvenir : avec moins de facultés intellectuelles, il n'aurait pas la présomption de vouloir connaître ces causes, qui seraient au contraire claires pour lui s'il était doué d'un esprit plus étendu. L'homme se fait une idée incomplète ou fausse du temps et de l'espace, quoiqu'il sache, ou plutôt qu'il doive savoir qu'il n'y a pas de temps pour l'éternité, ni d'espace pour l'infini ou pour l'immensité. Les idées d'espace et de temps lui sont en effet innées ; ou bien elles sont jointes nécessairement à son existence comme homme : mais elles ne sont pas placées dans l'esprit, qui est infini, sans bornes et éternel, et elles lui sont pour ainsi dire imposées par sa corporéité, par la matière, qui gêne l'action libre de l'esprit, comme esprit dans toute sa pureté. L'homme, tel qu'il est dans sa corporéité, ne parvient pas même autrement à la connaissance de lui-même que par la réflexion de l'esprit sur la matière. Mais ces considérations n'appartiennent pas à mes recherches, et j'en reprends par conséquent la continuité.

« De même qu'il est probable que chacune des précipitations qui formèrent notre globe eut lieu subitement, les corps des animaux et des plantes durent se former jadis aussi d'une manière subite ou d'un seul jet. Dieu voulut, et sa volonté fut faite ; car je crois aussi peu que le cèdre du Liban fut originellement un lichen, que l'éléphant doive son origine à une huître

(1) Je ne veux nullement dire par cela que l'homme soit quelque chose de vil ou de misérable, car il est, au moins sur notre globe, l'être le plus parfait, le chef-d'œuvre de la création ; j'ai voulu seulement indiquer que l'homme n'est ni un ange, ni un dieu, qu'il doit être très pénible pour lui de n'avoir justement qu'autant d'esprit qu'il en faut pour concevoir qu'il n'en a pas assez pour approfondir les choses qu'il désire, par une tendance innée, le plus ardemment de connaître ; cependant il n'a pas le droit de s'en plaindre. Le prophète Isaïe s'exprime là-dessus d'une manière très juste (*Voyez* chap. 45, vers. 19.)   (*Note de* Bremser).

ou a un zoophite, eût-il passé même par mille gradations ; j'admets encore moins que l'homme ait été originellement un poisson ou un animal couvert d'écailles, comme quelques naturalistes modernes s'efforcent de nous l'expliquer. Si les choses se fussent passées ainsi, alors de pareilles métamorphoses progressives, ou bien des transformations graduelles d'êtres en d'autres êtres de plus en plus parfaits, soit chez les plantes, soit chez les animaux, devraient avoir lieu journel'ement sous nos yeux. Mais, pour parler seulement de l'homme, aucun fait ne nous prouve qu'il y ait dans son organisation physique et morale aucun progrès qui indiquerait un développement ultérieur ; il est toujours le même, tel qu'il fut il y a des milliers d'années. La manière dont les gouvernements, l'éducation et le sol ont influé sur quelques peuples, ne peut pas être prise en considération ; il existait, dans les temps les plus reculés, des hommes doués d'un esprit élevé et des hommes bornés, ainsi que nous l'observons encore actuellement.

« Les vers intestinaux mêmes, qui s'engendrent journellement sous nos yeux, prouvent contre une pareille transformation progressive d'animaux de degrés inférieurs en des animaux de classes plus élevées. En effet, si cela avait lieu, les vers les moins parfaits devraient toujours se former les premiers, et les plus parfaits se développer par la suite ; mais aucune observation ne nous met en droit de croire qu'une ascaride, par exemple, tire son origine d'une hydatide ou d'un tænia. Dans cette hypothèse on présume, comme cela se voit, que la p us grande perfection consisterait dans une composition plus grande et plus variée, et que l'imperfection serait en rapport direct avec la simplicité ; ce que je viens de dire arriverait cependant, quand même l'opposé aurait lieu.

« Je ne puis pas décider si les premières plantes et les premiers animaux se sont détachés de la terre comme *totalités* sans forme, mais ayant une existence propre, c'est-à-dire comme des embryons qui n'auraient reçu leur développement complet que peu à peu, ou bien s'ils se sont présentés dès leur origine entièrement formés et à l'état adulte. Si le premier cas avait eu lieu, le développement aurait dû s'opérer plus vite que dans la suite par la voie de la génération. Je crois cependant que le têtard et la chenille existaient avant la grenouille et le papillon ; mais comme tout cela est indifférent par rapport à l'examen du sujet dont je m'occupe actuellement, je passe sous silence d'autres recherches de même nature.

« J'ai voulu uniquement démontrer par la précédente digression que notre terre, dans son état primitif et sans forme, jouissait seulement d'une vie universelle, et que ce n'est qu'après la séparation des substances qui étaient plus propres à former le squelette du corps de la terre qu'à jouir d'une vie particulière et individuelle, que la vie se présenta sur notre terre dans des organisations individuelles innombrables. »

NOTE XVI.

CADAVRES D'ÉLÉPHANTS AVEC LEURS CHAIRS PLUS OU MOINS
BIEN CONSERVÉES, TROUVÉS AUPRÈS DES FLEUVES DE LA
SIBÉRIE.

(**Extrait du** *Voyage* **d'Isbrant Ides** (1), **de Moscou à la Chine, chap. VI**)

« C'est dans les montagnes qui sont au nord-est de cette
rivière (le Keta) , qu'on trouve les dents et les ôs de mammouths ; on en trouve aussi sur les rivages du fleuve Jenizea ,
des rivières de Trugan , Mungazea , Lena , aux environs de la
ville de Jakutskoi , et jusqu'à la mer Glaciale. Toutes ces rivières
passent au travers des montagnes dont nous venons de parler,
et , dans le temps du dégel , elles ont des cours de glaces si im-
pétueux qu'elles arrachent des montagnes , et roulent avec
leurs eaux , des masses de terre d'une grandeur prodigieuse.
L'inondation finie , ces masses de terre restent sur leurs bords ,
et la sécheresse, les faisant fendre, on trouve, au milieu, des dents
de mammouths et *quelquefois des mammouths tout entiers.*
Un voyageur qui venait à la Chine avec moi et qui allait tous
les ans à la recherche des dents de mammouths , m'assura avoir
trouvé une fois , dans une pièce de terre gelée , la tête entière
d'un de ces animaux dont la *chair* était corrompue ; que les
dents sortaient du museau comme celles des éléphants , et que
ses compagnons et lui eurent beaucoup de peine à les arracher,
aussi bien que quelques os de la tête , et entre autres celui du

(1) Isbrant Ides était un Allemand établi en Russie : il fut envoyé en ambassade vers l'empereur de la Chine en 1692.

cou, lequel était encore comme teint de sang; qu'enfin, ayant cherché plus avant dans la même pièce de terre, il y trouva un pied gelé d'une grosseur monstrueuse qu'il porta à la ville de Trugan. Ce pied avait, à ce que le voyageur m'a dit, autant de circonférence qu'un gros homme au milieu du corps.

Les gens du pays ont diverses opinions au sujet de ces animaux. Les idolâtres, comme les Iakutes, les Tunguses et les Ostiakes, disent que les mammouths se tiennent dans des souterrains fort spacieux dont ils ne sortent jamais : qu'ils peuvent aller çà et là dans ces souterrains, mais que, dès qu'ils ont passé dans un lieu, le dessus de la caverne s'élève et ensuite s'abîme, formant en cet endroit un précipice profond ; ils sont aussi persuadés qu'un mammouth meurt aussitôt qu'il voit la lumière, et soutiennent que c'est ainsi que périssent ceux qu'on trouve morts sur les rivages des rivières voisines de leurs souterrains, où ces animaux s'avancent inconsidérément.

Les vieux Russes de Sibérie croient que les mammouths ne sont autre chose que des éphants, *quoique les dents que l'on trouve soient un peu plus recourbées et plus serrées dans la mâchoire que celles de ces derniers animaux.* Avant le déluge, disent ils, le pays était fort chaud, et il y avait quantité d'éléphants, lesquels flottèrent sur les eaux jusqu'à l'écoulement et s'enterrèrent ensuite dans le limon. Le climat étant devenu très-froid après cette grande catastrophe, le *limon gela, et avec lui les corps d'éléphants, lesquels se conservent dans la terre sans corruption jusqu'à ce que le dégel les découvre.*

NOTE XVII.

EMPREINTES DE PIEDS D'ANIMAUX DANS LE GRÈS ET DANS DES TERRAINS DE FORMATION ACTUELLE.

TRACES DE PIEDS DE TORTUES IMPRIMÉES DANS LE GRÈS BIGARRÉ DE LA CARRIÈRE DE CORNCOCKLE-MUIR, COMTÉ DE DUMFRIES EN ÉCOSSE; OBSERVÉES PAR M. DUNCAN.

(Extrait des Annales des Sciences naturelles, tome XIV.)

« Ce grès est de texture friable, et ses couches sont d'épaisseur très-inégale ; leur direction est de l'ouest-nord-ouest à l'est-sud-est ; elles plongent sous un angle de 58 degrés.

« Lorsque les feuillets supérieurs eurent été enlevés, les ouvriers aperçurent à la face supérieure des couches sous-jacentes, des empreintes nombreuses et souvent très-distinctes de pieds d'animaux quadrupèdes.

« Il n'est pas facile de donner par des mots une idée de la nature de ces impressions dont les dimensions varient depuis la grandeur d'une patte de lièvre jusqu'à celle du sabot d'un petit cheval, et je me bornerai à décrire celles que présente un morceau qui forme à présent partie du mur d'une maison à Ruthwell.

« Sur ce morceau, qui est de cinq pieds deux pouces de long, il y a vingt-quatre impressions, ce qui en fait douze des pieds droits et autant des pieds gauches, et par conséquent six répétitions de la marque de chaque pied. Les marques des pieds de devant ont un peu plus de deux pouces de diamètre, soit depuis les ongles jusqu'au talon, soit en travers ; celles faites par les pieds de derrière sont à peu près de la même grandeur, mais d'une forme un peu différente. On aperçoit distinctement cinq ongles dans chaque patte de devant, dont les trois dirigées en avant, sont particulièrement distincts. Ces trois ongles, dans les pattes de derrière, sont aussi très-distincts, et sont placés plus près les uns des autres que ceux des pieds de devant. Il n'y a évidemment aucune division dans la plante du pied, ainsi que cela a lieu dans les chiens, et dans les espèces du genre *felis*; mais on peut observer une faible concavité dans la surface, spécialement dans les pattes de devant, ce qui tenait peut-être à l'enfoncement dans le sable humide. La profondeur des empreintes les plus fortes est d'environ un demi-pouce, et on doit remarquer que quelquefois les pieds de devant sont plus marqués que ceux de derrière, ce qui semble indiquer une longueur considérable dans le col de l'animal, et un poids plus qu'ordinaire dans la tête et les épaules; car sans l'une ou l'autre de ces circonstances la principale pression aurait été dans les pattes postérieures, comme on les voit dans d'autres échantillons, à cause de l'escarpement considérable du terrain que ces animaux gravissaient. La distance des ongles du pied de derrière au talon de l'impression la plus proche du pied de devant du même côté, varie d'un pouce à un pouce et demi. Ceci marque purement la position des deux pieds lorsque le pied de derrière avançait; mais en mesurant la distance lorsque les pieds étaient dans une position inverse, nous obtiendrons une longueur de treize à quatorze pouces, ce qui est beaucoup plus considérable que si l'animal ne marchait pas. Si nous comparons cette distance avec celle comprise de la jambe gauche à la jambe droite, (qui est à peu près de six pouces et demi entre les pattes de devant, et d'un peu plus de sept pouces et demi entre les pattes de dernière) nous verrons combien la largeur de cet animal était grande en proportion de sa longueur.

« Cette description peut s'appliquer à une grande partie de ces empreintes, c'est-à-dire à celles dont les animaux montaient. Mais il y a d'autres espèces d'impressions, qui ont été sans doute produites par des animaux qui descendaient la partie raide de la couche. Ces marques ne sont pas moins nombreuses que les autres; seulement, par une raison facile à concevoir, on ne peut pas être aussi sûr que ce soient des marques de pas. La position escarpée de la couche a fait glisser les animaux de manière que dans plusieurs endroits on ne découvre rien autre chose que la marque faite par les talons des pieds de devant, et quelquefois aussi une legère marque des ongles de derrière qui n'étaient que posés sur le sol pour maintenir l'équilibre de l'animal, pendant qu'il faisait glisser alternativement ses pieds de devant et les enfonçait dans le sable pour assurer sa marche.

« On peut observer encore ces deux genres d'impressions dans la couche qui est à découvert dans la carrière, quoique presque toutes celles qui présentaient des caractères frappants en aient été enlevées. Les plus beaux échantillons que j'aie observés sont ceux de la maison de Ruthwell.

« Quant à la nature des animaux, dont les traces ont été si bien conservées, je ne puis mieux faire que de rapporter les conjectures que forme, sur trois de ces espèces, un juge plus compétent que moi, le professeur Buckland, l'un des premiers zoologistes du siècle, avec lequel je me suis trouvé en correspondance. Ce savant distingué, supposant que le grès a été déposé dans un temps où, suivant l'opinion reçue, il n'existait pas sur la terre d'animaux d'un ordre supérieur à celui des reptiles, pense que parmi ceux ci nos crocodiles et nos tortues sont ceux dont les pas se rapprochent le plus des empreintes que je lui envoyai, et en faisant des expériences sur des tortues vivantes ; il s'est assuré que ces traces provenaient d'animaux de cette espèce. Quant aux marques produites par le glissement, il partage complètement mon opinion; ses tortues ayant produit presque exactement les mêmes impressions en descendant sur du sable mouillé.

« Il y a encore quelques autres faits curieux qui se lient à ce phénomène, mais les limites que je dois me prescrire ne me permettront que de les énumérer.

« 1° Dans plusieurs cas les contre-impressions sont distinctement marquées en relief sur la surface inférieure de la couche qui couvrait les empreintes des pas, et ces saillies correspondent aux cavités de dessous aussi exactement que si elles avaient été jetées dans un moule.

« 2° Les impressions ne se trouvent jamais que sur ce que les ouvriers appellent une *face d'argile*, c'est-à-dire une couche dont les parois extérieures contiennent un leger mélange d'argile qui la rend plus dure que le reste du rocher, accompagnée quelquefois d'un feuillet d'argile molle dans l'intervalle entre la couche supérieure et la couche inférieure.

« 3° Toutes les empreintes sont constamment dans une direction soit montante, soit descendante, quelquefois inclinées à droite ou à gauche, mais elles ne traversent jamais la pente.

« 4° Dans la plupart des impressions on remarque que la matière a été déplacée par les pas, et dans ce cas elle est en partie directement en bas par rapport à l'inclinaison actuelle de la carrière.

« Ces deux dernières circonstances et celle des traces faites en glissant, prouvent que la couche était très-inclinée lorsqu'elle était molle, et qu'elle était en train de se former, quoique ce soit contraire à l'opinion reçue quant à la formation du grès.

« 5° Le sable devait avoir une très-grande ténacité, et avoir même été quelquefois recouvert par un enduit dur ; car dans un des échantillons conservé à Ruthwell, les ongles de l'animal ont évidemment rompu à chaque pas l'enduit supérieur.

« 6° Dans une étendue de près d'un quart de mille en longueur il y a des couches continues de grès qui reposent sur celles où l'on trouvent les empreintes, et qui ont dû être toutes déposées postérieurement au temps où ces empreintes ont été formées.

« 7° Jusqu'à présent. dans toute la profondeur où l'on a creusé la carrière, c'est-à-dire jusqu'à quarante-cinq pieds de profondeur en ligne perpendiculaire, on a toujours trouvé de semblables impressions et toutes aussi distinctes que celles qui sont proches de la surface.

« On peut conclure de ce qui vient d'être dit que l'événement, quel qu'il puisse être, par lequel les impressions ont été enterrées dans le sable, n'a pas été occasionné par une convulsion soudaine ou isolée de la nature, mais s'est continué pendant des années, ou pour mieux dire, pendant des siècles. Il n'a pu être causé non plus sur les côtés de la mer par la marée, qu'on ne peut pas supposer avoir monté à quarante ou cinquante pieds, ce qui, même en admettant ce point, aurait certainement effacé les impressions que les animaux auraient faites à la marée basse en mouillant la surface du sable sur laquelle elles auraient été produites (1).

« Au milieu de tant de difficultés, il n'est point aisé de former même une conjecture plausible sur la manière dont le sable qui compose ce rocher s'est accumulé. Il serait pourtant important de décider si cette accumulation successive a pu être produite par ce qu'apportaient les vents violents du sud-ouest. En supposant une colline de sable formée de cette manière, une période de pluie, succédant à cette saison orageuse, l'aurait amollie et aurait séparé les particules d'argile qui devaient se trouver mêlées au sable. Le sable, par ce moyen, n'aurait pu être emporté de nouveau par le vent, et aurait, en outre, acquis une ténacité qui, comme celle du mortier, lui permettait de recevoir et de conserver toutes les impressions ; si, durant ou immédiatement après cette saison pluvieuse, des animaux traversaient une colline formée de cette manière, leurs traces devaient être complètement ou en partie oblitérées. (On trouve en effet dans la carrière des traces en cet état, c'est-à-dire à demi effacées.) Mais quand la surface avait commencé à sécher, les marques de pas pouvaient y rester un temps considérable distinctement et bien marquées. En supposant à présent que les vents eussent recommencé, les sables des lieux voisins, qui n'avaient pas encore été fixés par aucun mélange d'argile, et qui, par leur situation favorable, se seraient soudainement amoncelés sur la colline en question, auraient formé une couche qui, tout en couvrant

(1) On trouvera à la fin de cette note une observation qui permet jusqu'à un certain point, de comprendre comment ces empreintes ont pu être formées et se conserver sur le sable des bords de la mer.

la surface à moitié endurcie, pouvait très-bien ne pas s'y incorporer et ne détruire en aucune manière, par conséquent, les pas qui y étaient imprimés ; supposons à présent que les vents se soient continués durant tout le temps sec de l'été, de nouvelles couches de sable se seront réunies aux autres, pures d'abord, mais mêlées ensuite, vers la fin de la saison, de la poussière argileuse, enlevée d'un sol aride, et ce mélange aurait formé ce que les ouvriers désignent actuellement sous le nom de *face d'argile*, et aurait servi de nouveau, à l'aide de la saison pluvieuse, à fixer le sable et à le rendre propre à recevoir les impressions permanentes des pas des animaux. Chaque année les mêmes événements se seraient représentés et auraient produit les mêmes effets jusqu'à ce qu'au bout de plusieurs siècles ce qui avait été originairement des couches de sables se soit trouvé changé en grès, et que ces couches ayant été exposées, ainsi que le reste de notre globe, à ces convulsions dont tout offre des preuves irrécusables, se soient enfin trouvées enterrées sous la surface actuelle du sol. »

Les révolutions qui ont donné à ces couches de grès la position qu'elles occupent maintenant, ont dû probablement changer leur inclinaison, et par suite augmenter d'un côté leur élévation au-dessus du niveau de la mer ; c'est ce que paraît n'avoir pas remarqué M. Duncan quand il parle de la grande hauteur qu'auraient dû atteindre les marées pour porter de nouveaux lits de sable sur toutes les parties de la plage qui avaient pu recevoir des empreintes de pieds. Le glissement des pieds des tortues montre bien qu'à l'époque où les empreintes ont été laissées sur ces anciens rivages, leur surface était inclinée, mais rien ne prouve qu'elle le fût autant qu'aujourd'hui.

Un autre point sur lequel il paraît aussi ne pas avoir porté son attention, c'est sur la manière dont se sont transformées en grès les couches de sables superposées ; cette métamorphose suppose nécessairement l'intervention d'eaux chargées de matières calcaires qui agglutinent et transforment en lames solides toutes ces particules incohérentes ; or, cette circonstance n'est proba-

blement pas étrangère à la conservation des empreintes. Tout
porte à croire qu'il se sera passé, pour les dépôts anciens de
Corncockle-Muir, quelque chose d'analogue à ce qui a lieu pour
les dépôts qui, aujourd'hui, se forment à la petite île d'Anegada
(voir plus loin page 462), avec cette différence toutefois qu'au
lieu d'appartenir à un îlot presque entièrement submergé, ils
tenaient à une grande étendue de terre de laquelle les eaux
pluviales détachaient les parties argileuses dont elles venaient
périodiquement recouvrir le sable.

**TRACES DE PIEDS DE BATRACIENS GIGANTESQUES DANS LE GRÈS BIGARRÉ
DE HILDBURGHAUSEN, EN SAXE.**

(Note de M. Link, lue à l'Académie des Sciences, le 26 octobre 1835).

« Le plateau de Hildburghausen, situé au pied des montagnes
de Thuringe (Thuringerwald), est formé par le grès bigarré qui
s'élève quelquefois en petites collines. On se sert de ce grès pour
construire des bâtiments, et c'est dans une carrière exploitée à
cet effet qu'un maître maçon, nommé Winzer, a remarqué le
premier, il y a un an, ces traces qui lui paraissaient extraordinaires. Il en donna notice à M. Sickler, qui en publia une description avec figure dans une lettre à M. Blumenbach. Cette
lettre parut au mois de janvier de cette année, par conséquent
peu de temps après la découverte. Depuis lors on a trouvé ces
traces dans quatre carrières éloignées l'une de l'autre d'à peu
près une lieue; la dernière près de la ville de Hildburghausen.
Nous avons visité, M. Weiss, de Berlin, et moi, trois de ces
carrières dans le mois d'août de cette année, et nous avons vu
toutes les pierres à traces de pattes qu'on en avait tirées chez
M. Winzer et à Hildburghausen. Voici la manière dont ces traces
se trouvent :

« Immédiatement sous la surface du sol, on voit des couches
alternantes de grès et d'argile, ayant ensemble environ dix pieds
d'épaisseur. Après avoir enlevé ces couches, qui ne fournissent
point de grès bon pour la bâtisse, on parvient à une couche d'un

grès plus pur, dont la puissance ne surpasse pas un demi-
pied (dix-huit centimètres), et qui repose sur une couche d'argile d'une épaisseur très-variable. D'abord on ne voit rien
d'extraordinaire sur cette couche, sinon qu'elle a très-peu de
crevasses et qu'elle paraît être d'une seule pièce. Il faut en faire
arracher des morceaux, et les renverser pour découvrir les
traces. Elles sont toujours du côté inférieur de la couche, mais
dans une grande abondance. Nous en avons fait arracher deux
morceaux pris au hasard, et nous avons trouvé sous tous les
deux des traces bien distinctes. Ce ne sont pas des empreintes;
ce sont plutôt des noyaux; car elles sont saillantes sur la surface
de la pierre d'une quantité qui varie d'un demi-pouce à trois
pouces (de deux à neuf centimètres).

« Il faut quelquefois nettoyer la pierre de l'argile molle adhé-
rente, pour voir bien les traces. C'est toujours le dessous de la
patte, la face inférieure qu'on voit. L'animal a donc fait l'empreinte dans l'argile (c'était probablement un marais); il est
venu après un torrent de sable délayé dans l'eau; ce torrent a
couvert toute la contrée et s'est insinué dans les empreintes :
c'est pourquoi, après l'endurcissement du sable, le grès formé
dans ces empreintes a dû adhérer à la couche supérieure et y
produire les traces saillantes. Ce n'est que dans cette seule couche
qu'on a trouvé des traces; jamais on ne les a vues ni dans le
grès supérieur ni dans le grès inférieur qu'on a exploité.

« Il est facile de distinguer les pattes de quatre espèces d'animaux différents; mais je ne parlerai que de celles qui sont les
plus communes. J'en ai presque une centaine.

« On trouve toujours deux pattes ensemble : une de derrière,
la plus grande, d'environ dix-huit centimètres (six pouces) de
longueur, et une de devant, presque de moitié plus petite. Elles
ont cinq doigts. Le pouce est éloigné des autres quatre doigts
sous un angle presque droit. Les deux pouces d'une paire de
pattes sont dirigés toujours du même côté; mais les pouces de
la paire suivante sont dirigés du côté opposé; l'animal a donc
marché l'amble. Un fait extraordinaire c'est que les paires de

pattes se suivent dans une ligne droite ; il faut donc dire que les animaux aient marché en fauchant.

« M. Wiegmann, qui a vu la pierre couverte de traces que M. Weiss avait fait apporter à Berlin, au mois de mai, et qui en a donné une notice dans son *Journal d'Histoire naturelle*, range les animaux auxquels ont appartenu ces pattes dans la classe des mammifères ; M. le comte de Munster, au contraire, dans la classe des amphibies. La dernière opinion me semble préférable à l'autre. Tous les mammifères à pouce éloigné des autres doigts sont plantigrades, et ici on ne voit pas le moindre vestige du tarse, même dans les endroits où l'animal paraît avoir glissé. Les batraciens ont très-souvent le pouce éloigné des autres doigts, sans tarse proéminent ; les pattes de devant sont quelquefois plus petites que les pattes de derrière. Les salamandres marchent l'amble, et s'il n'y a pas de batraciens qui marchent en fauchant, les caméléons ont cette marche, non-seulement sur les arbres, mais aussi sur la terre. Voici les raisons qui me font croire que les animaux dont il est question ont été des batraciens ou des sauriens gigantesques. :

« Ceux qui ont vu leurs traces, surtout dans leurs gîtes, ne penseront plus à des concrétions, à des *lusus naturæ*, etc., qui pourraient en avoir imposé aux naturalistes. Des doigts souvent très-bien caractérisés par les phalanges ; la patte de devant toujours plus petite que la patte de derrière ; les pouces éloignés des autres doigts, tantôt dirigés d'un côté, tantôt de l'autre, d'après une règle constante ; et tout cela de la même manière dans quatre carrières assez distantes l'une de l'autre ; comment serait-il possible que ces empreintes fussent produites par le hasard ?

« Mais il y a d'autres empreintes dans la même pierre qui sont plus douteuses ; on y voit souvent un réseau de larges mailles quadrangulaires, à filets arrondis, dont la saillie au-dessus de la surface de la pierre est environ de un à deux centimètres (demi-pouce) ; les naturalistes les ont regardés comme des crevasses, qui ont été remplies de sable de la même manière que

les traces de pattes. Cependant la régularité des mailles, les
filets du réseau, presque droits, l'épaisseur à peu près constante
de ces filets, ne conviennent pas à l'idée de fentes ou de crevasses.
On peut les comparer aux racines ou plutôt aux rhizomes d'a-
corus calamus, qui rampent à la surface des marais, et qui,
pourries et détruites, laisseraient des empreintes, ensuite remplies de grès. On m'a fait l'objection que ces rhizomes ne présentent pas de véritables anastomoses, comme le fait ce réseau. Cela
est bien vrai; mais j'ai vu l'autre jour dans le musée d'histoire
naturelle, galerie de botanique, à Paris, la racine d'un if (*taxus*)
dont les branches sont greffées naturellement l'une dans l'autre
de manière qu'elles forment les mailles d'un réseau. Ce qui est
arrivé ici par hasard, ne pourrait-il pas avoir existé en règle
générale pour quelques végétaux du monde primitif? »

M. de Humboldt, qui avait le premier entretenu l'Académie des
Sciences des empreintes de Hildburghausen (séance du 17 août
1835), s'était rangé à l'opinion émise d'abord par M. Wiegmann,
que les animaux qui avaient laissé ces traces de leurs pieds
étaient des mammifères, appartenant probablement à la sous-
classe des marsupiaux ou animaux à bourse; seulement, au
lieu d'y voir avec ce naturaliste des *Didelphes*, il trouvait que
la forme des pieds rappelait plutôt celle des *Phalangers*.

« Je sais, ajoutait-il, que quelques géologues (déterminés
peut-être par la considération de l'ancienneté du grès bigarré,
et de l'époque comparativement récente à laquelle, suivant l'o-
pinion commune, les mammifères auraient commencé à paraître
à la surface du globe) ont été tentés d'attribuer ces empreintes
à des sauriens de l'ancien monde; mais la forme charnue de la
plante des pieds, la nature de la marche des crocodiles, que j'ai
observée si souvent sur les plages de l'Orénoque, s'y opposent.
Déjà à l'époque des monocotyledonées du terrain houiller, de
grandes îles ont été à sec, et peuvent avoir été propres à nourrir
des mammifères. »

Nous croyons bien, comme M. de Humboldt, que les traces
laissées dans les grès de Hildburghausen ne peuvent être attri-

buées à des sauriens ; qu'elles diffèrent surtout extrêmement des empreintes que forment les pieds des crocodiles, empreintes que nous avons vues nous-même bien des fois, et peut-être sur les mêmes plages où les a observées l'illustre voyageur ; aussi ne serait ce point à des sauriens, mais à des batraciens, à de grandes salamandres q e nous serions portés à les attribuer. C'est l'opinion que nous nous en formâmes en voyant les dessins que M. de Humboldt mit sous les yeux de l'Académie, et elle nous semble corroborée par l'examen que nous avons fait depuis de la figure d'une salamandre gigantesque, rapportée du Japon par M. Siebold. L'animal vit encore aujourd'hui au musée de Leyde ; il serait curieux de le soumettre à la même épreuve qu'a employée avec succès M. Buckland pour la tortue, et qui lui a permis de constater la parfaite ressemblance des traces de pieds d'une tortue avec les empreintes des carrières de Corncockle-Muir.

Le dessin présenté par M. de Humboldt avait été fait d'après une grande pierre appartenant au musée de Berlin, et, afin d'éviter la confusion, on y avait seulement représenté les traces de la plus grande des quatre ou cinq espèces qui y avaient imprimé leurs pieds. On n'avait point figuré non plus cette espèce de réseau, attribué par M. Link à des rizhomes de plantes aquatiques ; mais les motifs de cette suppression étaient indiqués.

Postérieurement à la lecture des deux notes dont il vient d'être question, notre Museum d'histoire naturelle fit l'acquisition d'un grand et beau morceau de grès d'Hildburghausen, à la surface duquel existent, outre l'espèce de réseau mentionnée ci-dessus, trois séries des impressions en forme de mains, ou plutôt leur contre-épreuve en relief. M. de Blainville lut à ce sujet à l'Académie une note dans laquelle il soutint que ces dernières empreintes, aussi bien que celles qui présentent la forme articulée, avaient une même origine, c'est-à-dire qu'elles étaient certainement des traces de *végétaux* analogues à ceux que l'on a plusieurs fois rencontrés dans le grès rouge, et qu'il était impossible d'y voir rien qui pût être considéré comme la trace de pieds d'animaux marchant sur un sol mou.

<hr>

TRACES DE PIEDS D'HOMMES ET D'OISEAUX DANS LE SABLE ENDURCI DE L'ILE D'ANEGADA (1).

(Extrait du journal de la Société géographique de Londres , tome II, p. 154.)

« Dans la partie de l'île, sur laquelle on débarque, on trouve la plage uniformément encroûtée d'une substance grise, de nature siliceuse et calcaire, dans laquelle il y a des parties d'argile, des fragments de calcaire et des fibres végétales. Cette substance qui semble déposée par les eaux, prend de la consistance, durcit, pendant le temps de la basse mer, et contribue à accroître ainsi d'une manière lente, il est vrai, mais continue, l'étendue de l'île. On n'en trouve pas cependant du côté du nord où la violence du ressac ne permet aucun dépôt, et où, par conséquent, la terre

(1) L'île d'Anegada fait partie du groupe ou plutôt de la chaîne des petites Antilles, et est la plus septentrionale; elle est fameuse par les naufrages qu'elle a causés. Voici en quels termes en parle le P. Labat, qui la vit en 1701:

« Nous fîmes route jusqu'à un quart de lieue près de la Négade, afin de nous élever le plus que nous pourrions pour gagner plus facilement Saba , où nous devions délivrer des cuirs et autres marchandises que nous avions chargées à Saint-Thomas. Je n'ai pu juger de la grandeur de l'île Négade qu'à la vue ; elle m'a paru d'environ quatre lieues de long. Elle est extrêmement plate et basse... Il ne paraît pas cependant que la mer monte assez haut même pour la couvrir entièrement dans les plus grandes marées , quoique la plus grande partie demeure alors sous l'eau ; c'est ce qui l'a fait nommer par les Espagnols *Anegada* ou l'île noyée. Elle est environnée de hauts fonds sur lesquels il s'est perdu bien des navires, surtout quand la mer est agitée, et que par conséquent le tangage est plus grand.

On prétend qu'un galion espagnol s'y est perdu autrefois, et qu'une grande partie du trésor, c'est-à-dire , de l'or et de l'argent dont il était chargé, fut caché en terre dans cette île, où l'on dit qu'il est encore aujourd'hui , parce que ceux qui l'avaient caché étant péris sur mer, ceux qui restèrent n'avaient pas une connaissance assez distincte du lieu où il avait été caché, pour le venir chercher et le trouver. Cet argent caché a fait perdre bien du temps à des habitants de nos îles et à nos flibustiers. J'en ai connu qui ont passé des quatre ou cinq mois à fouiller la terre et à sonder...

ne gagne point sur les eaux comme cela a lieu tout le long de la côte sud. Mais il n'y a guère moyen de douter qu'à l'exception de la partie de la côte qui est tout à fait au vent, toute l'île n'ait été autrefois submergée; des empreintes de pieds humains et de pattes d'oiseaux étant visibles et parfaitement distinctes dans des parties où, aujourd'hui, il croît de l'herbe et des broussailles. Les traces de pieds humains ont été laissées par les Indiens qui visitent l'île de temps en temps, et les autres sont aisées à reconnaître comme appartenant aux mêmes espèces d'oiseaux qui la fréquentent encore maintenant. Quant à la manière dont se forment les nouvelles couches, il paraît bien évident que les matériaux en sont apportés par le courant qui balaie cette mer dans la direction de l'ouest-nord-ouest et que le ciment qui l'agglutine n'est autre que celui que nous trouvons adhérent à la bouche des zoophytes (1). »

(1) Il est beaucoup plus probable que ce ciment n'est autre chose qu'une substance calcaire tenue d'abord en dissolution dans des eaux minérales, et que ces eaux laissent déposer peu de temps après leur sortie sur les corps voisins, comme nous avons déjà eu occasion de le dire page 200, à l'occasion du célèbre squelette de la Guadeloupe et des conglomérats, fort semblables à ceux de l'*Anegada*, qui sont désignés par les nègres sous le nom de *Maconne-bon-Dieu*. Au reste, ce ciment est bien celui dont font usage certains zoophites, tels que les polypes, pour construire leur demeure pierreuse; mais ces animaux ne le forment pas de toute pièce, ils en prennent les éléments dans la mer; aussi ne les trouve-t-on que dans des terres où viennent s'épancher sur les bas fonds les eaux calcaires de sources qui sont quelquefois thermales. Le père Labat, que je citais tout à l'heure, a décrit une source de cette nature qui existe à peu de distance du rivage, dans le quartier de la Guadeloupe, appelée l'Ance de Goyave. (*Nouveau voyage aux îles françaises de l'Amérique*, tome II, page 305).

NOTE XVIII.

SUR QUELQUES FAITS QUI AVAIENT ÉTÉ PRÉSENTÉS COMME PREUVE D'UNE DIMINUTION GRADUELLE DANS LA MASSE DES EAUX.

DIMINUTION EN PROFONDEUR ET EN ÉTENDUE, DES LACS, PAR LE DÉPÔT DES MATIÈRES TERREUSES QU'APPORTENT LES RIVIÈRES QUI S'Y VERSENT.

(Extrait des Principes de géologie de M. Lyell. 2e édition.)

Lac de Genève. — Ce lac forme une nappe d'eau dont la longueur est de trente-sept milles environ, et dont la largeur varie de deux à huit milles ; sa profondeur est très-irrégulière, n'étant en quelques endroits que de vingt brasses, et dans d'autres, allant jusqu'à cent soixante. Le Rhône, à son entrée dans ce lac, à la partie supérieure, est trouble et bourbeux : au contraire, à sa sortie, proche de Genève, ses eaux sont d'une limpidité et d'une transparence admirables. Une ancienne ville, appelée Port-Vallois (le *Portus-Valesiæ* des Romains), qui était autrefois située au bord de l'eau en est maintenant éloignée d'un mille et demi, et tout le terrain d'alluvion qui l'en sépare s'est formé dans l'espace de huit siècles environ. Le reste du *Delta* (1) du fleuve consiste en une plaine d'alluvion de

(1) Le Nil, de même que beaucoup d'autres grands fleuves, se divise, dans la partie inférieure de son cours, en plusieurs branches qui entrent séparément dans la mer. L'espace compris entre les deux branches extrêmes fut désigné par les Grecs sous le nom de *Delta*, qui est le nom d'une lettre de leur alphabet, parce qu'il offre, à peu près comme cette lettre, la figure d'un triangle équilatéral. Ce terrain, ainsi que le savaient très anciennement les habitants du pays, est gagné sur la mer, dont le fonds a été graduellement exhaussé par le limon que le Nil apporte du haut de sa vallée ; les terrains qui se forment de la même manière à l'embouchure des rivères, soit dans les lacs, soit dans la mer, ont depuis reçu par extension le nom de *Delta*, quelle que puisse être d'ailleurs la forme de leur contour.

cinq à six milles de longueur, dont le niveau est un peu plus
élevé que celui de la rivière, et qui est d'ailleurs en grande
partie marécageuse.

« M. de la Bèche a trouvé, par de nombreux sondages faits dans
toutes les parties du lac, que dans la partie centrale la profondeur est assez uniforme, (entre cent vingt et cent soixante
brasses,) et que, en approchant du Delta, la diminution commence
déjà à être très-sensible à un mille et trois quarts de la bouche
du Rhône. Il en résulte que, malgré la profondeur du lac, les
couches du dépôt fluviatile sont très-peu inclinées (environ un
pouce par vingt-deux toises) et que pour l'œil elles seraient tout
à fait horizontales.

« Ces couches forment probablement des lits alternativement
composés de particules fines et de débris plus grossiers ; car, durant les mois chauds où il y a fonte des neiges, c'est-à-dire d'a-
vril en août, le volume et la rapidité de la rivière étant beaucoup augmentés, elle apporte dans le lac une énorme quantité
de sable, de limon, de matière végétale et de fragments de bois ;
mais durant le reste de l'année l'afflux est beaucoup moindre,
de sorte que, suivant Saussure, le niveau du lac entier est alors
de six pieds plus bas. Outre ce grand Delta qui se forme à l'extrémité supérieure du lac, il s'en forme de plus petits en divers
autres points de ses rives, par l'entrée de torrents rapides qui
y versent de grandes quantités de sable et de gravier. D'ailleurs,
la masse des eaux dans ces torrents est trop petite pour leur
permettre de répandre les matières qu'ils transportent sur une
aussi grande étendue que le fait le Rhône ; ainsi, par exemple,
en face du grand torrent qui entre à l'est de Ripaille on trouve
déjà quatre-vingts brasses de fond à un demi-mille de la rive ;
de sorte que le Delta, formé par ce cours d'eau, a une inclinaison
quatre fois environ plus rapide que celui de la principale
rivière.

« La capacité du bassin du lac étant connue, puisqu'on a la mesure exacte de sa surface et que les nombreux sondages que l'on
a faits donnent sa profondeur moyenne, on conçoit la possibilité

de déterminer par approximation l'espace de temps nécessaire pour que les matières apportées par les eaux comblent entièrement ce lac. On peut aisément savoir combien de pieds cubes d'eau y sont versés chaque année par le Rhône, et, au moyen d'expériences faites, les unes dans les mois d'été, les autres dans les mois d'hiver, on déterminera la proportion des matières que le Rhône tient en suspension ou en dissolution chimique dans ses eaux ; enfin on tiendra compte des parties plus grossières qui roulent sur le fond du lit, et cette évaluation pourra être faite d'après des calculs où l'on fera entrer le volume moyen des graviers, la vitesse des cours d'eau, etc. Au moyen de ces données, on trouvera approximativement combien il faudra de siècles pour que ce lac soit converti en un bassin de terre sèche au milieu duquel coulera le Rhône. La tâche serait beaucoup plus difficile si on voulait faire usage des mêmes données pour remonter vers l'ancien état des choses, car il faudrait, avant tout, connaître l'épaisseur des couches de sédiment déjà formées, ce qui exigerait de nombreux et dispendieux forages. D'ailleurs, quand on aurait obtenu avec une exactitude suffisante le volume de ces sédiments, tout ce que cela pourrait nous apprendre, ce serait l'époque à laquelle le delta du Rhône a commencé, et non, comme quelques personnes l'ont semblé croire, celle de l'événement qui a donné au lac lui-même sa forme actuelle, attendu que le fleuve aurait pu couler dans ce bassin des milliers d'années sans y apporter aucune matière sédimentaire ; tel aurait été le cas si ses eaux avaient d'abord passé à travers une chaîne de lacs supérieurs, et c'est en effet ce qui a eu lieu comme on peut s'en convaincre en parcourant la vallée du fleuve, depuis le lac jusqu'à Martigny...

Lac supérieur. — Ce lac est le plus grand amas d'eau douce qui soit au monde ; sa circonférence, en effet, est d'environ cent cinquante milles géographiques, si l'on suit les sinuosités des côtes ; sa longueur, mesurée sur la ligne courbe qui passe par le centre, est de trois cent soixante milles, et sa largeur va, dans quelques parties, jusqu'à cent quarante. Quant à sa profondeur, elle varie de quatre-vingts à cent cinquante brasses ; mais il y a des points où, suivant le capitaine Bayfield, elle n'est pas de moins de deux cents brasses, de sorte qu'en même temps que la surface du lac est de six cents pieds environ au-dessus du niveau de l'Atlantique, son fond descend au-dessous en quelques points, d'une égale quantité.

Le lac supérieur, de même que les autres lacs du Canada, nous présente divers indices qui prouvent que les eaux y ont été autrefois beaucoup plus élevées qu'elles ne le sont aujourd'hui ; ainsi on voit, à une distance considérable des côtes actuelles, des lignes de cailloux roulés et de coquilles, parallèles entre elles, et s'élevant les unes au-dessus des autres comme les gradins d'un amphithéâtre. Ces lignes de galets sont exactement semblables à celles que nous offrent la plupart des baies du lac, et elles atteignent une élévation de quarante ou cinquante pieds au-dessus du niveau actuel.

Les vents, à la vérité, quand ils soufflent longtemps dans une même direction, font monter un peu les eaux sur la rive opposée du lac ; mais cette cause a seulement pour effet de les élever de trois ou quatre pieds au plus, de sorte que les effets que nous avons signalés doivent être attribués, soit à une diminution dans la masse des eaux du lac qui auront usé, forcé à diverses reprises leurs barrières, soit à un soulèvement des rives survenu à la suite de tremblements de terre, ainsi que cela s'est vu au Chili ; mais quant à cette dernière hypothèse il y a bien des raisons qui empêchent de l'adopter, de sorte qu'il faut jusqu'à présent s'en tenir à la première.

CHANGEMENTS SURVENUS DEPUIS LES TEMPS HISTORIQUES DANS LE NIVEAU DES EAUX DE LA BALTIQUE ET DES CÔTES QU'ELLES BAIGNENT. — FAITS RELATIFS A LA SUÈDE ET LA NORWÉGE.

(Extrait des Principes de géologie de M. Lyell. 2e édition.)

« La diminution graduelle de profondeur de la Baltique, et l'apparition de nouvelles terres principalement dans les golfes de Bothnie et de Finlande, sont des faits acquis à la science par des observations nombreuses, dues en grande parties aux vives controverses qui, vers le siècle dernier, se sont élevées sur ce sujet ; Celsius, astronome suédois, émit le premier l'opinion d'un abaissement graduel de niveau qui, suivant lui, ne serait pas moins de quarante-cinq pouces par siècle depuis les temps les plus reculés. Il appuyait son opinion tant sur l'autorité des anciens géographes qui considéraient la Scandinavie comme une île, que sur des observations récentes. Il prétendait que la réunion de cette île au continent provenait de l'abaissement progressif des eaux, et cette réunion suivant lui aurait eu lieu à une époque postérieure à Pline et antérieure au ixe siècle de notre ère.

« Les arguments de ses adversaires étaient basés sur le peu de connaissances géographiques des anciens relativement aux parties septentrionales de l'Europe. Pour tous ces pays, disaient-ils, l'autorité des géographes grecs et romains n'est réellement d'aucun poids, et ce qu'ils disent de la Scandinavie doit plutôt être considéré comme une nouvelle preuve de leur ignorance sur ce sujet que comme une confirmation de l'hypothèse si hardie de Celsius. Ils remarquaient en outre que si la portion de terre qui joint la Suède au reste du continent était déjà à sec dans le ixe siècle, la vitesse d'abaissement n'aurait pas été uniforme comme le supposait Celsius, mais avait dû être d'abord beaucoup moins rapide que de nos jours.

« La nature des preuves physiques apportées par Celsius et ses successeurs montre clairement qu'ils ne faisaient point de différence entre la diminution de profondeur produite par l'accumulation d'un dépôt sur le fond de la mer, et celle qui proviendrait d'un abaissement des eaux. Et pourtant il résulte de leurs propres écrits que l'apparition de nouvelles terres et la diminution de profondeur des eaux n'avaient été observées qu'à l'embouchure de certaines rivières, et dans l'intérieur de baies profondes dans lesquelles il est bien avéré que des courants constants apportent continuellement une nouvelle quantité de sable ou de vase. Néanmoins leurs observations méritent une grande attention, parce qu'elles établissent positivement la conversion graduelle du golfe de Bothnie en terre ferme. Ainsi, par exemple, elles montrent que près de Pitea la mer a reculé d'un demi-mille pendant une période de quarante-cinq ans, et qu'à Lulea, vingt-huit années ont suffi pour accroître le rivage d'un mille entier ; que d'anciens ports de mer ont été relégués dans l'intérieur des terres ; que la profondeur d'une portion considérable du golfe a diminué de trois pieds en quarante ans ; que beaucoup de pêcheries ont été converties en terre ferme, et de petites îles jointes au continent : suivant Linnée, la mer s'est retirée annuellement d'au moins trois toises pendant un espace de quarante ans, sur la côte septentrionale de la Gothie.

« On assure en outre que sur les côtes méridionales de la Baltique, particulièrement dans la Prusse orientale et en Poméranie, des ancres et même des vaisseaux entiers ont été retrouvés enfouis assez loin dans les terres, et quoique ces faits soient en partie expliqués par l'ensablement d'anciennes rivières ; cependant la tradition suivant laquelle, à une époque reculée, la mer aurait formé une baie s'avançant beaucoup plus au sud, paraît assez bien fondée, et ces faits ont un grand intérêt pour les géologues, quoique ne confirmant pas la théorie de Celsius.

« Les arguments les plus plausibles de ce géologue étaient tirés de l'existence de certaines îles, situées la plupart dans la baie de Bothnie, îles qui avaient été dans des temps plus reculés complètement couvertes par les eaux, mais qui, se découvrant successivement, avaient fini par s'élever de huit pieds au-dessus du niveau, dans l'espace d'un siècle et demi. Ses adversaires proposaient l'explication suivante du même phénomène : les îles en question, disaient-ils, consistaient primitivement en sable et en galets, et les vagues, durant les tempêtes, y ont jeté successivement de nouvelles matières qui par leur accumulation les ont amenées à l'état où nous les voyons aujourd'hui.

« Quelquefois encore des masses de glace, renfermant dans leur intérieur une grande quantité de matières pierreuses, venant se fondre sur la partie déjà formée , contribuaient ainsi à son accroissement.

« Browallius et d'autres naturalistes suédois remarquèrent que certaines îles s'étaient au contraire abaissées, et qu'ainsi il était aussi raisonnable de conclure de là l'élévation de la Baltique. Ils donnaient cependant une preuve concluante de la permanence du niveau de cette mer. Sur les côtes de la Finlande de grands pins existaient au bord de l'eau, et l'on reconnut, d'après la nature de leur section transversale, qu'ils existaient depuis trois ou quatre siècles ; or, si l'hypothèse de Celsius était exacte, la mer se serait abaissée de quinze pieds pendant cette période, en sorte qu'on serait forcé d'admettre que ces pins avaient germé et s'étaient développés sous l'eau. Ils montraient aussi que les parties inférieures des murailles d'anciens châteaux tels que ceux de Sonderburg et d'Itbo, s'avançaient jusqu'au bord de la mer, et par conséquent eussent dû, d'après le calcul de Celsius, avoir été construits sous l'eau.

« On peut encore tirer un argument sans réplique des observations qui ont été faites sur l'île de Saltholm, non loin de Copenhague ; cette île est si basse, que, pendant l'automne et l'hiver, elle est complètement submergée, et n'est à sec qu'en été où elle sert de pâturage aux bestiaux. Eh bien ! il résulte de documents qui remontent à l'année 1280 , qu'à cette époque l'île était complètement dans le même état et justement à la hauteur moyenne de la mer, au lieu que, d'après les calculs de Celsius, elle aurait été vingt pieds au-dessous. Plusieurs villes comme Lubeck , Rostock , Stralsund , et bien d'autres , après huit siècles, ne sont pas plus élevées au-dessus du niveau de la mer qu'à l'époque de leur fondation ; et la partie la plus basse de Dantzic, n'a pas changé de hauteur depuis l'an 1000.

« Quoique ce que nous venons de dire prouve suffisamment que l'opinion d'un changement relatif de niveau de la terre et de la mer ne repose que sur certains faits locaux , et qui même ont été mal interprétés, il y a encore aujourd'hui beaucoup de gens qui croient que la Baltique s'abaisse réellement ; et, en Suède , plusieurs officiers du pilotage, l'ont positivement soutenu en l'année 1821, à la suite de l'observation qu'ils avaient faite en commun de la hauteur des lignes de repère tracées un demi-siècle auparavant dans le but spécial de servir à jeter quelque jour sur les points en question. Nous voudrions, avant d'accorder aucun poids à des déductions fondées sur d'aussi faibles différences de niveau, qu'il nous fût prouvé que les observateurs s'étaient mis en garde contre toutes les causes possibles d'erreur provenant de circonstances locales. Ainsi, par exemple, si la hauteur d'une plaine d'alluvion a été observée dans le courant du siècle dernier, il se pourrait qu'elle eût été ensuite élevée par la superposition de nouveaux dépôts, d'où serait résulté un abaissement relatif des eaux que les observateurs auraient pris pour réel; en supposant même la ligne de repère tracée dans le roc, on sait que certains vents dont les effets sont bien connus peuvent élever à certaines époques le niveau de la Baltique de plusieurs pouces et même de quelques pieds.

Cependant il ne serait pas impossible que cette mer intérieure qui recevant les eaux d'un grand nombre de fleuves, envoie à l'Océan plus d'eau qu'elle n'en reçoit, se fût ainsi trouvée autrefois dans le cas de l'embouchure d'une grande rivière qui, dans certains cas, s'élève de plusieurs pieds au-dessus du niveau de la mer. La Baltique, ensuite, aurait bien pu s'abaisser, à mesure que l'action destructive de la mer d'Allemagne sur les bords du canal par lequel elle communique avec cette mer eût rendu son issue plus facile. »

On vient de voir quelles étaient, en 1832, les opinions de M. Lyell, relativement aux changements de niveau survenus de nos jours entre les eaux de la Baltique et les côtes qu'elles baignent; il n'avait pas trouvé dans les faits qui étaient arrivés à sa connaissance des motifs suffisants pour croire à un exhaussement du sol. Cependant, non seulement il avait discuté ces faits de bonne foi, mais on peut être certain qu'il les avait accueillis sans prévention ; car un soulèvement lent du sol s'accordait fort bien avec les idées qu'il avait émises relativement aux modifications produites dans la croûte du globe depuis la formation des premiers terrains de sédiment, modifications dans lesquelles il voyait le résultat d'une action incessante, quoique variable dans son intensité, et non de convulsions violentes et passagères, séparées par de longs intervalles de repos, ainsi que le supposent la plupart des géologues. D'ailleurs, il admettait, ainsi qu'on le verra, un phénomène semblable pour la baie de Baïa ; à la vérité, ce phénomène se montrait dans une région travaillée par des volcans, agitée par de fréquents tremblements de terre, tandis que la Scandinavie, est, comme on le sait, un des pays les plus complètement exempts de ces sortes de commotions, de sorte qu'il eût été hasardeux de conclure de l'un à l'autre. M. Lyell ne niait, comme on l'a pu voir, aucune des observations présentées par les partisans de l'hypothèse du soulèvement, mais il montrait que la plupart pouvaient être interprétées autrement qu'on ne l'avait fait ; et, quant à la preuve, en apparence décisive, tirée des lignes de repère tracées à différentes époques sur des rochers, il faisait remarquer qu'il pouvait y avoir une cause d'erreur tenant à cette cause que la Baltique, bien qu'exempte de marées, offre quelquefois des crues de deux à trois pieds à la suite des fontes rapides de neiges ou lorsque certains vents soufflent sans interruption pendant plusieurs jours. Il fallait voir si de nouvelles observations, faites dans des circonstances où l'on serait à l'abri de ces causes d'illusion, accuseraient un changement de niveau, et ce fut sans doute en partie pour résoudre cette question que notre géologue entreprit, dans l'été de 1834, un voyage en Suède. Les résultats de ses recherches furent exposés dans un mémoire qu'il présenta à la Société royale de Londres, le 4 octobre 1834. On verra par l'extrait que nous allons en donner, qu'il adopte sans hésitation l'opinion qu'il avait longtemps combattue. « Je confesserai même, dit-il dans l'avant-propos, qu'en présence de tous les documents qui m'avaient antérieurement été communiqués, le scep-

ticisme dans lequel je m'étais retranché n'était guère défendable ;
mais on conviendra aussi que, quand il s'agit de constater un
phénomène tel que celui-là, on ne saurait accumuler trop de
preuves.

« En me rendant en Suède j'examinai, dit notre auteur, les îles
danoises de Mœen et de Seeland, mais dans ces lieux, de même
qu'en Scanie, je ne pus découvrir aucun indice d'un exhaussement du sol, et les habitants n'avaient, autant que je puis croire,
aucune idée que leur pays fût le théâtre de pareils changements.

« Continuant ma route vers le nord, le long des côtes de
la Baltique, j'arrivai à Calmar ; au sud de la ville est un
château où fut signé, en 1397, le fameux traité de réunion de
la Suède, du Danemark et de la Norwége : ce château est for-
tifié et présente, du côté de la mer, deux tours rondes, dont
l'une avait sa base élevée de deux pieds seulement au-dessus du
niveau des eaux, de sorte que les algues étaient poussées jusque-là par le flot. J'en conclus d'abord que, depuis quatre ou
cinq siècles, cette partie de la côte ne s'était pas élevée, puisque, autrement, il eût fallu admettre que les fondations de la tour
avaient été établies dans l'eau. Cependant, en y regardant
de plus près, je crus reconnaître que tel avait été en effet le cas ;
car toute la partie supérieure de l'édifice était en grandes pierres
de taille jusqu'à un filet saillant ou tore, épais d'un pied, et au-
dessous de ce filet, la maçonnerie était en pierres plates non
taillées, d'une autre qualité que les pierres d'échantillon employées au-dessus, et unies entre elles par des lits de béton.
Cette partie, en un mot, me parut présenter tous les caractères
d'une fondation sous-marine, et telle a été aussi l'opinion des
gens du métier que j'ai consultés à ce sujet depuis mon retour
en Angleterre. D'ailleurs, en admettant que le filet saillant eût
marqué, à l'époque où la tour fut bâtie, la ligne de niveau des
eaux, sa position actuelle n'indiquait pas un exhaussement de
plus de quatre pieds, de sorte que le mouvement d'élévation
aurait été là beaucoup plus lent que celui qu'on annonçait avoir
constaté dans d'autres parties de la Scandinavie.

« De Calmar je me rendis à Stockholm, et, là, j'appris du professeur Nilson qu'on trouvait dans le voisinage des coquilles marines toutes semblables à celles que nourrit aujourd'hui la Baltique; ces coquilles se trouvent près de Solna, à un mille environ au nord-ouest de la ville; elles se voient au fond d'une sablonnière dans une couche limoneuse qui contient de la matière végétale. J'y vis, en effet, de nombreuses dépouilles testacées, appartenant à presque tous les mollusques qui habitent la mer voisine; non seulement les espèces étaient les mêmes, mais encore elles avaient la petite taille qu'elles présentent dans le golfe de Bothnie (1). Le lit qui les renferme est, d'après les observations du colonel Hællstrom, élevé de trente pieds environ au-dessus du niveau de la Baltique, d'où il résulte qu'il y a eu un changement dans le niveau relatif de cette mer de trente pieds au moins, depuis l'époque où ses eaux étaient peuplées des mêmes espèces qui y vivent aujourd'hui.

« Un gisement analogue me fut indiqué par M. Hællstrom à la ferme d'Orby, près de Brænkyrka, à trois milles au sud de Stockholm; la hauteur à laquelle il se trouve indique un exhaussement du sol de soixante-dix pieds; l'ensemble de coquilles qu'il renferme représente encore plus parfaitement que le premier la population actuelle des côtes voisines, car on y trouve jusqu'à une *neritine* fluviatile, qui, par un cas en quelque sorte exceptionnel, est très abondante aujourd'hui dans les eaux, d'ailleurs peu salées, de la Baltique.

« Mais le lieu le plus remarquable où l'on a observé ces sortes de fossiles est encore plus au sud, à Sodertelje, seize milles environ de Stockholm; elles sont dans un lit élevé de quatre-vingt-dix pieds au-dessus de la mer.

« On a creusé, en 1819, à Sodertelje, un canal qui établit une communication entre le lac Mæler et un golfe étroit de la Bal-

---

(1) On a pu voir par les recherches de M. Deshayes, sur les dépouilles fossiles de mollusques testacés, lettres XVI, pages 269 et 270, que cette circonstance de la taille n'est pas indifférente pour la détermination de l'époque à laquelle s'est formé le dépôt qui renferme ces coquilles.

tique ; le terrain dans lequel on l'a ouvert est un dépôt de gravier, de sable et d'argile qui occupe le fond d'une vallée dont les parois sont de gneiss. Ce dépôt renferme des coquilles marines à des hauteurs variables, hauteurs égales dans quelques points à celle du gisement que nous venons de mentionner.

« Le canal se compose de deux parties : l'une qui réunit le lac Mœler au petit lac Maren ; c'est ce qu'on nomme le *canal d'en haut*, l'autre, le *canal d'en bas*, joint ce dernier lac à la baie d'Egelsta Wikem.

« En creusant le canal d'en haut on a traversé des gisements de coquilles analogues à ceux dont il a déjà été question ; de plus, on a trouvé plusieurs vaisseaux qui paraissent fort anciens, car il n'entre point de fer dans leur construction , et leurs pièces sont unies par des chevilles de bois ; cependant on a découvert dans d'autres points une ancre et des clous de fer.

« Dans le canal d'en bas, on fit une découverte beaucoup plus remarquable encore : en effet, après avoir creusé environ cinquante pieds dans un dépôt stratifié de sable , de gravier et d'argile, on arriva à des ruines qu'on reconnut pour être celles d'une ancienne hutte de pêcheur qui avait dû être construite au bord de la mer et presque au niveau de ses eaux ; cette hutte était en bois avec des fondations en pierres ; dans l'intérieur, on trouva un foyer grossier où il y avait encore des charbons, et à côté étaient quelques branches de sapin brisées qui avaient été évidemment destinées à entretenir le feu. »

Toutes les observations qui furent faites au sujet de cette précieuse relique sont exposées par M. Lyell et soigneusement discutées ; nous ne le suivrons pas dans ces détails, et nous devons nous borner à dire qu'il en déduit la preuve qu'il y a eu dans le sol , en ce point, un double mouvement analogue à celui qui a eu lieu pour le temple de Sérapis dans la baie de Baïa, c'est-à-dire un affaissement du terrain qui a porté les fondations de la cabane a plus de soixante pieds (1) au-dessous

____

(1) Dans tout le Mémoire de M. Lyell, les mesures sont en pieds de Suède.

du niveau de la mer, puis un exhaussement qui les a ramenées à peu près à leur ancienne position.

Relativement aux changements qui ont pu avoir lieu depuis le commencement du siècle dernier, et dont les indices sont fournis par les lignes de repère tracées sur des rochers, voici, en résumé, ce qu'a observé M. Lyell.

Une de ces lignes, tracée sur un rocher de l'île de Lœfgrund, et qui indiquait, en 1751, le niveau des eaux, était, au moment où notre géologue visita ce lieu, le 5 juillet 1834, élevée au-dessus du niveau actuel de deux pieds six pouces et demi ; mais la mer, au dire du maître-pilote de Gefle, était ce jour-là, en raison du vent qui soufflait, plus haute de quatre pouces au moins que par un temps calme.

Une autre ligne, tracée en 1770, près du hâvre de Marstrand, semblait accuser seulement un abaissement relatif de dix pouces ; mais, en ayant égard aux circonstances dans lesquelles s'était placé celui qui avait fait cette marque, il paraissait que le changement opéré dans l'espace de soixante-quatre ans était de deux pieds environ.

Il ne nous reste plus à parler que des lignes de repère placées, en 1820, par les soins des officiers du pilotage.

Sur la petite île de Græso, située en face du port d'Oregrund, une de ces lignes se trouve être de cinq pouces et demi plus haute que le niveau des eaux au moment où la visita M. Lyell ; on lui dit que si la mer avait été parfaitement calme, la différence eût été de sept pouces, et cette remarque avait quelque valeur en ce qu'elle était faite sur les lieux mêmes par l'officier qui, en 1820, avait fait établir le repère.

Un second repère de la même date se trouve sur la pierre de Saint-Olof, énorme bloc erratique situé sur la côte, au nord de Gefle, dans la paroisse de Hille ; les ordres qui avaient été donnés pour tracer la ligne du niveau des eaux n'ont pas reçu d'exécution ; mais les officiers firent graver sous leurs yeux le

Ce pied est moindre que le nôtre de 14 à 15 lignes ; la différence, en effet, est de 29 mill. 57, et un pouce de notre ancien pied de Roi équivaut à 27 mill. 07.

millésime, et la distance du bas du dernier chiffre se trouvait à un pied quatre-vingt-douze centièmes (un pied dix pouces et demi environ) au-dessus de la surface de la mer. « Lorsque je visitai ce lieu, quatorze ans après, dit M. Lyell, cette distance était juste de deux pieds : la différence était bien petite ; mais le pilote soutint qu'elle était réellement de quatre à cinq pouces plus grande, la mer étant de cette quantité au-dessus de la moyenne, en raison du vent de nord-ouest qui soufflait. Comme on m'avait déjà donné plusieurs fois la même raison, et toujours pour me faire admettre un changement plus grand que celui que me donnaient mes mesures, je voulus savoir cette fois à quoi m'en tenir, et je résolus en conséquence de passer la nuit dans le hameau voisin, espérant que le vent tomberait et que je pourrais alors répéter l'observation. Je fus servi à souhait ; le matin de très-bonne heure le vent passa au nord-nord-est, puis devint presque insensible ; ayant alors visité la marque, je trouvai que la mer était, conformément à ce que m'avait dit le pilote, de trois pouces et demi plus basse que la veille ; cela me donna toute raison de penser que dans les autres cas on m'avait dit également vrai. »

« L'exhaussement graduel de certaines parties de la Suède, dit en terminant M. Lyell, est un fait qui ne laisse aucun doute dans mon esprit ; mais, en comparant les observations que j'ai faites en différents lieux, je suis conduit à reconnaître que l'exhaussement est bien loin d'être partout également rapide, et je crois même que dans le sud de la Scanie il est nul ou tout à fait insensible. La différence de niveau d'environ trois pieds pour un siècle, indiquée par la marque de Lœfgrund, et celle de deux pieds à peu près pour soixante-quatre ans, s'accordent si bien avec les résultats des observations faites par MM. *Bruncrona, Hœllstrom*, etc., que je ne puis me refuser à accorder toute confiance aux résultats auxquels ils sont arrivés à l'aide d'un nombre de données beaucoup plus grand, et qui se rapportent à une bien plus grande étendue de pays. »

CHANGEMENTS SURVENUS DEPUIS LES TEMPS HISTORIQUES DANS LE NIVEAU
DE LA BALTIQUE ET DES CÔTES QU'ELLES BAIGNENT. — FAITS RELATIFS
A LA PARTIE PRUSSIENNE DE CES CÔTES.

(Abrégé d'un article de M. Domeyko ; Comptes-Rendus de l'Académie des
Sciences, t. IV , p. 965)

Nous venons de voir que le changement de niveau constaté
pour la Suède, entre la mer Baltique et une partie des rivages
qu'elle baigne, tient à un exhaussement du sol qui varie suivant
les points où l'on l'observe ; on serait donc en droit de penser que
certaines portions des côtes auraient pu ne point participer à ce
mouvement , et c'est ce qui avait eu lieu , disait-on, pour les côtes
qui correspondent à la Prusse. Cependant , il paraît, d'après
les faits consignés dans l'*Histoire de la Prusse* de M. Voigt , que
des changements très notables sont aussi survenus dans cette
partie des côtes , depuis une époque assez récente , sans que
rien prouve d'ailleurs qu'ils continuent encore à s'opérer.

Les documents réunis dans l'ouvrage de M. Voigt tendent en
effet à prouver qu'à l'époque de l'occupation de la Prusse par
l'ordre Teutonique , il existait entre *Pillau*, *Brandebourg* et
Balga , une province appelée *Witlandie*, laquelle se trouverait
aujourd'hui entièrement couverte par les eaux du golfe de Kœnis-
berg. Ainsi nous savons par le chroniqueur Lucas David, qu'au
XVIᵉ siècle et du temps du grand-maître Hermann Balk , la mer
ne s'approchait pas aussi près de la colline de Balga qu'à présent ,
et que du pied de cette colline jusqu'au rivage on voyait s'étendre
des prairies. De gros blocs que les eaux chariaient sur le rivage,
provenaient , suivant lui , de l'éboulement des terres, et faisaient
craindre , dès ce temps là , que la mer n'envahît davantage le continent. Des traditions recueillies par Pisanski , dans son ouvrage
sur la mer Baltique , voulaient aussi que des langues de terres
couvertes de forêts eussent été englouties sur ces côtes, et l'on
trouvait encore , disait-on , des arbres entiers que les vagues
rejetaient sur la terre ferme.

Un fait, peut-être encore plus concluant, est tiré de la distance de la mer à laquelle, aux différentes époques, nous trouvons située la chapelle de Saint-Albert. Ainsi, au xiiie siècle, cette chapelle, devenue depuis un but de pèlerinage, aurait été bâtie à deux lieues de la mer ; au xviie siècle ses ruines n'en étaient plus éloignées que d'une demi-lieue, et aujourd'hui à peine en sont-elles séparées d'une centaine de pas. De même, des Actes de la ville de Lochstadt pour l'an 1667, nous montrent que la mer Baltique gagne tous les jours sur le continent et enlève les champs, les prairies et les pâturages.

Ces phénomènes remarqués sur la côte de la Samlandie se reproduisent sur le promontoire Nehring où les habitants ont constaté que chaque jour leur enlevait une partie de leur terre fertile et où des monceaux de sable attestent qu'autrefois l'île était beaucoup plus vaste.

Les documents les plus anciens tendent aussi à prouver l'empiétement progressif de la mer. Ainsi la province de Witlandie est distinguée de la Samlandie et des autres qui l'entourent, non-seulement dans des écrits du pape Honorius (1224), mais encore dans plusieurs chroniqueurs qui disent, par exemple, *que les citoyens de Lubeck réclamaient le droit de bâtir des villes libres dans la troisième partie de la Sambie, de la Widlandie et quelque autre de la Warmie, droit que leur avait concédé le frère H. de Wida, alors Grand-Maître de Prusse.* Et encore à-propos des événements de 1228, *qu'alors il n'y avait plus à attirer dans l'un des partis que cinq provinces de paysans :* il s'agissait évidemment de la Prusse, la Courlande, la Lethonie, la Withlandie et la Sambrie.

Le même document, d'après l'ordre dans lequel on y trouve énumérés les noms des parties du territoire, indique que la Witlandie se trouvait entre les pays de Samland et de Varmie. Et comme les Lubeckois se proposaient avant tout d'établir une colonie pour leur commerce, il est naturel d'admettre que les trois parties du territoire se touchaient au golfe, et qu'elles formaient un terrain continu.

« Quel est donc, dit M. Woigt, le pays situé entre les provinces de Samland et de Varmie, que l'ordre teutonique avait
cédé aux Lubeckois? Ce pays ne pourrait être que l'ancienne
Witlandie, pays couvert maintenant par les eaux et qui s'étendait jusqu'à Lochstadt, petite ville qui portait jadis le nom de
Witlandsort, ce qui signifie la limite de Witland. »

Il semble résulter, comme on le voit, des témoignages réunis
par M. Voigt, que depuis le XIII° siècle la mer a beaucoup
empiété sur les terres dans certaines parties de la côte prussienne ; mais rien ne prouve d'ailleurs que ces empiétements des
eaux soient le résultat d'un affaissement du sol.

AFFAISSEMENT ET EXHAUSSEMENT SUCCESSIFS DANS LA BAIE DE BAÏA.
— TEMPLE DE SÉRAPIS.

(Extrait des *Principes de géologie* de M. Lyell. 2° édition.)

« Le temple de Sérapis nous fournit à lui seul la preuve
d'un double changement dans le niveau relatif de la terre et
des eaux, survenu sur la côte de Pouzzol depuis l'ère chrétienne,
changement dans lequel la dépression, comme le soulèvement,
ont été de plus de vingt pieds. Au reste, quand même les ruines
de ce célèbre monument n'auraient pas été découvertes, il resterait assez de preuves de changements survenus à une époque
récente dans les côtes de la baie de Baïa, tant au nord qu'au sud
de Pouzzol ; car un examen géologique des lieux démontre de
la manière la plus évidente un soulèvement récent des berges,
lequel varie de vingt à trente pieds.

« Quand on vient de Naples à Pouzzol en suivant la côte, on
remarque, en approchant de ce dernier lieu, que les falaises
hautes et escarpées qui sont formées d'un tuf endurci semblable
à celui dont est bâtie la ville de Naples, s'écartent légèrement
de la mer, et qu'une langue de terre fertile peu élevée et d'un
aspect très-différent, sépare la côte actuelle de ce qui, évidemment, était l'ancienne côte.

Sur ces falaises d'autrefois, M. Babbage a observé, en face de la petite île de Nisida, à deux milles et demi environ au sud-est de Pouzzol, une ligne creuse telle que celle qui résulterait de l'usure de la berge par le clapotis des vagues à la surface. Tout le long de cette ligne, qui est à trente-deux pieds au-dessus du niveau actuel, la surface du rocher porte des coquilles de glands de mer ou *balanes*, et est percée d'une multitude de trous pratiqués par des *lithodomes*, mollusques qui, comme les pholades, se creusent une demeure dans le roc et dont les dépouilles testacées se trouvent encore dans beaucoup de ces trous. Plus près de Pouzzol, les anciennes falaises atteignent une hauteur de quatre-vingts pieds, et sont tout aussi escarpées que si la mer en sapait encore la base. A leur pied est un dépôt récent constituant ce terrain fertile dont nous avons parlé plus haut; ce dépôt atteint une hauteur d'environ vingt pieds au-dessus du niveau de la mer, et comme il est composé de couches sédimentaires régu-lières contenant des coquilles marines, sa position prouve que, depuis sa formation, il y a eu un changement de plus de vingt pieds dans le niveau relatif de la terre et de la mer.

Les vagues minent ces couches nouvelles formées de matières qui ont entre elles peu de cohésion, et comme, en raison de sa fertilité, le sol a du prix, on a construit un mur pour le défendre contre ses empiétements de la mer; mais, lorsque je visitai ce lieu en 1828, les flots avaient emporté une partie du mur, et exposé à la vue une série régulière de coquilles marines au-jourd'hui communes sur cette côte, entre lesquelles je citerai le *cardium rusticum*, l'huître commune, le *donax trunculus* et d'autres. Les couches varient d'un pied à un pied et demi d'épaisseur, et l'une d'elles contient en abondance des débris d'ouvrages d'art, des tuiles, des fragments de mosaïque de diverses couleurs et de petits morceaux de sculpture parfaite-ment conservés; j'y recueillis aussi quelques dents de cochon et de bœuf. Ces débris de produits de l'art se trouvent aussi bien au-dessous qu'au-dessus des couches qui contiennent des coquilles marines. Pour la ville de Pouzzol, elle est en grande partie assise sur un promontoire en tuf ancien qui coupe le nouveau dépôt, quoique j'aie découvert un petit lambeau de ce dernier dans un jardin au-dessous de la ville.

« Un môle ruiné, appelé aujourd'hui pont de Caligula, s'avance de la ville dans la mer. Ce môle consiste en un certain nombre de grandes piles unies entre elles par des arches. Sur la cinquième pile M. Babbage trouva des trous de *lithodomes*, à quatre pieds au-dessus du niveau de la mer ; et vers l'extrémité, sur l'avant-dernière pile, d'autres traces semblables se montrent à dix pieds de hauteur, avec un grand nombre de *balanes* et de *flustres* (espèces de polypes à enveloppes calcaires).

« Si nous passons au nord de Pouzzol et examinons la côte entre cette ville et Monte-Nuovo, nous trouvons une répétition de phénomènes analogues. La pente du Monte-Barbaro descend doucement vers la côte, mais avant d'y arriver elle se termine tout à coup en une falaise abrupte dont la disposition montre clairement à tout géologue que la mer s'est avancée autrefois jusque-là ; entre cet escarpement et la mer, il y a une plaine basse ou terrasse, appelée la *Starza*, qui est de même nature que celle dont nous venons de parler, et qui offre de même des couches régulières de dépôt nouveau, dont les unes contiennent des coquilles marines, et d'autres (tant au-dessus qu'au-dessous de ces dernières) des fragments de briques et de divers produits de l'art. L'épaisseur des couches n'est pas la même dans tous les points où on peut les suivre ; en général elles paraissent monter doucement vers le pied des anciennes falaises ; dans quelques points ce nouveau dépôt atteint une plus grande hauteur que de l'autre côté de la ville.

« Si de pareils faits s'observaient sur les côtes de l'Est ou du Sud de l'Angleterre, les géologues en chercheraient naturellement l'explication dans quelque diminution locale de la grandeur des marées, due à un changement dans la direction des courants ; ainsi on sait que la vielle ville de Brighton avait été construite sur un terrain sabloneux qui se trouvait entre la mer et les anciennes falaises, et qu'elle a été détruite par le retour de l'Océan ; on voit encore à Lowestoffe, dans le Suffolk, des falaises qui se trouvent à quelque distance de la mer, et qui en sont séparées par le *Ness*, langue de terre couverte de verdure qui peut être comparée, jusqu'à un certain point, à la *Starza* des environs de Pouzzol ; mais la ressemblance n'est qu'apparente, et l'explication qui serait juste pour les côtes de l'Angleterre ne peut trouver son application pour les côtes de l'Italie, par la raison que la Méditerranée n'a point de marées. Supposera-t-on que cette mer s'est abaissée de vingt à vingt-cinq pieds depuis l'époque où les côtes de la Campanie étaient couvertes de somptueux édifices ? Ce serait une hypothèse qui ne soutiendrait pas l'examen ; car il résulte des opérations géodésiques et des relevés de côtes, faits dans les dernières années, que le niveau de la Méditerranée n'a pas varié sensiblement depuis deux mille ans. En effet, la plupart des môles et des bassins de ports, construits par les anciens, l'ont été évidemment pour une élévation des eaux égale à celle qui s'observe aujourd'hui ; un changement de quelques pieds n'eût pu échapper à un hydrographe aussi habile que le capitaine W.-H. Smyth, par exemple, surtout quand son attention était éveillée sur ce point.

« Nous voici arrivés sans l'aide du célèbre temple de Sérapis à la conclusion que le dépôt marin récent de Pouzzol a été soulevé dans les temps modernes au-dessus du niveau de la mer, et que non-seulement ce changement de position du terrain, mais la formation d'une grande partie des couches qui le composent, est postérieure à la destruction de plusieurs édifices dont ces couches renferment les débris. Si maintenant nous passons aux preuves que fournit le monument lui-même, voici ce que nous trouvons :

« Il résulte de documents authentiques que jusque, vers le milieu du siècle dernier, les trois colonnes qui restent aujourd'hui debout, demeurèrent à demi enterrées dans le terrain de sédiment marin récent dont il a été déjà parlé, et que la partie supérieure de ces mêmes colonnes, se trouvant au milieu d'une espèce de taillis, n'avait point attiré l'attention des antiquaires. Ce fut en 1750 seulement qu'on les découvrit, et le sol ayant été dé-

blayé, on vit qu'elles faisaient partie d'un somptueux édifice
dont le pavé était encore conservé et jonché d'un grand nombre
de tronçons de colonnes en brèche africaine et en granite. Le
monument, dont il était très-aisé de reconnaître le plan, était
de forme quadrangulaire, et avait soixante-dix pieds de diamètre. Le toit était soutenu par quarante-six nobles colonnes,
dont vingt-quatre en granite et le reste en marbre. La large
cour était environnée d'appartements qu'on suppose avoir servi
de chambres de bains ; car les eaux d'une source thermale qui
sort de terre derrière l'édifice, étaient conduites jusque dans
les chambres par des canaux de marbre ; c'est du moins ce
qu'on dit avoir reconnu.

« Les antiquaires ont beaucoup discuté pour savoir à quelle divinité cet édifice était consacré. Ce n'était certainement pas un
temple de Sérapis, puisqu'à l'époque où le monument a dû être
construit, le culte de cette divinité égyptienne était rigoureusement défendu ; il paraît même que sa disposition diffère en
plusieurs points importants de celle des édifices religieux, et
qu'on n'y doit voir, comme nous l'avons déjà fait pressentir,
qu'un bâtiment construit pour l'usage de ceux qu'attirait la
source thermale. Ce n'est pas, au reste, au géologue qu'il appartient d'agiter ces sortes de questions, et sa tâche ici est seulement d'interpréter les témoignages des changements physiques
survenus en ces lieux, témoignages tracés par la main de la
nature elle-même en caractères parfaitement nets sur les trois
colonnes encore debout de cette vénérable ruine.

« Les colonnes sont hautes de quarante-deux pieds ; leur surface est lisse et intacte jusqu'à une hauteur de huit à douze
pieds à partir de leur piédestal ; au-dessus est une zone de neuf
à douze pieds dans laquelle le marbre a été percé par une espèce
de mollusque à coquille bivalve (le *lithodome*). Les trous de ces
animaux sont pyriformes, l'ouverture extérieure étant petite et
la cavité s'élargissant à mesure qu'elle devient plus profonde ;
car le volume de l'animal augmentant avec l'âge, il faut que sa
maison devienne aussi de plus en plus spacieuse. Dans beau-

coup de ces trous on voit encore la coquille de l'animal, malgré
tout ce qu'ont déjà emporté les curieux qui visitent ces ruines ;
dans d'autres on voit des valves d'une espèce d'*arche*, mollusque
qui a l'habitude de se cacher dans des creux, et qui a profité
dans ce cas du travail des lithodomes. Les trous sont si profonds
et si larges, qu'ils prouvent que les colonnes ont été longtemps
exposées à l'action des lithodomes, c'est-à-dire constamment
immergées pendant un temps très-long ; leur partie inférieure
était d'ailleurs entourée d'un amas de décombres de l'édifice
qui les a protégées contre l'attaque des mollusques perforants,
tandis que la partie supérieure, se trouvant au-dessus du niveau
des eaux, a été également hors de l'atteinte de ces animaux, et
exposée seulement aux injures de l'air qui a détruit le poli du
marbre.

« La plateforme du temple est à environ un pied au-dessous
du niveau des hautes eaux (car quoiqu'on puisse dire en général
que la Méditerranée n'a point de marées, il s'en fait sentir de
petites dans la baie de Naples), et la mer n'étant qu'à une distance d'environ cent pieds de l'édifice, ses eaux filtrent à travers
le sol qui l'en sépare de manière à dispenser de toute opération
de nivellement. On voit ainsi que la limite supérieure des per-
forations des colonnes est à vingt-trois pieds au moins au-dessus
de la marque des hautes eaux, et il est parfaitement évident que
les colonnes, après être restées longtemps enfoncées sous l'eau,
mais toujours restant debout, ont été ensuite soulevées à vingt-
trois pieds au-dessus du niveau de la mer.

« A-t-on quelques moyens de connaître l'époque à laquelle ont
eu lieu ces deux changements inverses ? Jusqu'à présent on ne
possède aucun document qui permette de fixer une date précise,
mais on peut établir des limites. Ainsi, on a trouvé dans l'a-
trium du prétendu temple des inscriptions destinées à rappeler
que les empereurs Septime Sévère et Marcus Aurelius l'ont fait
orner de marbres précieux ; d'où résulte la preuve que le monument était encore intact et non submergé dans le troisième siècle
de notre ère. D'un autre côté nous avons la certitude que le

dépôt marin; qui forme ce terrain plat nommé la *Starza*, était encore couvert par la mer dans l'année 1530, c'est-à-dire huit ans seulement avant la terrible éruption de Monte-Nuovo. Un ancien auteur italien, cité par Forbes, Loffredo, qui écrivait en 1588, dit que cinquante ans auparavant la mer baignait les pieds des falaises qui bornent la Starza du côté de la terre, de sorte qu'on aurait pu pêcher du lieu où sont les ruines qu'on appelle le Stadium.

« La dépression de l'édifice a donc eu lieu entre le troisième et le seizième siècle. Maintenant dans cet intervalle l'histoire ne nous a conservé la mémoire que de deux grandes convulsions du sol dans ce pays : ce sont l'éruption de la Solfatare, en 1198, et le tremblement de terre qui ruina Pouzzol, en 1488. Il est très-probable que les tremblements de terre qui précédèrent l'éruption de la Solfatare produisirent l'affaissement du terrain du temple (la distance qui sépare ces deux lieux étant très-petite), et que les pierres, les cendres et autres matières, que le volcan fit pleuvoir dans la mer, auront contribué, avec les décombres provenant de l'édifice même, à couvrir immédiatement le bas des colonnes. L'action des vagues en aura ensuite renversé la plupart, et des couches mêlées de débris de l'édifice et de produits volcaniques auront été formées avant que les lithodomes aient eu le temps d'agir sur les parties inférieures des piliers restés debout. Le tremblement de terre aura fait écrouler beaucoup d'autres bâtiments dans les lieux où s'étendait son action, et aura ainsi, tout le long de cette côte, contribué à la formation de ces lits du dépôt moderne qui renferment pêle-mêle des débris d'ouvrages humains et des coquilles marines.

« Il est évident, d'après les indications fournies par Loffredo, que l'exhaussement de la portion de terrain, connue sous le nom de la Starza, est postérieur à l'an 1530, en même temps qu'elle est antérieure de plusieurs années à 1588. Cela seul suffirait peut-être pour nous autoriser à dire qu'il a eu lieu en 1538. Mais heureusement nous n'en sommes pas réduits sur ce point à des conjectures, et sir W. Hamilton nous a conservé deux lettres qui établissent le fait de la manière la plus positive, et qui sont écrites par des témoins oculaires, Falconi et Giacomo de Toledo. Une de ces lettres est écrite l'année même de l'événement, et l'autre deux ans après. Toutes les deux s'accordent sur ce point, qu'un des effets de l'éruption, qui donna naissance au Monte-Nuovo, consista en ce que la mer recula, s'éloigna de ses anciens rivages en laissant à découvert une nouvelle portion de terre ; et Giacomo dit positivement que cela résulta d'un soulèvement du sol. Ajoutons que Hooke, dans des lettres écrites vers la fin du dix-septième, parle de cette formation de la *Starza* par soulèvement comme d'un fait qui était alors bien connu.

« En 1828 on fit des excavations au-dessous du pavé de marbre du temple de Serapis, et on en trouva un second en mosaïque, situé à cinq pieds environ au-dessous du premier. L'existence de ces deux pavés superposés (et l'inférieur plus riche que le supérieur) ne peut se concevoir qu'en supposant qu'avant le grand affaissement que nous rapportons à l'éruption de la Solfatare, il y en avait eu un moins grand, et qui n'avait point causé la ruine de l'édifice, mais seulement obligé à en exhausser le sol. »

NOTE XIX.

SUR L'APPARITION PROCHAINE D'UNE NOUVELLE ÎLE DANS L'ARCHIPEL DE LA GRÈCE.

(Extrait d'une lettre de M. Virlet à l'Académie des sciences. Mai 1836.)

On sait que le grand golfe du volcan de Santorin a été plusieurs fois, depuis les temps historiques, le théâtre de phénomènes volcaniques semblables à ceux qui ont accompagné, en juin 1831, l'apparition de l'île Julia dans les mers de la Sicile, c'est-à-dire d'éruptions qui ont successivement donné lieu à la formation de plusieurs petites îles encore existantes.

« Un phénomène qui me paraît beaucoup plus intéressant pour la géologie que celui de la formation de ces îles par l'accumulation successive des matières vomies par des *cratères sous-marins*, se passe depuis environ un demi-siècle au milieu du golfe de ce volcan célèbre; c'est l'exhaussement progressif, et sans secousses volcaniques sensibles, d'un écueil formé de roches solides, que l'observation m'a porté à regarder comme des obsidiennes trachytiques.

« Dans les premières années de la république, à l'époque où Olivier visitait Santorin, les pêcheurs de l'île annonçaient que le fond de la mer s'était considérablement élevé depuis peu entre la petite île Kaïmeni et le port de Thera. En effet, la sonde ne donnait alors que 15 à 20 brasses, là où autrefois elle pouvait à peine atteindre le fond.

« Lorsqu'en 1829, M. le colonel Bory de Saint-Vincent et moi nous visitâmes cette île, non seulement nous constatâmes l'exactitude du fait signalé par Olivier, mais nous reconnûmes de plus, par différents sondages, que le sol en ce point indiqné n'avait pas cessé de s'élever, et qu'il n'était plus qu'à 4 brasses et demie de la surface.

« En 1830, ayant eu occasion de retourner à Santorin avec M. l'amiral de Lalande, nous fîmes de nombreux sondages qui eurent pour résultat de nous faire reconnaître la forme et l'étendue du banc de rocher qui, dans l'intervalle d'à peine une année, s'était encore élevé d'une demi-brasse ; ce banc avait alors 800 mètres de l'est à l'ouest et 500 du nord au sud ; le fond augmentait graduellement au nord et à l'ouest depuis 4 jusqu'à 29 brasses, tandis qu'à l'est et au sud cette augmentation allait jusqu'à 45 brasses ; après cette limite, la sonde n'indiquait plus tout autour qu'un très grand fond.

« M. l'amiral de Lalande vient de m'informer que depuis 1830, il est retourné deux fois à Santorin, où il s'est assuré que l'écueil avait continué de s'élever, et qu'il ne présentait plus en septembre 1835, époque de la dernière visite, qu'un fond de deux brasses, en sorte qu'il forme aujourd'hui récif sousmarin dont les bricks ne peuvent plus s'approcher sans danger. Si cet écueil continue à s'élever d'une quantité proportionnelle, on peut calculer qu'il donnera, vers 1840, naissance à une nouvelle île. »

NOTE XX.

DÉPRESSION DE LA MER CASPIENNE ET DES PARTIES QUI L'ENVIRONNENT AU-DESSOUS DU NIVEAU DE L'OCÉAN.

(Abrégé de divers articles des comptes rendus de l'Académie des Sciences , t. II, p. 469, et t. V, p. 915.)

On soupçonnait depuis longtemps que les eaux de la mer Caspienne étaient moins élevées que celles de la Méditerranée ou de l'Océan , lorsqu'en 1814 , MM. Engelhardt et Parrot essayèrent , à l'aide du baromètre , de déterminer la valeur réelle de cette singulière différence de niveau.

La moyenne de trois déterminations distinctes se trouva être de trois cent deux pieds (quatre-vingt-dix-huit mètres).

Mais une autre mesure , faite vers la même époque et également à l'aide du baromètre , avait donné , à M. Wisnievski , deux cent cinquante-sept pieds seulement , pour la différence des niveaux.

Cependant il y avait eu , dans ces deux mesures , des causes d'erreur assez grandes pour qu'il fût permis de supposer qu'une nouvelle opération , faite dans des circonstances plus favorables , donnerait un nombre fort différent. M. Parrot lui-même , à la suite d'un second nivellement exécuté, en 1829 , par stations , avait été amené à révoquer en doute sa première détermination , et à penser que la différence de hauteur entre les deux mers , pourrait bien être tout à fait insignifiante et même nulle.

Cette dernière assertion fut combattue par M. Erman , de Berlin , à l'aide des considérations suivantes :

Sept années d'observations barométriques de Kasan, comparées à sept années d'observations correspondantes de Dantzig, donnent, pour la hauteur du baromètre de la première ville, trente et un mètres huit décimètres; de là, M. Erman déduit, à l'aide d'un nivellement, que la hauteur de l'embouchure de la Kasauka dans le Volga, au-dessus du niveau de la mer Baltique, n'est que de huit mètres huit décimètres; d'où il résulte que pour que les niveaux de la Baltique et de la mer Caspienne coïncidassent, ainsi que M. Parrot semblait porté à l'admettre depuis son voyage de 1829, il faudrait que dans l'étendue de deux cent cinq milles d'Allemagne, compris entre Kasan et Astrakan, sur la Caspienne, la pente du fleuve ne fût que de huit mètres huit décimètres, ce qui semble complètement inadmissible.

La pente du Volga, entre Torjok et Kasan, dans une étendue de cent cinquante-cinq milles, a été mesurée. En supposant que dans le restant de **sa course**, elle suive la même loi, M. Erman trouve que la dépression de la Caspienne au-dessous de la Baltique, serait de quatre-vingt-quatre mètres; d'ailleurs, comme en général la pente d'un fleuve diminue dans les parties les plus voisines de son embouchure, il était probable que ce chiffre de quatre-vingt-quatre mètres était un peu trop fort.

Cependant cette question, qui pour le reste de l'Europe offrait un intérêt purement scientifique, avait pour la Russie un autre genre d'importance, et de sa solution définitive dépendait la possibilité d'établir certains systèmes de communication auxquels on avait songé à diverses reprises. En conséquence, l'Académie des Sciences de Saint-Pétersbourg, sur la proposition de trois de ses membres, MM. Struve, Parrot et Leuz, avait arrêté le plan d'un nivellement trigonométrique, à exécuter entre la Caspienne et la mer Noire, à l'effet de déminer enfin, par un procédé incontestable, la hauteur relative des niveaux de ces deux mers, et le projet n'avait pas tardé à recevoir l'approbation du gouvernement.

L'opération confiée aux soins de MM. Fuss, Sabler et Sawitsch, a été terminée vers la fin de l'année 1857. Le résultat, tel qu'il a été donné par un premier calcul, annonce une différence de quatre-vingt-quinze pieds environ (au lieu de trois cent deux), entre les niveaux des deux mers. Cette valeur provisoire ne peut être en erreur de plus de cinq pieds. Ainsi, dès à présent, on peut être assuré que la mer Caspienne est de quatre-vingt-dix à cent pieds plus basse que la mer Noire.

NOTE XXI.

INDICATION DE QUELQUES CONSIDÉRATIONS PRINCIPALES

QUI DÉRIVENT DES THÉORIES DYNAMIQUES, OU DE LA THÉORIE DE LA CHALEUR, ET QUI S'APPLIQUENT AUX RECHERCHES COSMOLOGIQUES.

Jusqu'à la fin du dernier siècle, le nombre des faits positifs en géologie était trop peu considérable pour servir de base à une théorie satisfaisante de la terre.

Plus riches en matériaux, nos géologues peuvent aujourd'hui se flatter d'arriver à des conceptions plus voisines de la vérité, et leurs espérances à cet égard peuvent être d'autant mieux fondées, que les progrès des sciences physiques et mathématiques leur ont fourni les indications les plus précieuses.

C'est surtout en fournissant des limites au-delà desquelles aucune supposition ne peut être admise, que les sciences accessoires sont utiles pour les géologues.

Convaincus de cette vérité, nous avons pensé qu'il serait convenable de placer ici une indication des principaux résultats auxquels doivent se trouver désormais conformes toutes les hypothèses géologiques et cosmologiques.

Nos lecteurs pourront s'en servir avec confiance, pour juger les systèmes soit nouveaux, soit anciens, qui pourraient venir à leur connaissance.

La densité des couches terrestres croît de la surface au centre.

La profondeur de la mer est très-petite par rapport à la différence du diamètre de l'équateur à la longueur de l'axe polaire.

Les irrégularités de la terre et les causes qui en troublent la surface ne pénètrent qu'à une petite profondeur.

La figure de la surface du spheroïde diffère peu de celle qui s'établirait en vertu des lois de l'équilibre si la masse était fluide.

La masse terrestre n'est point homogène ; l'accroissement de densité des couches n'est point borné à une enveloppe extérieure peu profonde ; on est assuré que cet accroissement a lieu dans une partie considérable de la masse.

Pour la stabilité de l'équilibre des mers, il est nécessaire que la densité des eaux soit moindre que la densité moyenne du globe terrestre ; cette densité moyenne est connue ; elle est environ cinq fois et demie celle de l'eau.

Le mouvement de rotation de la terre est uniforme ; la durée du jour n'a pas diminué de la centième partie d'une seconde depuis l'époque de l'école grecque d'Alexandrie ; toute variation de cette durée demeurera insensible pendant une longue suite de siècles.

Le temps des révolutions sidérales des planètes, et spécialement la durée de l'année sidérale, ne subit aucune variation séculaire appréciable.

Les grands axes des orbites planétaires sont invariables.

Les excentricités et les inclinaisons ne peuvent varier qu'entre des limites très-rapprochées : c'est dans ces propositions que consiste la stabilité du système planétaire.

Les points du globe terrestre qui répondent aux extrémités de l'axe de rotation sont fixes : les observations et la théorie n'indiquent aucun déplacement appréciable de ces points.

FIN.

TABLE DES MATIÈRES.

LETTRE IX.

LETTRE X.

LETTRE XI.

LETTRE XII.

LETTRE XIII.

LETTRE XVII.

LETTRE XVIII.

LETTRE XIX.

NOTES.

—

NOTE PREMIÈRE.

Trois causes concourent à la température de notre globe : — 1° l'action continuelle des rayons solaires; — 2° la chaleur intérieure qu'elle

tagnes, quelles étaient les couches déjà formées à l'époque où ce redressement a eu lieu. — L'âge de chaque montagne peut être ainsi compris entre deux époques géologiques. — L'ancienneté relative des couches étant connue par leur ordre de superposition, celle des chaînes de montagnes l'est également. — Parallélisme des chaînes de montagnes de même âge. — Soulèvements arrivés de nos jours.

NOTE V.

Des diverses formations de sédiment dont la position actuelle permet d'assigner l'époque relative des divers mouvements qui ont disloqué l'écorce du globe.

NOTE VI.

Détails sur le tremblement de terre de Lisbonne, 1er novembre 1755.

NOTE VII.

Détails sur le tremblement de terre de la Jamaïque, 1692.

NOTE VIII.

Détails donnés par des commerçants anglais sur l'éruption de l'Etna, 1669, 5 avril. — Vitesse de la lave. — Matière dont elle est composée. —Aspect que présentait le pays au mois de mai suivant.

NOTE IX.

Détails donnés par le prince de Cassano sur l'éruption du Vésuve de 1737.

NOTE X.

Forme du cratère du Vésuve avant l'éruption de 1631.

NOTE XI.

Ile nouvelle sortie de la mer près de Sercère, en 1720.

NOTE XII.

Sur l'existence probable d'un volcan sous-marin, situé près de l'équateur. — Faits à l'appui de cette opinion.

NOTE XIII.

Sur le mode de formation des vallées qui sillonnent de grands plateaux ou de larges bassins.

NOTE XIV.

Système de **M.** Prevost concernant la formation des terrains tertiaires de Paris. Examen de cette question : Les continents que nous habitons ont-ils été à plusieurs reprises submergés par la mer?

NOTE XV.

Hypothèses de **M.** Bremser concernant l'origine des corps organisés. — Révolutions que la vie a éprouvées à la surface du globe.

NOTE XVI.

Cadavres d'éléphants avec leurs chairs plus ou moins bien conservées trouvés auprès des fleuves de la Sibérie; extrait du voyage d'Isbrandt-Ides de Moscou à la Chine dans l'année 1692.

NOTE XVII.

Empreintes de pieds d'animaux dans le grès et dans des terrains de formation actuelle. — Traces de pieds de tortues imprimées dans le grès bigarré de la carrière de Corncockle-Muir, comté de Dumfries, en Écosse. — Traces de pieds de batraciens gigantesques dans le grès bigarré de Hildburghausen, en Saxe. — Traces de pieds d'hommes et d'oiseaux dans le sable endurci de l'île d'Anegada.

NOTE XVIII.

Sur quelques faits qui avaient été présentées comme preuves d'une diminution graduelle dans la masse des eaux. — Diminution en profondeur et en étendue des lacs, par le dépôt des matières terreuses qu'apportent les rivières qui s'y versent. Lac de Genève. Lac supérieur, États-Unis d'Amérique. — Changements dans le niveau relatif des eaux de la Baltique, et des côtes qu'elles baignent. — Faits relatifs à ce changement en Suède et en Norwége. — Faits relatifs à la côte prussienne de la Baltique. — Changements de niveau observés sur la côte de Baia. — Temple de Sérapis.

NOTE XIX.

Sur l'apparition prochaine d'une nouvelle île dans le golfe de Santorin.

NOTE XX.

Sur la dépression de la mer Caspienne et des terres qui l'entourent au-dessous du niveau de l'Océan.

NOTE XXI.

Indication de quelques considérations principales qui dérivent des théories dynamiques, ou de la théorie de la chaleur, et qui s'appliquent aux conditions géologiques.

FIN DE LA TABLE.

PALEOTHERIUM
Petit.
PALEOTHERIUM.

VI

ANOPLOTHERIUM
Léger.

ANOPLOTHERIUM.
Commun.

Squelette du Megatherium vu de face (d'après l'ouvrage de M. Buckland).

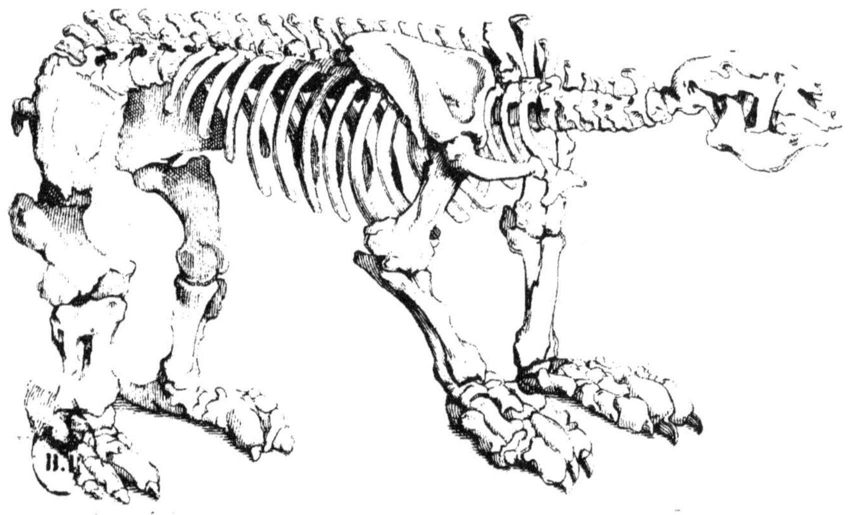

Le Même vu de profil (d'après Cuvier, Ossements fossiles).

Gravé par Ambroise Tardieu.

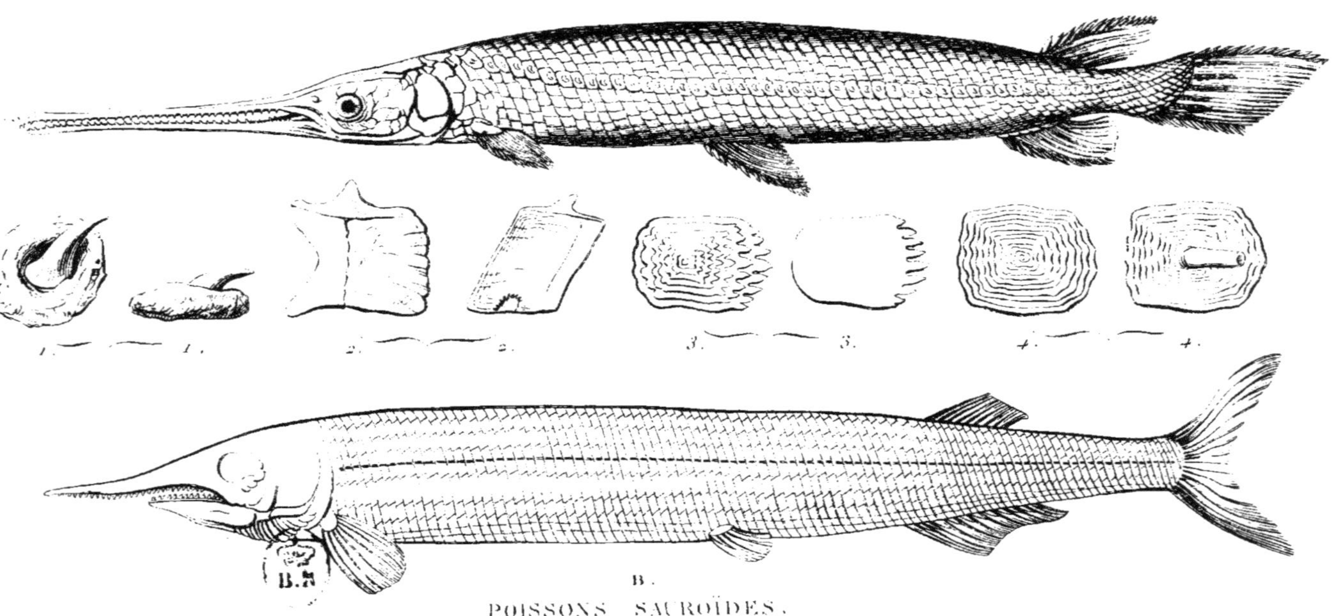

POISSONS SAUROÏDES.

A. Lepidosteus osseus, espèce vivante provenant des rivières de l'Amérique du Nord.
B. Aspidorhynchus, espèce fossile provenant du Calcaire jurassique de Solenhofen.
Écailles de différentes formes, correspondant aux 4 ordres de poissons établis par M. Agassiz:
1. Placoïdes. 2. Ganoïdes. 3. Ctenoïdes. 4. Cycloïdes.

Gravé par Ambroise Tardieu.

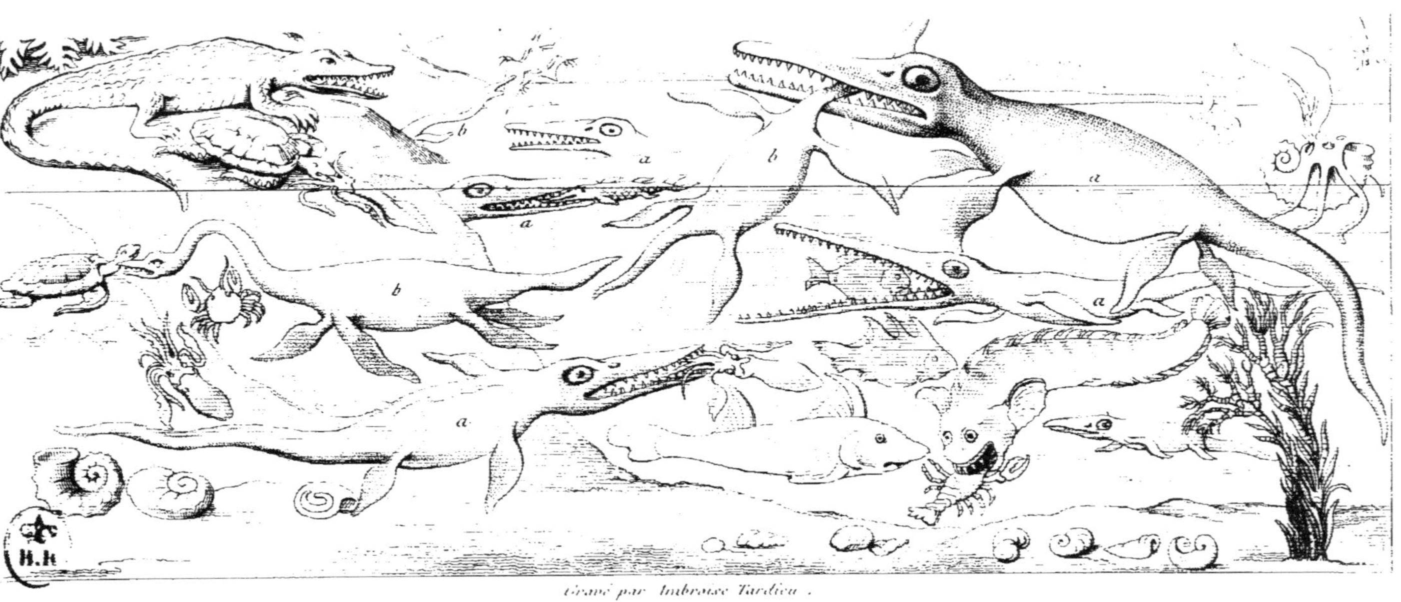

Gravé par Ambroise Tardieu.

a.a. Diverses espèces d'Ichtyosaurus.   b.b. Plesiosaurus.   c.c. Ptérodactyles.

REPTILES, POISSONS, CRUSTACÉS, MOLLUSQUES, ANTÉDILUVIENS.

d'après un dessin de M. De la Bèche.

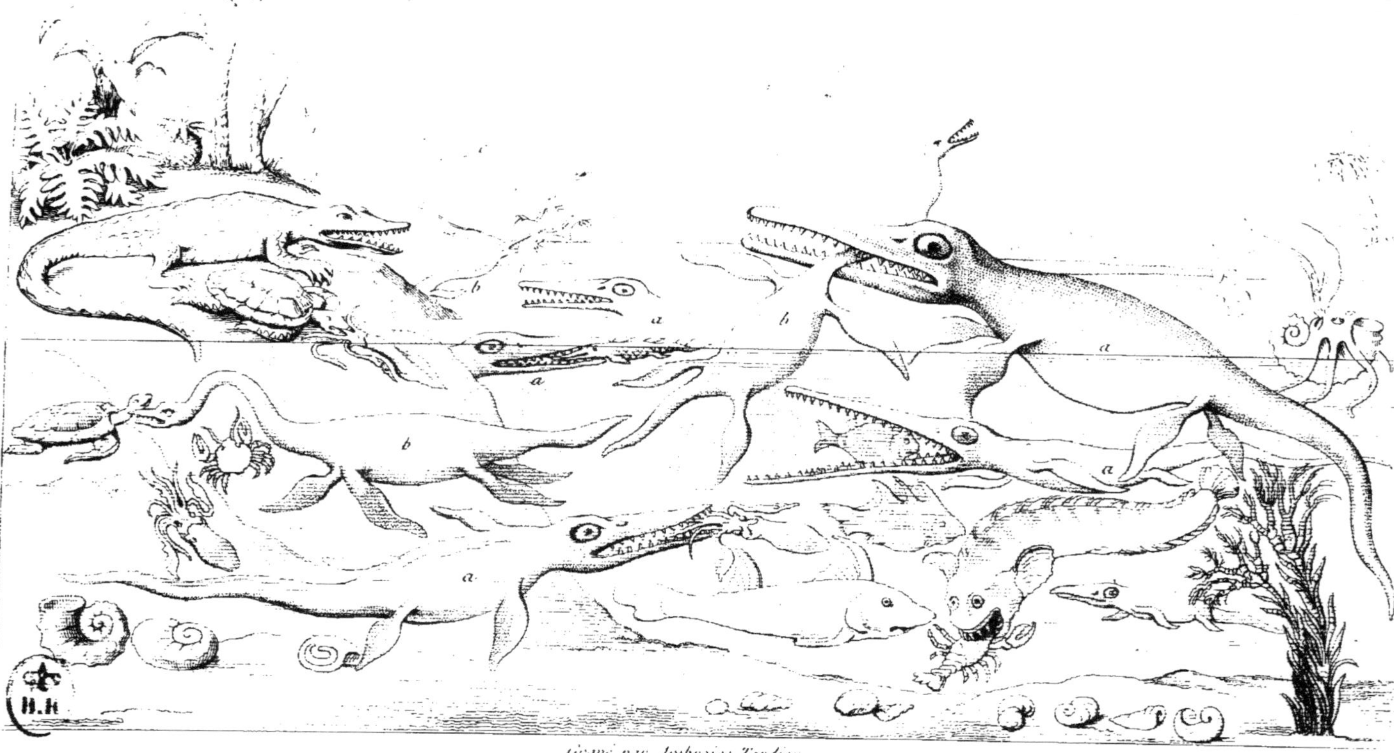

Gravé par Ambroise Tardieu.

a. a. Diverses espèces d'Ichtyosaurus.   b. b. Plesiosaurus   c. c. Pterodactyles.

REPTILES, POISSONS, CRUSTACÉS, MOLLUSQUES, ANTÉDILUVIENS.

D'après un dessin de M. De la Bèche.